建筑结构设计及工程应用丛书

砌体结构设计及工程应用

张惠英 邢秋顺 许锦燕 编著

中国建筑工业出版社

图书在版编目(CIP)数据

砌体结构设计及工程应用/张惠英等编著. —北京：中国建筑工业出版社，2008
(建筑结构设计及工程应用丛书)
ISBN 978-7-112-10093-4

Ⅰ.砌… Ⅱ.张… Ⅲ.砌块结构—结构设计 Ⅳ.TU36

中国版本图书馆 CIP 数据核字(2008)第 068941 号

"建筑结构设计及工程应用丛书"共包括十个分册，本书为其中之一。丛书主要面向高等院校土建专业学生，从事建筑设计工作的年轻技术人员，以及相关施工技术人员和管理人员。因此，在内容的编排上，本书的特点在于将基本理论与设计实践进行了恰当的结合，使得形式上区别于传统教科书和结构设计手册，做到有的放矢，精炼实用。

全书共分 12 章，系统阐述了砌体结构的基本理论、设计、计算、构造做法及材料选择等。为帮助读者理解掌握，大部分章节附有典型例题，并针对应用广泛的多层砌体结构和单层组合砖柱结构的设计，以工程实例的形式进行了详细的介绍。本书内容紧密结合《砌体结构设计规范》GB 50003—2001、《建筑结构荷载规范》GB 50009—2001(2006 年版)、《建筑抗震设计规范》GB 50011—2001 及其他相关规范、规程编写而成。

* * *

责任编辑：赵梦梅　刘婷婷　刘瑞霞
责任设计：赵明霞
责任校对：兰曼利　关　健

建筑结构设计及工程应用丛书
砌体结构设计及工程应用
张惠英　邢秋顺　许锦燕　编著

*

中国建筑工业出版社出版、发行(北京西郊百万庄)
各地新华书店、建筑书店经销
北京天成排版公司制版
北京蓝海印刷有限公司印刷

*

开本：787×1092 毫米　1/16　印张：15¾　字数：393 千字
2008 年 11 月第一版　2008 年 11 月第一次印刷
印数：1—3500 册　定价：34.00 元
ISBN 978-7-112-10093-4
(16896)

版权所有　翻印必究
如有印装质量问题，可寄本社退换
(邮政编码 100037)

丛书编写委员会

(以姓氏笔画为序)

主　编：王亚勇　江见鲸　朱炳寅　郭继武

编　委：王昌兴　何淅淅　宋振森　张惠英

　　　　李　静　李晨光　姚　谦　胡天兵

　　　　胡孔国　蒋秀根　黎　钟

"建筑结构设计及工程应用丛书"出版说明

随着我国建设事业的迅猛发展，需要越来越多素质高、实践能力强的建设人才。高等院校已为学生打下坚实的理论及其应用的基础，但从学校到社会实践还需学生向有经验的工程人员学习，并结合实践磨练和提高。在技术日新月异、专业纷繁交错的今天，即使已有一些经验的工程人员，也要不断巩固已有的理论，吸收新的知识和借鉴别人的经验。我社早年出版过一套"建筑结构基本知识丛书"，供在职的初级技术人员学习参考应用，且随着我国建筑工程技术人员水平的提高而经多次修订，但今日的要求远非昔日可比，这套丛书已不能满足今日走向社会的大学生和在职人员的需要。

为了沟通理论与实践、学校教育与社会实际，我社在清华大学、浙江大学、中国建筑科学研究院、中国建筑设计研究院等多所高等院校和研究设计单位部分具有深厚理论基础和丰富实践经验的教授和高级工程师大力支持下，对上述丛书重新组织、编写了这套"建筑结构设计及工程应用丛书"，目的是给新参加建筑结构设计的大专院校学生，以及建筑结构设计、施工、监理人员提供参考。

丛书内容本着加深对基本概念和基本理论的理解，淡化理论计算分析过程的推导，着重理论分析与工程实践的联系，尤其突出从理论、规范规定到在实际工程中的具体应用，以及对实际问题包括电算结果的判断与分析，尽量介绍一些在实践中已得到广泛应用的实用分析方法和简捷设计图表，以求指出一条通向实践的方便之路。

本丛书包括以下10个分册：
◆《钢筋混凝土结构设计及工程应用》
◆《预应力混凝土结构设计及工程应用》
◆《砌体结构设计及工程应用》
◆《钢结构设计及工程应用》
◆《轻型钢结构设计及工程应用》
◆《建筑结构抗震设计及工程应用》
◆《多高层混凝土结构设计及工程应用》
◆《建筑地基基础设计及工程应用》
◆《建筑加固与改造》
◆《工程力学》

希望本丛书的出版能对即将从事建筑结构设计的大学生给予引导，对正在从事建筑结构设计的人员进一步提高提供参考。在设计、施工专家们的支持下，我社将会组织出版更多实用的技术丛书，以满足广大工程技术人员的需要。

中国建筑工业出版社

本书是《建筑结构设计及工程应用丛书》的分册。

砌体结构在我国的工程应用中量大面广,本书为满足广大工程技术人员的工程实践需要而编写。本书不同于教科书,也不同于结构设计手册,而是将砌体结构的基本理论融于设计、计算和构造要求中。编写时力求内容系统、概念清楚、便于应用。为了引导读者掌握砌体结构的基本理论、设计方法,并能合理应用于工程设计、施工及监理实践中,对砌体结构工程有全面的认识,内容安排上主要有两个特点:第一,主要章节均有一定数量的例题并有解题小结,第11章还给出了多层砌体结构(某文化活动中心)和单层组合砖柱结构(某工厂仓库)的工程设计实例,并呈现了主要施工图;第二,对墙体材料和砌体工程的施工技术及质量验收作了详细的介绍。

全书共12章,内容包括:砌体结构墙体材料,砌体结构的计算指标,无筋砌体构件,配筋砖砌体构件,配筋砌块砌体构件,过梁、墙梁及悬挑构件的设计,砌体结构房屋墙体设计,砌体结构构件抗震设计,砌体结构设计实例,砌体工程的施工技术及质量验收。

本书第1~9章由张惠英编写,第10、12章由邢秋顺编写,第11章及各章例题由许锦燕编写,全书经张惠英修改定稿。本书由江见鲸审定。

书中存在的不妥之处,恳请读者批评指正。

主 要 符 号

1. 材料性能

MU——块体的强度等级；

M——砂浆的强度等级；

Mb——混凝土砌块砌筑砂浆的强度等级；

C——混凝土的强度等级；

Cb——混凝土砌块灌孔混凝土的强度等级；

f_1——块体的抗压强度等级值或平均值；

f_2——砂浆的抗压强度平均值；

f、f_k——砌体的抗压强度设计值、标准值；

f_g——单排孔且对孔砌筑的混凝土砌块灌孔砌体抗压强度设计值（简称灌孔砌体抗压强度设计值）；

f_{vg}——单排孔且对孔砌筑的混凝土砌块灌孔砌体抗剪强度设计值（简称灌孔砌体抗剪强度设计值）；

f_t、$f_{t,k}$——砌体的轴心抗拉强度设计值、标准值；

f_{tm}、$f_{tm,k}$——砌体的弯曲抗拉强度设计值、标准值；

f_v、$f_{v,k}$——砌体的抗剪强度设计值、标准值；

f_{VE}——砌体沿阶梯形截面破坏的抗震抗剪强度设计值；

f_n——网状配筋砖砌体的抗压强度设计值；

f_y、f_y'——钢筋的抗拉、抗压强度设计值；

f_c——混凝土的轴心抗压强度设计值；

E——砌体的弹性模量；

E_c——混凝土的弹性模量；

G——砌体的剪变模量。

2. 作用和作用效应

N——轴向力设计值；

N_l——局部受压面积上的轴向力设计值、梁端支承压力；

N_0——上部轴向力设计值；

N_t——轴心拉力设计值；

M——弯矩设计值；

M_r——挑梁的抗倾覆力矩设计值；

M_{ov}——挑梁的倾覆力矩设计值；

V——剪力设计值；

F_1——托梁顶面上的集中荷载设计值；

Q_1——托梁顶面上的均布荷载设计值；
Q_2——墙梁顶面上的均布荷载设计值；
σ_0——水平截面平均压应力。

3. 几何参数

A——截面面积；
A_b——垫块面积；
A_C——混凝土构造柱的截面面积；
A_l——局部受压面积；
A_n——墙体净截面面积；
A_0——影响局部抗压强度的计算面积；
A_s、A_s'——受拉、受压钢筋的截面面积；
a——边长、梁端实际支承长度、距离；
a_i——洞口边至墙梁最近支座中心的距离；
a_0——梁端有效支承长度；
a_s、a_s'——纵向受拉、受压钢筋重心至截面近边的距离；
b——截面宽度、边长；
b_c——混凝土构造柱沿墙长方向的宽度；
b_f——带壁柱墙的计算截面翼缘宽度、翼墙计算宽度；
b_f'——T形、倒 L 形截面受压区的翼缘计算宽度；
b_s——在相邻横墙、窗间墙之间或壁柱间的距离范围内的门窗洞口宽度；
c、d——距离；
e——轴向力的偏心距；
H——墙体高度、构件高度；
H_i——层高；
H_0——构件的计算高度、墙梁跨中截面的计算高度；
h——墙厚、矩形截面较小边长、矩形截面的轴向力偏心方向的边长、截面高度；
h_b——托梁高度；
h_0——截面有效高度、垫梁折算高度；
h_T——T形截面的折算厚度；
h_W——墙体高度、墙梁墙体计算截面高度；
l——构造柱的间距；
l_0——梁的计算跨度；
l_n——梁的净跨度；
I——截面惯性矩；
i——截面的回转半径；
s——间距、截面面积矩；
x_0——计算倾覆点到墙外边缘的距离；
u_{max}——最大水平位移；
W——截面抵抗矩；

y——截面重心到轴向力所在偏心方向截面边缘的距离；

z——内力臂。

4. 计算系数

α——砌块砌体中灌孔混凝土面积和砌体毛面积的比值、修正系数、系数；

α_M——考虑墙梁组合作用的托梁弯矩系数；

β——构件的高厚比；

$[\beta]$——墙、柱的允许高厚比；

β_v——考虑墙梁组合作用的托梁剪力系数；

γ——砌体局部抗压强度提高系数；

γ_a——调整系数；

γ_f——结构构件材料性能分项系数；

γ_0——结构重要性系数；

γ_{RE}——承载力抗震调整系数；

δ——混凝土砌块的孔洞率、系数；

ζ——托梁支座上部砌体局压系数；

ζ_c——芯柱参与工作系数；

ζ_s——钢筋参与工作系数；

η_i——房屋空间性能影响系数；

η_c——墙体约束修正系数；

η_N——考虑墙梁组合作用的托梁跨中轴力系数；

λ——计算截面的剪跨比；

μ——修正系数、剪压复合受力影响系数；

μ_1——自承重墙允许高厚比的修正系数；

μ_2——有门窗洞口墙允许高厚比的修正系数；

μ_c——设构造柱墙体允许高厚比提高系数；

ξ——截面受压区相对高度、系数；

ξ_b——受压区相对高度的界限值；

ξ_1——翼墙或构造柱对墙梁墙体受剪承载力影响系数；

ξ_2——洞口对墙梁墙体受剪承载力影响系数；

ρ——混凝土砌块砌体的灌孔率、配筋率；

ρ_s——按层间墙体竖向截面计算的水平钢筋面积率；

φ——承载力的影响系数；

φ_n——网状配筋砖砌体构件的承载力的影响系数；

φ_0——轴心受压构件的稳定系数；

φ_{com}——组合砖砌体构件的稳定系数；

ψ——折减系数；

ψ_M——洞口对托梁弯矩的影响系数。

目录

第1章 概述 ··· 1
1.1 砌体结构的发展简况 ··· 1
1.2 砌体结构的特点及应用范围 ··· 4
1.3 砌体结构的发展趋势 ··· 5

第2章 砌体结构墙体材料的类别、强度等级及选用 ··················· 7
2.1 砖 ·· 7
2.2 砌块 ·· 15
2.3 石材 ·· 18
2.4 砂浆 ·· 19
2.5 混凝土砌块灌孔混凝土 ·· 20
2.6 墙体材料的选用 ·· 20

第3章 砌体结构的计算指标 ··· 22
3.1 砌体结构的种类 ·· 22
3.2 砌体的抗压强度 ·· 24
3.3 砌体的轴心抗拉、弯曲抗拉及抗剪强度 ································· 32
3.4 砌体强度设计值的调整系数 ·· 36
3.5 砌体的弹性模量、线膨胀系数、收缩系数和摩擦系数 ···················· 37

第4章 砌体结构设计方法 ··· 40
4.1 砌体结构的设计使用年限和安全等级 ···································· 40
4.2 砌体结构的极限状态设计 ·· 41

第5章 无筋砌体构件 ··· 43
5.1 无筋砌体受压构件 ·· 43
5.2 无筋砌体轴心受拉、受弯、受剪构件 ··································· 48
5.3 无筋砌体局部受压 ·· 50
5.4 无筋砌体构件计算例题 ·· 56

第6章 配筋砖砌体构件 ··· 65
6.1 网状配筋砖砌体构件 ·· 65
6.2 组合砖砌体构件 ··· 69
6.3 组合砖墙 ·· 73
6.4 配筋砖砌体构件计算例题 ·· 74

第7章 配筋砌块砌体构件 ··· 80
7.1 配筋混凝土砌块砌体的概述 ··· 80
7.2 配筋混凝土砌块砌体的正截面受压承载力计算 ·············· 82
7.3 配筋混凝土砌块砌体剪力墙的斜截面受剪承载力计算 ···· 86
7.4 配筋混凝土砌块砌体剪力墙连梁的承载力 ···················· 88
7.5 配筋混凝土砌块砌体的构造规定 ·································· 89
7.6 配筋砌块砌体构件计算例题 ··· 92

第8章 过梁、墙梁及悬挑构件的设计 ··· 96
8.1 过梁的设计 ·· 96
8.2 墙梁的设计 ·· 101
8.3 悬挑构件的设计 ··· 115

第9章 砌体结构房屋墙体设计 ·· 124
9.1 砌体结构房屋墙体的承重体系 ····································· 124
9.2 砌体结构房屋的静力计算方案 ····································· 129
9.3 墙、柱的高厚比验算 ·· 133
9.4 刚性方案多层房屋墙体承载力计算 ······························ 137
9.5 墙体的构造措施 ··· 140

第10章 砌体结构构件抗震设计 ·· 149
10.1 无筋砌体构件的抗震验算 ·· 149
10.2 配筋砖砌体构件的抗震验算 ······································· 151
10.3 配筋砌块砌体的抗震计算 ·· 152
10.4 多层砌体结构的抗震构造措施 ···································· 160
10.5 砌体抗震构件计算例题 ··· 165

第11章 砌体结构设计实例 ··· 171
11.1 多层砖砌体房屋(某文化活动中心)的结构设计 ············· 171
11.2 多层砖砌体房屋施工图 ··· 196
11.3 单层组合砖柱厂房(某工厂仓库)的结构设计 ················ 202

第12章 砌体工程的施工技术及质量验收 ········ 215
12.1 基本规定 ········ 215
12.2 砌筑砂浆 ········ 218
12.3 砖砌体工程的施工技术及质量验收 ········ 220
12.4 混凝土小砌块砌体工程的施工技术及质量验收 ········ 227
12.5 配筋砌体工程的施工技术及质量验收 ········ 232
12.6 冬期施工 ········ 237

参考文献 ········ 240

第1章 概述

1.1 砌体结构的发展简况

1.1.1 砌体结构的范畴

砌体结构系指其承重构件是由各种块材和砂浆砌筑而成的结构。

块材有天然的石材、人工制造的砖和砌块。砂浆有天然的胶泥和人工制造的砂浆。按照承重结构所用块材种类的不同又分别称为石砌体结构、砖砌体结构和砌块砌体结构。砖、石砌体结构又习称为砖石结构。因此，砌体结构的范畴是砖石结构和砌块结构。

本书重点介绍砖砌体结构和砌块结构。

1.1.2 砌体结构的发展简况

1. 砌体结构历史悠久

砌体结构是人类最古老的一门建筑技术。它最早主要用于建造城墙、佛塔、宫殿、墓穴、石桥等。我国的砌体结构有着悠久的历史和辉煌的记录，早在5000年前就建造有石砌祭坛和石砌围墙，人们生产和使用烧结砖也有3000年以上的历史。建于公元523年(北魏时期)的河南登封嵩岳寺塔(图1.1-1)，高约40m的砖砌密檐式塔，为12边形平面的筒体结构；建于隋大业年间(公元605~618年)的河北赵县安济桥(赵州桥)(图1.1-2)，净跨为37.37m，全长50.82m、宽约9m、拱高7.2m，为世界上最早的空腹式拱桥，它结构合理、造型美观；以及举世闻名的万里长城，均是砖石结构的代表作。古埃及(约公元前2723~2563年间)建成的三座大金字塔，均为正方锥体，其中最大的胡夫金字塔(图1.1-3)，高146.6m、底边长230.6m，是用200多万块重约2.5t的巨大石块砌筑而成；约在公元70~82年采用块石结构建成的罗马大角斗场，平面为椭圆形，长轴180m、短轴156.4m、高48.5m(4层)；公元6世纪在君士坦丁堡建成的圣索菲亚大教堂(图1.1-4)；均为具有很高技术水平的砖砌体结构。

图1.1-1 河南登封嵩岳寺塔

图 1.1-2　河北赵县安济桥(赵州桥)　　　　　图 1.1-3　胡夫金字塔

图 1.1-4　圣索菲亚大教堂

2. 砌体结构在我国的发展

20 世纪 50 年代后，我国的砌体结构得到很大发展。建造了大量砖石建筑物，有住宅、商店、办公楼、教学楼和中小型工业厂房。建筑材料的生产和研发得到了重视，在材料方面，研制了粉煤灰和煤矸石烧结砖、煤渣砖、灰砂砖、混凝土空心砌块、空心砖和多孔砖等。在技术方面，采用配筋砌体、砖和钢筋混凝土组合砌体、预应力空心砖楼板等。1976 年唐山大地震后，总结了惨痛的教训，加强了砌体结构抗震性能的研究，完善了砌体房屋的抗震措施，扩大了砌体结构的适用范围。然而黏土砖浪费能源、耗费耕地以及污染环境等的矛盾也日益突显，对我国这样一个土地资源严重紧缺的国家来说，大量使用黏土砖不仅严重影响农业生产，而且对环境保护极为不利。

20 世纪后期，我国大力发展新型建材，以达到节约能源、节约运力、节约土地、增加使用面积、提高抗震性能、提高人民生活水平的目标。在很多地区，特别是大中城市，都相继出台了限制或禁止使用实心黏土砖的多项措施。新型环保绿色建材的生产规模不断扩大，利用工业废料烧制的空心砖、多孔砖，硅酸盐砖，混凝土小型空心砌块，粉煤灰砌块等正逐步取代黏土砖而成为主要墙体材料。

3. 混凝土砌块结构的发展

混凝土砌块结构是在砖结构的基础上发展起来的，用混凝土取代黏土。它既保留了砖结构取材广泛、施工方便、造价较低的优点，又具有强度较高、延性较好的钢筋混凝土结构的特性，特别是配筋混凝土砌块结构的推出，使得混凝土砌块结构得到广泛的应用。近些年来，混凝土小型空心砌块已经是我国新型墙体材料中的一种主导材料。

(1) 国外混凝土砌块的发展

混凝土空心砌块起源于美国，第二次世界大战后混凝土砌块的生产和应用技术传至美洲和欧洲的一些国家，继而又传至亚洲、非洲及大洋洲。空心砌块在美国的成功生产和应用，带动了其他各国空心砌块的发展，并逐渐成为世界性新型墙体材料，得到了普遍应用。德国、英国、美国等一些国家 20 世纪 70 年代砌块产量就接近或超过砖的产量。德国 1970 年生产普通砖 75 亿块，生产砌块在体积上相当于砖 74 亿块；英国 1976 年生产砖 60

亿块，砌块 67 亿块；美国 1974 年生产砖 73 亿块，砌块 370 亿块。

自美国开始使用配筋混凝土砌块砌体结构以来，在国外多层和高层建筑中已得到了大量的应用。美国 1952 年建成的 26 栋 6 至 13 层美退伍军人医院，1966 年在圣地亚哥 9 度区建成的 8 层海纳雷旅馆，及在洛杉矶建成的 19 层公寓，均成功地经受了强烈地震的考验，体现了配筋砌块建筑的良好抗震性能。1990 年 5 月，在位于 7 度区的拉斯维加斯，4 栋 28 层配筋砌块旅馆已建成。

美国、英国、加拿大、澳大利亚、德国、新西兰等国均对配筋砌块砌体进行了大量的研究及工程实践，并颁布施行了相应的法规。国际标准化协会砌体结构委员会 ISO/TC 179 于 1981 年成立，下设 SC1、SC2、SC3 三个分技术委员会，1981 年我国被推选为 SC2 的秘书国。

（2）国内混凝土砌块的发展

自 20 世纪 60 年代，混凝土小型空心砌块在我国南方逐步得到推广应用，取得了显著的社会效益和经济效益，并由南方推向北方，由低层推向多层甚至中高层。在山东、浙江、上海等地相继建造了一批多层混凝土小型空心砌块住宅楼，辽宁本溪市用煤矸石混凝土砌块配筋建造了一批 10 层住宅楼。广西南宁在 1983 年和 1986 年建造了配筋砌块 10 层住宅楼和 11 层办公楼试点房屋，1997 年，根据科研人员试验研究，以及设计及施工人员的努力，在辽宁盘锦市建成了一栋 15 层配筋砌块剪力墙住宅楼，所用 MU20 砌块是由美国引进的砌块成型机生产。1998 年，在上海建成一栋配筋砌块剪力墙 18 层塔楼，所用 MU20 砌块也是由美国引进的砌块成型机生产的。2000 年，抚顺也建成一栋 6.6m 大开间 12 层配筋砌块剪力墙板式住宅楼。尔后，砌块建筑在哈尔滨、大庆地区的多层及中高层建筑中得到了推广应用与发展。

混凝土小型空心砌块作为墙体改革的主要材料之一，近年来应用越来越广泛，在大量试验和工程实践的基础上，建立了具有我国特点的配筋混凝土砌块砌体剪力墙结构体系，拓宽了砌体结构在高层房屋及抗震设防地区的应用，并纳入了 2001 版的砌体规范。但砌体规范中对砌块砌体建筑在高烈度区的高度和层数的严格限制，又制约了其推广及应用。因此，还开展了对混凝土小型空心砌块砌体结构在 8 度区中高层房屋中应用的研究。属 8 度抗震设防区的北京市，在墙改办的支持下，积极开展了此项工作，并于 2005 年建成了试点工程。该试点工程为 10 层配筋小砌块高层住宅建筑，檐口高度 30m，是全国范围内高烈度（8 度）区利用配筋砌块砌体建造的第一座高层建筑。

我国于 1988 年承担了国际标准化组织砌体结构技术委员会之配筋砌体委员会（ISO/TC 179/SC2）秘书处工作，开始主持编写《配筋砌体结构设计规范》ISO/DIS 9652—3 国际标准，并于 20 世纪末期完成。参编的有英、美、德等国，它集中反应了当代配筋砌体的设计及施工技术。

目前，混凝土空心砌块已成为世界各国的主导性墙体材料，且从全世界发展趋势看，空心砌块将会得到更大规模的发展。

4. 我国砌体结构的规范、规程

（1）砌体规范

前苏联 20 世纪 40 年代开始进行了较多的试验研究，提出了一些计算方法并制定了设计规范。我国在 1956 年引入了前苏联的砖石结构设计规范。

1973年，我国颁布了自己的《砖石结构设计规范》GBJ 3—73，这是我国总结本国工程实践经验的第一部砖石结构设计规范。

1988年，依据大批数据和科研成果，修订颁布了《砌体结构设计规范》GBJ 3—1988，1988版制定的依据是《建筑结构设计统一标准》GBJ 68—84，采用了以概率理论为基础的极限状态状态设计方法，并以分项系数的设计表达式进行计算；1988版中不仅包括了砖石结构，还补充了混凝土中、小型砌块房屋的设计，故改称为砌体结构设计规范；并修改了配筋砌体的计算公式等。

2002年，《砌体结构设计规范》GB 50003—2001正式颁布施行，2001版引入了近年来蒸压灰砂砖、蒸压粉煤灰砖、轻集料混凝土砌块及混凝土小型空心砌块灌孔砌体的计算指标；根据《建筑结构可靠度设计统一标准》GB 50068—2001对砌体结构的可靠度作了适当的调整；引进了施工质量控制等级；增加了配筋砌块剪力墙结构的设计方法；增加了砌体结构构件的抗震设计等。

（2）混凝土砌块规程

几十年来，设计及施工单位积累了丰富的混凝土小型空心砌块砌体的实践经验，科研单位对小砌块墙体静力和动力性能进行了深入的科学研究，小砌块砌体规程主要有如下历程。

1982年，原国家建工总局制定了《混凝土空心小型砌块建筑设计与施工规程》JGJ 14—82。

1995年制定了《混凝土小型空心砌块建筑技术规程》JGJ/T 14—95。1995版主要增补了轻骨料混凝土小砌块的设计及施工内容；增补了小砌块抗震的构造措施及施工要求。

2004年修改了1995年规程，制定了《混凝土小型空心砌块建筑技术规程》JGJ/T 14—2004/J 361—2004。2004版主要增加了混凝土小型空心砌块建筑节能设计；增补了防渗、抗裂、抗震措施；补充了施工及验收要求。

1.2 砌体结构的特点及应用范围

砌体结构在我国得到广泛应用，它有着明显的优点，同时也有显著的缺点，因此有它一定的应用范围。

1.2.1 砌体结构的特点

1. 砌体结构的主要优点

（1）便于就地取材，可利用工业废料。

（2）技术性能好，耐久性、耐火性好，且具有较好的保温隔热性能。

（3）施工简便，便于操作，易普及推广。

（4）经济性好，造价较低。

2. 砌体结构的主要缺点

（1）强度低，材料用量多，自重较大。

（2）砌筑工作繁重，质量保证有难度。

（3）砂浆和块材间的粘结力较弱，无筋砌体的抗拉、抗弯、抗剪强度很低，抗压强度较高，不宜用于抗拉、抗弯、抗剪的构件，砌体的抗震性能较差。若采用配筋砌体将会大大改善砌体的受力性能。

(4) 黏土砖由于在我国绝大多数地区是造砖毁田,已属禁用或限用墙体材料。

1.2.2 砌体结构的应用范围

砌体结构具有的优缺点,决定了它的应用范围。长期的工程实践也表明,砌体结构适用于以受压为主的结构,以及便于就地取材的结构,综合归纳如下(对于配筋砌体可以适当扩大应用范围):

1. 民用建筑物中的墙体、柱、基础、过梁、地沟等;
2. 中小型工业建筑物中的墙体、柱、基础,工业构筑物中的烟囱、水池、水塔、中小型储仓等;
3. 交通工程中的拱桥、隧道、涵洞、挡土墙等;
4. 水利工程中的石坝、渡槽、围堰等。

1.3 砌体结构的发展趋势

我国是应用砌体结构的大国。随着现代化建设事业的发展,人民生活水平的提高,对基本建设的质量、节能、环保等要求也越来越高,基本建设的规模越来越大,工程量越来越多,尤其是中小城市和农村的基本建设中,砌体结构仍将占有相当大的比例。多年来,特别是 20 世纪 90 年代改革开放以来,广大工程技术人员做出了不懈的努力,开发了新型墙体材料,引进或自建了相当数量且具有当代国际先进水平的新型材料生产线,扩大了生产规模,新型墙体材料的品种、技术不断涌现,其产品质量、使用功能等都有很大提高。但是,砌体结构的应用和发展还不平衡、不完善,还需要开展以下几方面的工作,以达到发挥砌体结构的优势,克服砌体结构的缺点,完善砌体结构、扩大砌体结构的应用范围之目的,使砌体结构能够可持续发展。

1.3.1 大力发展新型砌体结构的材料

发展新型建材的原则是:节能、节土、充分利用废料,保护生态环境,实现可持续发展。同时要开发系列化、功能多样化的产品,提高新型建材的整体配套水平。

1. 应大力发展轻质高强以非黏土为原料的各种多孔砖、空心砖、空心砌块。例如:烧结砖的主要原料采用粉煤灰、煤矸石、淤泥及建筑垃圾等;蒸压硅酸盐砖的主要原料也可使用粉煤灰、矿渣等工业废料;达到高掺量(掺加废渣 50% 以上)、高孔洞率(孔洞率 25% 以上),这样的产品实现了变废为宝、减轻自重、保温隔热性能好、节约能源、保证可持续发展。

2. 应大力发展轻质、高强、保温、隔热、防火等复合型产品。现在还没有任何一种材料可以同时具有上述功能的,因此,需要开发、研制具有上述功能的复合型产品,以满足砌体结构的功能要求。例如,北京生产的保温、承重、装饰三合一的混凝土小型空心砌块,保温材料是 50mm 厚的聚苯乙烯泡沫塑料板,面料为各种喷涂料或彩石。

3. 应大力发展系列化、装饰化产品,形成配套产品,以适应不同建筑气候区、不同抗震设防烈度、不同建筑结构、不同部位、不同功能的需求。例如,北京金阳生产的适用于非严寒地区、8 度及以下抗震设防烈度、低层和多层居住建筑的混凝土小型空心砌块,有承重砌块、装饰砌块、承重装饰合一砌块;用于围护墙、填充墙、内隔墙的轻质混凝土砌块；强度等级有 MU10、MU15、MU20；其种类有主砌块、辅砌块、拐角砌块，尺寸规格（长、宽、高）也各不相同，长度有 90mm、190mm、290mm 和 390mm，宽度有 90mm、140mm、190mm、240mm 和 280mm，高度有 90mm 和 190mm 等，可以满足单模和双模建筑模数。

1.3.2 大力发展新技术、新工艺、新设备

1. 发展配筋砌体、组合砌体结构等新结构形式或体系，提高砌体的抗弯、抗剪、抗震性能，可以突破现行规范对高度、层数的限制，扩大砌体结构的应用范围。例如，《砌体结构设计规范》GB 50003—2001 新增了配筋砌块剪力墙结构的设计方法，使新修建中高层甚至高层配筋砌体结构成为可能。然而，规范中对 8 度设防区的混凝土砌块建筑高度及层数(18m，6 层)的严格要求，限制了混凝土砌块在中高层建筑中的应用。北京市为 8 度抗震设防区，采用构造柱结合芯柱的剪力墙结构体系，于 2005 年在北京建成了高度 30m、10 层的配筋小砌块中高层住宅建筑，突破了规范对 8 度区、18m、6 层的限制。但是，还需进一步开展相关的研究及工程实践，离纳入规范还有差距。

2. 发展预应力技术，在混凝土构造柱、芯柱或圈梁、水平条带中施加预应力，可增加砌体的约束作用，延缓砌体的开裂，提高砌体的开裂荷载及极限荷载，增强砌体的抗震性能。

3. 我国的建筑业中加固改造的比例越来越大，加固改造的砌体结构也数量较大，特别是历史遗留下来的保护性文物建筑大多是砌体结构。因此，还应大力开展既有砌体结构加固、改造、修复方面的工作，如检测技术、加固修复新材料及新施工技术。

4. 发展技术先进的生产工艺和装备，使性能优良的环保产品实现生产的规模化、配套化，得到推广和使用。

1.3.3 制定或完善相应的规范规程

1. 由于我国是发展中国家，墙体材料正处于发展期，科研、设计、施工等众多工作者仍在进行相关的研究及工程实践，在总结经验、积累资料的基础上，现行的规范还需增补及修订，以使规范进一步完善。一般说来，每隔 5~10 年规范就修订一次。

2. 我国地域辽阔，各地原材料差异较大，墙体材料种类较多，全国统一的规范不能涵盖时，为了设计施工使用的方便，各地各行业宜根据地方情况或产品特点制定相应的规范规程。例如：为了推进杭州地区全面推广应用混凝土小型空心砌块，吸取了多年的科研成果，总结杭州地区历年来试点工程的经验，结合本地区多雨的特点，解决混凝土小型空心砌块建筑应用中常见墙体裂缝、渗漏等问题，制定了《杭州地区混凝土小型空心砌块房屋建筑技术暂行规定》CJS 001—2003，适用于杭州地区多层、低层混凝土小型空心砌块房屋。

第2章 砌体结构墙体材料的类别、强度等级及选用

2.1 砖

2.1.1 烧结砖

烧结砖有烧结普通砖、烧结多孔砖和烧结空心砖三种。烧结砖有明显的污染环境的缺点，不符合建筑节能的要求，不是未来建筑墙体材料的发展方向。但是，由于它可以利用煤矸石、粉煤灰等工业废料，可以利用生产黏土砖的设备，投资少且工艺较简单，在我国特别是经济欠发达地区还会生产使用一段时间。烧结多孔砖和烧结空心砖具有生产周期短、产量高、自重轻、节约砂浆和运输费用、保温吸声效果好的优势，正在逐步取代烧结普通砖。

1. 烧结普通砖

(1) 烧结普通砖，它是以黏土、页岩、煤矸石、粉煤灰为原料制坯干燥后烧制而成的实心或孔洞率小于25%且外形尺寸符合规定的砖。它的标准砖尺寸(长度×宽度×高度)为240mm×115mm×53mm，是全国统一的规格，如图2.1-1所示。常用的配砖规格(长度×宽度×高度)为175mm×115mm×53mm。此外还有装饰砖，装饰砖的主规格与普通砖相同，还可由供需双方确定另外的特殊规格。

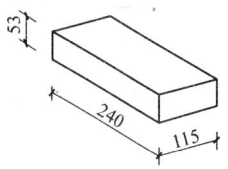

图2.1-1 标准砖

(2) 常用普通砖的强度等级有MU30、MU25、MU20、MU15、MU10。

烧结普通砖的强度等级是根据其抗压强度而定，它的评定是按照国家标准《烧结普通砖》GB/T 5101—2003 强度等级表(见表2.1-1)评定。试验方法按照国家标准《砌墙砖试验方法》GB/T 2542—2003 进行，如图2.1-2(a)所示。由表2.1-1列出的我国烧结普通砖的标准可以看出，作为合格产品砖的强度值应同时满足表中平均值、标准值、最小值的要求。

烧结普通砖的强度等级(MPa)　　　　　表2.1-1

强度等级	抗压强度平均值 $f \geq$	变异系数 $\delta \leq 0.21$ 强度标准值 $f_k \geq$	变异系数 $\delta > 0.21$ 单块最小抗压强度值 $f_{min} \geq$
MU30	30.0	22.0	25.0
MU25	25.0	18.0	22.0
MU20	20.0	14.0	16.0
MU15	15.0	10.0	12.0
MU10	10.0	6.5	7.5

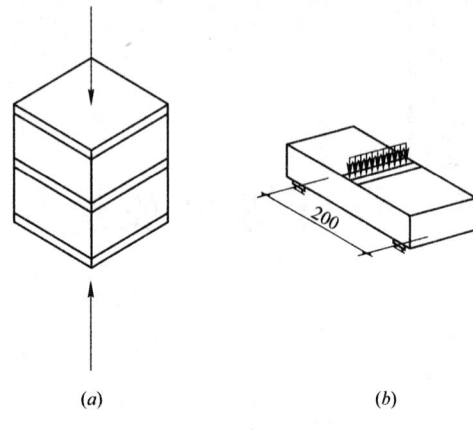

图 2.1-2 试验方法
(a)抗压试验；(b)抗折试验

(3) 烧结普通砖还应具有抗风化性能。对于属严重风化区的黑龙江、吉林、辽宁、内蒙古及新疆等地区还必须进行冻融试验，其他地区满足表 2.1-2 列出的抗风化性能的要求时可不进行冻融试验，否则，必须进行冻融试验。冻融试验后，每块砖不允许出现裂纹、分层、掉皮、缺棱、掉角等冻坏现象；质量损失不得大于 2%。

(4) 烧结普通砖的尺寸允许偏差见表 2.1-3；烧结普通砖的外观质量见表 2.1-4；烧结普通砖的其他性能见表 2.1-5。

(5) 烧结普通砖质量检验应随机抽取样本，各检验项目的抽样数量见表 2.1-6。

烧结普通砖的抗风化性能 表 2.1-2

项目 砖种类	严重风化区				非严重风化区			
	5h 煮沸吸水率≤（%）		饱和系数≤		5h 煮沸吸水率≤（%）		饱和系数≤	
	平均值	单块最大值	平均值	单块最大值	平均值	单块最大值	平均值	单块最大值
黏土砖	18	20	0.85	0.87	19	20	0.88	0.90
粉煤灰砖	21	23			23	25		
页岩砖 煤矸石砖	16	18	0.74	0.77	18	20	0.78	0.80

注：粉煤灰掺入量(体积比)小于 30% 时按黏土砖规定判定。

烧结普通砖的尺寸允许偏差(mm) 表 2.1-3

公称尺寸	优等品		一等品		合格品	
	样本平均偏差	样本极差≤	样本平均偏差	样本极差≤	样本平均偏差	样本极差≤
240	±2.0	6	±2.5	7	±3.0	8
115	±1.5	5	±2.0	6	±2.5	7
53	±1.5	4	±1.6	5	±2.0	6

烧结普通砖的外观质量(mm) 表 2.1-4

项 目		优等品	一等品	合格品
两条面高度差	不大于	2	3	4
弯曲	不大于	2	3	4
杂质突出高度	不大于	2	3	4
缺棱掉角的三个破坏尺寸	不得同时大于	5	20	30
裂纹长度	不大于			
a. 大面上宽度方向及其延伸至条面的长度		30	60	80
b. 大面上长度方向及其延伸至顶面的长度或条顶面上水平裂纹的长度		50	80	100
完整面不得少于		二条面和二顶面	一条面和一顶面	—
颜色		基本一致		

注：1. 如为装饰面施加的色差、凹凸纹、拉毛、压花等不算作缺陷。
 2. 凡有下列缺陷之一者，不得称为完整面：
 (1) 缺损在条面或顶面上造成的破坏面尺寸同时大于 10mm×10mm。
 (2) 条面或顶面上裂纹宽度大于 1mm，其长度超过 30mm。
 (3) 压陷、粘底、焦花在条面或顶面上的凹陷或凸出超过 2mm，区域尺寸同时大于 10mm×10mm。

烧结普通砖的其他性能 表 2.1-5

性　能	指　标
泛霜	优等品：无泛霜 一等品：不允许出现中等泛霜 合格品：不允许出现严重泛霜
石灰爆裂	优等品：不允许出现最大破坏尺寸大于 2mm 的爆裂区域 一等品： 　a. 最大破坏尺寸大于 2mm，且小于等于 10mm 的爆裂区域，每组砖不得多于 15 处 　b. 不允许出现最大破坏尺寸大于 10mm 的爆裂区域 合格品： 　a. 最大破坏尺寸大于 2mm 且小于等于 15mm 的爆裂区域，每组砖不得多于 15 处。其中大于 10mm 的不得多于 7 处 　b. 不允许出现最大破坏尺寸大于 15mm 的爆裂区域
欠火砖、酥砖和螺旋纹砖	不允许有
放射性物质	应符合 GB 6566—2001 的规定

烧结普通砖质量检验抽样数量 表 2.1-6

序号	检验项目	抽样数量/块	序号	检验项目	抽样数量/块
1	外观质量	50($n_1 = n_2 = 50$)	5	石灰爆裂	5
2	尺寸偏差	20	6	吸水率和饱和系数	5
3	强度等级	10	7	冻　融	5
4	泛霜	5	8	放射性	4

（6）对于强度、抗风化性能和放射性物质合格的砖，再根据尺寸偏差、外观质量、泛霜和石灰爆裂性分为优等品（A）、一等品（B）、合格品（C）三个质量等级。优等品（A）适用于清水墙和装饰墙；一等品（B）、合格品（C）可用于混水墙；中等泛霜的砖不能用于潮湿部位。

2. 烧结多孔砖

（1）烧结多孔砖，它是以黏土、页岩、煤矸石、粉煤灰为原料经焙烧而成。它的孔洞率不小于 25%，孔的尺寸小而数量多，孔形为圆孔或非圆孔，主要用于承重部位。简称为多孔砖。它的外形为直角六面体，它的长度、宽度、高度有 290mm、240mm、190mm、180mm、175mm、140mm、115mm、90mm，还可由供需双方商定。我国的多孔砖分为 P 型砖（P 表示普通）和 M 型砖（M 表示模数），P 型砖的外形尺寸主要为 240mm×115mm×90mm，M 型砖的外形尺寸主要为 190mm×190mm×90mm，此外还有半砖、七分头等配砖。如图 2.1-3 所示。

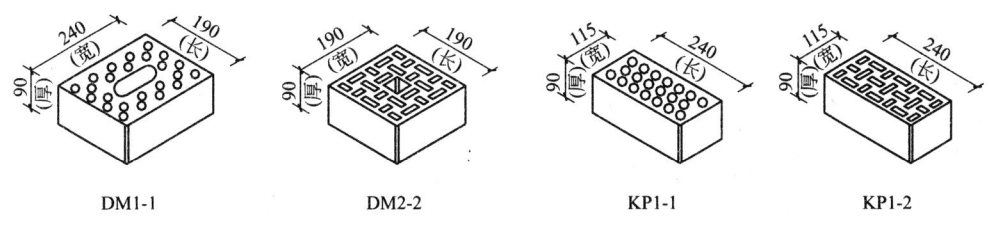

图 2.1-3 烧结多孔砖的外观示意图

（2）烧结多孔砖的强度等级的确定与烧结普通砖相同，也是根据砖的抗压强度。常用烧结多孔砖的强度等级有 MU30、MU25、MU20、MU15、MU10 共五种。

(3) 烧结多孔砖的质量检验有相应规范规定，与烧结普通砖有类似之处也有其特点，各项质量检验要求详见表 2.1-7～表 2.1-12。

烧结多孔砖的强度等级　　　　　　　　　　　　　表 2.1-7

强度等级	抗压强度平均值 $\bar{f}\geqslant$	变异系数 $\delta\leqslant 0.21$ 强度标准值 $f_k\geqslant$	变异系数 $\delta>0.21$ 单块最小抗压强度值 $f_{min}\geqslant$
MU30	30.0	22.0	25.0
MU25	25.0	18.0	22.0
MU20	20.0	14.0	16.0
MU15	15.0	10.0	12.0
MU10	10.0	6.5	7.5

烧结多孔砖的抗风化性能　　　　　　　　　　　　表 2.1-8

砖种类 \ 项目	严重风化区 5h煮沸吸水率≤(%) 平均值	严重风化区 5h煮沸吸水率≤(%) 单块最大值	严重风化区 饱和系数≤ 平均值	严重风化区 饱和系数≤ 单块最大值	非严重风化区 5h煮沸吸水率≤(%) 平均值	非严重风化区 5h煮沸吸水率≤(%) 单块最大值	非严重风化区 饱和系数≤ 平均值	非严重风化区 饱和系数≤ 单块最大值
黏土砖	21	23	0.85	0.87	23	25	0.88	0.90
粉煤灰砖	23	25	0.85	0.87	30	32	0.88	0.90
页岩砖	16	18	0.74	0.77	18	20	0.78	0.80
煤矸石砖	19	21	0.74	0.77	21	23	0.78	0.80

注：粉煤灰掺入量(体积比)小于30%时按黏土砖规定判定。

烧结多孔砖尺寸允许偏差(mm)　　　　　　　　　　表 2.1-9

尺寸	优等品 样本平均偏差	优等品 样本极差≤	一等品 样本平均偏差	一等品 样本极差≤	合格品 样本平均偏差	合格品 样本极差≤
290、240	±2.0	6	±2.5	7	±3.0	8
190、180、175、140、115	±1.5	5	±2.0	6	±2.5	7
90	±1.5	4	±1.7	5	±2.0	6

烧结多孔砖的外观质量要求　　　　　　　　　　　　表 2.1-10

项目	优等品	一等品	合格品
1. 颜色(一条面和一顶面)	一致	基本一致	—
2. 完整面　　　　　　　不得少于	一条面和一顶面	一条面和一顶面	—
3. 缺棱掉角的三个破坏尺寸　不得同时大于	15	20	30
4. 裂纹长度　　　　　　　不大于			
a. 大面上深入孔壁15mm以上宽度方向及其延伸至条面的长度	60	80	100
b. 大面上深入孔壁15mm以上长度方向及其延伸到顶面的长度	60	100	120
c. 条顶面上的水平裂纹	80	100	120
5. 杂质在砖面上造成的凸出高度　不大于	3	4	5

注：1. 如为装饰而施加的色差、凹凸纹、拉毛、压花等不算缺陷。
　　2. 凡有下列缺陷之一者，不得称为完整面：
　　　(1) 缺损在条面或顶面上造成的破坏面尺寸同时大于20mm×30mm。
　　　(2) 条面或顶面上裂纹宽度大于1mm，其长度超过70mm。
　　　(3) 压陷、焦花、粘底在条面或顶面上的凹陷或凸出超过2mm，区域尺寸同时大于20mm×30mm。

烧结多孔砖的孔型、孔洞率及孔洞排列　　　　表 2.1-11

产 品 等 级	孔 型	孔洞率(%)≥	孔 洞 排 列
优 等 品	矩形条孔或矩形孔	25	交错排列，有序
一 等 品	矩形条孔或矩形孔		交错排列，有序
合 格 品	矩形孔或其他孔型		—

注：1. 所有孔宽 b 应相等，孔长 $L\leqslant50$mm。
　　2. 孔洞排列上下：左右应对称，分布均匀，手抓孔的长度方向尺寸必须平行于砖的条面。
　　3. 矩形孔的孔长 L、孔宽 b 满足式 $L\geqslant3b$ 时，为矩形条孔。

烧结多孔砖泛霜和石灰爆裂的质量要求　　　　表 2.1-12

项　　目	优等品	一等品	合格品
泛霜（每块砖样应符合）	无泛霜	不允许出现中等泛霜	不允许出现严重泛霜
石灰爆裂	不允许出现最大破坏尺寸大于2mm的爆裂区域	1. 最大破坏尺寸大于2mm且小于或等于10mm的爆裂区域，每组砖样不得多于15处。 2. 不允许出现最大破坏尺寸大于10mm的爆裂区域	1. 最大破坏尺寸大于2mm且小于或等于15mm的爆裂区域，每组砖样不得多于15处。其中大于10mm的不得多于7处 2. 不允许出现最大破坏尺寸大于15mm的爆裂区域

烧结多孔砖的抗风化性能，要求严重风化区中的东北三省及内蒙古、新疆等地区必须进行冻融试验，其他地区砖的抗风化性能应符合表 2.1-8 的有关规定，否则必须进行冻融试验。

（4）对于强度、抗风化性能合格的砖，再根据尺寸偏差、外观质量、孔型孔洞排列、泛霜和石灰爆裂性分为优等品(A)、一等品(B)、合格品(C)三个质量等级。

3. 烧结空心砖

它是以黏土、页岩、煤矸石、粉煤灰为原料经焙烧而成。它的孔洞率不小于40%，孔大而少，孔形为矩形条孔或其他孔形，且平行于大面和条面。主要用于填充墙和隔断墙等非承重部位。如图 2.1-4 所示。它的外形为直角六面体，其尺寸有：290mm×190mm×90mm 和 240mm×180mm×115mm 两种。

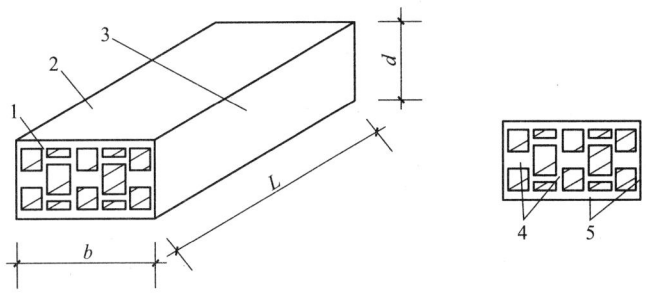

图 2.1-4　烧结空心砖和空心砌块示意图
1—顶面；2—大面；3—条面；4—肋；5—壁
L—长度；b—宽度；d—高度

常用烧结空心砖的强度等级有 MU10.0、MU7.5、MU5.0、MU3.5、MU2.5。

烧结空心砖的体积密度有 800、900、1000、1100（kg/m³）四个密度级别。每个密度级别根据孔洞排列及其结构、尺寸偏差、外观质量、强度和物理性能（泛霜、石灰爆裂、吸水率）分为优等品（A）、一等品（B）、合格品（C）三个质量等级。

烧结空心砖的质量检验项目及要求另见相应规定，此处不再赘述。

2.1.2 非烧结砖

这里介绍的是非烧结硅酸盐砖。硅酸盐砖是以硅质原料为主要原料，掺加适量集料和石膏，制坯养护等工艺而成。按照养护方式的不同可划分为：蒸压砖、蒸养砖和自养砖。

经高压蒸汽养护硬化而制成的砖制品，称之为蒸压砖。例如蒸压灰砂砖、蒸压灰砂多孔砖和蒸压灰砂空心砖、蒸压粉煤灰砖。

经常压蒸汽养护硬化而制成的砖制品，称之为蒸养砖，例如蒸养页岩砖、蒸养矿渣砖。

以自然养护制成的砖制品，称之为自养砖，例如自养粉煤灰砖、自养煤渣砖。

与《砌体结构设计规范》GB 50003—2001 中的材料相应，下文仅介绍应用较多的蒸压灰砂砖和蒸压粉煤灰砖，它们都属硅酸盐砖。根据其建材指标，此两种砖不得用于长期受热 200℃以上、受急冷急热和有酸性介质侵蚀的建筑部位，MU15 和 MU15 以上的蒸压灰砂砖可用于基础及其他建筑部位，蒸压粉煤灰砖用于基础或用于受冻融和干湿交替作用的建筑部位必须使用一等以上的砖。

1. 蒸压灰砂砖

蒸压灰砂砖是以石灰和砂为主要原料，掺入少量颜料和外加剂，经坯料制备、压制成型、蒸压养护而成的砖。因此，外观上有彩色和本色蒸压灰砂砖。从内部是否实心又分为蒸压灰砂实心砖（简称灰砂砖）、蒸压灰砂空心砖。

砌体规范中蒸压灰砂砖指的是蒸压灰砂实心砖。

（1）蒸压灰砂实心砖（简称灰砂砖），蒸压灰砂实心砖的外形为直角六面体，标准砖尺寸（长×宽×高，mm）：240×115×53；还有 240×115×103、240×103×180、400×115×53 等几种规格的产品。

蒸压灰砂实心砖的强度等级有 MU25、MU20、MU15、MU10 四个等级。蒸压灰砂实心砖的强度等级根据其抗压强度和抗折强度（图 2.1-2 而评定），见表 2.1-13 蒸压灰砂砖的力学性能表。

蒸压灰砂砖的力学性能（MPa）　　　表 2.1-13

强度等级	抗压强度		抗折强度	
	平均值不小于	单块值不小于	平均值不小于	单块值不小于
MU25	25.0	20.0	5.0	4.0
MU20	20.0	16.0	4.0	3.2
MU15	15.0	12.0	3.3	2.6
MU10	10.0	8.0	2.5	2.0

注：优等品的强度等级不得小于 MU15。

抗冻性指标见表 2.1-14。即经冻融试验后，产品满足以下规定者为合格：抗压强度降低不得超过 20%；单块砖的干质量损失不超过 2%。

蒸压灰砂砖的抗冻性指标　　　　　　　　　　　　　　　　　　　　　表 2.1-14

强度等级	冻后抗压强度(MPa)平均值不小于	单块砖的干质量损失(%)不大于
MU25	20.0	2.0
MU20	16.0	2.0
MU15	12.0	2.0
MU10	8.0	2.0

注：优等品的强度等级不得小于 MU15。

表 2.1-15 为蒸压灰砂砖的尺寸偏差和外观质量要求。

蒸压灰砂砖的尺寸偏差和外观　　　　　　　　　　　　　　　　　　　表 2.1-15

项目			指标		
			优等品	一等品	合格品
尺寸允许误差/mm	长度	L	±2	±2	±3
	宽度	B	±2		
	高度	H	±1		
缺棱掉角	个数，不多于(个)		1	1	2
	最大尺寸不得大于(mm)		10	15	20
	最大尺寸不得大于(mm)		5	10	10
对应高度差不得大于(mm)			1	2	3
裂纹	条数，不多于(条)		1	1	2
	大面上宽度方向及其延伸到条面的长度不得大于(mm)		20	50	70
	大面上长度方向及其延伸到顶面上的长度或条、顶面水平裂纹的长度不得大于(mm)		30	70	100

注：颜色应基本一致，无明显色差，但对本色灰砂砖不作规定。

根据尺寸偏差和外观质量、强度及抗冻性将砖分为：优等品(A)、一等品(B)、合格品(C)三个质量等级。其中优等品(A)的强度等级应不低于 MU15。

(2) 蒸压灰砂空心砖，根据国家标准规定，孔洞率大于 15% 的蒸压灰砂砖称为蒸压灰砂空心砖。孔洞为垂直于大面的圆形或其他孔形。标准砖尺寸(长×宽×高，mm)：240×115×53；还有 240×115×90、240×115×115、240×115×175 等几种规格的产品，其规格代号依次为 NF、1.5NF、2NF、3NF。

蒸压灰砂空心砖的强度等级有 MU25、MU20、MU15、MU10、MU7.5 五个等级。蒸压灰砂空心砖的强度等级的评定是根据其抗压强度，见表 2.1-16 蒸压灰砂空心砖的力学性能表。蒸压灰砂空心砖的抗冻性指标、尺寸偏差、外观质量和孔洞率见相应规定，此处不再赘述。

蒸压灰砂空心砖的抗压强度　　　　　　　　　　　　　　　　　　　表 2.1-16

强度级别	抗压强度(MPa)	
	五块平均值 ≥	单块值 ≥
25	25.0	20.0
20	20.0	16.0
15	15.0	12.0
10	10.0	8.0
7.5	7.50	6.0

根据尺寸偏差和外观质量、强度及抗冻性分为优等品(A)、一等品(B)、合格品(C)三个质量等级。其中优等品(A)的强度等级应不低于MU15,一等品(B)的强度等级应不低于MU10。

2. 蒸压粉煤灰砖

蒸压粉煤灰砖是以粉煤灰、石灰或水泥为主要原料,掺加适量石膏、外加剂、颜料和集料,经坯料制备、压制成型、高压或常压蒸汽养护而成的实心砖。简称粉煤灰砖。标准砖尺寸(长×宽×高,mm):240×115×53;常用的还有(长×宽×高,mm):400×115×53规格的产品。

蒸压粉煤灰实心砖的强度等级有MU30、MU25、MU20、MU15、MU10五个等级。蒸压粉煤灰实心砖的强度等级根据其抗压强度、抗折强度来评定,表2.1-17列出了我国粉煤灰砖的强度指标。还应注意的是,砌体规范明确规定:在确定蒸压粉煤灰砖(或掺有15%以上的混凝土砌块)的强度等级时,其抗压强度应乘以自然碳化系数,当无自然碳化系数时,可取人工碳化系数的1.15倍。

粉煤灰砖的强度指标(MPa)　　　　　表2.1-17

强度等级	抗压强度		抗折强度	
	10块平均值不小于	单块值不小于	10块平均值不小于	单块值不小于
MU30	30.0	24.0	6.2	5.0
MU25	25.0	20.0	5.0	4.0
MU20	20.0	16.0	4.0	3.2
MU15	15.0	12.0	3.3	2.6
MU10	10.0	8.0	2.5	2.0

注:强度级别以蒸汽养护后一天的强度为标准。

表2.1-18为蒸压粉煤灰砖的抗冻性指标、表2.1-19为蒸压粉煤灰砖的尺寸偏差、外观质量。

粉煤灰砖抗冻性能指标　　　　　表2.1-18

强度级别	抗压强度(MPa)平均值不小于	砖的干质量损失(%)单块值不小于
MU30	24.0	
MU25	20.0	
MU20	16.0	2.0
MU15	12.0	
MU10	8.0	

粉煤灰砖的尺寸偏差、外观质量(mm)　　　　　表2.1-19

项目		指标		
		优等品	一等品	合格品
尺寸允许误差:				
长		±2	±3	±4
宽		±2	±3	±4
高		±1	±2	±3
对应高度差	不大于	1	2	3
每一缺棱掉角的最小破坏尺寸	不大于	10	15	20
完整面	不少于	二条面和一顶面或二顶面和一条面	一条面和一顶面	一条面和一顶面

续表

项　目	指　标		
	优等品	一等品	合格品
裂纹长度　　　　　　　　　　　　　　　　不大于 　a. 大面上宽度方向的裂纹（包括延伸到条面上的长度） 　b. 其他裂纹	30 50	50 70	70 100
层裂	不　允　许		

注：在条面和顶面上破坏面的两个尺寸同时大于10mm和20mm者为非完整面。

根据尺寸偏差和外观质量、强度、抗冻性及干燥收缩分为优等品(A)、一等品(B)、合格品(C)三个质量等级。其中优等品(A)的强度等级应不低于MU15，一等品(B)的强度等级应不低于MU10。粉煤灰砖的干燥收缩值：优等品和一等品应不大于0.65mm/m；合格品应不大于0.75mm/m。

2.2 砌块

砌块是一种就地取材、充分利用工业废料、投资少、收效快的墙体材料。

根据主规格尺寸划分为小型砌块、中型砌块、大型砌块。砌块主规格的高度在115～380mm为小型砌块，也简称为小砌块；砌块主规格的高度在380～980mm的为中型砌块；砌块主规格的高度大于980mm的为大型砌块。由于砌筑设备的限制，目前已很少使用中、大型砌块。

按照主要原材料的不同划分为混凝土砌块、粉煤灰砌块、煤矸石砌块、加气混凝土砌块等。

根据砌块的结构、密实程度及气孔的形态，分为实心砌块（无孔洞）、密实砌块（空心率小于25%）、空心砌块（空心率不小于25%）及多孔混凝土砌块（用多孔混凝土或多孔硅酸盐混凝土制成）。

砌块建筑在我国几十年的实践表明，混凝土小型空心砌块已成为黏土砖的理想替代品，是墙体的主导材料之一。按照混凝土小型空心砌块骨料的不同，又分为普通混凝土小型空心砌块和轻集料混凝土小型空心砌块两类。本节介绍这两类砌块。

2.2.1 普通混凝土小型空心砌块

普通混凝土小型空心砌块是以水泥为胶结料，天然砂石为集料，经搅拌、振动或压制成型、养护等制成。空心率应不小于25%。砌体规范中的混凝土小型空心砌块的空心率在25%～50%，简称为混凝土砌块或砌块。主规格尺寸（长×宽×高，mm）：390×190×190，也称为全长砌块；还有为满足建筑墙体砌筑技术要求的配套使用砌块，例如：七分头砌块（长×宽×高，mm）：290×190×190、半长砌块（长×宽×高，mm）：190×190×190、三分头砌块（长×宽×高，mm）：90×190×190、半高砌块（高度90mm）规格的产品。也可由供需双方协商确定特殊规格。图2.2-1、图2.2-2

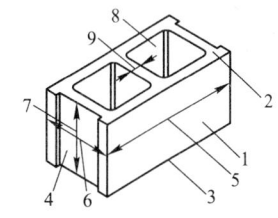

图 2.2-1　混凝土小型空心砌块各部位的名称

1—条面；2—坐浆面（肋厚较小的面）；
3—铺浆面（肋厚较大的面）；4—顶面；
5—长度；6—宽度；7—高度；8—壁；9—肋

所示为北京金阳公司生产的用于不同部位的几种砌块。常用规格尺寸见表2.2-1。

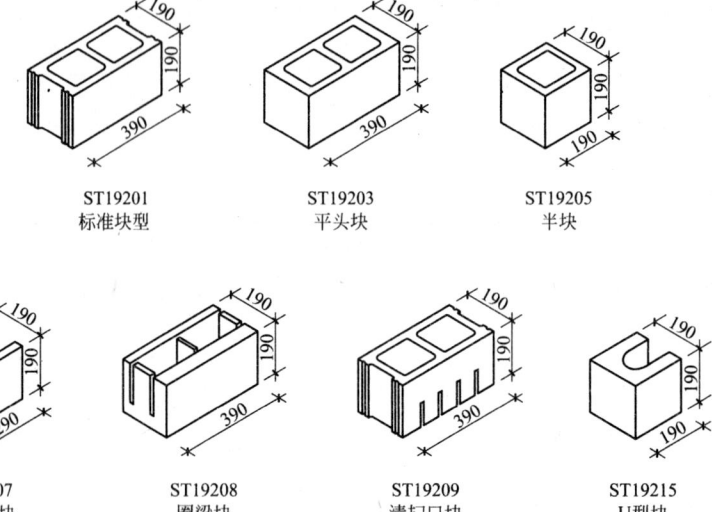

图 2.2-2 北京金阳公司生产的几种砌块

常用混凝土小型砌块的规格尺寸（mm）　　　　表 2.2-1

砌块名称		外形尺寸			用　途
		长	宽	高	
主规格砌块	全长砌块	390	190	190	为砌块建筑的主要尺寸块型，与半长砌块配合，适用于建筑模数平面网格为2Mo的砌块建筑
辅助规格砌块	七分头砌块	290	190	190	与主要尺寸块型和三分头砌块配合，用于建筑模数平面网格为3Mo的砌块建筑，混水墙砌块建筑纵横墙交接部位，以及建筑平面局部尺寸调整
	半长砌块	190	190	190	为砌块建筑的主要尺寸块型
	三分头砌块	90	190	190	为辅助尺寸块型，用途与七分头砌块相同
	半高砌块			90	以上长宽规格下高度为90mm的砌块，主要用于调整砌块建筑层高和满足清水墙面装饰效果的需要。可以单独使用，也可以与全高砌块配合使用

普通混凝土小型空心砌块的强度等级有 MU20、MU15、MU10、MU7.5、MU5.0、MU3.5 六个等级。普通混凝土小型空心砌块的强度等级根据其抗压强度进行评定，见表 2.2-2 混凝土小型空心砌块的强度等级。

混凝土小型空心砌块的强度等级（MPa）　　　　表 2.2-2

强度等级	砌块抗压强度	
	平均值不小于	单块最小值不小于
MU3.5	3.5	2.8
MU5.0	5.0	4.0
MU7.5	7.5	6.0
MU10.0	10.0	8.0
MU15.0	15.0	12.0
MU20.0	20.0	16.0

表2.2-3为普通混凝土小型空心砌块的允许尺寸偏差;表2.2-4为普通混凝土小型空心砌块的外观质量。此外,对其产品还有相对含水率、抗渗性、抗冻性等要求,另见相应规定。

普通混凝土小型空心砌块的尺寸允许偏差(mm)　　　　　　表2.2-3

项目名称	优等品(A)	一等品(B)	合格品(C)
长　度	±2	±3	±3
宽　度	±2	±3	±3
高　度	±2	±3	+3 −4

普通混凝土小型空心砌块的外观质量　　　　　　表2.2-4

项目名称			优等品(A)	一等品(B)	合格品(C)
弯曲(mm)		不大于	2	2	3
掉角缺棱	个数	不多于	0	2	2
	三个投影方向尺寸的最小值(mm)	不大于	0	20	30
裂纹延伸的投影尺寸累计(mm)		不大于	0	20	30

根据尺寸偏差和外观质量分为优等品(A)、一等品(B)、合格品(C)三个质量等级。

普通混凝土小型空心砌块多用于承重结构。在《砌体结构设计规范》GB 50003—2001和《混凝土小型空心砌块建筑技术规程》JGJ/T 14—2004中,用于承重的普通混凝土小型空心砌块取消了MU3.5的强度等级,即最低的强度等级是MU5.0。

2.2.2 轻集料混凝土小型空心砌块

轻集料混凝土小型空心砌块是以水泥为胶结料,以天然的火山渣、浮石为轻集料;或以人造的陶粒为轻集料;或以工业废料煤渣、煤矸石为轻集料,经搅拌、振动或压制成型、养护等工艺制成。轻集料混凝土小型空心砌块常以集料名称冠名,例如浮石混凝土小型空心砌块、陶粒混凝土小型空心砌块、煤渣混凝土小型空心砌块等。

轻集料混凝土小型空心砌块的主规格尺寸(长×宽×高,mm):390×190×190,也可由供需双方协商确定特殊规格。其孔的排数有五类:实心(0)、单排孔(1)、双排孔(2)、三排孔(3)、四排孔(4)。

轻集料混凝土小型空心砌块的强度等级有MU10.0、MU7.5、MU5.0、MU3.5、MU2.5、MU1.5六个等级。强度等级的评定是根据其抗压强度,见表2.2-5轻质混凝土小型空心砌块的强度等级。强度等级符合该表要求的为一等品;密度等级范围不满足要求者为合格品。

表2.2-6为轻集料混凝土小型空心砌块的允许尺寸偏差与外观质量。

轻集料混凝土小型空心砌块的密度等级(单位:kg/m³)为:500、600、700、800、900、1000、1200、1400八个等级。表2.2-7列出了轻集料混凝土小型空心砌块的密度等级。

轻质混凝土小型空心砌块的强度等级（MPa）　　　表 2.2-5

强度等级	砌块抗压强度		密度等级范围
	平均值	最小值	
1.5	≥1.5	1.2	≤600
2.5	≥2.5	2.0	≤800
3.5	≥3.5	2.8	≤1200
5.0	≥5.0	4.0	≤1200
7.5	≥7.5	6.0	≤1400
10.0	≥10.0	8.0	≤1400

轻集料混凝土小型空心砌块的尺寸允许偏差与外观质量　　　表 2.2-6

项　目　名　称		一　等　品	合　格　品
缺棱掉角：			
个数	不多于	0	2
三个方向投影的最小尺寸(mm)	不大于	0	30
裂纹延伸投影的累计尺寸(mm)	不大于	0	30
尺寸的允许偏差(mm)			
长度		±2	±3
宽度		±2	±3
高度		±2	±3

注：1. 承重砌块最小外壁厚不应小于30mm，肋厚不应小于25mm。
　　2. 保温砌块最小外壁厚和肋厚不宜小于20mm。

轻集料混凝土小型空心砌块的密度等级（kg/m³）　　　表 2.2-7

密度等级	砌块干燥表观密度的范围	密度等级	砌块干燥表观密度的范围
500	≤500	900	810～900
600	510～600	1000	910～1000
700	610～700	1200	1010～1200
800	710～800	1400	1210～1400

根据尺寸偏差和外观质量分为一等品(B)、合格品(C)两个质量等级。

轻集料混凝土小型空心砌块多用于非承重结构，例如填充墙、隔墙。相关的技术指标如干缩率、相对含水率、抗冻性、热阻性能、隔声性能等见相应的国家规定。

2.3 石材

在我国的一些地区，常可就地取材，选用无明显风化的天然石材（主要有花岗石、石灰石、凝灰岩等）作为建筑结构中基础、墙体等处的块材，石材抗压强度高、抗冻性能良好，经打平磨光后的天然石材还常用于重要建筑物的饰面工程。

2.3.1 石材的规格

石材按其加工后的外形规则程度，分为料石和毛石。

1. 料石

细料石：通过细加工，外形规则，叠砌面凹入深度不应大于10mm，截面的宽度、高度不应小于200mm，且不应小于长度的1/4。

半细料石：规格尺寸同上，但叠砌面凹入深度不应大于15mm。

毛料石：外形大致方正，不加工或稍加修整，叠砌面凹入深度不应大于25mm，高度不应小于200mm。

2. 毛石

形状不规则，中部的厚度不应小于200mm。

2.3.2 石材的强度等级

石材的强度等级为 MU100、MU80、MU60、MU50、MU40、MU30、MU20、MU15、MU10 九个等级。在《砌体结构设计规范》GB 50003—2001 中，用于承重的石材取消了 MU15 和 MU10 两个强度等级。

石材的强度是用边长为 70mm 的立方体试块抗压强度来表示，抗压强度取三个试件破坏强度的平均值。若试件采用边长尺寸为 200mm、150mm、100mm 和 50mm，则应对试验结果乘以相应的换算系数 1.43、1.28、1.14 和 0.86 后，方可作为石材的强度等级。

值得注意的是，石材的强度等级的确定，《砌体结构设计规范》GBJ 3—1988 和 GB 50003—2001 采用的是边长为 70mm 的立方体试块，而以前版本的砌体规范采用的是边长为 200mm 的立方体试块，因此要注意试验结果相应的换算，且不可混淆。例如现行规范 MU15 不能相当于 1973 年及以前规范中 150 号的石材。

2.4 砂浆

砂浆的作用是将块材按一定的砌筑方法粘结成整体而共同工作。同时，因在铺砌时填满块材的间隙，使砌体受力均匀，并可提高砌体的保温性能、防水性能和防冻性能等。对砌体所用砂浆的基本要求是强度、可塑性(流动性)和保水性。

2.4.1 砂浆的种类

砂浆按其成分，可分为：

1. 水泥砂浆，它是由水泥、砂加水拌合而成，不加掺合料，故也称纯水泥砂浆。具有硬化快、强度高、耐久性好，但可塑性(流动性)和保水性差的特点，适用于水中及潮湿环境中的砌体。还由于它的耐磨性好，适用于做地面工程。

2. 水泥混合砂浆，它是掺入塑性掺合料的水泥砂浆。如掺入石灰或黏土，就成为水泥石灰砂浆、水泥黏土砂浆。这类水泥混合砂浆强度较好、可塑性(流动性)好、保水性好、便于施工、容易保证质量的特点，常广泛用于地面以上的砌体。

3. 非水泥砂浆，它是一种在配合成分中不含水泥的砂浆。如石灰砂浆、石膏砂浆、黏土砂浆等。这类砂浆可塑性好，但又各有其弱点。例如石灰砂浆的强度不高，又属气硬性材料(即只能在空气中硬化)，通常用于地面以上的砌体；石膏砂浆硬化快，一般用于不易潮湿地面以上的砌体；黏土砂浆的强度低、抗水性差，仅适用于气候干燥地区的低层建筑。

4. 混凝土砌块砌筑砂浆，它是由水泥、砂、水以及根据需要掺入的掺合料和外加剂等组分，按一定比例，采用机械拌合制成，专门用于砌筑混凝土砌块的砌筑砂浆。简称砌块专用砂浆。为与砌筑其他块材的砂浆区别,将此种砂浆的强度等级冠以 Mb 表示。但这种区分并不十分严格,有些场合是混用,但应注意它们的区别。砌块专用砂浆应具有良好的和易性,即可塑性(流动性)与保水性良好,分层度不得大于 30mm;砌筑普通小砌块的砂浆稠度宜为 50～70mm,砌筑轻骨料砌块的砂浆稠度宜为 60～90mm。混凝土砌块基础砌体必须采用水泥砂浆,地坪以上的砌块墙体应采用水泥混合砂浆砌筑。

2.4.2 砂浆的强度等级

1. 砂浆的强度等级为：M15、M10、M7.5、M5、M2.5。
2. 砌块专用砂浆(混凝土砌块砌筑砂浆)的强度等级为：Mb15、Mb10、Mb7.5、Mb5。
3. 砂浆的强度等级的评定是以标准养护、龄期为 28 天的试块(采用 70.7mm 的一组立方体试块)抗压试验结果为准,并应按国家现行标准《建筑砂浆基本性能试验方法》JGJ 70—90 的规定执行。另外,值得注意的是,由于块材种类多材性差异大,确定砂浆及砌块专用砂浆的强度等级时,应采用同类块体为砂浆强度试块的底模。

当验算施工阶段砂浆尚未硬化的新砌砌体强度,或用冻结法施工解冻阶段的砌体强度时,可按砂浆的强度为 0 来确定。

2.5 混凝土砌块灌孔混凝土

混凝土砌块灌孔混凝土是由水泥、集料、水以及根据需要掺入的掺合料和外加剂等组分,按一定比例,采用机械搅拌后,用于浇筑混凝土砌块砌体芯柱或其他需要填实部位孔洞的混凝土。简称砌块灌孔混凝土。为了与普通混凝土区别,将此种混凝土强度等级冠以 Cb 表示。它的强度等级有 Cb30、Cb25 和 Cb20。

砌块灌孔混凝土应具有较大的流动性,它的坍落度应控制在 200～250mm 左右。空心砌块的竖向孔洞中插入钢筋并灌以混凝土即为钢筋混凝土芯柱。由于芯柱孔洞较小,灌注芯柱混凝土的浇灌高度一般大于 2m,为防止粗骨料被卡住,芯柱混凝土的粒径以 5～15mm 为宜。构造柱的截面较大,其混凝土的粗骨料粒径以 10～30mm 为宜,也可按一般混凝土构件要求。

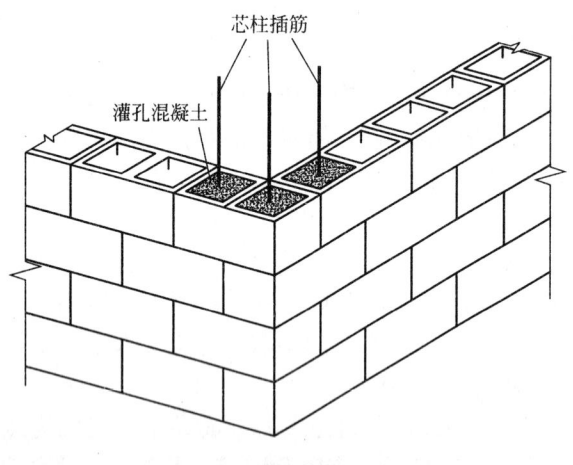

图 2.5-1 钢筋混凝土芯柱

2.6 墙体材料的选用

砌体材料的选用,除了考虑强度之外,尚应特别注意考虑砌体材料的耐久性问题。砌体材料选用时,应本着因地制宜、就地取材、经济可靠的原则,按照房屋的使用要求、重要性、使用年限、房屋层数与层高、砌体构件的受力特点(如有无振动及高温影响等)、砌体的工作环境(如是否在地下水位以下潮湿环境中、有无侵蚀性介质、是否有冻胀环境等)

和施工条件等方面综合考虑选用。对于处在地震区的建筑,尚需根据《建筑抗震设计规范》GB 50011—2001 的要求选用材料及级别。

2.6.1 非地震区墙体材料的选用

从房屋的耐久性出发,《砌体结构设计规范》GB 50003—2001 对砌体材料的最低强度等级提出了下述具体要求。

1. 五层及五层以上房屋的墙,以及受振动或层高大于 6m 的墙、柱所用材料的最低强度等级:砖 MU10;砌块 MU7.5;石材 MU30;砂浆 M5。

尚应注意的是,对安全等级为一级或设计使用年限大于 50 年的房屋,墙、柱所用材料的最低强度等级还应至少提高一级。

2. 地面以下或防潮层以下的砌体,潮湿房间的墙,所用材料的最低强度等级应符合表 2.6-1 的要求。并应注意:

(1) 在冻胀地区,地面以下或防潮层以下的砌体,不宜采用多孔砖,如采用时,其孔洞应用水泥砂浆灌实。当采用混凝土砌块砌体时,其孔洞应采用强度等级不低于 Cb20 的混凝土灌实。

(2) 对安全等级为一级或设计使用年限大于 50 年的房屋,表 2.6-1 中材料强度等级应至少提高一级。

地面以下或防潮层以下的砌体、潮湿房间的墙
所用材料的最低强度等级　　　　　　　表 2.6-1

基土的潮湿程度	烧结普通砖、蒸压灰砂砖		混凝土砌块	石 材	水泥砂浆
	严寒地区	一般地区			
稍潮湿的	MU10	MU10	MU7.5	MU30	M5
很潮湿的	MU15	MU10	MU7.5	MU30	M7.5
含水饱和的	MU20	MU15	MU10	MU40	M10

3. 当有振动荷载时,墙、柱不宜采用毛石砌体。
4. 预制钢筋混凝土板的灌缝混凝土强度不宜低于 C20。
5. 混凝土砌块墙体的灌孔混凝土强度不宜低于 Cb20。
6. 混凝土砌块夹心墙体中的砌块的强度等级不应低于 MU10。

2.6.2 地震区墙体材料的选用

地震区墙体材料除应符合 2.6.1 节要求外,还应符合《建筑抗震设计规范》GB 50011—2001 的要求,详见第 10 章 10.4 节。

砌体结构的计算指标

3.1 砌体结构的种类

3.1.1 砌体结构的种类

砌体结构，是由块体和砂浆砌筑而成的墙、柱作为建筑物主要受力构件的结构。

按照块体材料的不同可分为砖砌体、砌块砌体和石砌体结构，砌体结构是砖砌体、砌块砌体和石砌体结构的统称。砖砌体，包括烧结普通砖、烧结多孔砖、蒸压灰砂砖、蒸压粉煤灰砖无筋和配筋砌体；砌块砌体包括混凝土、轻骨料混凝土砌块无筋和配筋砌体；石砌体包括各种料石和毛石砌体。

按照砌体中的配置钢筋的砌体是否作为建筑物主要受力构件可分为无筋砌体结构和配筋砌体结构。

按照砌筑形式分为实心砌体和空心砌体，按照在结构中的作用分为承重砌体和非承重砌体(围护墙、隔墙)等。

本章介绍《砌体结构设计规范》GB 50003—2001 中各种砌体结构无筋和配筋砌体结构的计算指标。

3.1.2 无筋和配筋砌体结构的种类

1. 无筋砌体结构，它是相对于配筋砌体结构而言，在砌体中不配置钢筋或仅配置少量构造钢筋的砌体作为建筑物主要受力构件的结构。它包括：砖无筋砌体、砌块无筋砌体和石砌体。当在砖砌体中仅设置构造柱及圈梁并配置少量构造钢筋、在砌块砌体中仅设置构造芯柱并配置少量构造钢筋时，都属于无筋砌体结构。

2. 配筋砌体结构，是由配置钢筋的砌体作为建筑物主要受力构件的结构。它包括：砖配筋砌体和砌块配筋砌体。这是为了提高砌体的强度，或者在构件截面尺寸受到限制时而采取的措施，它的配筋率较高，破坏时钢筋能充分发挥作用。《砌体结构设计规范》GB 50003—2001 中具体有三种形式：网状配筋砖砌体结构；组合砖砌体结构；配筋砌块砌体剪力墙结构。配筋砌体结构是这三种的统称。

(1) 网状配筋砖砌体结构：是将钢筋网配置在砖砌体的水平灰缝内(横向钢筋)形成的砖砌体柱、砖砌体墙结构。如图 3.1-1 所示。

(2) 组合砖砌体结构：砖砌体和钢筋混凝土面层、砖砌体和钢筋砂浆面层组成砖砌体组合柱、砖砌体组合墙结构；砖砌体和钢筋混凝土构造柱组成砖砌体组合墙。如图 3.1-2、

图 3.1-3 所示。

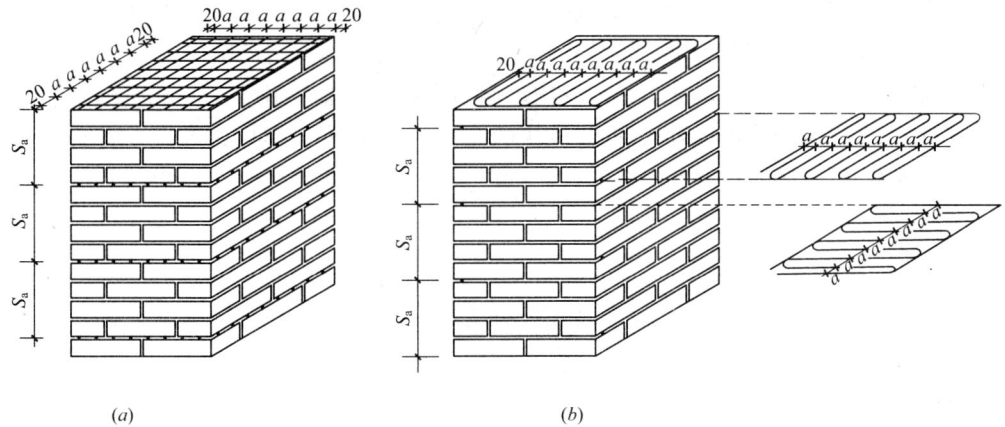

图 3.1-1 网状配筋砖砌体结构
(a)方格网；(b)连弯钢筋网(S_a 取同一方向钢筋网的间距)

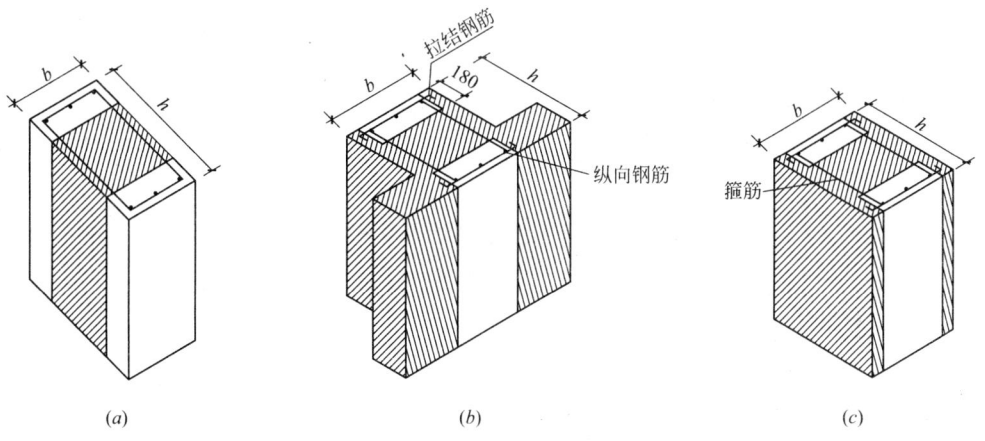

图 3.1-2 砖砌体和混凝土或砂浆面层的组合柱

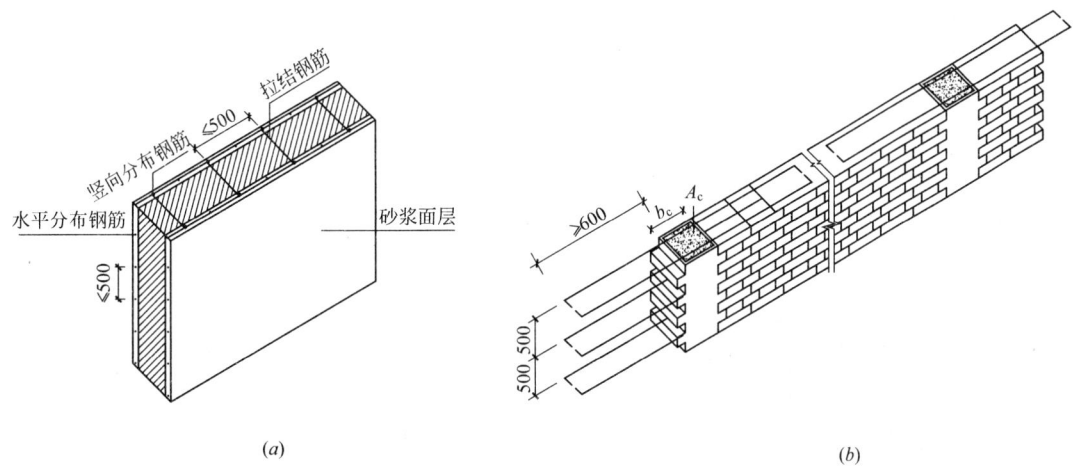

图 3.1-3 砖砌体组合墙
(a)混凝土或砂浆面层组合墙；(b)砖砌体和构造柱的组合墙

(3) 配筋砌块砌体剪力墙结构：利用普通混凝土小型空心砌块的竖向孔洞配置竖向和水平向钢筋并灌注混凝土，形成承受竖向和水平作用的配筋砌块砌体剪力墙，此剪力墙和混凝土楼盖、屋盖所组成的房屋建筑结构，称为配筋砌块砌体剪力墙结构。如图 3.1-4 所示。图中所示的水平向钢筋是放置在水平灰缝内，钢筋直径一般不宜超过 6mm；现在生产的一种砌块可以将水平向钢筋放置在砌块槽内（砌块的侧壁可以打掉），然后再灌注混凝土，则钢筋直径不受限制，可以按照抗剪的需要配置，特别是在中高层砌块剪力墙结构中得到应用。

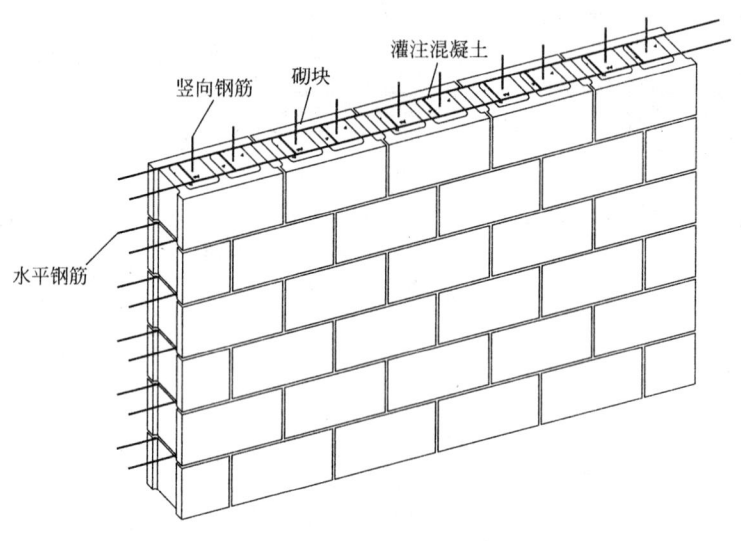

图 3.1-4　配筋砌块砌体剪力墙结构

3.2　砌体的抗压强度

3.2.1　砖砌体轴心受压时的破坏过程

由大量试验得知，轴心受压时的砌体破坏特征大致相同，图 3.2-1 所示为 MU10 普通烧结砖和 M5 水泥混合砂浆砌筑的标准试件（尺寸为 240mm×370mm×720mm），在轴心压力作用下自加载至破坏的三个阶段分别为：

1. 第 I 阶段 ［图 3.2-1(a)］ 由开始加载，到个别砖块上出现细微可见的裂缝，为第 I 阶段。该阶段砌体的横向变形较小，应力应变呈直线关系，故也称为弹性阶段。本试验中，出现细微可见裂缝时的轴心压力 $N_{cr}=161$kN，压应力为 1.81N/mm^2，约为砖砌体破坏时极限压应力的 0.55 倍。

2. 第 II 阶段 ［图 3.2-1(b)］ 继续加载，个别砖块上的裂缝贯通，并沿竖向灰缝通过若干皮砖，形成平行于加载方向的纵向间断裂缝，为第 II 阶段。此时轴心压力 $N_{II}=234$kN，压应力为 2.64N/mm^2，约为砖砌体极限压应力的 0.8 倍。在此阶段，若荷载不增加，维持恒值，裂缝发展可以稳定，不会出现新的裂缝。

3. 第 III 阶段 ［图 3.2-1(c)］ 当荷载增加不多，裂缝亦会发展很快，此后即使不增加荷载，裂缝仍然不断增加，形成上下贯通的裂缝将砌体分割成若干半砖小柱，这时砌体横向变形明显增大，向外鼓出，半砖小柱丧失稳定而破坏，至此为第 III 阶段。试验的极限轴

向压力为 $N_u=293{\rm kN}$，极限压应力为 $3.30{\rm N/mm^2}$。

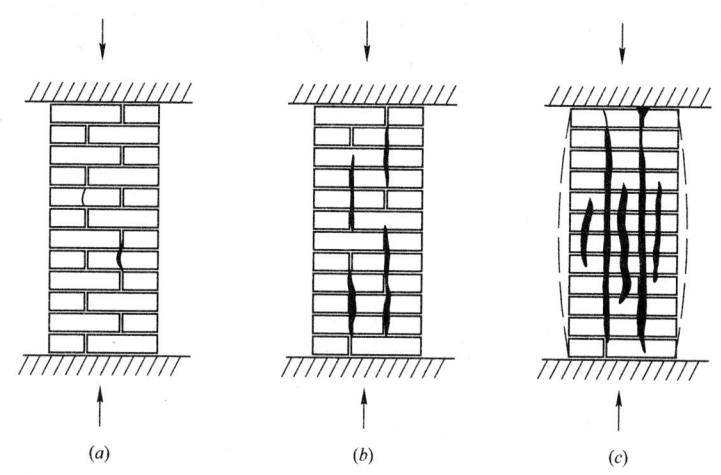

图 3.2-1 砖砌体标准试件受压破坏过程
(a)第Ⅰ阶段；(b)第Ⅱ阶段；(c)第Ⅲ阶段

大量试验表明，不同强度等级的砖、不同强度等级的砂浆砌筑的砌体，其第Ⅰ、第Ⅱ阶段末的轴向荷载 N_{cr}，$N_{\rm II}$ 与极限荷载 N_u 的比值不尽相同，且随砂浆强度等级的提高而提高，但一般情况下 $N_{cr}/N_u=0.5\sim0.7$，$N_{\rm II}/N_u=0.8\sim0.9$。

3.2.2 砖砌体受压时的应力分析

试验结果表明：轴心受压砖砌体在远小于砖的抗压强度（$10{\rm N/mm^2}$）的压应力（$1.81{\rm N/mm^2}$）下，个别砖块就出现裂缝；轴心受压砖砌体的极限压应力（$3.30{\rm N/mm^2}$），即砖砌体抗压强度，却远小于砖的抗压强度（$10{\rm N/mm^2}$）。要解释这些试验现象，必须进一步分析砌体受压时砖和砂浆的应力状态。

1. 由于砂浆层的非均匀性以及砖表面的不规整，使得砖与砂浆并非全面接触，而是支承在凹凸不平的砂浆层上。因此，砖在中心受压的砌体中实际上是处于受弯、受剪和局部承压的复杂受力状态，如图 3.2-2(a)所示。

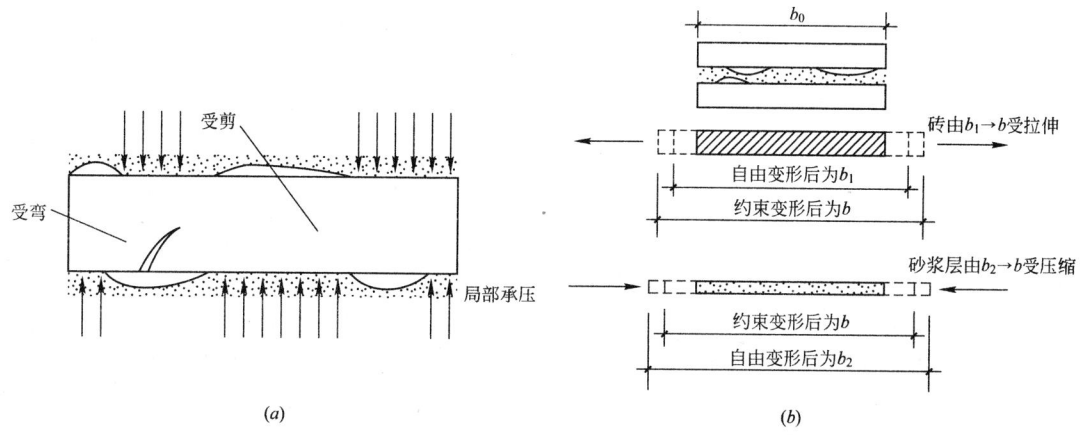

图 3.2-2 砌体中的应力状态
(a)砌体中个别砖的受力状态；(b)砖和砂浆横向变形的差异

2. 由于砖和砂浆横向变形的差异(砂浆的泊松比是砖泊松比的 1.5～5 倍)，以及砖和砂浆间的粘结力和摩擦力，使二者不能自由变形。因此中心受压砌体中的砖受到横向拉力，而砂浆受到横向压力，如图 3.2-2(b)所示。

3. 竖向灰缝处砂浆不可能填实，不能保证砌体的整体性，因而在竖向灰缝处发生应力集中现象。

如上所述，中心受压砌体中的砖处于局部受压、受弯、受剪、横向受拉的复杂应力状态下。由于砖的抗弯、抗拉强度很低，故砖砌体受压后砖块将出现因弯拉应力而产生的竖向裂缝。这种裂缝随着荷载增加而上下贯通，直至将整个砌体分割成若干半砖小柱，小柱失稳导致整个砌体的破坏。可见砌体的破坏不是由于砖受压耗尽了其抗压强度，而是由于形成半砖小柱，侧向凸出，破坏了砌体的整体工作。这也就是为什么砌体的抗压强度远小于砖的抗压强度的原因。

3.2.3 影响砖砌体抗压强度的主要因素

由砌体试验结果及其应力分析可知，影响砖砌体抗压强度的主要因素有如下几个方面：

1. 块材的强度等级和厚度

砖的强度等级愈高，其抗折强度愈大(参见第 2 章蒸压灰砂砖、粉煤灰砖的强度指标表)，它在砖砌体中愈不容易开裂，因而能在较大程度上提高砖砌体的抗压强度。试验表明，当砖的强度等级提高一倍时，可使砌体抗压强度提高 50% 左右。同理，砖的厚度增加，其抗弯、抗拉能力增大，因而可提高砌体的抗压强度。但砖的厚度不可能增加较多，以免给工人砌筑带来不便。

2. 砂浆的强度等级和性能

砂浆的强度等级愈高，受压后它的横向变形愈小，减少了砂浆与块材横向变形的差异，使得块材受压时所受的横向拉应力减少，因此可以改善砌体的受力状态，可在一定程度上提高砌体的抗压强度。试验表明，如砂浆强度等级提高一倍，砌体抗压强度约可提高 20%，而水泥用量要增加 50% 左右。应当指出，砂浆的强度等级对砌体抗压强度的影响比块材强度的影响小。当砂浆强度等级较低时，提高砂浆强度等级，砌体抗压强度增长较快；而砂浆强度等级较高时，再提高砂浆强度等级，砌体抗压强度增长将减缓。

砂浆的流动性(稠度)和保水性(即和易性)好，易于砌筑均匀密实，可降低砌体内块体的弯曲、剪切应力，使砌体的抗压强度得到提高。试验表明纯水泥砂浆的和易性较差，当采用纯水泥砂浆砌筑时，其砌体的抗压强度比采用水泥混合砂浆砌体的抗压强度降低 15%。但也不能过高地估计砂浆流动性的有利影响，若砂浆流动性太大，受压后的横向变形增大，反而会降低砌体的抗压强度。

3. 砌筑质量

砌筑质量是指砌体的砌筑方式、灰缝砂浆的饱满度、砂浆层的铺砌厚度及均匀程度等。《砌体工程施工质量验收规范》GB 50203—2002 根据施工现场的质量管理水平、砂浆和混凝土的强度及拌合方式、砌筑工人技术等级几个因素的综合水平划分为 A、B、C 三个施工质量控制等级，如表 3.2-1。表 3.2-1 中砂浆、混凝土强度的"离散性小、离散性较小、离散性大"，是与砂浆、混凝土的质量水平"优良、一般、差"相对应的，砂浆、混凝土的质量水平划分见表 3.2-2、表 3.2-3。

砌体施工质量控制等级   表 3.2-1

项目	施工质量控制等级		
	A	B	C
现场质量管理	制度健全,并严格执行;非施工方质量监督人员经常到现场,或现场设有常驻代表;施工方有在岗专业技术管理人员,人员齐全,并持证上岗	制度基本健全,并能执行;非施工方质量监督人员间断地到现场进行质量控制;施工方有在岗专业技术管理人员,并持证上岗	有制度;非施工方质量监督人员很少作现场质量控制;施工方有在岗专业技术管理人员
砂浆、混凝土强度	试块按规定制作,强度满足验收规定,离散性小	试块按规定制作,强度满足验收规定,离散性较小	试块强度满足验收规定,离散性大
砂浆拌合方式	机械拌合;配合比计量控制严格	机械拌合;配合比计量控制一般	机械或人工拌合;配合比计量控制较差
砌筑工人	中级工以上,其中高级工不少于20%	高、中级工不少于70%	初级工以上

砌筑砂浆质量水平   表 3.2-2

强度标准差 σ(MPa) \ 质量水平 \ 强度等级	M2.5	M5	M7.5	M10	M15	M20
优 良	0.5	1.00	1.50	2.00	3.00	4.00
一 般	0.62	1.25	1.88	2.50	3.75	5.00
差	0.75	1.50	2.25	3.00	4.50	6.00

混凝土质量水平   表 3.2-3

评定指标	生产单位	质量水平					
		优 良		一 般		差	
		强度等级					
		<C20	≥C20	<C20	≥C20	<C20	≥C20
强度标准差(MPa)	预拌混凝土厂	≤3.0	≤3.5	≤4.0	≤5.0	>4.0	>5.0
	集中搅拌混凝土的施工现场	≤3.5	≤4.0	≤4.5	≤5.5	>4.5	>5.5
强度等于或大于混凝土强度等级值的百分率(%)	预拌混凝土厂、集中搅拌混凝土的施工现场	≥95		>85		≤85	

由上述可以看出,施工质量控制等级B级相当于我国目前一般的施工水平,规范中砌体的强度指标一般是按B级给出的。值得注意的是,当施工质量控制等级为A、C级时,应先对强度指标作相应调整后再进行结构计算。

结构设计中应对施工质量控制等级有明确要求,一般应写入结构设计总说明的条款中。在设计交底时,应予强调。当施工单位的技术水平有差异,特别是技术水平较低时,结构设计应作相应调整。

有关砌体工程施工质量的具体要求见第12章。

3.2.4 砌体的轴心抗压强度

1. 砌体的轴心抗压强度平均值 f_m

根据我国大量试验数据的统计分析,《砌体结构设计规范》采用了以二项式表达的砌体轴心抗压强度平均值的计算公式:

$$f_m = k_1 f_1^{\alpha}(1+0.07f_2)k_2 \tag{3.2-1}$$

式中 f_m——各类砌体轴心抗压强度平均值(N/mm²);

f_1, f_2——分别为各种块体、砂浆的抗压强度平均值(N/mm²);

k_1——随砌体中块体类别和砌筑方法而变化的参数,砖砌体取 $k_1=0.78$;

α——与砌体块材高度有关的系数,砖砌体取 $\alpha=0.5$;

k_2——低强度等级砂浆砌体的强度降低系数,砖砌体当 $f_2<1$ 时,$k_2=0.6+0.4f_2$;当 $f_2 \geq 1$ 时,取 $k_2=1.0$。

其他种类砌体的 k_1、k_2 及 α 取值,详见表 3.2-4。

各类砌体轴心抗压强度平均值 f_m(MPa)　　　　表 3.2-4

砌体种类	$f_m = k_1 f_1^{\alpha}(1+0.07f_2)k_2$		
	k_1	α	k_2
烧结普通砖、烧结多孔砖、蒸压灰砂砖、蒸压粉煤灰砖	0.78	0.5	当 $f_2<1$ 时,$k_2=0.6+0.4f_2$
混凝土砌块	0.46	0.9	当 $f_2=0$ 时,$k_2=0.8$
毛料石	0.79	0.5	当 $f_2<1$ 时,$k_2=0.6+0.4f_2$
毛石	0.22	0.5	当 $f_2<2.5$ 时,$k_2=0.4+0.24f_2$

注:1. k_2 在表列条件以外时均等于 1。

2. 式中 f_1 为块体(砖、石、砌块)的抗压强度等级值或平均值;f_2 为砂浆抗压强度平均值。单位均以"MPa"计。

3. 混凝土砌块砌体的轴心抗压强度平均值,当 $f_2>10$MPa 时,应乘系数 $1.1-0.01f_2$,MU20 的砌体应乘系数 0.95,且满足 $f_1 \geq f_2$,$f_1 \leq 20$MPa。

【例 3.2-1】 已知烧结普通砖的抗压强度平均值 $f_1=10$N/mm²,水泥混合砂浆的抗压强度平均值 $f_2=2.5$N/mm²。试求砌体抗压强度平均值 f_m。

解: 对于砖砌体已知 $k_1=0.78$,$\alpha=0.5$,$k_2=1.0$,将这些数值及 $f_1=10$N/mm²,$f_2=2.5$N/mm² 代入式(3.2-1),求得砌体抗压强度平均值 f_m 为:

$$\begin{aligned} f_m &= k_1 f_1^{\alpha}(1+0.07f_2)k_2 \\ &= 0.78 \times (10^{0.5}) \times (1+0.07 \times 2.5) \times 1.0 \\ &= 2.90 \text{N/mm}^2 \end{aligned}$$

2. 砌体的轴心抗压强度标准值 f_k

根据《建筑结构可靠度设计统一标准》GB 50068—2001(以下简称《统一标准》)规定的原则,《砌体结构设计规范》取具有 95% 保证率的抗压强度值为砌体强度的标准值 f_k,即

$$f_k = f_m(1-1.645\delta_f) \tag{3.2-2}$$

式中,δ_f 为砌体强度的变异系数。对于各种砖、砌块和毛料石砌体 $\delta_f=0.17$;对于毛石砌体 $\delta_f=0.24$。

各类砌体的强度标准值见表 3.2-5,表 3.2-6,表 3.2-7,表 3.2-8。

砖砌体的抗压强度标准值 f_k(MPa) 表 3.2-5

砖强度等级	砂浆强度等级					砂浆强度
	M15	M10	M7.5	M5	M2.5	0
MU30	6.30	5.23	4.69	4.15	3.61	1.84
MU25	5.75	4.77	4.28	3.79	3.30	1.68
MU20	5.15	4.27	3.83	3.39	2.95	1.50
MU15	4.46	3.70	3.32	2.94	2.56	1.30
MU10	3.64	3.02	2.71	2.40	2.09	1.07

混凝土砌块砌体的抗压强度标准值 f_k(MPa) 表 3.2-6

砌块强度等级	砂浆强度等级				砂浆强度
	M15	M10	M7.5	M5	0
MU20	9.08	7.93	7.11	6.30	3.73
MU15	7.38	6.44	5.78	5.12	3.03
MU10	—	4.47	4.01	3.55	2.10
MU7.5	—	—	3.10	2.74	1.62
MU5	—	—	—	1.90	1.13

毛料石砌体的抗压强度标准值 f_k(MPa) 表 3.2-7

毛料石强度等级	砂浆强度等级			砂浆强度
	M7.5	M5	M2.5	0
MU100	8.67	7.68	6.68	3.41
MU80	7.76	6.87	5.98	3.05
MU60	6.72	5.95	5.18	2.64
MU50	6.13	5.43	4.72	2.41
MU40	5.49	4.86	4.23	2.16
MU30	4.75	4.20	3.66	1.87
MU20	3.88	3.43	2.99	1.53

毛石砌体的抗压强度标准值 f_k(MPa) 表 3.2-8

毛石强度等级	砂浆强度等级			砂浆强度
	M7.5	M5	M2.5	0
MU100	2.03	1.80	1.56	0.53
MU80	1.82	1.61	1.40	0.48
MU60	1.57	1.39	1.21	0.41
MU50	1.44	1.27	1.11	0.38
MU40	1.28	1.14	0.99	0.34
MU30	1.11	0.98	0.86	0.29
MU20	0.91	0.80	0.70	0.24

3. 砌体的轴心抗压强度设计值 f

《砌体结构设计规范》规定各类砌体的抗压强度设计值 f 为：

$$f=f_k/\gamma_f \tag{3.2-3}$$

式中，γ_f 为砌体结构的材料性能分项系数，是通过可靠度校准办法得来的，对各类砌体施工质量为 B 级的各种强度，《砌体结构设计规范》统一取用 $\gamma_f=1.6$。因此，对于各种砖、砌块、毛料石砌体，当施工质量为 B 级时，砌体抗压强度的标准值 f_k、设计值 f、平均值 f_m 之间的关系式为：

$$f_k=f_m(1-1.645\times 0.17)=0.72f_m \tag{3.2-4a}$$

$$f=f_k/\gamma_f=0.72f_m/1.6=0.45f_m \tag{3.2-4b}$$

材料分项系数 γ_f 的取值：施工质量控制等级为 A、B、C 时，对应为：1.5，1.6，1.8。

《砌体结构设计规范》GB 50003—2001 规定，对于龄期为 28d 的以毛截面计算的各类砌体抗压强度设计值，当施工质量控制等级为 B 级时，应根据块体和砂浆的强度等级分别按下列各表采用。当施工质量控制等级为 A、C 级时，查得表中的强度设计值应分别乘以 1.6/1.5＝1.05、1.6/1.8＝0.89 后，再进行结构计算。

(1) 烧结普通砖和烧结多孔砖砌体的抗压强度设计值，应按表 3.2-9 采用。
(2) 蒸压灰砂砖和蒸压粉煤灰砖砌体的抗压强度设计值，应按表 3.2-10 采用。
(3) 单排孔混凝土和轻骨料混凝土砌块砌体的抗压强度设计值，应按表 3.2-11 采用。

烧结普通砖和烧结多孔砖砌体的抗压强度设计值（MPa）　　表 3.2-9

砖强度等级	砂浆强度等级					砂浆强度
	M15	M10	M7.5	M5	M2.5	0
MU30	3.94	3.27	2.93	2.59	2.26	1.15
MU25	3.60	2.98	2.68	2.37	2.06	1.05
MU20	3.22	2.67	2.39	2.12	1.84	0.94
MU15	2.79	2.31	2.07	1.83	1.60	0.82
MU10	—	1.89	1.69	1.50	1.30	0.67

蒸压灰砂砖和蒸压粉煤灰砖砌体的抗压强度设计值（MPa）　　表 3.2-10

砖强度等级	砂浆强度等级				砂浆强度
	M15	M10	M7.5	M5	0
MU25	3.60	2.98	2.68	2.37	1.05
MU20	3.22	2.67	2.39	2.12	0.94
MU15	2.79	2.31	2.07	1.83	0.82
MU10	—	1.89	1.69	1.50	0.67

单排孔混凝土和轻骨料混凝土砌块砌体的抗压强度设计值(MPa)　　表 3.2-11

砌块强度等级	砂浆强度等级				砂浆强度
	Mb15	Mb10	Mb7.5	Mb5	0
MU20	5.68	4.95	4.44	3.94	2.33
MU15	4.61	4.02	3.61	3.20	1.89
MU10	—	2.79	2.50	2.22	1.31
MU7.5	—	—	1.93	1.71	1.01
MU5	—	—	—	1.19	0.70

注：1. 对错孔砌筑的砌体，应按表中数值乘以 0.8；
　　2. 对独立柱或厚度为双排组砌的砌块砌体，应按表中数值乘以 0.7；
　　3. 对 T 形截面砌体，应按表中数值乘以 0.85；
　　4. 表中轻骨料混凝土砌块为煤矸石和水泥煤渣混凝土砌块。

（4）单排孔混凝土砌块对孔砌筑时，灌孔砌体的抗压强度设计值 f_g，应按下列公式计算：

$$f_g = f + 0.6\alpha f_c \quad (3.2\text{-}5)$$

$$\alpha = \delta\rho \quad (3.2\text{-}6)$$

式中　f_g——灌孔砌体的抗压强度设计值，并不应大于未灌孔砌体抗压强度设计值的 2 倍；
　　　f——未灌孔砌体的抗压强度设计值，应按表 3.2-11 采用；
　　　f_c——灌孔混凝土的轴心抗压强度设计值；
　　　α——砌块砌体中灌孔混凝土面积和砌体毛面积的比值；
　　　δ——混凝土砌块的孔洞率；
　　　ρ——混凝土砌块砌体的灌孔率，系截面灌孔混凝土面积和截面孔洞面积的比值，ρ 不应小于 33%。

砌块砌体的灌孔混凝土强度等级不应低于 Cb20，也不宜低于两倍的块体强度等级。

注：灌孔混凝土的强度等级 Cb×× 等同于对应的混凝土强度等级 C×× 的强度指标。

（5）孔洞率不大于 35% 的双排孔或多排孔轻骨料混凝土砌块砌体的抗压强度设计值，应按表 3.2-12 采用。

（6）块体高度为 180～350mm 的毛料石砌体的抗压强度设计值，应按表 3.2-13 采用。

（7）毛石砌体的抗压强度设计值，应按表 3.2-14 采用。

轻骨料混凝土砌块砌体的抗压强度设计值(MPa)　　表 3.2-12

砌块强度等级	砂浆强度等级			砂浆强度
	Mb10	Mb7.5	Mb5	0
MU10	3.08	2.76	2.45	1.44
MU7.5	—	2.13	1.88	1.12
MU5	—	—	1.31	0.78

注：1. 表中的砌块为火山渣、浮石和陶粒轻骨料混凝土砌块；
　　2. 对厚度方向为双排组砌的轻骨料混凝土砌块砌体的抗压强度设计值，应按表中数值乘以 0.8。

毛料石砌体的抗压强度设计值(MPa)　　　　　表 3.2-13

毛料石强度等级	砂浆强度等级			砂浆强度
	M7.5	M5	M2.5	0
MU100	5.42	4.80	4.18	2.13
MU80	4.85	4.29	3.73	1.91
MU60	4.20	3.71	3.23	1.65
MU50	3.83	3.39	2.95	1.51
MU40	3.43	3.04	2.64	1.35
MU30	2.97	2.63	2.29	1.17
MU20	2.42	2.15	1.87	0.95

注：对下列各类料石砌体，应按表中数值分别乘以系数：
　　细料石砌体　　　1.5
　　半细料石砌体　　1.3
　　粗料石砌体　　　1.2
　　干砌勾缝石砌体　0.8

毛石砌体的抗压强度设计值(MPa)　　　　　表 3.2-14

毛石强度等级	砂浆强度等级			砂浆强度
	M7.5	M5	M2.5	0
MU100	1.27	1.12	0.98	0.34
MU80	1.13	1.00	0.87	0.30
MU60	0.98	0.87	0.76	0.26
MU50	0.90	0.80	0.69	0.23
MU40	0.80	0.71	0.62	0.21
MU30	0.69	0.61	0.53	0.18
MU20	0.56	0.51	0.44	0.15

3.3 砌体的轴心抗拉、弯曲抗拉及抗剪强度

3.3.1 砌体的轴心抗拉强度

砖砌圆形水池是砌体轴心受拉的典型实例[图 3.3-1(a)]。在内部液体压力作用下，池壁产生环向拉力，使砌体竖向截面处于轴心受拉状态。砌体轴心受拉有两种破坏形式：

1. 当砖强度较高，砂浆强度较低时，砌体将沿齿缝破坏[图 3.3-1(b)]；
2. 当砖强度较低，砂浆强度较高时，砌体将发生砖块拉断与竖向灰缝相连的直缝破坏[图 3.3-1(c)]。

砌体沿齿缝破坏的抗拉强度取决于水平灰缝处砂浆与砖的粘结强度，即切向粘结强度。影响粘结强度的因素很多，其中最主要的是砂浆强度，故砌体沿齿缝破坏的抗拉强度平均值 f_{tm} 的计算公式为：

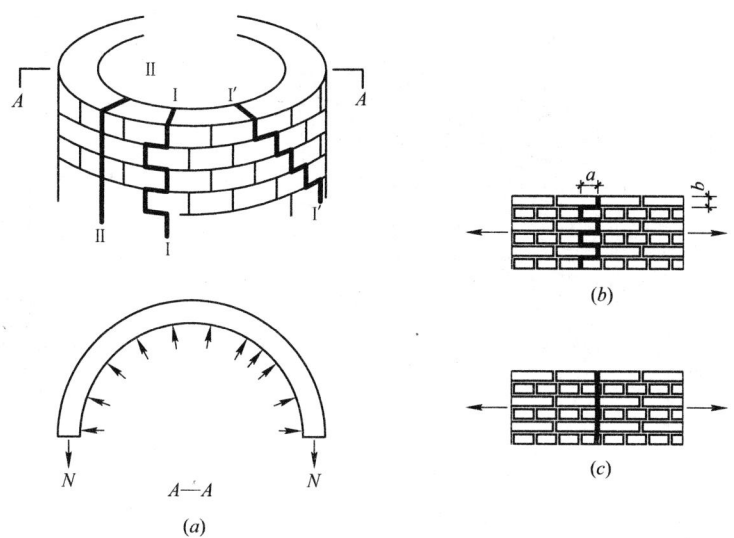

图 3.3-1 砌体轴心受拉
(a)砖砌圆池；(b)裂缝沿齿缝截面；(c)裂缝沿竖缝和砖截面

$$f_{t,m} = k_3 \sqrt{f_2} \quad (3.3\text{-}1)$$

式中 k_3——砌体种类调整系数，见表 3.3-1。

砌体沿直缝破坏的抗拉强度取决于砖的抗拉强度。竖向灰缝的粘结强度由于砂浆不能保证密实，不能给予考虑，只与块体的强度有关。故砌体沿直缝破坏的抗拉强度平均值 $f_{t,m}$ 的计算公式为：

$$f_{t,m} = 0.212 \cdot \sqrt[3]{f_1} \quad (3.3\text{-}2)$$

由于现行的《砌体结构设计规范》GB 50003—2001 提高了块材强度的最低限值，第 2 种砌体沿直缝破坏的情况已很少发生，对此种破坏的计算已无必要。

3.3.2 砌体的弯曲抗拉强度

土压力作用下的带壁柱挡土墙和风荷载作用下的围墙，是砌体弯曲受拉的实例（图 3.3-2）。砌体弯曲受拉有三种破坏形式：

(1) 沿齿缝破坏 [图 3.3-2(a)中的Ⅰ—Ⅰ]；
(2) 直缝破坏 [图 3.3-2(a)中的Ⅱ—Ⅱ]；
(3) 沿通缝截面破坏 [图 3.3-2(b)中的Ⅲ—Ⅲ]。

砌体沿齿缝或通缝截面破坏的弯曲抗拉强度平均值 $f_{tm,m}$ 按下列公式计算：

$$f_{tm,m} = k_4 \sqrt{f_2} \quad (3.3\text{-}3a)$$

式中 k_4——砌体种类调整系数，对砖砌体 k_4 取 0.25（齿缝）及 0.125（通缝），其他种类砌体 k_4 取值详见表 3.3-1。

砌体沿直缝截面破坏的弯曲抗拉强度平均值 $f_{tm,m}$，按下列公式计算：

$$f_{tm,m} = 0.318 \cdot \sqrt[3]{f_1} \quad (3.3\text{-}3b)$$

如砌体沿直缝破坏的抗拉强度情况，也是由于现行的《砌体结构设计规范》GB 50003—2001 提高了块材强度的最低限值，第 2 种砌体沿直缝破坏的情况已很少发生，对此种破坏的计算已无必要。

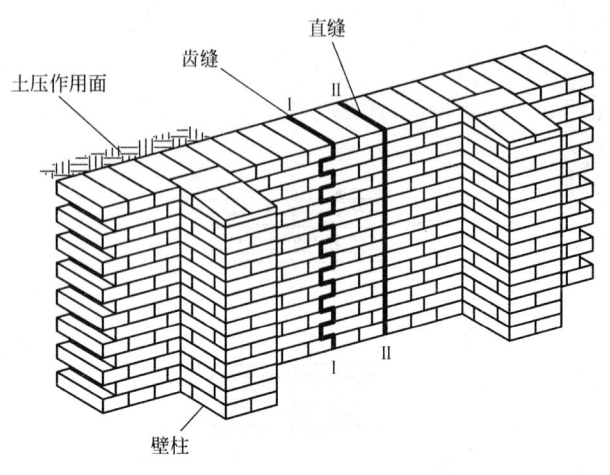 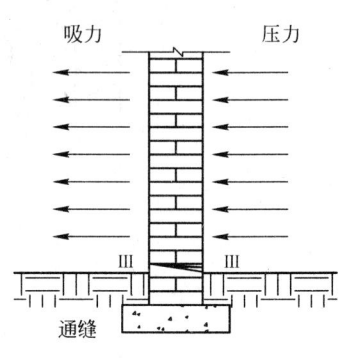

图 3.3-2 砌体弯曲受拉

(a)带壁柱挡土墙；(b)围墙

轴心抗拉强度平均值 $f_{t,m}$、弯曲抗拉强度平均值 $f_{tm,m}$
和抗剪强度平均值 $f_{v,m}$ 中各种系数　　　　　表 3.3-1

砌体种类	$f_{t,m}=k_3\sqrt{f_2}$	$f_{tm,m}=k_4\sqrt{f_2}$		$f_{v,m}=k_5\sqrt{f_2}$
	k_3	k_4		k_5
		沿齿缝	沿通缝	
烧结普通砖、烧结多孔砖	0.141	0.250	0.125	0.125
蒸压灰砂砖、蒸压粉煤灰砖	—	—	—	0.083
混凝土小型空心砌块	0.069	0.081	0.056	0.069
毛石	0.075	0.113	—	0.188

注：$f_{t,m}$、$f_{tm,m}$、$f_{v,m}$ 的单位为 N/mm²。

3.3.3 砌体的抗剪强度

砌体受剪破坏形式主要有两种：(1)沿通缝受剪破坏 [图 3.3-3(a)]；(2)沿阶梯形截

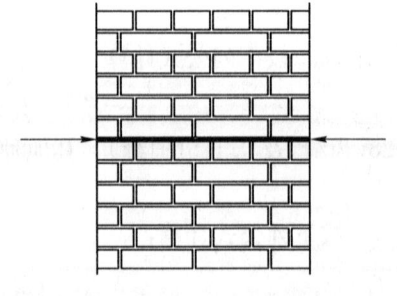 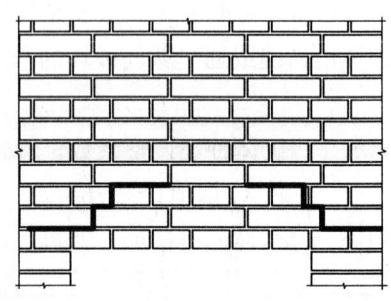

图 3.3-3 砌体受剪的破坏形式

(a)沿通缝截面；(b)沿阶梯形截面

面受剪破坏[图3.3-3(b)]。这两种破坏形式的砌体抗剪强度均取决于砂浆的强度f_2，故砌体抗剪强度平均值的计算公式为：

$$f_{v,m} = k_5 \sqrt{f_2} \tag{3.3-4}$$

式中 k_5——砌体种类调整系数，对砖砌体k_5取0.125，其他砌体k_5取值见表3.3-1。

3.3.4 砌体的轴心抗拉、弯曲抗拉及抗剪强度的设计值

砌体的轴心抗拉、弯曲抗拉及抗剪强度的标准值和设计值的取值方法同砌体的抗压强度。

1. 砌体的轴心抗拉、弯曲抗拉及抗剪强度的标准值具体取值见表3.3-2。
2. 砌体的轴心抗拉、弯曲抗拉及抗剪强度的设计值，在《砌体结构设计规范》GB 50003—2001中规定：对于龄期为28d的以毛截面计算的各类砌体的轴心抗拉、弯曲抗拉及抗剪强度设计值，当施工质量控制等级为B级时，应根据块体和砂浆的强度等级分别按表3.3-3采用。则当施工质量控制等级为A、C级时，查得表中的强度设计值应分别乘以1.6/1.5=1.05、1.6/1.8=0.89后，再进行结构计算。
3. 单排孔混凝土砌块对孔砌筑时，灌孔砌体的抗剪强度设计值f_{vg}，应按下列公式计算：

$$f_{vg} = 0.2 f_g^{0.55} \tag{3.3-5}$$

式中 f_g——灌孔砌体的抗压强度设计值(MPa)，按表3.2-11取用。

沿砌体灰缝截面破坏时的轴心抗拉强度标准值$f_{t,k}$、弯曲抗拉强度标准值$f_{tm,k}$和抗剪强度标准值$f_{v,k}$(MPa)　　表3.3-2

强度类别	破坏特征	砌体种类	砂浆强度等级			
			≥M10	M7.5	M5	M2.5
轴心抗拉	沿齿缝	烧结普通砖、烧结多孔砖 蒸压灰砂砖、蒸压粉煤灰砖 混凝土砌块 毛石	0.30 0.19 0.15 0.14	0.26 0.16 0.13 0.12	0.21 0.13 0.10 0.10	0.15 — — 0.07
弯曲抗拉	沿齿缝	烧结普通砖、烧结多孔砖 蒸压灰砂砖、蒸压粉煤灰砖 混凝土砌块 毛石	0.53 0.38 0.17 0.20	0.46 0.32 0.15 0.18	0.38 0.26 0.12 0.14	0.27 — — 0.10
	沿通缝	烧结普通砖、烧结多孔砖 蒸压灰砂砖、蒸压粉煤灰砖 混凝土砌块	0.27 0.19 0.12	0.23 0.16 0.10	0.19 0.13 0.08	0.13 — —
抗剪		烧结普通砖、烧结多孔砖 蒸压灰砂砖、蒸压粉煤灰砖 混凝土砌块 毛石	0.27 0.19 0.15 0.34	0.23 0.16 0.13 0.29	0.19 0.13 0.10 0.24	0.13 — — 0.17

沿砌体灰缝截面破坏时砌体的轴心抗拉强度设计值、弯曲抗拉强度设计值和抗剪强度设计值（MPa）　　表 3.3-3

强度类别	破坏特征及砌体种类	砂浆强度等级 ≥M10	M7.5	M5	M2.5
轴心抗拉 沿齿缝	烧结普通砖、烧结多孔砖 蒸压灰砂砖、蒸压粉煤灰砖 混凝土砌块 毛石	0.19 0.12 0.09 0.08	0.16 0.10 0.08 0.07	0.13 0.08 0.07 0.06	0.09 0.06 — 0.04
弯曲抗拉 沿齿缝	烧结普通砖、烧结多孔砖 蒸压灰砂砖、蒸压粉煤灰砖 混凝土砌块 毛石	0.33 0.24 0.11 0.13	0.29 0.20 0.09 0.11	0.23 0.16 0.08 0.09	0.17 0.12 — 0.07
弯曲抗拉 沿通缝	烧结普通砖、烧结多孔砖 蒸压灰砂砖、蒸压粉煤灰砖 混凝土砌块	0.17 0.12 0.08	0.14 0.10 0.06	0.11 0.08 0.05	0.08 0.06 —
抗剪	烧结普通砖、烧结多孔砖 蒸压灰砂砖、蒸压粉煤灰砖 混凝土和轻骨料混凝土砌块 毛石	0.17 0.12 0.09 0.21	0.14 0.10 0.08 0.19	0.11 0.08 0.06 0.16	0.08 0.06 — 0.11

注：1. 对于用形状规则的块体砌筑的砌体，当搭接长度与块体高度的比值小于 1 时，其轴心抗拉强度设计值 f_t 和弯曲抗拉强度设计值 f_{tm} 应按表中数值乘以搭接长度与块体高度比值后采用；
2. 对孔洞率不大于 35% 的双排孔或多排孔轻骨料混凝土砌块砌体的抗剪强度设计值，可按表中混凝土砌块砌体抗剪强度设计值乘以 1.1；
3. 对蒸压灰砂砖、蒸压粉煤灰砖砌体，当有可靠的试验数据时，表中强度设计值，允许作适当调整；
4. 对烧结页岩砖、烧结煤矸石砖、烧结粉煤灰砖砌体，当有可靠的试验数据时，表中强度设计值，允许作适当调整。

3.4 砌体强度设计值的调整系数

3.4.1 砌体强度设计值的调整系数

砌体规范规定，对下列情况的各类砌体，其强度设计值应乘以调整系数 γ_a：

1. 有吊车房屋砌体，跨度不小于 9m 的梁下烧结普通砖砌体，跨度不小于 7.5m 的梁下烧结多孔砖、蒸压灰砂砖、蒸压粉煤灰砖砌体，混凝土和轻骨料混凝土砌块砌体，$\gamma_a=0.9$。

2. 对无筋砌体构件截面面积 $A<0.3m^2$ 时，$\gamma_a=0.7+A$；对配筋砌体构件截面面积 $A<0.2m^2$ 时，$\gamma_a=0.8+A$。构件截面面积以"m^2"计。

3. 各类砌体，当用水泥砂浆砌筑时，对抗压强度设计值 $\gamma_a=0.9$；对轴心抗拉、弯曲抗拉及抗剪强度的设计值 $\gamma_a=0.8$；对配筋砌体构件，当砌体采用水泥砂浆砌筑时，仅对砌体的强度设计值乘以调整系数 γ_a。

4. 当施工质量控制等级为 C 级(对于配筋砌体不允许采用 C 级)时,$\gamma_a=0.89$。

5. 当验算施工中房屋的构件时,$\gamma_a=1.1$。

3.4.2 新砌砌体及冬期施工的砂浆强度

1. 对于施工阶段尚未硬化的新砌砌体,可按砂浆强度为零确定其砌体强度。

2. 对于冬期施工采用掺盐砂浆法砌筑的砌体,砂浆强度等级按常温施工的强度等级提高一级时,砌体强度和稳定性可不验算。

对于配筋砌体不得采用掺盐砂浆施工。

3.5 砌体的弹性模量、线膨胀系数、收缩系数和摩擦系数

3.5.1 砌体的弹性模量

1. 砌体的弹性模量

图 3.5-1 所示为砖砌体受压的应力—应变曲线。由图 3.5-1 可见,砌体为弹塑性材料,随应力增大,塑性变形在变形总量中所占比例增大。

曲线上任一点 B 切线的斜率,称为该点的切线模量,即:

$$E'=\mathrm{d}\sigma/\mathrm{d}\varepsilon=\tan\alpha' \quad (3.5\text{-}1)$$

原点 O 的切线斜率,为初始弹性模量,即:

$$E_0=\tan\alpha_0 \quad (3.5\text{-}2)$$

由于 E_0 难于准确测定,砌体规范取对应于 $\sigma=0.43f_m$ 的 A 点的割线模量作为砌体的弹性模量 E,即:

$$E=\tan\alpha \quad (3.5\text{-}3)$$

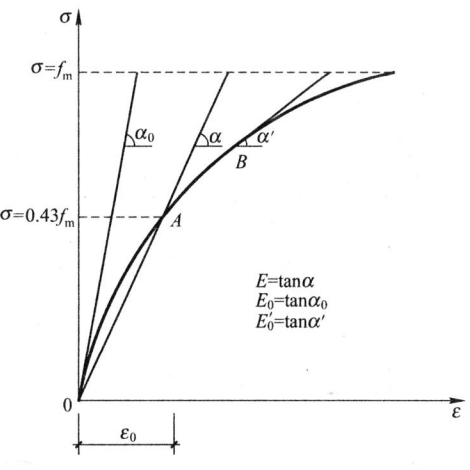

图 3.5-1 砖砌体受压的应力—应变曲线

试验表明,砖砌体和混凝土砌块砌体受压后的变形由空隙的压缩变形、块体的压缩变形和砂浆层的压缩变形三部分所组成,其中砂浆层的压缩变形是主要部分。砌体规范按砂浆强度等级及砌体强度给出了各种砌体的弹性模量取值。

对于石砌体,由于石材的弹性模量和强度均大大高于砂浆的弹性模量和强度,石砌体受压后的变形主要就是砂浆层的压缩变形。因此,砌体规范给出了仅按砂浆强度等级确定的石砌体的弹性模量取值。其中,细料石、半细料石砌体的弹性模量约为粗料石、毛料石砌体弹性模量的 3 倍。

各种砌体的弹性模量取值,见表 3.5-1。

对于轻骨料混凝土砌块砌体的弹性模量,可按混凝土砌块砌体的弹性模量值采用。

对于单排孔且对孔砌筑的混凝土砌块灌孔砌体的弹性模量,由于芯柱混凝土参与工作,砂浆强度等级不同时,水平灰缝砂浆的变形对灌孔砌体变形的影响不明显,此种砌体的弹性模量均取为:

$$E=1700f_g \quad (3.5\text{-}4)$$

式中 f_g——灌孔砌体的抗压强度设计值。

砌体的弹性模量(MPa)　　　　　　　　　　　　　　表 3.5-1

砌体种类	砂浆强度等级			
	≥M10	M7.5	M5	M2.5
烧结普通砖、烧结多孔砖砌体	1600f	1600f	1600f	1390f
蒸压灰砂砖、蒸压粉煤灰砖砌体	1060f	1060f	1060f	960f
混凝土砌块砌体	1700f	1600f	1500f	—
粗料石、毛料石、毛石砌体	7300	5650	4000	2250
细料石、半细料石砌体	22000	17000	12000	6750

注：轻骨料混凝土砌块砌体的弹性模量，可按表中混凝土砌块砌体的弹性模量采用。

2. 砌体的剪变模量

砌体的剪变模量 G 是根据砌体的泊松比 v，按材料力学公式计算，即：

$$G=E/2(1+v) \qquad (3.5\text{-}5)$$

由于砖砌体的泊松比 v 一般取 0.15，砌块砌体的泊松比 v 一般取 0.30，故有：

$$G=E/2(1+v)=(0.43\sim0.48)E \qquad (3.5\text{-}6)$$

通常取各类砌体的剪变模量：

$$G=0.4E \qquad (3.5\text{-}7)$$

对于地震作用下各类砌体的剪变模量，取：

$$G=0.3E \qquad (3.5\text{-}8)$$

3.5.2 砌体的线膨胀系数、收缩系数和摩擦系数

1. 砌体的线膨胀系数

温度变化会引起砌体的热胀冷缩变形，变形受到约束就会产生附加的内力、变形乃至裂缝。计算各种砌体的附加内力、变形及裂缝的数值时，就要用到表 3.5-2 的线膨胀系数。由表 3.5-2 可以看出，砌体的线膨胀系数与砌体的种类有关，其中以砌块砌体的线膨胀系数最大，即砌块砌体对温度变化的反应最敏感，最易产生裂缝。

2. 砌体的收缩系数

砌体在浸水时膨胀，在失水时收缩。各种砌体的收缩率见表 3.5-2，表中收缩率是由达到收缩允许标准的块体砌筑 28d 的砌体收缩率，它主要参考了各种块体的收缩及国内外的数据来确定的。

由表 3.5-2 可以看出，砌体的收缩率与砌体的种类有关，烧结普通砖及其他烧结制品砌体的收缩率较小，非烧结制品砌体的收缩率较大。

砌体的线膨胀系数和收缩率　　　　　　　　　　　表 3.5-2

砌体类别	线膨胀系数(10^{-6}/℃)	收缩率(mm/m)
烧结普通砖砌体	5	−0.1
蒸压灰砂砖、蒸压粉煤灰砖砌体	8	−0.2
混凝土砌块砌体	10	−0.2
轻骨料混凝土砌块砌体	10	−0.3
料石和毛石砌体	8	—

注：表中的收缩率由达到收缩允许标准的块体砌筑 28d 的砌体收缩率，当地有可靠的砌体收缩试验数据时，亦可采用当地的试验数据。

砌体的收缩率与块体的上墙含水率、施工方法等有密切关系。例如，块体出窑后放置28d可完成约50%的收缩变形，以后逐渐变慢，几年后方能停止干缩；而受潮后仍会膨胀，失水后会再次干缩，但其干缩率会下降，约为第一次的80%。干缩对砌体的危害有可能是相当严重的，有时会导致砌体开裂，甚至产生较多较宽裂缝。

在设计及施工由两种以上不同材料建造的建筑物时（例如砖墙承重混凝土楼盖），应注意它们线膨胀系数及收缩系数的差异，在连接处采取必要的构造措施，以防止开裂。

3. 砌体的摩擦系数

各种砌体的摩擦系数见表3.5-3。由表3.5-3可见，摩擦系数的大小与摩擦面的材料类别及摩擦面的干湿状态有关。

砌体的摩擦系数　　表3.5-3

材料类别	摩擦面情况	
	干燥的	潮湿的
砌体沿砌体或混凝土滑动	0.70	0.60
木材沿砌体滑动	0.60	0.50
钢沿砌体滑动	0.45	0.35
砌体沿砂或卵石滑动	0.60	0.50
砌体沿粉土滑动	0.55	0.40
砌体沿黏性土滑动	0.50	0.30

砌体结构设计方法

砌体结构设计方法与混凝土结构、钢结构等各类材料建筑结构的设计方法相同，根据《建筑结构可靠度设计统一标准》GB 50068—2001 的规定，采用以概率理论为基础的极限状态设计方法，以可靠指标度量结构构件的可靠度，采用分项系数的设计表达式进行计算。

4.1 砌体结构的设计使用年限和安全等级

砌体结构的设计使用年限可按《建筑结构可靠度设计统一标准》的规定确定，见表 4.1-1。砌体结构和结构构件在设计使用年限内，在正常维护条件下，必须保持适合使用，而不需大修加固。

根据砌体结构破坏可能产生的后果的严重性，例如危及人的生命、造成的经济损失、产生的社会影响等，按《建筑结构可靠度设计统一标准》的规定确定砌体结构的三个安全等级，见表 4.1-2。

设计使用年限分类　　　　表 4.1-1

类　别	设计使用年限(年)	示　　例
1	5	临时性结构
2	25	易于替换的结构构件
3	50	普通房屋和构筑物
4	100	纪念性建筑和特别重要的建筑结构

建筑结构的安全等级　　　　表 4.1-2

安全等级	破坏后果	建筑物类别
一　级	很严重	重要的房屋
二　级	严重	一般的房屋
三　级	不严重	次要的房屋

注：1. 对于特殊的建筑物，其安全等级可根据具体情况另行确定；
　　2. 对于地震区的砌体结构设计，应按现行国家标准《建筑抗震设防分类标准》GB 50223—2004 根据建筑物重要性区分建筑类别。

4.2 砌体结构的极限状态设计

砌体结构应按承载能力极限状态设计，并满足正常使用极限状态的要求。一般情况下，砌体结构正常使用极限状态的要求可由相应的构造措施予以保证。

1. 砌体结构按承载能力极限状态设计时，应按下列公式中最不利组合进行计算：

$$\gamma_0 \left(1.2 S_{Gk} + 1.4 S_{Q1k} + \sum_{i=2}^{n} \gamma_{Qi} \psi_{ci} S_{Qik} \right) \leqslant R(f, a_k \cdots\cdots) \quad (4.2\text{-}1)$$

$$\gamma_0 \left(1.35 S_{Gk} + 1.4 \sum_{i=1}^{n} \psi_{ci} S_{Qik} \right) \leqslant R(f, a_k \cdots\cdots) \quad (4.2\text{-}2)$$

式中 γ_0——结构重要性系数。对安全等级为一级或设计使用年限为50年以上的结构构件，不应小于1.1；对安全等级为二级或设计使用年限为50年的结构构件，不应小于1.0；对安全等级为三级或设计使用年限为1~5年的结构构件，不应小于0.9；

S_{Gk}——永久荷载标准值的效应；

S_{Q1k}——在基本组合中起控制作用的一个可变荷载标准值的效应；

S_{Qik}——第i个可变荷载标准值的效应；

$R(\cdot)$——结构构件的抗力函数；

γ_{Qi}——第i个可变荷载的分项系数，一般情况下采用1.4；

ψ_{ci}——第i个可变荷载的组合值系数。一般情况下应取0.7；对书库、档案库、储藏室或通风机房、电梯机房应取0.9；

f——砌体的强度设计值，$f = f_k / \gamma_f$；

f_k——砌体的强度标准值，$f_k = f_m - 1.645 \sigma_f$；

γ_f——砌体结构的材料性能分项系数，一般情况下，宜按施工控制等级为B级，考虑取$\gamma_f = 1.6$；当为C级时取$\gamma_f = 1.8$；

f_m——砌体的强度平均值；

σ_f——砌体强度的标准差；

a_k——几何参数标准值。

使用上式时需要注意以下几点：

（1）当楼面活荷载标准值大于4kN/m²时，式中系数$\gamma_{Qi} = 1.4$应改为$\gamma_{Qi} = 1.3$；

（2）施工质量控制等级划分要求应符合《砌体工程施工质量验收规范》GB 50203—2002的规定。也可参见本书第12章。

（3）式(4.2-2)是永久荷载分项系数为1.35的组合，对于砌体结构的墙、柱等这类承受自重为主的结构构件，往往是此种组合为最不利组合，起控制作用。在工程设计及其计算中要注意。

2. 当砌体结构作为一个刚体，需验算整体稳定性时，例如倾覆、滑移、漂浮等应按下式验算：

$$\gamma_0 \left(1.2 S_{G2k} + 1.4 S_{Q1k} + \sum_{i=2}^{n} S_{Qik}\right) \leqslant 0.8 S_{G1k} \qquad (4.2\text{-}3)$$

式中 　S_{G1k}——起有利作用的永久荷载标准值的效应,它的分项系数 γ_G 取 0.8,这是为了保证结构具有必要的可靠度;

　　　　S_{G2k}——起不利作用的永久荷载标准值的效应。

无筋砌体构件

5.1 无筋砌体受压构件

砌体主要用作受压构件,如中小型建筑结构中的承重墙和柱。其截面形式有正方形、矩形、工字形、十字形等,如图 5.1-1 所示。

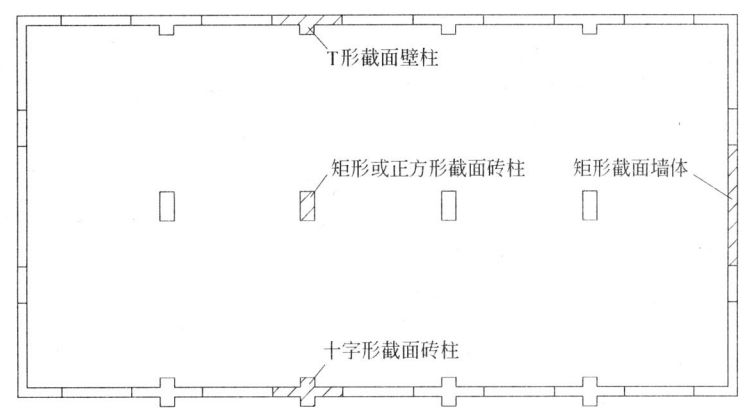

图 5.1-1 砖砌体受压构件截面形式

1. 无筋砌体受压截面应力分析

图 5.1-2 所示为砖砌体截面在几种不同偏心距 e 轴向压力作用下,破坏时的截面应力图形。

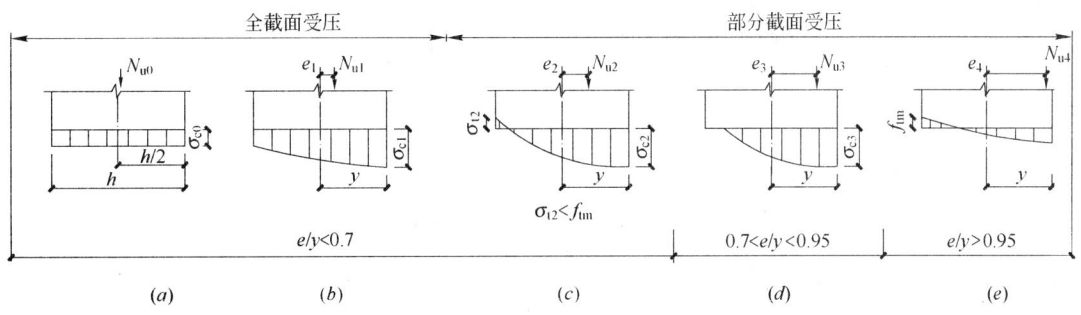

图 5.1-2 砌体受压构件截面应力图形

(1) 图 5.1-2(a)为轴心受压($e=0$)情况,截面压应力分布均匀,破坏时的极限压应力为 σ_{c0}。

(2) 图 5.1-2(b)为轴向压力偏心距较小(e_1)情况,截面压应力分布不均匀,破坏先在压应力较大一侧发生,该处的极限压应力为 σ_{c1} 大于 σ_{c0}。

(3) 图 5.1-2(c)为轴向压力偏心距较大($e_2>e_1$)情况,这时截面上大部分为压应力区,小部分为拉应力区,但外边缘拉应力 σ_{t2} 小于极限弯曲拉应力 f_{tm},破坏仍发生在受压一侧,该处的极限压应力为 σ_{c2} 大于 σ_{c1}。

(4) 图 5.1-2(d)为轴向压力偏心距更大($e_3>e_2$)情况,截面受拉边缘的拉应力已大于极限弯曲抗拉强度,出现水平裂缝,部分截面退出工作。轴向压力与剩余截面上压应力的合力相平衡。当受拉一侧裂缝开展到一定程度,受压一侧砌体达到极限抗压强度时构件破坏。因此,这种情况下构件不仅应满足承压要求,还应满足裂缝控制要求。

(5) 图 5.1-2(e)为轴向压力偏心距 e_4 很大情况,截面受拉一侧边缘处的拉应力一旦超过砌体通缝弯曲拉强度,裂缝急剧开展,残余截面将无法承受压力而导致构件破坏。因此,这种情况下构件的承载力是由砌体的弯曲抗拉强度所决定。

2. 无筋砌体受压构件的承载力计算

无筋砌体受压构件的承载力,除与构件的截面尺寸、砌体强度、偏心距的大小有关以外,还与构件的计算高度 H_0 密切相关。砌体受压构件的计算高度 H_0 与相应方向边长 h 的比值称为高厚比 $\beta=H_0/h$。当 $\beta>3$ 时,对轴心受压构件要考虑构件轴线的弯曲导致的承载力降低;对偏心受压构件还要考虑因构件侧向挠度产生的附加偏心距 e_i,如图 5.1-3 所示。

(1) 计算表达式

为了简化计算,砌体规范对于轴心受压和偏心受压构件的承载力统一按下列公式计算:

$$N=\varphi f A \qquad (5.1\text{-}1)$$

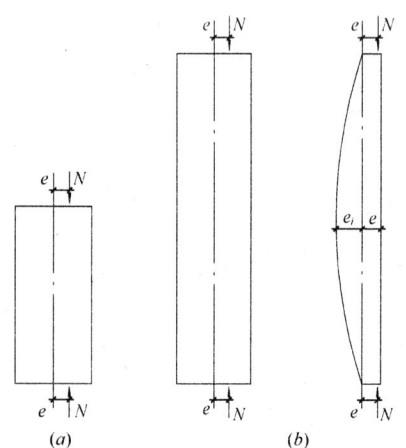

图 5.1-3 偏心受压构件的附加偏心距 e_i
(a)$\beta \leqslant 3$;(b)$\beta > 3$

式中 N——轴向力设计值;

f——砌体抗压强度设计值,按表 3.2-9～表 3.2-14 采用,当为第 3.4 节所述情况砌体时,应乘以强度设计值调整系数 γ_a;

A——构件的毛截面面积,对带壁柱墙的翼缘宽度取法与式(5.1-6)中回转半径 i 计算时的取法相同;

φ——高厚比 β 和轴向力的偏心距 e 对受压构件承载力的影响系数,可按表 5.1-1～表 5.1-3 采用。

φ 也可按下式计算:

当 $\beta \leqslant 3$ 时, $\qquad \varphi=\dfrac{1}{1+12\left(\dfrac{e}{h}\right)^2};\qquad (5.1\text{-}2)$

当$\beta>3$时,
$$\varphi=\cfrac{1}{1+12\left[\cfrac{e}{h}+\sqrt{\cfrac{1}{12}\left(\cfrac{1}{\varphi_0}-1\right)}\right]^2} \tag{5.1-3}$$

其中:
$$\varphi_0=\frac{1}{1+\alpha\beta^2} \tag{5.1-4}$$

当砂浆强度等级分别为≥M5，M2.5及0时α相应为0.0015，0.002及0.009。

影响系数φ（砂浆强度等级≥M5）　　　　表 5.1-1

β	$\dfrac{e}{h}$或$\dfrac{e}{h_T}$												
	0	0.025	0.05	0.075	0.1	0.125	0.15	0.175	0.2	0.225	0.25	0.275	0.3
≤3	1	0.99	0.97	0.94	0.89	0.84	0.79	0.73	0.68	0.62	0.57	0.52	0.48
4	0.98	0.95	0.90	0.85	0.80	0.74	0.69	0.64	0.58	0.53	0.49	0.45	0.41
6	0.95	0.91	0.86	0.81	0.75	0.69	0.64	0.59	0.54	0.49	0.45	0.42	0.38
8	0.91	0.86	0.81	0.76	0.70	0.64	0.59	0.54	0.50	0.46	0.42	0.39	0.36
10	0.87	0.82	0.76	0.71	0.65	0.60	0.55	0.50	0.46	0.42	0.39	0.36	0.33
12	0.82	0.77	0.71	0.66	0.60	0.55	0.51	0.47	0.43	0.39	0.36	0.33	0.31
14	0.77	0.72	0.66	0.61	0.56	0.51	0.47	0.43	0.40	0.36	0.34	0.31	0.29
16	0.72	0.67	0.61	0.56	0.52	0.47	0.44	0.40	0.37	0.34	0.31	0.29	0.27
18	0.67	0.62	0.57	0.52	0.48	0.44	0.40	0.37	0.34	0.31	0.29	0.27	0.25
20	0.62	0.57	0.53	0.48	0.44	0.40	0.37	0.34	0.32	0.29	0.27	0.25	0.23
22	0.58	0.53	0.49	0.45	0.41	0.38	0.35	0.32	0.30	0.27	0.25	0.24	0.22
24	0.54	0.49	0.45	0.41	0.38	0.35	0.32	0.30	0.28	0.26	0.24	0.22	0.21
26	0.50	0.46	0.42	0.38	0.35	0.33	0.30	0.28	0.26	0.24	0.22	0.21	0.19
28	0.46	0.42	0.39	0.36	0.33	0.30	0.28	0.26	0.24	0.22	0.21	0.19	0.18
30	0.42	0.39	0.36	0.33	0.31	0.28	0.26	0.24	0.22	0.21	0.20	0.18	0.17

影响系数φ（砂浆强度等级 M2.5）　　　　表 5.1-2

β	$\dfrac{e}{h}$或$\dfrac{e}{h_T}$												
	0	0.025	0.05	0.075	0.1	0.125	0.15	0.175	0.2	0.225	0.25	0.275	0.3
≤3	1	0.99	0.97	0.94	0.89	0.84	0.79	0.73	0.68	0.62	0.57	0.52	0.48
4	0.97	0.94	0.89	0.84	0.78	0.73	0.67	0.62	0.57	0.52	0.48	0.44	0.40
6	0.93	0.89	0.84	0.78	0.73	0.67	0.62	0.57	0.52	0.48	0.44	0.40	0.37
8	0.89	0.84	0.78	0.72	0.67	0.62	0.57	0.52	0.48	0.44	0.40	0.37	0.34
10	0.83	0.78	0.72	0.67	0.61	0.56	0.52	0.47	0.43	0.40	0.37	0.34	0.31
12	0.78	0.72	0.67	0.61	0.56	0.52	0.47	0.43	0.40	0.37	0.34	0.31	0.29
14	0.72	0.66	0.61	0.56	0.51	0.47	0.43	0.40	0.36	0.34	0.31	0.29	0.27
16	0.66	0.61	0.56	0.51	0.47	0.43	0.40	0.36	0.34	0.31	0.29	0.26	0.25
18	0.61	0.56	0.51	0.47	0.43	0.40	0.36	0.33	0.31	0.29	0.26	0.24	0.23
20	0.56	0.51	0.47	0.43	0.39	0.36	0.33	0.31	0.28	0.26	0.24	0.23	0.21
22	0.51	0.47	0.43	0.39	0.36	0.33	0.31	0.28	0.26	0.24	0.23	0.21	0.20
24	0.46	0.43	0.39	0.36	0.33	0.31	0.28	0.26	0.24	0.23	0.21	0.20	0.18
26	0.42	0.39	0.36	0.33	0.31	0.28	0.26	0.24	0.22	0.21	0.20	0.18	0.17
28	0.39	0.36	0.33	0.30	0.28	0.26	0.24	0.22	0.21	0.20	0.18	0.17	0.16
30	0.36	0.33	0.30	0.28	0.26	0.24	0.22	0.21	0.20	0.18	0.17	0.16	0.15

影响系数 φ(砂浆强度 0)　　　　表 5.1-3

β	$\dfrac{e}{h}$ 或 $\dfrac{e}{h_T}$												
	0	0.025	0.05	0.075	0.1	0.125	0.15	0.175	0.2	0.225	0.25	0.275	0.3
≤3	1	0.99	0.97	0.94	0.89	0.84	0.79	0.73	0.68	0.62	0.57	0.52	0.48
4	0.87	0.82	0.77	0.71	0.66	0.60	0.55	0.51	0.46	0.43	0.39	0.36	0.33
6	0.76	0.70	0.65	0.59	0.54	0.50	0.46	0.42	0.39	0.36	0.33	0.30	0.28
8	0.63	0.58	0.54	0.49	0.45	0.41	0.38	0.35	0.32	0.30	0.28	0.25	0.24
10	0.53	0.48	0.44	0.41	0.37	0.34	0.32	0.29	0.27	0.25	0.23	0.22	0.20
12	0.44	0.40	0.37	0.34	0.31	0.29	0.27	0.25	0.23	0.21	0.20	0.19	0.17
14	0.36	0.33	0.31	0.28	0.26	0.24	0.23	0.21	0.20	0.18	0.17	0.16	0.15
16	0.30	0.28	0.26	0.24	0.22	0.21	0.19	0.18	0.17	0.16	0.15	0.14	0.13
18	0.26	0.24	0.22	0.21	0.19	0.18	0.17	0.16	0.15	0.14	0.13	0.12	0.12
20	0.22	0.20	0.19	0.18	0.17	0.16	0.15	0.14	0.13	0.12	0.12	0.11	0.10
22	0.19	0.18	0.16	0.15	0.14	0.14	0.13	0.12	0.12	0.11	0.10	0.10	0.09
24	0.16	0.15	0.14	0.13	0.13	0.12	0.11	0.11	0.10	0.10	0.09	0.09	0.08
26	0.14	0.13	0.13	0.12	0.11	0.11	0.10	0.10	0.09	0.09	0.08	0.08	0.07
28	0.12	0.12	0.11	0.11	0.10	0.10	0.09	0.09	0.08	0.08	0.08	0.07	0.07
30	0.11	0.10	0.10	0.09	0.09	0.09	0.08	0.08	0.07	0.07	0.07	0.07	0.06

(2) 应用式(5.1-1)时，应注意以下几个问题：

① 对矩形截面构件，当轴向力偏心方向的截面边长大于另一方向的边长时，除按偏心受压计算外，还应对较小边长方向，按轴心受压进行验算。

② 计算(或查表)φ 时，构件的高厚比 β 按下列公式计算：

对矩形截面　　　　　　　$\beta = \gamma_\beta H_0 / h$ 　　　　　　　(5.1-5)

对 T 形截面　　　　　　　$\beta = \gamma_\beta H_0 / h_T$ 　　　　　　(5.1-6)

式中　γ_β——不同砌体材料的高厚比修正系数，按表 5.1-4 采用；

　　　H_0——受压构件计算高度，取值详见下文；

　　　h——矩形截面轴向力偏心方向的边长，当轴心受压时，为截面较小边长；

　　　h_T——T 形截面的折算厚度，可近似取 $3.5i$ 计算；

　　　i——T 形截面的回转半径。对带壁柱的墙，其翼缘计算宽度 b_f 按下列规定采用：

　　　(a)多层房屋，当有门窗洞口时，取窗间墙宽度；当无门窗洞口时，取壁柱间距。(b)单层房屋，可取壁柱宽加 2/3 墙高，但不大于窗间墙宽度和壁柱间距。

③ 轴向力的偏心矩 e(按荷载设计值计算)不应超过 $0.6y$，y 为截面重心到轴向力所在偏心方向截面边缘的距离。这是因为偏心矩 e 过大将导致裂缝的过大开展及承载力的显著降低。

高厚比修正系数　　　　表 5.1-4

砌体材料类别	γ_β
烧结普通砖、烧结多孔砖	1.0
混凝土及轻骨料混凝土砌块	1.1
蒸压灰砂砖、蒸压粉煤灰砖、细料石、半细料石	1.2
粗料石、毛石	1.5

注：对灌孔混凝土砌块砌体，γ_β 取 1.0。

3. 受压构件的计算高度 H_0

(1) 受压构件的计算高度 H_0，应根据房屋类别和构件支承条件等按表 5.1-5 采用。表中的构件高度 H 应按下列规定采用：

① 在房屋底层，为楼板顶面到构件下端支点的距离。下端支点的位置，可取在基础顶面。当埋置较深且有刚性地坪时，可取室外地面下 500mm 处；

② 在房屋其他层次，为楼板或其他水平支点间的距离；

③ 对于无壁柱的山墙，可取层高加山墙尖高度的 1/2；对于带壁柱的山墙可取壁柱处的山墙高度。

受压构件的计算高度 H_0　　　　　表 5.1-5

房屋类别			柱		带壁柱墙或周边拉结的墙		
			排架方向	垂直排架方向	$s>2H$	$2H \geqslant s > H$	$s \leqslant H$
有吊车的单层房屋	变截面柱上段	弹性方案	$2.5H_u$	$1.25H_u$	$2.5H_u$		
		刚性、刚弹性方案	$2.0H_u$	$1.25H_u$	$2.0H_u$		
	变截面柱下段		$1.0H_l$	$0.8H_l$	$1.0H_l$		
无吊车的单层和多层房屋	单跨	弹性方案	$1.5H$	$1.0H$	$1.5H$		
		刚弹性方案	$1.2H$	$1.0H$	$1.2H$		
	多跨	弹性方案	$1.25H$	$1.0H$	$1.25H$		
		刚弹性方案	$1.10H$	$1.0H$	$1.1H$		
	刚性方案		$1.0H$	$1.0H$	$1.0H$	$0.4s+0.2H$	$0.6s$

注：1. 表中 H_u 为变截面柱的上段高度；H_l 为变截面柱的下段高度；
2. 对于上端为自由端的构件，$H_0=2H$；
3. 独立砖柱，当无柱间支撑时，柱在垂直排架方向的 H_0 应取表中数值乘以 1.25 后采用；
4. s——房屋横墙间距；
5. 自承重墙的计算高度应根据周边支承或拉接条件确定。

(2) 对于无吊车房屋的变截面柱，或有吊车的房屋，当荷载组合不考虑吊车作用时，变截面柱上段的计算高度可按表 5.1-5 规定采用；变截面柱下段的计算高度可按下列规定采用：

① 当 $H_u/H \leqslant 1/3$ 时，取无吊车房屋的 H_0。

② 当 $1/3 < H_u/H < 1/2$ 时，取无吊车房屋的 H_0 乘以修正系数 μ。

$$\mu = 1.3 - 0.3 I_u/I_l \tag{5.1-7}$$

式中　I_u——变截面柱上段的惯性矩；
　　　I_l——变截面柱下段的惯性矩。

③ 当 $H_u/H \geqslant 1/2$ 时，取无吊车房屋的 H_0。但在确定 β 值时，应采用上柱截面。

4. 无筋砌体双向偏压构件的承载力计算

无筋砌体双向偏压构件(图 5.1-4)在工程中时有遇到，试验研究表明：偏心距 e_b、e_h 的大小是影响砌体竖向裂缝、水平裂缝的出现、发展及破坏形态的重要因素。当两个方向的偏心率(e_b/b、e_h/h)都很小(小于 0.2)时，砌体的受力性能破坏过程及形态类似于轴心受压构件；当

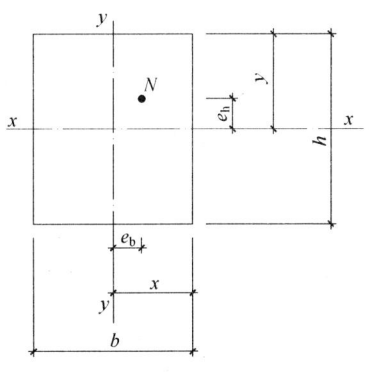

图 5.1-4　双向偏心受压

一个方向的偏心率很大(大于0.4)而另一个方向的偏心率很小(小于0.1)时,砌体的受力性能破坏过程及形态类似于单向偏心受压构件;当两个方向的偏心率都达到0.3时,砌体的竖向裂缝、水平裂缝几乎同时出现;当两个方向的偏心率都达0.3~0.4时,砌体的水平裂缝甚至比竖向裂缝出现的还早。无筋砌体双向偏压构件的承载力计算表达式为:

$$N \leqslant \varphi A f \tag{5.1-8}$$

式中　N——双向偏心轴向力设计值;
　　　φ——双向偏心受压时的承载力影响系数。

其他参数同前。在采用上式计算时,尚应注意下述几点:

(1) 无筋砌体双向偏压构件的承载力计算表达式与单向偏压构件的相同;其不同之处在于承载力影响系数,可按下列公式计算:

$$\varphi = \cfrac{1}{1+12\left[\left(\cfrac{e_b+e_{ib}}{b}\right)^2+\left(\cfrac{e_h+e_{ih}}{h}\right)^2\right]} \tag{5.1-9a}$$

$$e_{ib} = \cfrac{b}{\sqrt{12}}\sqrt{\cfrac{1}{\varphi_0}-1}\left[\cfrac{\cfrac{e_b}{b}}{\cfrac{e_b}{b}+\cfrac{e_h}{h}}\right] \tag{5.1-9b}$$

$$e_{ih} = \cfrac{h}{\sqrt{12}}\sqrt{\cfrac{1}{\varphi_0}-1}\left[\cfrac{\cfrac{e_h}{h}}{\cfrac{e_b}{b}+\cfrac{e_h}{h}}\right] \tag{5.1-9c}$$

式中　e_b、e_h——轴向力在截面重心x轴、y轴方向的偏心距,e_b、e_h宜分别不大于$0.5x$和$0.5y$;
　　　x、y——自截面重心沿x轴、y轴至轴向力所在偏心方向截面边缘的距离;
　　　e_{ib}、e_{ih}——轴向力在截面重心x轴、y轴方向的附加偏心距。

(2) 双向偏压构件的偏心距要求:轴向力在截面重心x轴、y轴方向的偏心距e_b、e_h宜分别不大于$0.5x$和$0.5y$。显然较单向不应大于$0.6y$的要求严格。这是由于当偏心距很大时,无筋砌体双向偏压构件一旦出现水平裂缝,截面受拉边立即退出工作,受压区面积急剧减小,构件迅速破坏,很不安全。

(3) 由式(5.1-9)可以看出,当一个方向的偏心率为0时,式(5.1-9)即为式(5.1-2);当一个方向的偏心率(e_b/b或e_h/h)不大于另一个方向的偏心率的5%时,可简化按另一个方向的单向偏心受压计算,按单向确定承载力的影响系数,其计算结果误差也不大于5%。

5.2 无筋砌体轴心受拉、受弯、受剪构件

1. 无筋砌体轴心受拉构件

如前所述,砌体轴心受拉有两种破坏形式:沿齿缝破坏和沿直缝破坏(图3.3-1),并应有相应的两种抗拉强度值。显然,在计算承载力时,砌体的轴心抗拉强度设计值f_t应取

二者中的最小值，但是由于2001版规范提高了块材的强度等级最低限值，很少有沿直缝破坏的情况发生，则只取用沿齿缝破坏的强度值参加计算即可，见表3.3-3。

砌体轴心受拉构件的承载力按下式计算：

$$N_t \leqslant f_t A \tag{5.2-1}$$

式中 N_t——轴心抗力设计值；

f_t——砌体沿齿缝轴心抗拉强度设计值；

A——受拉截面面积。

应注意的是，计算时要根据构件截面、块体及砂浆的材料类别等因素，将砌体抗拉强度设计值 f_t 乘以相应的调整系数 γ_a。γ_a 取值见第3.4节。

2. 无筋砌体受弯构件

无筋砌体抗弯性能很弱，一般不宜采用。但在特定情况下采用时，通常受弯构件需进行下列受弯承载力及受剪承载力两项计算：

$$M \leqslant f_{tm} W \tag{5.2-2}$$

$$V \leqslant f_v b z \tag{5.2-3}$$

式中 M, V——分别为弯矩设计值和剪力设计值；

f_{tm}——砌体弯曲抗拉强度设计值（取表3.3-3沿通缝和沿齿缝较小值），并应注意乘以调整系数 γ_a，见第3.4节。

f_v——砌体抗剪强度设计值（按表3.3-3取用）；

z——内力臂，$z=I/S$，对矩形截面 $z=2h/3$；

b, h, I, S, W——分别为截面宽度、高度、截面惯性矩、截面面积矩、截面抵抗矩。

3. 无筋砌体受剪构件

砌体沿水平通缝受剪时（如受拱脚推力作用的墙体），需验算沿通缝的砌体受剪承载力。这时，其受剪承载力将随作用在砌体截面上的压力所产生的摩擦力而提高。《砌体结构设计规范》规定，沿通缝或沿阶梯形截面（因砌体竖缝抗剪强度很低，可将阶梯形截面近似按其水平投影的水平截面来计算）破坏时，受剪构件的承载力，应按下式计算：

$$V \leqslant (f_v + \alpha \mu \sigma_0) A \tag{5.2-4a}$$

当 $\gamma_G = 1.2$ 时

$$\mu = 0.26 - 0.082 \frac{\sigma_0}{f} \tag{5.2-4b}$$

当 $\gamma_G = 1.35$ 时

$$\mu = 0.23 - 0.065 \frac{\sigma_0}{f} \tag{5.2-4c}$$

式中 V——截面剪力设计值；

A——水平截面面积。当有孔洞时，取净截面面积；

f_v——砌体抗剪强度设计值，对灌孔的混凝土砌块砌体取 f_{vG}，并应注意乘以调整系数 γ_a，见第3.4节；

α——修正系数：

当 $\gamma_G = 1.2$ 时，砖砌体取0.60，混凝土砌块砌体取0.64；

当 $\gamma_G = 1.35$ 时，砖砌体取0.64，混凝土砌块砌体取0.66；

μ——剪压复合受力影响系数，α 与 μ 的乘积可查表5.2-1；

σ_0——永久荷载设计值产生的水平截面平均压应力；

f——砌体的抗压强度设计值；

σ_0/f——轴压比，且不大于0.8。

当 $\gamma_G=1.2$ 及 $\gamma_G=1.35$ 时 $\alpha\mu$ 值   表 5.2-1

γ_G	σ_0/f	0.1	0.2	0.3	0.4	0.5	0.6	0.7	0.8
1.2	砖砌体	0.15	0.15	0.14	0.14	0.13	0.13	0.12	0.12
	砌块砌体	0.16	0.16	0.15	0.15	0.14	0.13	0.13	0.12
1.35	砖砌体	0.14	0.14	0.13	0.13	0.13	0.12	0.12	0.11
	砌块砌体	0.15	0.14	0.14	0.13	0.13	0.13	0.12	0.12

5.3 无筋砌体局部受压

压力仅仅作用在砌体部分面积上的受力状态称为砌体局部受压。按照砌体局部受压面上压应力的分布是否均匀，又可分为均匀局部受压和非均匀局部受压两种情况。如图5.3-1所示，支承砖柱的砖基础顶面，当砖柱承受轴心压力时为均匀局部受压；支承钢筋混凝土梁的砖墙或砖柱的支承面为非均匀局部受压。

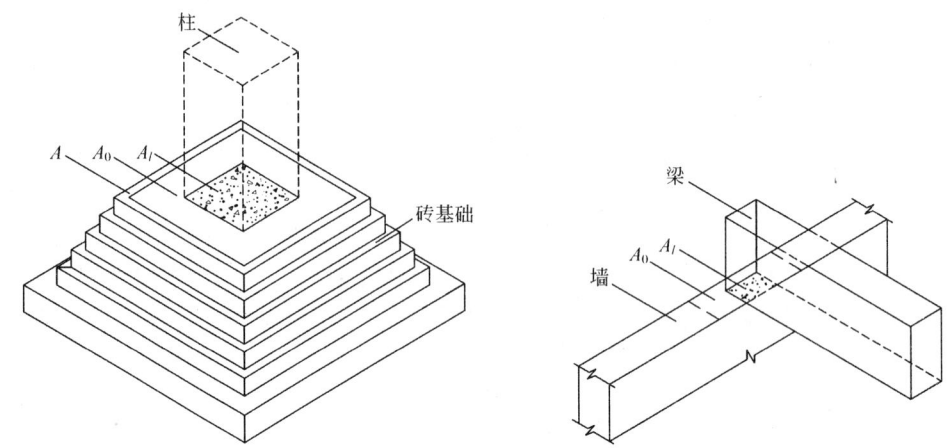

图 5.3-1 砖砌体局部受压情况

当砌体受到局部压应力时，压力总要沿着一定扩散线分布到砌体构件较大截面或者全截面上(图5.3-2)，即局部受压截面周围存在有未受压或受有较小压力的砌体，这些未直接受压的砌体，对中间局部受压砌体的横向变形起着约束作用，使其产生三向受压应力状态，因而能在较大程度上提高其抗压强度(图5.3-3)。设局部抗压强度与砌体轴心抗压强度的比值为 γ，称 γ 为砌体局部抗压强度提高系数，显然 $\gamma \geq 1$。

1. 无筋砌体局部受压的破坏形态

试验表明，砖砌体局部受压可能有三种破坏形态：

(1) 竖向裂缝发展导致的破坏——"先裂后坏"。图5.3-4(a)所示为在局压荷载作用下，试件中线上的横向应力 σ_x 和竖向应力 σ_y 分布图。可以看出，紧靠局压面的砌体处于三向受压状态，因而大大提高局压面积处砌体抗压强度。而局压面下方一段长度上出现横向

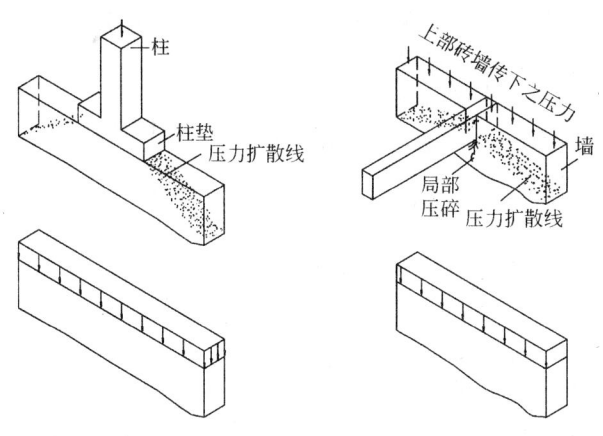
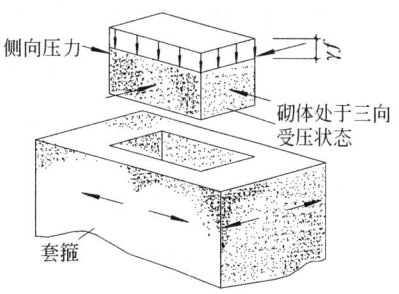

图 5.3-2　砌体局部受压　　　　图 5.3-3　砌体局部受压受力状态

拉应力，当此拉应力超过砌体的抗压强度时即出现竖向裂缝，然后向上、向下方向发展，导致破坏，称之为"先裂后坏"[图 5.3-4(b)]。此种破坏形态多发生在 A_0/A_l 不太大时（A_0——影响局部抗压强度的计算面积，A_l——局部受压面积）。

（2）劈裂破坏——"一裂就坏"。这种破坏发生前无明显征兆，局部受压构件受荷后未发生较大变形，一旦构件外侧出现与受力方向一致的竖向裂缝，构件立即开裂而导致破坏，破坏时犹如刀劈，裂缝少而集中，故称之为劈裂破坏或"一裂就坏"[图 5.3-4(c)]。此种破坏形态多发生在面积比 A_0/A_l 较大时。

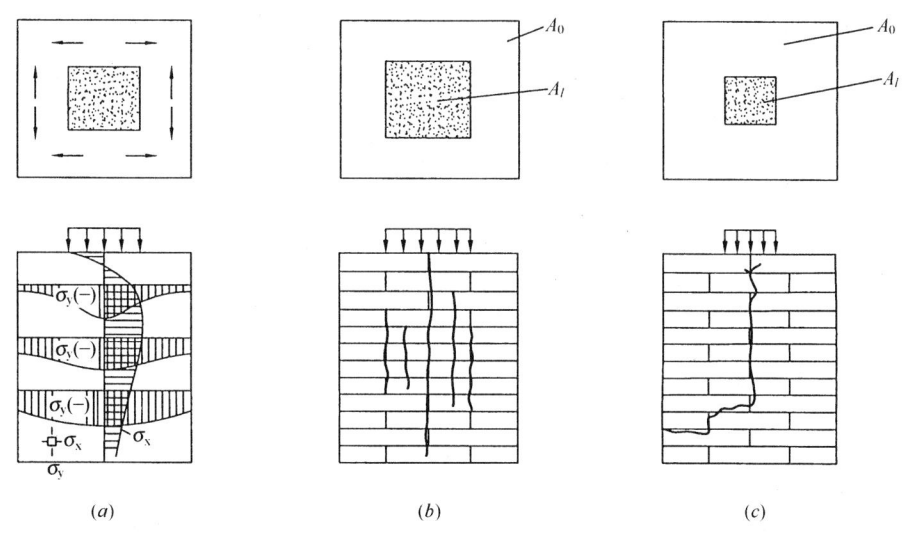

⊕为拉应力，⊖为压应力

图 5.3-4　砖砌体局部受压破坏现象
(a)砌体中应力分布；(b)先裂后坏；(c)劈裂破坏

（3）局压面积处局部破坏——"未裂先坏"。这种破坏发生在局部受压构件的材料强度很低时，因局部受压面积 A_l 内砌体材料被压碎而使整个构件丧失承载力，此时构件外侧未发生竖向裂缝，故称之为"未裂先坏"。

三种破坏形态中,"一裂就坏"与"未裂先坏"表现出明显的脆性,工程设计中必须避免发生。工程设计中一般应按"先裂后坏"来考虑计算。

2. 无筋砌体截面受局部均匀压力时的承载力计算

根据试验分析,砌体截面受局部均匀压力时的承载力可按下式计算:

$$N_l \leqslant \gamma f A_l \tag{5.3-1}$$

式中 N_l——局部受压面积上轴向力设计值;

f——砌体抗压强度设计值,可不考虑强度调整系数 γ_a 的影响。

A_l——局部受压面积;

γ——砌体局部抗压强度提高系数。

砌体局部抗压强度提高系数 γ,按下式计算:

$$\gamma = 1 + 0.35 \sqrt{\frac{A_0}{A_l} - 1} \tag{5.3-2}$$

式中 A_0——影响砌体局部抗压强度的计算面积,按图 5.3-5 中的相应规定计算。同时,为了防止劈裂破坏的发生,尚应按图 5.3-5 中相应规定对计算所得 γ 值加以限制❶。

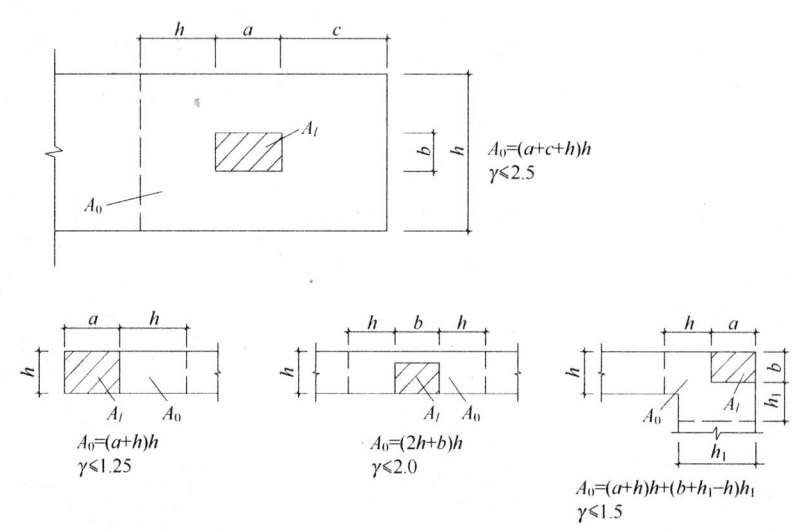

a、b——矩形局部受压面积的边长;h、h_1——墙厚或柱的较小边长、另一方向墙厚;
c——局部受压面积外边缘至构件边缘的较小距离,且 $c \leqslant h$

图 5.3-5 影响局部抗压强度的面积 A_0

3. 无筋砌体截面受局部非均匀压力时的承载力计算

梁端支承处砌体局部承压时,压应力为非均匀分布的,这是砌体结构中经常遇到的情况。梁端支承在砌体上有两种情况:

第一种情况,梁端直接支承在砌体上,应进行梁端支承处的砌体局部受压承载力计算(图 5.3-6);

第二种情况,当梁端下砌体局部受压承载力不满足设计要求时,通常在梁端下设有垫

---

❶ 对多孔砖砌体和灌孔砌块砌体,$\gamma \leqslant 1.5$;对未灌孔的混凝土空心砌块砌体,$\gamma = 1.0$。

块或垫梁，则应进行垫块或垫梁下砌体的局部受压承载力计算(图 5.3-8)。下面分别讨论。

(1) 梁端支承处砌体的局部受压承载力计算

当梁端支承处砌体局部受压且作用有上部荷载时，根据试验研究结果及工程经验，可采用下式对梁端支承处砌体的局部受压承载力进行计算：

$$\psi N_0 + N_l \leqslant \eta \gamma f A_l \tag{5.3-3}$$

式中 ψ——上部荷载的折减系数，$\psi = 1.5 - 0.5 \dfrac{A_0}{A_l}$，当 $\dfrac{A_0}{A_l} \geqslant 3$ 时，取 $\psi = 0$；

N_0——局部受压面积内上部轴向力设计值，$N_0 = \sigma_0 A_l$；

N_l——梁端支承压力设计值；

σ_0——上部平均压应力设计值；

η——梁端底面压应力图形的完整系数，一般可取 0.7，对于过梁和墙梁可取 1.0；

A_l——局部受压面积，$A_l = a_0 b$，b 为梁宽，a_0 为梁端有效支承长度。

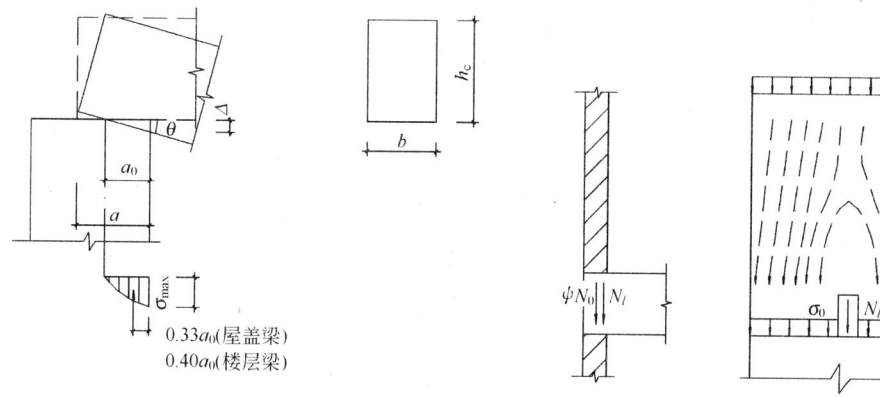

图 5.3-6　梁端　　　　　　图 5.3-7　梁端上部砌体的内拱作用

系数 ψ 是考虑砌体在梁端支承反力作用下产生压缩变形，梁端上面砌体形成卸荷拱，如图 5.3-7 所示，而使作用在局部承压面积 A_l 上的压力减小的折减系数。ψ 显然和 A_0/A_l 有关，A_0/A_l 愈大，内拱作用愈大，ψ 值愈小。试验表明，当 $A_0/A_l \geqslant 3$ 时，梁端上部由墙体传来的荷载可全部由梁两侧墙体承担，故 $\psi = 0$。

当梁直接支承在砌体上时，对于常用跨度梁(例如跨度小于 6m 的钢筋混凝土梁)，梁端有效支承长度 a_0 可按如下简化公式(2001 版砌体结构设计规范采用了此简化公式)：

$$a_0 = 10 \sqrt{\dfrac{h_c}{f}} \tag{5.3-4}$$

式中 a_0——梁端有效支承长度(mm)，当计算的 $a_0 > a$ 时，应取 $a_0 = a$；

a——梁端实际支承长度(mm)；

h_c——梁的截面高度(mm)；

f——砌体的抗压强度设计值(N/mm²)。

确定 a_0 后，在验算梁端支承处砌体的局部受压承载力以及验算梁下砌体(墙或柱)的承载力时，一般需要确定合力作用点(即 N_l 作用点)到墙内边缘的距离。根据压应力分布情况，该距离对屋盖梁应取 $0.33a_0$，对楼盖梁应取 $0.4a_0$，如图 5.3-6 所示。

(2) 梁端下设有刚性垫块或垫梁时，垫块或垫梁下砌体的局部受压承载力计算

① 刚性垫块下砌体局部受压承载力计算

根据试验研究结果,对于刚性垫块下砌体局部受压,可按不考虑纵向弯曲影响($\beta \leqslant 3$)的偏心受压情况对砌体进行计算;考虑到梁垫面积较梁端大得多,上部传来局部受压面积上的轴向力 N_0 因梁垫周围墙体不易形成内拱作用而不能减小,即不考虑上部荷载的折减系数 ψ。因此其承载力的计算应按下列公式进行:

$$N_0 + N_l \leqslant \varphi \gamma_1 f A_b \tag{5.3-5}$$

式中　N_0——垫块面积 A_b 内上部轴向力设计值,$N_0 = \sigma_0 A_b$;

φ——垫块上 N_0 及 N_l 合力的影响系数,应采用 $\beta \leqslant 3$ 时的 φ 值,即 $\varphi = \dfrac{1}{1 + 12\left(\dfrac{e}{h}\right)^2}$,

这里 e 为 N_0、N_l 合力设计值对垫块中心的偏心距,h 为垫块伸入墙内长度即 a_b;

γ_1——垫块外砌体面积的有利影响系数,但考虑到垫块底面压应力的不均匀性和偏于安全,对垫块下的砌体局部抗压强度提高系数 γ 予以折减,取 $\gamma_1 = 0.8\gamma$,且 $\gamma_1 \geqslant 1.0$。砌体局部抗压强度提高系数 γ 仍按式(5.3-2)计算,但以 A_b 代替 A_l。

A_b——垫块面积(mm^2),$A_b = a_b b_b$;

a_b——垫块伸入墙内的长度(mm);

b_b——垫块的宽度(mm)。

② 刚性垫块的构造要求

刚性垫块的高度 t_b 不宜小于180mm,自梁边算起的垫块挑出长度 a_b 可以与梁的实际支承长度 a 相等或大于 a,如图5.3-8所示。

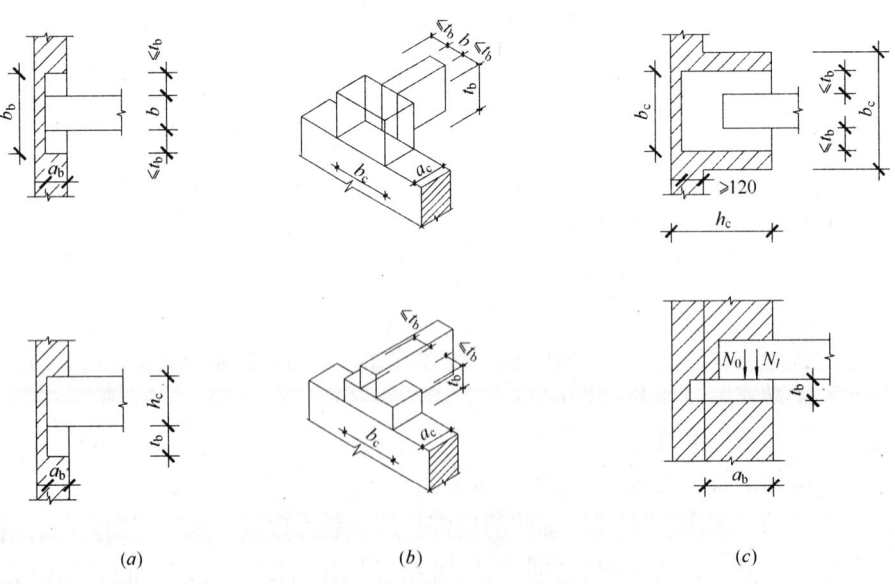

图 5.3-8　梁端刚性垫块($A_b = a_b b_b$)

(a)预制垫块;(b)现浇垫块;(c)壁柱上的垫块

刚性垫块一般按构造要求配置双层钢筋网，其钢筋总用量不小于垫块体积的 0.05%；当采用绑扎骨架时，垫块配筋应采用封闭式箍筋；混凝土等级一般为 C20 级。图 5.3-9 所示为垫块内的笼状骨架，此种配筋方式较好。

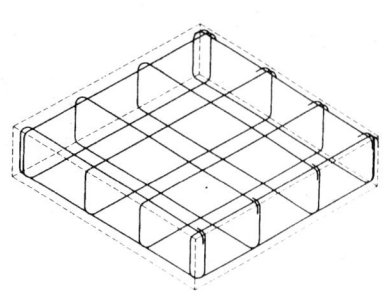

图 5.3-9　垫块配筋

在带壁柱墙的壁柱内设刚性垫块时〔图 5.3-8(c)〕，其计算面积应取壁柱面积，不应计算翼缘部分（这是由于翼缘多数位于应力较小边，翼墙参加工作程度有限），同时壁柱上垫块伸入翼墙内的长度不应小于 120mm。

现浇垫块与梁端同时浇筑时，垫块可在梁高范围内设置。

③ 梁端设有刚性垫块时，梁端有效支承长度 a_0 的确定

试验分析表明，设置垫块，使得垫块下方砌体的局压应力大为减小，对于局压承载力计算影响不是很大；但是，垫块上表面 a_0 较小，增大了荷载偏心距，对垫块下方墙体受力不利，因此应按下式计算梁端有效支承长度：

$$a_0 = \delta_1 \sqrt{\frac{h}{f}} \tag{5.3-6}$$

式中　δ_1——刚性垫块的影响系数，可按表 5.3-1 采用。

垫块上 N_l 作用点的位置可取 $0.4a_0$ 处。

系数 δ_1 值　　　　　　　　　　　　　　　　　表 5.3-1

σ_0/f	0	0.2	0.4	0.6	0.8
δ_1	5.4	5.7	6.0	6.9	7.8

注：表中其间的数值可采用插入法求得。

由于现浇刚性垫块与梁端现浇成整体，因此，当梁在荷载作用下发生挠曲时，现浇刚性垫块与梁端一起发生转动变形。此种情况下，梁的有效支承长度 a_0 与不设梁垫的梁相同，即仍按式(5.3-4)计算。但为简化计算，也可按式(5.3-6)计算。

(3) 梁端下设有长度大于 πh_0 的柔性垫梁时，垫梁下砌体局部受压承载力计算

梁端下设置垫梁，一般是大梁或屋架端部支承在钢筋混凝土圈梁上的情况，该圈梁即为垫梁，其长度较长，为长度大于 πh_0 的柔性垫梁。此时，可以把垫梁看作是承受上部局部荷载 N_l 和上部墙体传来的均布荷载的弹性地基梁。试验表明，由于垫梁的分布荷载作用，垫梁下砌体因局部荷载产生的竖向压应力分布在 πh_0 范围内（图 5.3-10）；垫梁下砌体局部受压破坏时，砌体竖向压应力的最大值 σ_{max} 与砌体抗压强度 f 之比均在 1.5 以上。由此条件出发，考虑到上部墙体传来的荷载 N_0（其平均压应力为 σ_0），由平衡关系可推出：

垫梁下砌体竖向压应力最大值为：

$$\sigma_{max} = \frac{2N_l}{\pi b_b h_0} + \sigma_0 \leqslant 1.5f \tag{5.3-7}$$

垫梁下砌体局部受压极限承载力为：

$$N_l + N_0 \leqslant 1.5f \frac{\pi b_b h_0}{2} \tag{5.3-8}$$

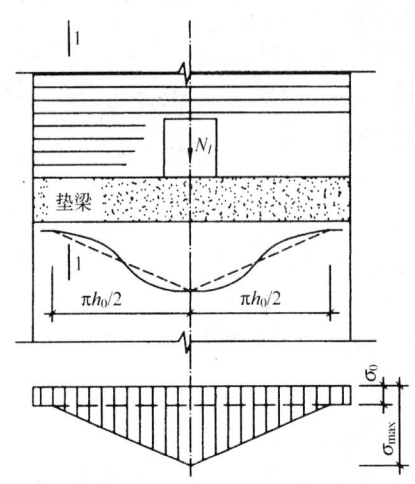
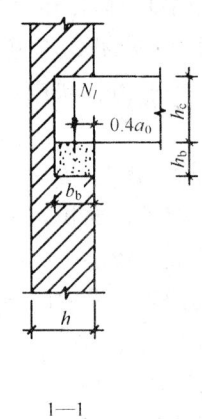

图 5.3-10　垫梁局部受压竖向压应力分布

又考虑到大多数情况下,垫梁受到的局压荷载并非都是均匀中心受压情况,往往存在平面不均匀的局部受压情况,则引入修正系数 δ_2,即当荷载沿墙厚方向均匀分布时,δ_2 取 1.0,不均匀分布时,δ_2 取 0.8;则有:

$$N_l + N_0 \leqslant 2.4\delta_2 f b_b h_0 \tag{5.3-9}$$

式中　N_l——垫梁上集中局部荷载设计值;

N_0——垫梁 $\dfrac{\pi b_b h_0}{2}$ 范围内由上部荷载产生的轴向力设计值,$N_0 = \dfrac{1}{2}\pi b_b h_0 \sigma_0$,$\sigma_0$ 为上部平均压应力设计值;

b_b——垫梁宽度;

h_0——垫梁折算高度,$h_0 = 2 \cdot \sqrt[3]{E_b I_b / Eh}$,$E_b$、$I_b$ 分别为垫梁的弹性模量和截面惯性矩,E 为砌体的弹性模量,h 为墙厚(mm);

a_0——垫梁上有效支承长度,可按式(5.3-6)计算。

5.4　无筋砌体构件计算例题

【例 5.4-1】 矩形砖柱轴心受压计算

截面尺寸为 370mm×490mm 的轴心受压砖柱,柱的两端为不动铰支承,$H_0 = H = 3.6$m,采用 MU10 砖和 M5 混合砂浆砌筑,施工质量控制等级为 B 级,安全等级为二级,砖砌体自重为 19kN/m³。若在柱顶截面上作用有恒载和活载产生的轴向力标准值均为 60kN,试验算柱底截面承载力[图 5.4-1(a)]。

解:(1) 基本参数:查表 3.2-9,当采用 MU10 砖和 M5 混合砂浆时,$f^* = 1.50$N/mm²;构件截面面积 $A = 0.37 \times 0.49 = 0.181$m² < 0.3m²,则砌体强度设计值的调整系数 $\gamma_a = 0.7 + 0.181 = 0.881$;$f = \gamma_a f^* = 0.881 \times 1.50 = 1.322$N/mm²;高厚比 $\beta = \gamma_\beta H_0/h = 1.0 \times 3600/370 = 9.73$;采用 M5 砂浆时,$\alpha = 0.0015$。

(2) 影响系数 φ:查表 5.1-1,当 $e = 0$(轴心受压),$\beta = 9.73$ 时,$\varphi = 0.875$;也可计算

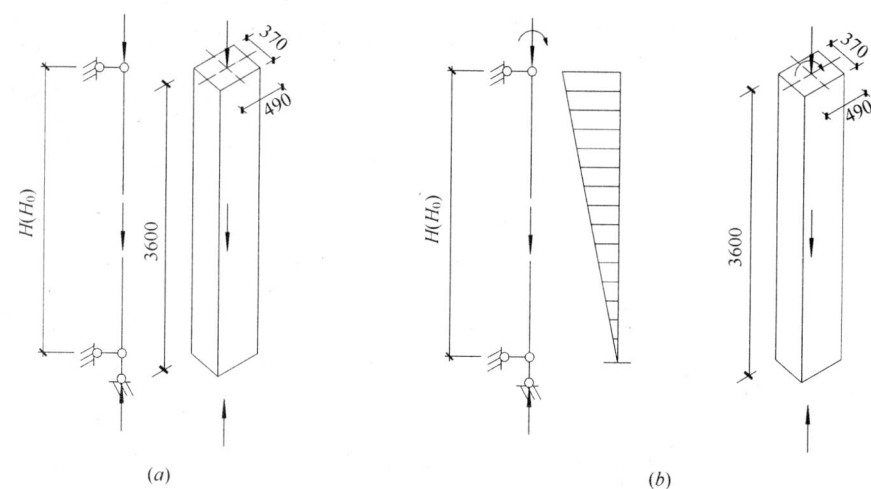

图 5.4-1　例 5.4-1、例 5.4-2 图

求得，轴心受压时 $\varphi=\varphi_0=\dfrac{1}{1+\alpha\beta^2}=\dfrac{1}{1+0.0015\times9.73^2}=0.875$。

（3）柱底截面承受的轴向力设计值：

第一种组合：

$$N=\gamma_0(1.2S_{Gk}+1.4S_{Q1k})$$
$$=1.2\times60+1.4\times60+1.2\times0.37\times0.49\times3.6\times19=170.88\text{kN}$$

第二种组合：

$$N=\gamma_0(1.35S_{Gk}+1.4\psi_{c1}S_{Q1})$$
$$=1.35\times60+1.4\times0.7\times60+1.35\times0.37\times0.49\times3.6\times19=156.54\text{kN}$$

取较大值，即 $N=170.88\text{kN}$

（4）柱底截面的抗力值：

$$\varphi fA=0.875\times1.322\times0.181\times10^6=209371\text{N}=209.371\text{kN}>170.88\text{kN}$$

因此柱底截面承载力满足要求。

【例 5.4-2】 矩形砖柱单向偏心受压计算

若例 5.4-1 中其他条件不变，柱顶截面作用有沿长边方向的弯矩设计值 $M=9.36\text{kN}\cdot\text{m}$，试验算柱顶截面的承载力［图 5.4-1(b)］。

解：（1）柱顶截面承受的轴向力设计值：

第一种组合：$N=\gamma_0(1.2S_{Gk}+1.4S_{Q1k})=1.2\times60+1.4\times60=156\text{kN}$

第二种组合：$N=\gamma_0(1.35S_{Gk}+1.4\psi_{c1}S_{Q1})=1.35\times60+1.4\times0.7\times60=139.8\text{kN}$

（2）基本参数：$b=370\text{mm}$，$h=490\text{mm}$，$y=245\text{mm}$，$f=1.322\text{N}/\text{mm}^2$

弯矩作用平面内　　　　　$\beta=\gamma_\beta\dfrac{H_0}{h}=1.0\times\dfrac{3600}{490}=7.35$

（3）对于第一种情况：

$$e_1=\dfrac{M}{N_1}=\dfrac{9.36\times10^3}{156}=60\text{mm},\quad \dfrac{e_1}{h}=\dfrac{60}{490}=0.122,\quad \dfrac{e_1}{y}=\dfrac{60}{245}=0.245<0.6;$$

影响系数 φ：当 $\beta=7.35$，$\dfrac{e_1}{h}=0.122$ 时，由表 5.1-1，得 $\varphi=0.661$

柱顶截面的抗力值：$\varphi fA=0.661\times1.322\times0.181\times10^6=158.524\text{kN}>156\text{kN}$

（4）对于第二种情况：

$$e_2=\dfrac{M}{N_2}=\dfrac{9.36\times10^3}{139.8}=67\text{mm}，\dfrac{e_2}{h}=\dfrac{67}{490}=0.137，\dfrac{e_2}{y}=\dfrac{67}{245}=0.274<0.6；$$

影响系数 φ：当 $\beta=7.35$，$\dfrac{e_2}{h}=0.137$ 时，由表 5.1-2，得 $\varphi=0.633$

柱顶截面的抗力值：$\varphi fA=0.633\times1.322\times0.181\times10^6=151.723\text{kN}>139.8\text{kN}$

（5）平面外轴心受压验算：由于弯矩作用在长边方向（$h=490\text{mm}$）大于另一方向边长（$b=370\text{mm}$），故除按偏心受压计算外，尚应对较小边长（$b=370\text{mm}$）方向，按轴心受压进行验算。本题中两种组合轴力较大值为 $156\text{kN}<209.371\text{kN}$（参见例 5.4-1）。因此该柱顶截面的承载力满足要求。

【例 5.4-3】 T 形截面砖柱单向偏心受压计算

某仓库砖柱截面尺寸如图 5.4-2 所示，计算高度 $H_0=1.5H=7.8\text{m}$，采用 MU10 砖和 M5 混合砂浆砌筑，施工质量控制等级为 B 级，安全等级为二级。柱顶截面由恒载和活载产生的轴向力标准值均为 150kN，弯矩设计值为 65.13kN·m，且偏心距偏向 y_2 一侧。试验算构件顶部 Ⅰ—Ⅰ 截面处承载力。

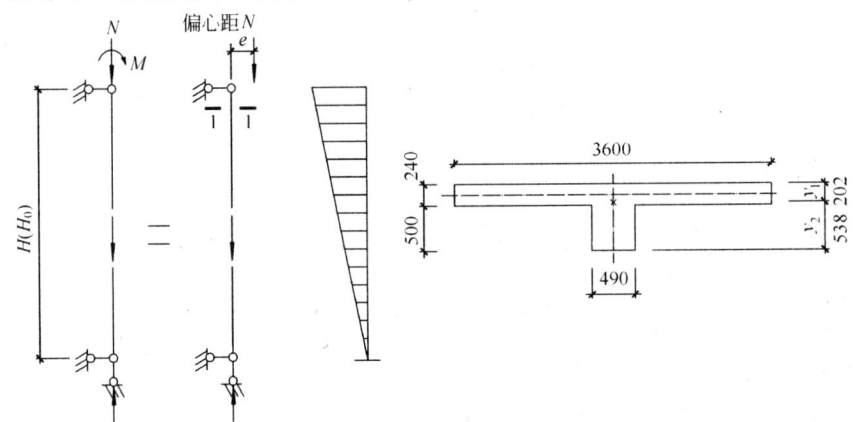

图 5.4-2 例 5.4-3 图

解：（1）求截面折算厚度 h_T：

$A=0.24\times3.60+0.5\times0.49=1.109\text{m}^2>0.3\text{m}^2，\gamma_a=1.0$

$y_1=\dfrac{3.60\times0.24\times0.12+0.49\times0.50\times0.49}{1.109}=0.20174\text{m}\approx202\text{mm}$

$y_2=240+500-202=538\text{mm}$

$I=\dfrac{1}{3}[490\times538^3+3600\times202^3-(3600-490)(202-240)^3]=3.538\times10^{10}\text{mm}^4$

$i=\sqrt{\dfrac{I}{A}}=\sqrt{\dfrac{3.538\times10^{10}}{1.109\times10^6}}=178.62\text{mm}$

$h_T=3.5i=3.5\times178.62=625.16\text{mm}\approx625\text{mm}$

（2）柱顶 Ⅰ—Ⅰ 截面轴向力设计值：

第一种组合：$N=1.2\times150+1.4\times150=390\text{kN}$

第二种组合：$N=1.35\times150+1.4\times0.7\times150=349.5\text{kN}$

(3) 基本参数：采用 MU10 砖和 M5 混合砂浆，查表 3.2-9 得，$f^*=1.50\text{N/mm}^2$，$f=\gamma_a f^*=1.50\text{N/mm}^2$；$\alpha=0.0015$，$\beta=\gamma_\beta\dfrac{H_0}{h_T}=1.0\times\dfrac{7.8\times10^3}{625}=12.48$；$\varphi_0=\dfrac{1}{1+0.0015\times12.48^2}=0.811$；

(4) 对于第一种情况：

$$e_1=\dfrac{M}{N_1}=\dfrac{65.13\times10^3}{390}=167\text{mm}，\dfrac{e_1}{h_T}=\dfrac{167}{625}=0.267，\dfrac{e_1}{y_2}=\dfrac{167}{538}=0.310<0.6；$$

影响系数 φ：

$$\varphi=\dfrac{1}{1+12\left[\dfrac{e_1}{h_T}+\sqrt{\dfrac{1}{12}\left(\dfrac{1}{\varphi_0}-1\right)}\right]^2}=\dfrac{1}{1+12\left[0.267+\sqrt{\dfrac{1}{12}\left(\dfrac{1}{0.811}-1\right)}\right]^2}=0.335$$

柱顶 Ⅰ—Ⅰ 截面的抗力值：

$$\varphi fA=0.335\times1.50\times1.109\times10^6=557273\text{N}=557.27\text{kN}>390\text{kN}$$

(5) 对于第二种情况：

$$e_2=\dfrac{M}{N_2}=\dfrac{65.13\times10^3}{349.5}=186\text{mm}，\dfrac{e_2}{h_T}=\dfrac{186}{625}=0.298，\dfrac{e_2}{y_2}=\dfrac{186}{538}=0.346<0.6；$$

影响系数 φ：当 $\beta=12.48$，$\dfrac{e_2}{h_T}=0.298$ 时，由表 5.1-1，得 $\varphi=0.307$

柱顶 Ⅰ—Ⅰ 截面的抗力值：

$$\varphi fA=0.306\times1.50\times1.109\times10^6=510145\text{N}=510.145\text{kN}>349.5\text{kN}$$

柱顶 Ⅰ—Ⅰ 截面的承载力满足要求。

【例 5.4-4】 混凝土小型空心砌块单向偏心受压及轴心受压计算

截面尺寸为 900mm×190mm 的混凝土小型空心砌块窗间墙，采用 MU10、Mb5（混合砂浆）砌筑，施工质量控制等级为 B 级，安全等级为二级，混凝土空心小砌块自重为 11.8kN/m³。墙的计算高度 H_0 为 2.70m。若在墙顶作用轴向力的设计值 $N=100\text{kN}$，弯矩设计值 $M=4.8\text{kN}\cdot\text{m}$，试验算此窗间墙的承载力。

解：(1) 基本参数：采用 MU10、Mb5 混合砂浆，查表 3.2-11 得，$f^*=2.22\text{N/mm}^2$，构件截面面积 $A=0.9\times0.19=0.171\text{m}^2<0.3\text{m}^2$，则砌体强度设计值的调整系数 $\gamma_a=0.7+0.171=0.871$；$f=\gamma_a f^*=0.871\times2.22=1.934\text{N/mm}^2$；

$$\beta=\gamma_\beta\dfrac{H_0}{h}=1.1\times\dfrac{2.7\times10^3}{190}=15.63$$

(2) 墙顶 Ⅰ—Ⅰ 截面（偏心受压）：

$$e_1=\dfrac{M}{N_1}=\dfrac{4.8\times10^3}{100}=48\text{mm}，\dfrac{e_1}{h}=\dfrac{48}{190}=0.253，\dfrac{e_1}{y}=\dfrac{48}{95}=0.505<0.6；$$

影响系数 φ：当 $\beta=15.63$，$\dfrac{e_1}{h}=0.253$ 时，由表 5.1-1，得 $\varphi=0.313$

柱顶 Ⅰ—Ⅰ 截面的承载力：

$$\varphi fA=0.313\times1.934\times0.171\times10^6=103568\text{N}=103.568\text{kN}>100\text{kN}$$

柱顶Ⅰ—Ⅰ截面满足承载力要求。

(3) 柱底Ⅱ—Ⅱ截面(轴心受压):

第一种组合:$N_{Ⅱ1}=100+1.2\times11.8\times0.171\times2.7=106.538\text{kN}$

第二种组合:$N_{Ⅱ2}=100+1.35\times11.8\times0.171\times2.7=107.355\text{kN}$

柱底截面轴向力设计值取 $\max(N_{Ⅱ1},N_{Ⅱ2})=107.355\text{kN}$

影响系数 φ:当 $\beta=15.632$,$e_Ⅱ=0$(轴心受压),由表 5.1-2,得 $\varphi=0.729$

柱顶Ⅱ—Ⅱ截面的承载力:

$$\varphi fA=0.729\times1.934\times0.171\times10^6=241113\text{N}=241.113\text{kN}>107.355\text{kN}$$

柱顶Ⅱ—Ⅱ截面的承载力满足要求。

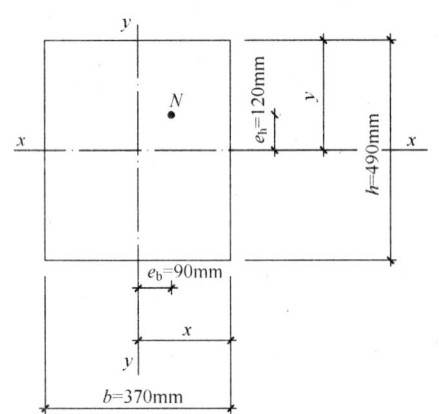

图 5.4-3 例 5.4-5 图

【例 5.4-5】 砖柱双向偏心受压计算

某小型仓库砖砌角柱如图 5.4-3 所示,采用普通烧结砖 MU10、混合砂浆 M7.5 砌筑,施工质量为 B 级,安全等级为二级。柱的计算高度为 3.9m。柱顶作用有轴向压力设计值 $N=75\text{kN}$,轴向力的偏心距 $e_b=90\text{mm}$,$e_h=120\text{mm}$。试验算该柱顶截面的承载力。

解:(1) 基本参数:查表 3.2-9,当采用 MU10 砖和 M7.5 混合砂浆时,$f^*=1.69\text{N/mm}^2$;构件截面面积 $A=0.37\times0.49=0.181\text{m}^2<0.3\text{m}^2$,则砌体强度设计值的调整系数 $\gamma_a=0.7+0.181=0.881$;$f=\gamma_af^*=0.881\times1.69=1.489\text{N/mm}^2$。

(2) 影响系数 φ:

当 $e=0$,$\beta=\gamma_\beta H_0/b=1.0\times3900/370=10.541$ 时,查表 5.1-1,$\varphi_0=0.856$。

$e_b/b=90/370=0.243$,$0.5x=0.5\times185=92.5>90\text{mm}$

$e_h/h=120/490=0.245$,$0.5y=0.5\times245=122.5>120\text{mm}$

$\dfrac{e_b/b}{e_h/h}=\dfrac{0.243}{0.245}>0.05$,需按双偏心受压计算。

$$e_{ib}=\dfrac{b}{\sqrt{12}}\sqrt{\dfrac{1}{\varphi_0}-1}\left(\dfrac{e_b/b}{e_h/h+e_b/b}\right)=\dfrac{370}{\sqrt{12}}\sqrt{\dfrac{1}{0.856}-1}\left(\dfrac{0.243}{0.243+0.245}\right)=21.79\text{mm}$$

$$e_{ih}=\dfrac{h}{\sqrt{12}}\sqrt{\dfrac{1}{\varphi_0}-1}\left(\dfrac{e_h/h}{e_h/h+e_b/b}\right)=\dfrac{490}{\sqrt{12}}\sqrt{\dfrac{1}{0.856}-1}\left(\dfrac{0.245}{0.243+0.245}\right)=29.05\text{mm}$$

$$\varphi=\dfrac{1}{1+12\left[\left(\dfrac{e_b+e_{ib}}{b}\right)^2+\left(\dfrac{e_h+e_{ih}}{h}\right)^2\right]}=\dfrac{1}{1+12\left[\left(\dfrac{90+21.79}{370}\right)^2+\left(\dfrac{120+29.05}{490}\right)^2\right]}=0.312$$

(3) 柱顶截面承载力:

$$\varphi fA=0.312\times1.489\times0.181\times10^6=84234\text{N}=84.087\text{kN}>75\text{kN}$$

柱顶截面承载力满足要求。

【例 5.4-6】 无筋砌体轴心受拉计算

如图 5.4-4 所示为圆形砖砌沉淀池,池壁用 MU10 普通砖、M5 水泥砂浆砌筑,施工质量控制等级为B级，安全等级为二级。池壁上段厚370mm，下段厚490mm。已知在池壁A—A处产生的最大环向拉力设计值$N_t=45$kN/m。试验算池壁A—A处的抗拉强度。

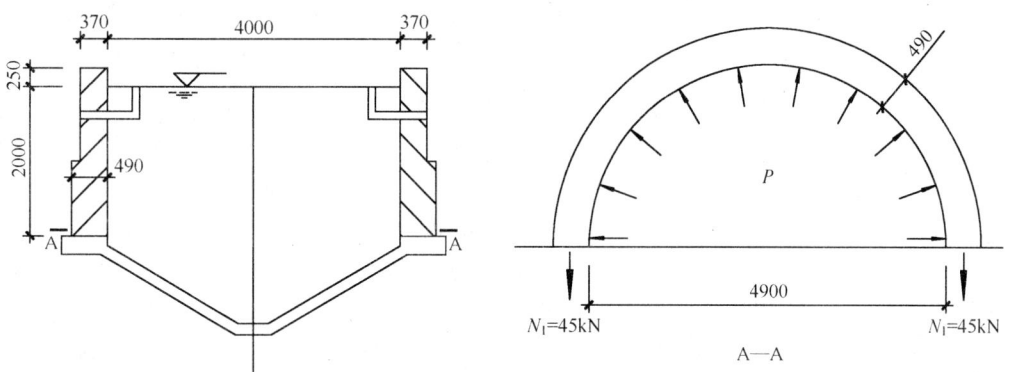

图 5.4-4 例 5.4-6 图

解：（1）基本参数：取1m高砖砌体进行验算，则$A=0.49\times1=0.49\text{m}^2$，由于采用M5水泥砂浆砌筑且为轴心受拉 $\gamma_a=0.8$；查表 3.3-3，$f_t^*=0.13\text{N/mm}^2$，则 $f_t=0.8\times0.13=0.104\text{N/mm}^2$。

（2）池壁A点处轴向拉力设计值：取1m高砖砌体计算，$N_t=45\times1=45$kN

（3）池壁承载力计算：

$f_t A=0.104\times0.49\times10^6=50960\text{N}=50.96\text{kN}>N_t=45\text{kN}$，满足要求。

【例 5.4-7】 无筋砌体受弯计算

如图 5.4-5 所示 370mm 厚带壁柱墙，壁柱间距为 4.5m。该墙承受横向水平均布活荷载标准值 $q_k=0.9\text{kN/m}^2$。该墙体采用 MU10 烧结普通砖、M5 混合砂浆砌筑，施工质量控制等级为B级，安全等级为二级。试验算壁柱间墙体的受弯承载力。

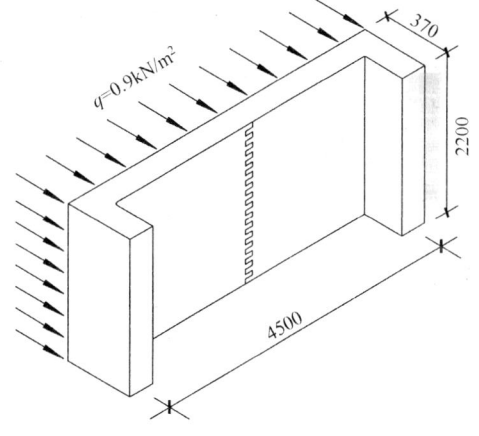

图 5.4-5 例 5.4-7 图

解：（1）基本参数：取1m高的水平墙带作为计算单元，计算跨中最大弯矩设计值。

$$M_{\max}=\frac{1}{8}\times1.4\times0.9\times4.5^2=3.189\text{kN}\cdot\text{m}$$

最大剪力设计值：

$$V_{\max}=\frac{1}{2}\times1.4\times0.9\times4.5=2.835\text{kN}$$

$$A=0.37\times1=0.37\text{m}^2>0.3\text{m}^2$$

$$\gamma_a=1.0,\quad W=\frac{bh^2}{6}=\frac{1000\times370^2}{6}=2.28\times10^7\text{mm}^3$$

$$Z=\frac{2}{3}h=\frac{2}{3}\times370=246.67\text{mm}$$

查表 3.3-3，$f_{tm}=0.23\text{N/mm}^2$；$f_v=0.11\text{N/mm}^2$。

(2) 受弯承载力 $f_{tm}W = 0.23 \times 2.28 \times 10^7 = 5.244 \times 10^6 \text{N} \cdot \text{mm} = 5.244 \text{kN} \cdot \text{m} > M_{max} = 3.189 \text{kN} \cdot \text{m}$，满足要求。

(3) 受剪承载力 $f_v bz = 0.11 \times 1000 \times 246.67 = 27134 \text{N} = 27.134 \text{kN} > V_{max} = 2.835 \text{kN}$，满足要求。

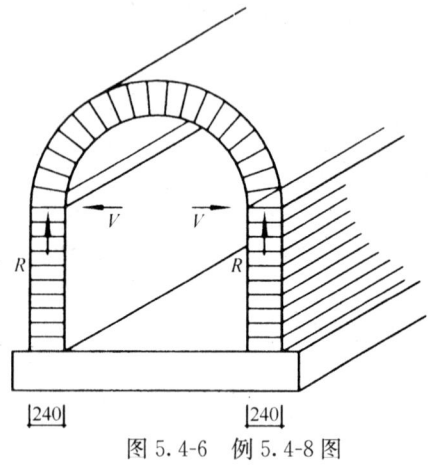

图 5.4-6 例 5.4-8 图

【例 5.4-8】 无筋砌体受剪计算

如图 5.4-6 所示地沟剖面，拱及墙厚均为 240mm，采用 MU10 普通烧结砖、M7.5 水泥砂浆砌筑，施工质量控制等级为 B 级，安全等级为二级。由计算求得的拱脚处的水平推力的设计值为每延米 $V = 26 \text{kN}$；支座垂直反力（主要由恒载引起）设计值 R 为每延米 40kN。试验算拱脚处墙体沿通缝受剪的承载力。

解：取 1m 长暗沟墙体为计算单元。

(1) 基本参数：$A = 0.24 \times 1 = 0.24 \text{m}^2$（虽小于 0.3m^2，但这是属计算单元选取 1m 长所致，实际截面远大于 0.3m^2），采用 M7.5 水泥砂浆，$\gamma_a = 0.8$，查表 3.3-3，$f_v = 0.8 \times 0.14 = 0.112 \text{N/mm}^2$；查表 3.2-9，$f = 0.8 \times 1.69 = 1.352 \text{N/mm}^2$；$\sigma_0 = \dfrac{R_0}{A} = \dfrac{40 \times 1 \times 10^3}{0.24 \times 10^6} = 0.167 \text{N/mm}^2$，$\dfrac{\sigma_0}{f} = \dfrac{0.167}{1.352} = 0.124 < 0.8$。

(2) 当 $\gamma_G = 1.2$ 时：

$\mu = 0.26 - 0.082 \dfrac{\sigma_0}{f} = 0.26 - 0.082 \times 0.124 = 0.250$

$\alpha = 0.60$

$\alpha\mu = 0.60 \times 0.250 = 0.150$

$(f_v + \alpha\mu\sigma_0)A = (0.112 + 0.150 \times 0.167) \times 0.24 \times 10^6 = 32889 \text{N} = 32.889 \text{kN} > 26 \text{kN}$

(3) 当 $\gamma_G = 1.35$ 时：

根据 $\dfrac{\sigma_0}{f} = 0.124$，查表 5.2-1 得，$\alpha\mu = 0.14$

$(f_v + \alpha\mu\sigma_0)A = (0.112 + 0.14 \times 0.167) \times 0.24 \times 10^6 = 32491 \text{N} = 32.491 \text{kN} > 26 \text{kN}$ 满足要求。

【例 5.4-9】 砖砌体局部受压和设有刚性垫块局部受压计算

某文化中心（三层建筑）首层预制梁，跨度 5.4m，截面尺寸 200mm×500mm，支承在 240mm 厚内纵墙上，门间墙长 2200mm，该墙采用 MU10，M5 混合砂浆（图 5.4-7），施工质量控制等级为 B 级，安全等级为二级。上部墙体传来荷载的设计值为 373.91kN；预制梁传来荷载的设计值为 70kN。试验算该预制梁端支承处砌体局部受压承载力。若不满足设计要求应采取何种措施？

解：(1) 梁下无垫块时砌体局部抗压强度验算 [图 5.4-7(a)]

① 基本参数：$h_c = 500 \text{mm}$，$f = 1.50 \text{N/mm}^2$，由于跨度为 5.4m < 6m，故 $a_0 = 10\sqrt{\dfrac{h_c}{f}} = $

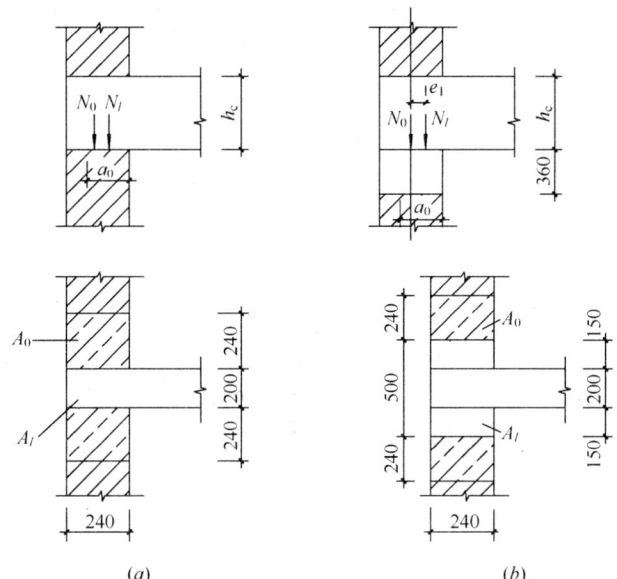

图 5.4-7 例 5.4-9 图
(a)梁下无垫块；(b)梁下有垫块

$10\sqrt{\dfrac{500}{1.50}} = 182.6 \text{mm}$；局部受压面积 $A_l = 182.6 \times 200 = 36520 \text{mm}^2$，影响砌体局部抗压强度面积 $A_0 = (2 \times 240 + 200) \times 240 = 163200 \text{mm}^2$。

② 计算有关参数 ψ，γ，η

$$\dfrac{A_0}{A_l} = \dfrac{163200}{36520} = 4.47 > 3,\ \psi = 0$$

$$\gamma = 1 + 0.35\sqrt{\dfrac{A_0}{A_l} - 1} = 1 + 0.35\sqrt{4.47 - 1} = 1.65 < 2.0$$

$$\eta = 0.7$$

③ 梁端支承处局部受压承载力

$$\eta\gamma f A_l = 0.7 \times 1.65 \times 1.5 \times 36520 = 63270.9 \text{N} = 63.271 \text{kN}$$
$$< \psi N_0 + N_l = 70 \text{kN}$$

不满足要求，需加设垫块。

(2) 梁下有垫块时砌体局部抗压强度验算 [图 5.4-7(b)]

基本参数：

选用预制刚性垫块(240mm×360mm×500mm)

$a_b = 240 \text{mm}$，$b_b = 500 \text{mm}$，$t_b = 360 \text{mm}$

$A_b = 240 \times 500 = 120000 \text{mm}^2$

$A_0 = 240 \times (2 \times 240 + 500) = 235200 \text{mm}^2$

$\gamma_1 = 0.8\gamma = 0.8 \times \left[1 + 0.35\sqrt{\dfrac{235200}{120000} - 1}\right] = 1.074$

$\sigma_0 = \dfrac{373.91 \times 10^3}{240 \times 2200} = 0.708 \text{N/mm}^2$，$\dfrac{\sigma_0}{f} = \dfrac{0.708}{1.50} = 0.472$

由 $\dfrac{\sigma_0}{f}=0.472$，查表 5.3-1 得，$\delta_1=6.324$，$a_0=\delta_1\sqrt{\dfrac{h}{f}}=6.324\sqrt{\dfrac{500}{1.5}}=115\text{mm}$

$$N_0=\sigma_0 A_b=0.708\times 240\times 500=84980\text{N}=84.980\text{kN}$$

$$e_l=120-0.4a_0=120-0.4\times 115=74\text{mm}$$

$$e=\dfrac{N_l e_l+N_0 e_0}{N_l+N_0}=\dfrac{70\times 74+0}{70+84.98}=33.4\text{mm}$$

$$e/h=33.4/240=0.139$$

$$\varphi=\dfrac{1}{1+12\left(\dfrac{e}{h}\right)^2}=\dfrac{1}{1+12\times 0.139^2}=0.812$$

$\varphi\gamma_1 fA_b=0.812\times 1.074\times 1.50\times 120000=156976\text{N}=156.976\text{kN}$
$>N_0+N_l=84.98+70=154.98\text{kN}$

满足要求。

例题小结：

无筋砌体构件承载力计算公式比较简单，有强度指标及相关系数的表格可供查用。在进行计算前应先了解公式的适用范围，并详细阅读各表中的注解条文。同时应注意下述几点：

1. 确定构件的控制截面。轴心受压构件为构件底部，偏心受压构件为构件顶部及底部。
2. 应考虑承载力计算的两种组合，详见 4.2 节。
3. 砌体强度设计值，应注意考虑调整系数 γ_a 的影响。
4. 计算截面面积时，如果是带壁柱的 T 形截面墙，应注意考虑翼缘宽度。
5. 对受压构件计算时，其影响系数 φ 可以通过计算，也可以根据砂浆强度等级、高厚比 β、e/h 或 e/h_T 查表。应注意高厚比 β 要乘以修正系数 γ_β。单向偏心受压时，应注意 β 的计算方法，h 应取矩形截面轴向力偏心方向的边长，当轴心受压时为截面较小边长。

如果是单向偏心受压构件，对于顶截面除进行弯矩作用方向的偏心计算，还应进行另一个方向的轴心受压计算。

6. 对受剪构件计算时，影响抗剪的轴压比 σ_0/f 不应大于 0.8，若大于 0.8 应取 0.8。
7. 对于设有刚性垫块的局部受压验算时，应注意支承长度 a_0 的计算方法，$a_0=\delta_1\sqrt{\dfrac{h}{f}}$；其影响系数 φ 若为查表，应按 $\beta\leqslant 3$ 来查。

配筋砖砌体构件

在砖砌体构件中配置钢筋的砌体称为配筋砖砌体构件。目前，国内采用的主要有两类：第一类是网状配筋砖砌体构件(图6.1-1)；第二类是组合砖砌体构件，此类按照组合方式的不同又细分为：砖砌体和钢筋混凝土面层或钢筋砂浆面层组成的组合砖砌体构件(参见下节图6.2-1、图6.2-2)；砖砌体和钢筋混凝土构造柱组成的组合砖墙(参见6.3节图6.3-1)。

在一般砖砌体构件中，由于施工复杂和造价较高等原因，较少采用配筋砖砌体。但遇到荷载很大、轴向力的偏心距不大，而截面尺寸受限制时可采用网状配筋砖砌体；遇到荷载偏心距很大($e>0.6y$)而截面尺寸受限制、提高砖和砂浆的强度等级又不适宜时，或者在房屋抗震加固时，可采用组合砖砌体。

以下分别介绍。

6.1 网状配筋砖砌体构件

1. 网状配筋砖砌体的破坏特征和应用范围

(1) 网状配筋砖砌体的破坏特征

由前述无筋砖砌体受压构件试验可知，当无筋砖砌体上作用纵向压力时，砖砌体发生纵向压缩，同时也发生横向变形。砖块和砂浆受压后横向变形的差异，使砖块在受压、受弯、受剪的同时，还受到横向拉力，这是导致无筋砖砌体破坏的一个重要因素，为此，在水平灰缝内配置网状钢筋(图6.1-1所示：方格网、连弯钢筋网)，可以阻止砌体横向变形的发展，提高砌体承载力。这是因为钢筋与砖砌体粘结牢固并能共同工作，而钢筋的弹性模量(约为$2×10^5 N/mm^2$)大于砌体的弹性模量，因此砌体的横向变形受钢筋约束，这相当于对受压砖砌体横向加压，使砌体产生三向应力状态。网状钢筋作用是，延缓了砖块的开裂及其发展，阻止了竖向裂缝的上下贯通，避免了将砖柱分裂成半砖小柱导致的失稳破坏，从而使这种配筋砌体较无筋砌体的抗压强度高。间接地提高了砌体承受纵向荷载的能力。砌体和钢筋的共同工作可一直延续到整体砖层被压碎，砌体完全破坏，破坏形态如图6.1-2所示。

(2) 网状配筋砖砌体的应用范围

《砌体结构设计规范》规定：当砖砌体受压构件的截面尺寸受限制时，可采用网状配筋砖砌体。但下列情况不宜采用网状配筋砖砌体：

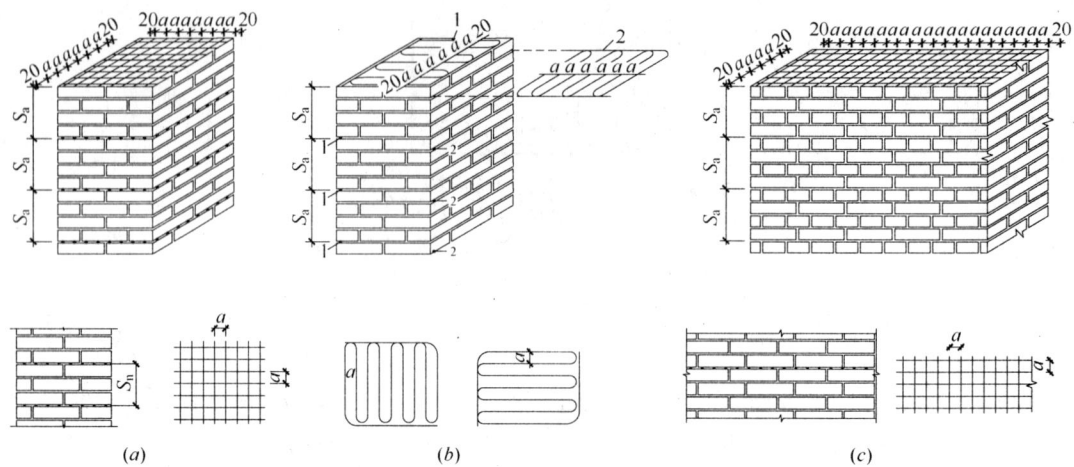

图 6.1-1 网状配筋砖砌体
(a)用方格网配筋的砖柱；(b)用连弯钢筋网配筋的砖柱；(c)用方格网配筋的砖墙

① 偏心距 e 超过截面核心范围，对于矩形截面即 $e/h>0.17$ 时(h 为矩形截面高度)。这是因为，当偏心距 e 较大时，砌体截面上会出现拉应力，网状筋与砂浆间的粘结力受到破坏，钢筋约束横向变形的作用会大大降低以致完全丧失。试验表明，当 $e>0.5y$ 时，网状钢筋对砌体承载力提高的作用甚微，故应使网状配筋砌体截面处于无拉应力状态，才能发挥其提高承载力的作用。

② 偏心距 e 虽未超过截面核心范围，但构件高厚比 $\beta>16$ 时。这是因为，一般网状配筋砖砌体应力较高，灰缝较厚(12mm 左右)，受压后变形大，即网状配筋砖砌体的弹性模量较无筋砌体的弹性模量小，故影响系数 φ_n（见后）减低。若网状配筋砖砌体的高厚比 β 过大，影响系数过低，网状配筋的作用将不能发挥，因此，当 $\beta \leqslant 16$ 时，才适合采用网状配筋砖砌体。

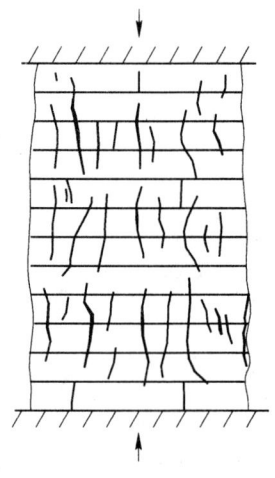

图 6.1-2 网状配筋砌体破坏形态

(3) 与网状配筋砖砌体相关的计算

① 对矩形截面构件，当轴向力偏心方向的截面边长大于另一方向的边长时，除按偏心受压计算外，还应对较小边长方向按轴心受压进行验算；

② 当网状配筋砖砌体构件下端与无筋砌体交接时，尚应验算交接处无筋砌体的局部受压承载力。

2. 网状配筋砖砌体的构造要求

为了使网状配筋在砖砌体中充分发挥作用，必须在构造上满足下列要求：

(1) 网状配筋砖砌体中的配筋率 ρ 不应小于 0.1%，并不应大于 1%。配筋率 ρ 为体积比，即 $\rho=(V_s/V)\times 100$，当采用截面面积为 A_s 的钢筋组成的方格网[图 6.1-1(a)]，网格尺寸为 a、钢筋网的间距为 s_n 时，取一小方格可算出钢筋体积为 $V_s=2aA_s$，相应砖砌体体积为 $V=a^2s_n$，则 $\rho=\dfrac{2aA_s}{a^2s_n}\times 100$。当采用连弯钢筋网时[图 6.1-1(b)]，网的钢筋方向应互相垂直,沿砌体高度交错放置,s_n 应取同一方向网的间距,如图 6.1-1(b)中的 1—1,或 2—2 之间的距离。

(2) 当采用方格形钢筋网时,钢筋直径宜采用 3~4mm;当采用连弯钢筋网时,钢筋直径宜为 5~8mm。

(3) 钢筋网中钢筋的间距 a,不应大于 120mm,并不应小于 30mm。

(4) 钢筋网的间距 s_n,不应大于五皮砖,并不应大于 400mm。

(5) 网状配筋砖砌体所用的砖不应低于 MU10,其砂浆不应低于 M7.5;钢筋网应设置在砌体的水平灰缝中,灰缝厚度应保证钢筋上下至少各有 2mm 厚的砂浆层。

(6) 宜在钢筋网上留出标记,露出砌体表面,以备检查。经常采用的方法是将钢筋网中几根(至少一根)钢筋露出砌体表面 5mm。

3. 网状配筋砖砌体受压构件承载力计算

根据试验研究结果,并与无筋砌体受压构件承载力计算公式相协调,《砌体结构设计规范》对网状配筋砌体受压构件承载力的计算公式类似于采用式(6.1-1)的形式,即

网状配筋砖砌体受压构件(图 6.1-1)的承载力应按下列公式计算:

$$N \leqslant \varphi_n f_n A \tag{6.1-1}$$

$$f_n = f + 2\left(1 - \frac{2e}{y}\right)\frac{\rho}{100} f_y \tag{6.1-2}$$

$$\rho = (V_s/V)100 \tag{6.1-3}$$

式中 N——轴向力设计值;

φ_n——高厚比和配筋率以及轴向力的偏心距对网状配筋砖砌体矩形截面单向偏心受压构件承载力的影响系数,可按下式计算或查表 6.1-1 采用:

$$\varphi_n = \frac{1}{1 + 12\left[\frac{e}{h} + \sqrt{\frac{1}{12}\left(\frac{1}{\varphi_{0n}} - 1\right)}\right]^2} \tag{6.1-4}$$

$$\varphi_{0n} = \frac{1}{1 + \frac{1+3\rho}{667}\beta^2} \tag{6.1-5}$$

φ_{0n}——网状配筋砖砌体受压构件的稳定系数;

f_n——网状配筋砖砌体的抗压强度设计值;

A——截面面积;

e——轴向力的偏心距;

ρ——体积配筋率,当采用截面面积为 A_s 的钢筋组成的方格网[图 6.1-1(a)],网格尺寸为 a 和钢筋网的竖向间距为 s_n 时,$\rho = \frac{2A_s}{as_n}100$;

V_s、V——分别为钢筋和砌体的体积,应注意当采用连弯钢筋网[图 6.1-1(b)]时,网的钢筋方向应互相垂直,沿砌体高度交错设置。s_n 取同一方向网的间距;

f_y——钢筋的抗拉强度设计值,当 f_y 大于 320MPa 时,仍采用 320MPa。

影响系数 φ_n 表 6.1-1

ρ	β \ e/h	0	0.05	0.10	0.15	0.17
0.1	4	0.97	0.89	0.78	0.67	0.63
	6	0.93	0.84	0.73	0.62	0.58
	8	0.89	0.78	0.67	0.57	0.53
	10	0.84	0.72	0.62	0.52	0.48
	12	0.78	0.67	0.56	0.48	0.44
	14	0.72	0.61	0.52	0.44	0.41
	16	0.67	0.56	0.47	0.40	0.37
0.3	4	0.96	0.87	0.76	0.65	0.61
	6	0.91	0.80	0.69	0.59	0.55
	8	0.84	0.74	0.62	0.53	0.49
	10	0.78	0.67	0.56	0.47	0.44
	12	0.71	0.60	0.51	0.43	0.40
	14	0.64	0.54	0.46	0.38	0.36
	16	0.58	0.49	0.41	0.35	0.32
0.5	4	0.94	0.85	0.74	0.63	0.59
	6	0.88	0.77	0.66	0.56	0.52
	8	0.81	0.69	0.59	0.50	0.46
	10	0.73	0.62	0.52	0.44	0.41
	12	0.65	0.55	0.46	0.39	0.36
	14	0.58	0.49	0.41	0.35	0.32
	16	0.51	0.43	0.36	0.31	0.29
0.7	4	0.93	0.83	0.72	0.61	0.57
	6	0.86	0.75	0.63	0.53	0.50
	8	0.77	0.66	0.56	0.47	0.43
	10	0.68	0.58	0.49	0.41	0.38
	12	0.60	0.50	0.42	0.36	0.33
	14	0.52	0.44	0.37	0.31	0.30
	16	0.46	0.38	0.33	0.28	0.26
0.9	4	0.92	0.82	0.71	0.60	0.56
	6	0.83	0.72	0.61	0.52	0.48
	8	0.73	0.63	0.53	0.45	0.42
	10	0.64	0.54	0.46	0.38	0.36
	12	0.55	0.47	0.39	0.33	0.31
	14	0.48	0.40	0.34	0.29	0.27
	16	0.41	0.35	0.30	0.25	0.24
1.0	4	0.91	0.81	0.70	0.59	0.55
	6	0.82	0.71	0.60	0.51	0.47
	8	0.72	0.61	0.52	0.43	0.41
	10	0.62	0.53	0.44	0.37	0.35
	12	0.54	0.45	0.38	0.32	0.30
	14	0.46	0.39	0.33	0.28	0.26
	16	0.39	0.34	0.28	0.24	0.23

6.2 组合砖砌体构件

如图 6.2-1 所示的几种典型组合砖砌体构件截面,它们是在砖砌体的外侧设有钢筋混凝土面层或钢筋砂浆面层,即是砖砌体和钢筋混凝土面层或钢筋砂浆面层组成的组合砖砌体构件。作者认为,图 6.2-1(a)较好,方便施工且易保证质量。试验研究表明,这种组合砖砌体及构件能够共同工作,可以显著提高砌体的承载能力和延性,而且它的受力和变形性能都很接近同类型的钢筋混凝土构件。因此,《砌体结构规范》采用了钢筋混凝土受压构件的理论,并根据组合砖砌体构件的试验结果,加以修改和整理,且偏于安全的按下述进行组合砖砌体构件设计。

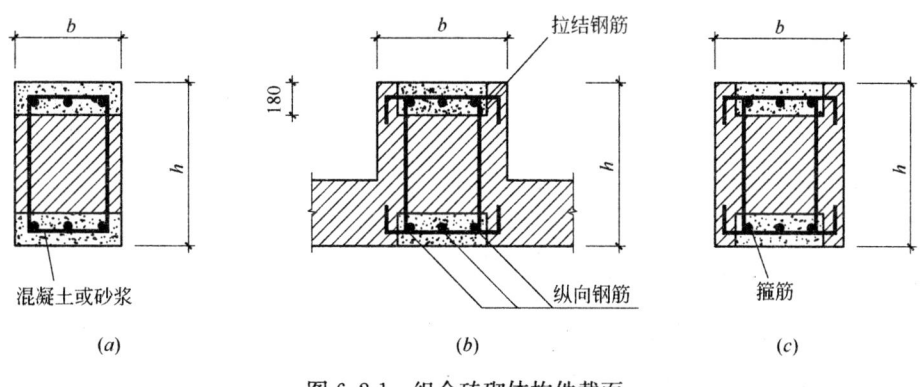

图 6.2-1 组合砖砌体构件截面

近年来,对于砖砌体结构的加固较为广泛的是采用单侧或双侧板墙加固法,如图 6.2-2 所示。

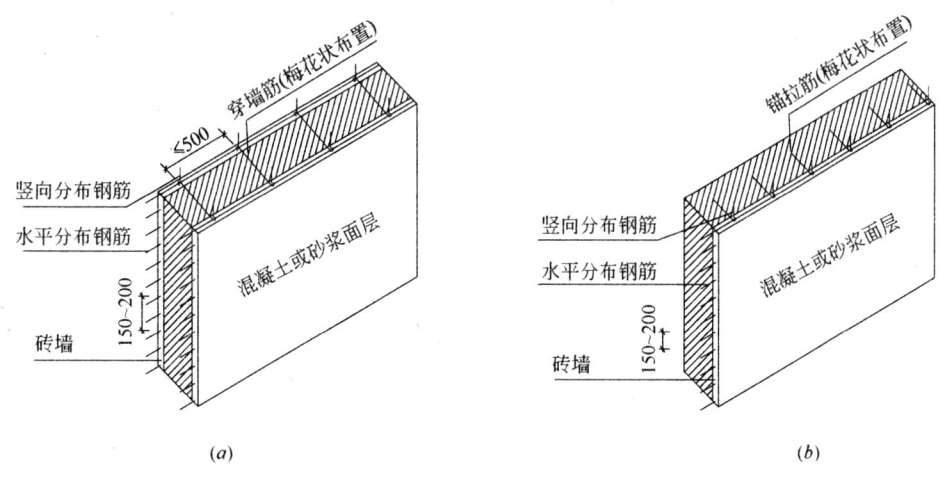

图 6.2-2 单侧或双侧板墙加固
(a)双侧板墙;(b)单侧板墙

1. 组合砖砌体构件适用情况及简化计算
(1) 当轴向力的偏心距超过无筋砌体偏压构件的限值时($e>0.6y$),宜采用砖砌体和钢筋混凝土面层或钢筋砂浆面层组成的组合砖砌体构件(图 6.2-1、图 6.2-2)。

(2) 根据工程经验,为简化计算规定:对于砖墙与组合砌体一同砌筑的 T 形截面构件[图 6.2-1(b)],可按矩形截面组合砖砌体构件计算[图 6.2-1(c)]。但构件的高厚比 β 仍按 T 形截面考虑,其截面的翼缘宽度仍按带壁柱墙的计算截面翼缘宽度 b_f 的规定取用。

2. 组合砖砌体构件承载力计算

(1) 组合砖砌体轴心受压构件的承载力计算

组合砖砌体轴心受压构件的承载力应按下式计算:

$$N \leqslant \varphi_{com}(fA + f_c A_c + \eta_s f'_y A'_s) \tag{6.2-1}$$

式中 φ_{com}——组合砖砌体构件的稳定系数,可按表 6.2-1 采用,表中组合砖砌体构件截面的配筋率 $\rho = A'_s/bh$;

A——砖砌体的截面面积;

f_c——混凝土或面层水泥砂浆的轴心抗压强度设计值,砂浆的轴心抗压强度设计值可取为同强度等级混凝土的轴心抗压强度设计值的 70%,当砂浆为 M15 时,取 5.2MPa;当砂浆为 M10 时,取 3.5MPa;当砂浆为 M7.5 时,取 2.6MPa;

A_c——混凝土或砂浆面层的截面面积;

η_s——受压钢筋的强度系数,当为混凝土面层时,可取 1.0;当为砂浆面层时可取 0.9;

f'_y——钢筋的抗压强度设计值;

A'_s——受压钢筋的截面面积。

组合砖砌体构件的稳定系数 φ_{com} 表 6.2-1

高厚比 β	配筋率 $\rho(\%)$					
	0	0.2	0.4	0.6	0.8	$\geqslant 1.0$
8	0.91	0.93	0.95	0.97	0.99	1.00
10	0.87	0.90	0.92	0.94	0.96	0.98
12	0.82	0.85	0.88	0.91	0.93	0.95
14	0.77	0.80	0.83	0.86	0.89	0.92
16	0.72	0.75	0.78	0.81	0.84	0.87
18	0.67	0.70	0.73	0.76	0.79	0.81
20	0.62	0.65	0.68	0.71	0.73	0.75
22	0.58	0.61	0.64	0.66	0.68	0.70
24	0.54	0.57	0.59	0.61	0.63	0.65
26	0.50	0.52	0.54	0.56	0.58	0.60
28	0.46	0.48	0.50	0.52	0.54	0.56

(2) 组合砖砌体偏心受压构件的承载力计算

① 组合砖砌体偏心受压构件(图 6.2-3)的承载力应按下式计算:

$$N \leqslant fA' + f_c A'_c + \eta_s f'_y A'_s - \sigma_s A_s \tag{6.2-2}$$

或

$$Ne_N \leqslant fS_s + f_c S_{c,s} + \eta_s f'_y A'_s(h_0 - a'_s) \tag{6.2-3}$$

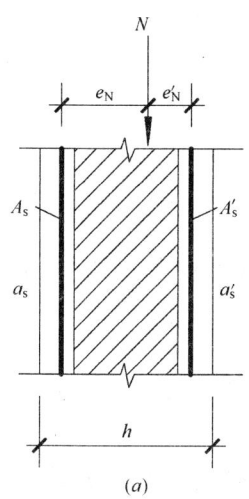 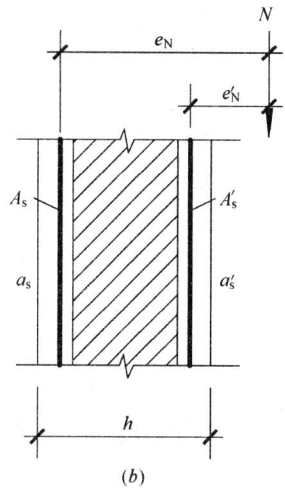

图 6.2-3 组合砖砌体偏心受压构件
(a)小偏心受压；(b)大偏心受压

此时受压区的高度 x 可按下列公式确定：

$$fS_N + f_c S_{c,N} + \eta_s f'_y A'_s e'_N - \sigma_s A_s e_N = 0 \tag{6.2-4}$$

$$e_N = e + e_a + (h/2 - a_s) \tag{6.2-5}$$

$$e'_N = e + e_a - (h/2 - a'_s) \tag{6.2-6}$$

$$e_a = \frac{\beta^2 h}{2200}(1 - 0.022\beta) \tag{6.2-7}$$

式中 σ_s ——钢筋 A_s 的应力；

A_s ——距轴向力 N 较远侧钢筋的截面面积；

A' ——砖砌体受压部分的面积；

A'_c ——混凝土或砂浆面层受压部分的面积；

S_s ——砖砌体受压部分的面积对钢筋 A_s 重心的面积矩；

$S_{c,s}$ ——混凝土或砂浆面层受压部分的面积对钢筋 A_s 重心的面积矩；

S_N ——砖砌体受压部分的面积对轴向力 N 作用点的面积矩；

$S_{c,N}$ ——混凝土或砂浆面层受压部分的面积对轴向力 N 作用点的面积矩；

e_N, e'_N ——分别为钢筋 A_s 和 A'_s 重心至轴向力 N 作用点的距离(图 6.2-3)；

e ——轴向力的初始偏心距，按荷载设计值计算，当 e 小于 $0.05h$ 时，应取 e 等于 $0.05h$；

e_a ——组合砖砌体构件在轴向力作用下的附加偏心距；

h_0 ——组合砖砌体构件截面的有效高度，取 $h_0 = h - a_s$；

a_s, a'_s ——分别为钢筋 A_s 和 A'_s 重心至截面较近边的距离。

② 组合砖砌体钢筋 A_s 的应力(单位为 MPa，正值为拉应力，负值为压应力)应按下列规定计算：

小偏心受压时，即 $\xi > \xi_b$

$$\sigma_s = 650 - 800\xi \tag{6.2-8}$$

$$-f'_y \leqslant \sigma_s \leqslant f_y \tag{6.2-9}$$

大偏心受压时,即 $\xi \leqslant \xi_b$

$$\sigma_s = f_y \tag{6.2-10}$$

$$\xi = x/h_0 \tag{6.2-11}$$

式中　ξ——组合砖砌体构件截面的相对受压区高度；

　　　f_y——钢筋的抗拉强度设计值。

组合砖砌体构件受压区相对高度的界限值 ξ_b,对于 HPB235 级钢筋,应取 0.55;对于 HRB335 级钢筋,应取 0.425。

3. 组合砖砌体构件的构造要求

为保证砖砌体和混凝土面层或砂浆面层组成的组合砖墙具有良好的整体性,能够共同工作,组合砖砌体构件的材料和构造应符合如下规定：

(1) 面层混凝土强度等级宜采用 C20。面层水泥砂浆强度等级不宜低于 M10。砌筑砂浆的强度等级不宜低于 M7.5;

(2) 竖向受力钢筋的混凝土保护层厚度,不应小于表 6.2-2 中的规定。当面层为水泥砂浆时,对于柱,保护层厚度可减小 5mm。竖向受力钢筋距砖砌体表面的距离不应小于 5mm。

混凝土保护层最小厚度(mm)　　　表 6.2-2

环境条件 构件类别	室内正常环境	露天或室内潮湿环境
墙	15	25
柱	25	35

(3) 砂浆面层的厚度,可采用 30~45mm。当面层厚度大于 45mm 时,其面层宜采用混凝土。

(4) 竖向受力钢筋宜采用 HPB235 级钢筋,对于混凝土面层,亦可采用 HRB335 级钢筋。受压钢筋一侧的配筋率,对砂浆面层,不宜小于 0.1%,对混凝土面层,不宜小于 0.2%。受拉钢筋的配筋率,不应小于 0.1%。竖向受力钢筋的直径,不应小于 8mm,钢筋的净间距,不应小于 30mm。

(5) 箍筋的直径,不宜小于 4mm 及 0.2 倍的受压钢筋直径,并不宜大于 6mm。箍筋的间距,不应大于 20 倍受压钢筋的直径及 500mm,并不应小于 120mm。

(6) 当组合砖砌体构件一侧的竖向受力钢筋多于 4 根时,应设置附加箍筋或拉结钢筋。

(7) 对于截面长短边相差较大的构件如墙体等,应采用穿通墙体的拉结钢筋作为箍筋,同时设置水平分布钢筋。水平分布钢筋的竖向间距及拉结钢筋的水平间距,均不应大于 500mm(图 6.2-4)。

(8) 组合砖砌体构件的顶部及底部,以及牛腿部位,必须设置钢筋混凝土垫块。竖向受力钢筋伸入垫块的长度,必须满足锚固要求。

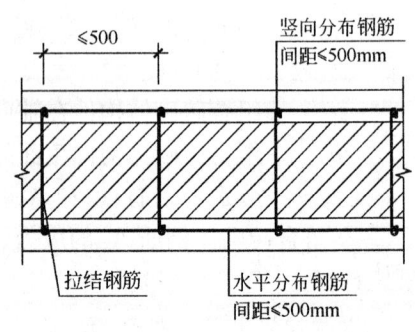

图 6.2-4　混凝土或砂浆面层组合墙

6.3 组合砖墙

图 6.3-1 所示为砖砌体和钢筋混凝土构造柱组成的组合砖墙。组合砖墙在竖向荷载作用下，钢筋混凝土构造柱分担墙体上的荷载，在组合砖墙破坏之前，砖砌体和构造柱能保持整体工作。但是由于构造柱和砖墙的刚度不同，构造柱分担较多的荷载，并且能提高砖墙的受压稳定性。在工程中砖墙上还设有钢筋混凝土圈梁，往往圈梁与构造柱同时设置，则圈梁与构造柱就形成了"弱框架"。"弱框架"对砖墙起到约束作用，提高了墙体的承载力。

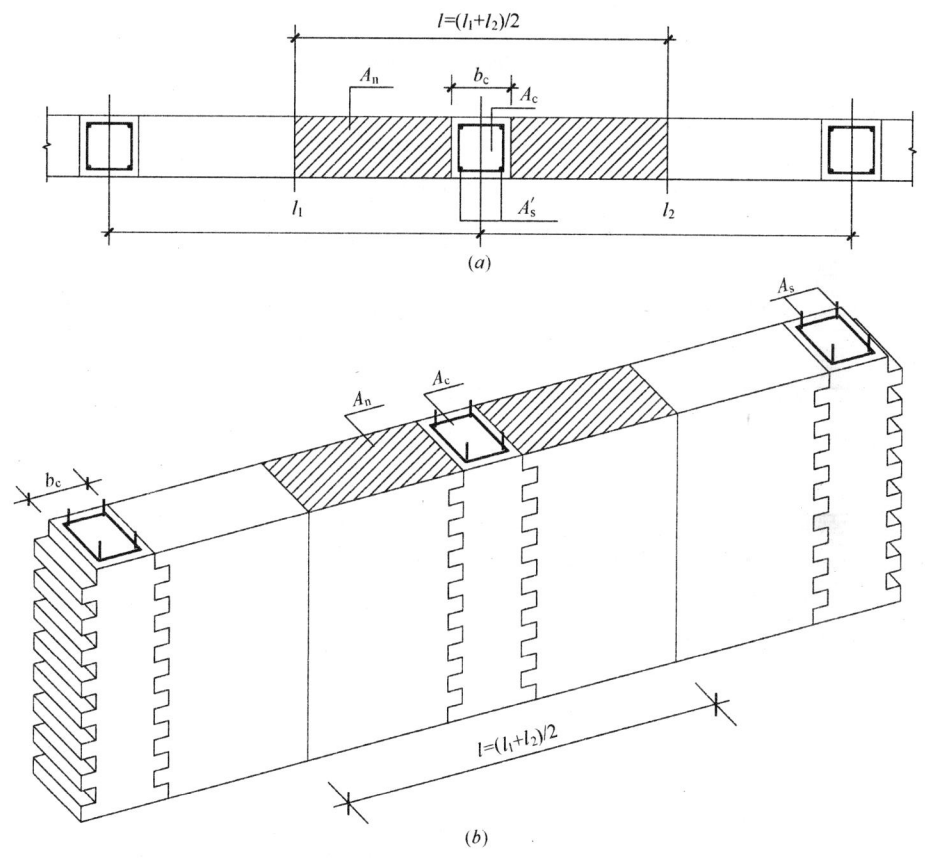

图 6.3-1 砖砌体和构造柱组合墙截面
(a)平面；(b)立体图

1. 组合砖墙的轴心受压构件承载力的计算

试验及分析表明，砖砌体和构造柱组成的组合砖墙与前述组合砖砌体构件的力学性能及其影响因素都有类似之处，因此，可采用组合砖砌体轴心受压构件承载力的计算公式，但引入强度影响系数以反映二者的差别。对于组合砖墙偏心受压构件承载力的计算尚不成熟，有待进一步研究。

砖砌体和构造柱组成的组合砖墙轴心受压构件承载力的计算公式如下：

$$N \leqslant \varphi_{\text{com}}[fA_n + \eta(f_c A_c + f'_y A'_s)] \qquad (6.3-1)$$

$$\eta = \left[\cfrac{1}{\cfrac{l}{b_c}-3}\right]^{\frac{1}{4}} \tag{6.3-2}$$

式中 φ_{com}——组合砖墙的稳定系数，可按表 6.2-1 采用；

η——强度系数，当 l/b_c 小于 4 时取 l/b_c 等于 4；

l——沿墙长方向构造柱的间距；

b_c——沿墙长方向构造柱的宽度；

A_n——砖砌体的净截面面积；

A_c——构造柱的截面面积。

2. 组合砖墙的构造要求

为保证砖砌体和构造柱组成的组合砖墙具有良好的整体性，能够共同工作，组合砖墙的材料和构造应符合如下规定：

(1) 砂浆的强度等级不应低于 M5，构造柱的混凝土强度等级不宜低于 C20。

(2) 柱内竖向受力钢筋的混凝土保护层厚度要求同组合砖砌体，见表 6.2-2 的规定。

(3) 构造柱的截面尺寸不宜小于 240mm×240mm，其厚度不应小于墙厚，边柱、角柱的截面宽度宜适当加大。柱内竖向受力钢筋，对于中柱，不宜少于 4φ12；对于边柱、角柱，不宜少于 4φ14。构造柱的竖向受力钢筋的直径也不宜大于 16mm。其箍筋，一般部位宜采用 φ6、间距 200mm，楼层上下 500mm 范围内宜采用 φ6、间距 100mm。构造柱的竖向受力钢筋应在基础梁和楼层圈梁中锚固，并应符合受拉钢筋的锚固要求。

(4) 组合砖墙砌体结构房屋，应在纵横墙交接处、墙端部和较大洞口的洞边设置构造柱，其间距不宜大于 4m。各层洞口宜设置在相应位置，并宜上下对齐。

(5) 组合砖墙砌体结构房屋应在基础顶面、有组合墙的楼层处设置现浇钢筋混凝土圈梁。圈梁的截面高度不宜小于 240mm；纵向钢筋不宜小于 4φ12，纵向钢筋应伸入构造柱内，并应符合受拉钢筋的锚固要求；圈梁的箍筋宜采用 φ6、间距 200mm。

(6) 砖砌体与构造柱的连接处应砌成马牙槎，并应沿墙高每隔 500mm 设 2φ6 拉结钢筋，且每边伸入墙内不宜小于 600mm。

(7) 组合砖墙的施工程序应为先砌墙后浇混凝土构造柱。

6.4 配筋砖砌体构件计算例题

【例 6.4-1】 网状配筋砌体单向偏心受压构件的计算

截面尺寸为 370mm×490mm 的矩形截面普通烧结砖柱，计算高度 $H_0 = H = 3.6$m，采用 MU10 砖和 M7.5 混合砂浆砌筑。设该砖柱承受的内力设计值为 $N = 234$kN，$M = 9.36$kN·m。试验算该柱承载力。

解：(1) 按无筋砌体受压柱计算

① 基本参数：查表 3.2-9，当采用 MU10 砖和 M7.5 混合砂浆时，$f^* = 1.69$N/mm²；构件截面面积 $A = 0.37 \times 0.49 = 0.181$m² < 0.3m²，则砌体强度设计值的调整系数 $\gamma_a = 0.7 + 0.181 = 0.881$；$f = \gamma_a f^* = 0.881 \times 1.69 = 1.489$N/mm²；高厚比 $\beta = \gamma_\beta H_0/h = 1.0 \times 3600/490 = 7.347$；$e = \cfrac{M}{N} = \cfrac{9.36 \times 10^3}{234} = 40$mm。

② 影响系数 φ：当 $\beta=7.347$，$\dfrac{e}{h}=\dfrac{40}{490}=0.082$，查表 5.1-1 得 $\varphi=0.77$。

③ 砖柱顶承载力：

$\varphi fA=0.77\times 1.489\times 0.181\times 10^6=208045\text{N}=208.045\text{kN}<234\text{kN}$

故不满足要求。

(2) 按网状配筋砌体受压构件计算

因为，$e/h=0.082<0.17$，且 $\beta=7.347<16$，故可采用网状配筋砌体。

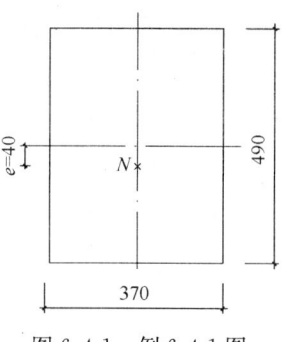

图 6.4-1 例 6.4-1 图

① 基本参数：设采用 φ_4^b 焊接网片，$A_s=12.6\text{mm}^2$，$a=50\text{mm}$，$s_n=260\text{mm}$（4 皮砖），$f_y=320\text{N/mm}^2$（冷拔低碳钢丝，乙级）；

$$\rho=\dfrac{2A_s}{as_n}\times 100=\dfrac{2\times 12.6}{50\times 260}\times 100=0.194$$

② 网状配筋砖砌体的抗压强度设计值 f_n：

$$f_n=f+2\left(1-\dfrac{2e}{y}\right)\dfrac{\rho}{100}f_y=1.489+2\left(1-\dfrac{2\times 40}{245}\right)\times\dfrac{0.194}{100}\times 320=2.325\text{N/mm}^2$$

③ 影响系数 φ_n 的计算（也可查表 6.1-1）：

$$\varphi_{0n}=\dfrac{1}{1+\dfrac{1+3\rho}{667}\beta^2}=\dfrac{1}{1+\dfrac{1+3\times 0.194}{667}\times 7.347^2}=0.887$$

$$\varphi_n=\dfrac{1}{1+12\left[\dfrac{e}{h}+\sqrt{\dfrac{1}{12}\left(\dfrac{1}{\varphi_{0n}}-1\right)}\right]^2}=\dfrac{1}{1+12\left[\dfrac{40}{490}+\sqrt{\dfrac{1}{12}\left(\dfrac{1}{0.887}-1\right)}\right]^2}=0.709$$

④ 砖柱顶承载力：

$\varphi_n f_n A=0.709\times 2.325\times 0.181\times 10^6=298880\text{N}=298.880\text{kN}>234\text{kN}$

⑤ 平面外按轴心受压验算承载力：

$$\beta=\gamma_\beta H_0/h=1.0\times 3600/370=9.73$$

$$\varphi_{0n}=\dfrac{1}{1+\dfrac{1+3\rho}{667}\beta^2}=\dfrac{1}{1+\dfrac{1+3\times 0.194}{667}\times 9.73^2}=0.817$$

$$f_n=f+2\left(1-\dfrac{2e}{y}\right)\dfrac{\rho}{100}f_y=1.489+2(1-0)\times\dfrac{0.194}{100}\times 320=2.730\text{N/mm}^2$$

$$\varphi_{0n} f_n A=0.817\times 2.730\times 0.181\times 10^6=404217\text{N}=404.217\text{kN}>234\text{kN}$$

因此采用网状配筋砌体满足承载力要求。

【例 6.4-2】 组合砖砌体轴心受压构件的计算

截面为 370mm×370mm 的砖柱，两侧采用 120mm 厚混凝土面层加固后，形成图 6.4-2 所示的组合砖柱。柱高 6m，两端为不动铰支座，承受轴心压力设计值 $N=800\text{kN}$，砖砌体采用 MU10 普通烧结砖，M5 混合砂浆砌筑，混凝土面层采用 C20，Ⅰ级钢筋。施工质量 B 级，安全等级一级。试验算其承载能力。

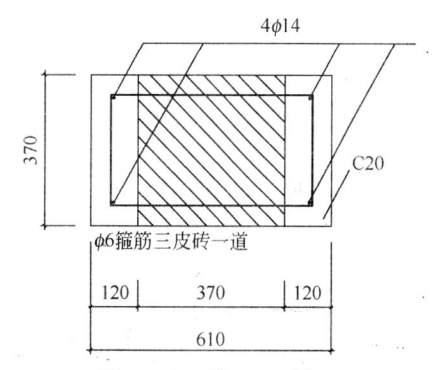

图 6.4-2 例 6.4-2 图

解：（1）基本参数

砖砌体面积 $A = 370 \times 370 = 136900 \text{mm}^2 < 0.2\text{m}^2 = 0.1369\text{m}^2 < 0.2\text{m}^2$

强度调整系数 $\gamma_a = 0.8 + 0.1369 = 0.9369$

混凝土截面面积 $A_c = 2 \times 370 \times 120 = 88800 \text{mm}^2$

受压钢筋面积 $A_s' = 4 \times \pi d^2/4 = 4 \times \pi \times 14^2/4 = 615.75 \text{mm}^2$

截面配筋率 $\rho = \dfrac{A_s'}{bh} = \dfrac{615.75}{370 \times (370 + 120 \times 2)} = 0.27\%$

$$\beta = \dfrac{H_0}{b} = \dfrac{6000}{370} = 16.22$$

由 $\beta = 16.22$，$\rho = 0.27\%$ 查表 6.2-1，得：$\varphi_{com} = 0.756$

由 MU10 普通烧结砖，M5 混合砂浆查表 3.2-9，得：$f^* = 1.69 \text{N/mm}^2$

$$f = \gamma_a f^* = 0.936 \times 1.50 = 1.405 \text{N/mm}^2$$

对于混凝土面层 $\eta_s = 1.0$。

（2）组合柱的截面承载力验算

$$\varphi_{com}(fA + f_c A_c + \eta_s f_y' A_s')$$
$$= 0.756 \times (1.405 \times 136900 + 9.6 \times 88800 + 1.0 \times 210 \times 615.75)$$
$$= 887114\text{N} = 887.114\text{kN} > 800\text{kN}$$

满足要求。

【例 6.4-3】 组合砖砌体小偏心受压构件的计算

其他条件同【例 6.4-2】。仅在长边方向增加作用弯矩设计值 $M = 36 \text{kN} \cdot \text{m}$。试验算原截面配置的单侧 2$\phi$14 是否满足要求？

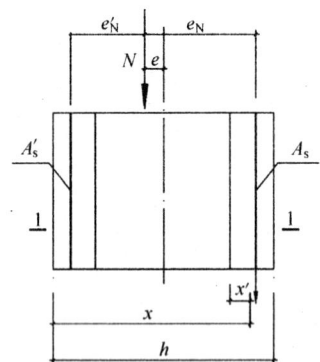
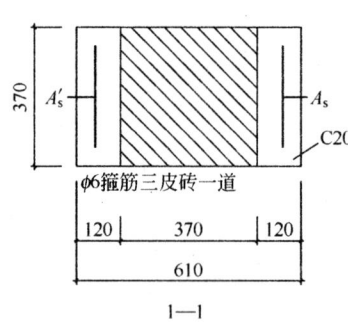

图 6.4-3 例 6.4-3 图

解：（1）基本参数

$b = 370 \text{mm}$，$h = 370 + 120 \times 2 = 610 \text{mm}$，$f = 1.405 \text{N/mm}^2$，$f_c = 9.6 \text{N/mm}^2$，$f_y = f_y' = 210 \text{N/mm}^2$

初始偏心距 $e = \dfrac{M}{N} = \dfrac{36 \times 10^3}{800} = 45 \text{mm} > 0.05h = 0.05 \times 610 = 30.5 \text{mm}$

考虑到 e 很小，A_s 肯定受压，但可能不屈服，按构造配置：$A_s = 0.1\% \times 370 \times 610 = 226 \text{mm}^2$，选用 2$\phi$14，$A_s = 308 \text{mm}^2$

高厚比 $\beta = \dfrac{H_0}{h} = \dfrac{6000}{610} = 9.836$

附加偏心距 $e_a = \dfrac{\beta^2 h}{2200}(1-0.022\beta) = \dfrac{9.836^2 \times 610}{2200}(1-0.022\times 9.836) = 26\text{mm}$

$$e'_N = e + e_a - (h/2 - a'_s) = 45 + 26 - (610/2 - 35) = -199\text{mm}$$

负值表示 N 作用在 A_s 和 A'_s 之间。

$$e_N = e + e_a + (h/2 - a_s) = 45 + 26 + (610/2 - 35) = 341\text{mm}$$
$$S_s = 370 \times 370 \times (370/2 + 120 - 35) = 36963000\text{mm}^3$$

(2) 求解受压区高度 x

假定中和轴进入 A_s 一侧的混凝土内 x',则:

$$\sigma_s = 650 - 800\dfrac{x}{h_0} = 650 - 800\dfrac{610 - 120 + x'}{610 - 35} = -31.74 - 1.39 x'$$

对于混凝土面层,$\eta_s = 1.0$,则 $f'_y A'_s = \dfrac{Ne_N - fS_s - f_c S_{c,s}}{h_0 - a'_s}$

将 σ_s 和 $f'_y A'_s$ 代入式(6.2-2):

$N \leqslant fA' + f_c A'_c + \dfrac{Ne_N - fS_s - f_c S_{c,s}}{h_0 - a'_s} + 308(31.74 + 1.39 x')$, 即:

$800000 \leqslant 1.405 \times 136900 + 9.6 \times 88800 + \dfrac{1}{610 - 35 - 35} \times \{800000 \times 341 - 1.405 \times 36963000 - 9.6 \times [370 \times 120 \times (120/2 + 370 + 120 - 35) + 370x(120 - 38 - x'/2)]\} + 308 \times (31.74 + 1.39 x')$

化简得, $3.289(x')^2 + 3421.009(x') - 168746.2 = 0$

解得, $x' = 47.19\text{mm}$

$$x = 120 + 370 + 47.19 = 537.19\text{mm}$$
$$\xi = \dfrac{x}{h_0} = \dfrac{537.19}{610 - 35} = 0.934$$
$$\sigma_s = 650 - 800 \times 0.934 = -97.39\text{MPa}$$

负值表示受压,虽然 x 尚未到达 A_s 的重心,但实际中和轴高度 x_0 可能已大于 h,所以 σ_s 有可能受压。

(3) 求解 A'_s [按式(6.2-3)]

$$A'_s = \dfrac{Ne_N - fS_s - f_c S_{c,s}}{f'_y(h_0 - a'_s)}$$
$$= \dfrac{1}{210 \times (575 - 35)}\{800000 \times 341 - 1.405 \times 36963000 - 9.6 \times [370 \times 120 \times (120/2 + 370 + 120 - 35) + 370 \times 47.19 \times (120 - 35 - 47.19/2)]\}$$
$$= -72.51 < 0$$

按构造要求配筋,即 $A'_s = A_s = 0.1\% \times 370 \times 610 = 226\text{mm}^2$

(4) 检验 [按式(6.2-2)]

$1.405 \times 370 \times 370 + 9.6 \times (370 \times 120 + 370 \times 47.19) + 210 \times 226 + 97.39 \times 308$
$= 863630\text{N} = 863.630\text{kN} > 800\text{kN}$,安全

(5) 配筋

选用 $2\phi 14$,$A'_s = 308\text{mm}^2$

(6) 对较小边的轴心受压验算见【例 6.4-2】。

【例 6.4-4】 组合砖砌体大偏心受压构件的计算

组合砖柱截面同【例 6.4-2】,采用对称配筋;但承受轴向力设计值 $N=500\text{kN}$,在长边方向作用弯矩设计值 $M=150\text{kN}\cdot\text{m}$。其他条件同【例 6.4-2】。求 A_s 及 A_s'。

解: (1) 基本参数

初始偏心距 $\quad e=\dfrac{M}{N}=\dfrac{150\times10^3}{500}=300\text{mm}>0.05h=0.05\times610=30.5\text{mm}$

高厚比 $\quad \beta=\dfrac{H_0}{h}=\dfrac{6000}{610}=9.836$

附加偏心距 $\quad e_a=\dfrac{\beta^2 h}{2200}(1-0.022\beta)=\dfrac{9.836^2\times610}{2200}(1-0.022\times9.836)=26\text{mm}$

$$e_N=e+e_a+(h/2-a_s')=300+26+(610/2-35)=596\text{mm}$$

偏心距较大,可按大偏心受压计算 $\sigma_s=f_y=210\text{MPa}$

(2) 判断是否大偏心受压

$$N\leqslant fA'+f_c A_c'+\eta_s f_y' A_s'-\sigma_s A_s$$

由于对称配筋后两项相消,则 $N\leqslant fA'+f_c A_c'$

设中和轴进入砖砌体部分 x' 处:

$$500000=1.405\times370 x'+9.6\times370\times120$$

解得 $x'=141.85\text{mm}$

$$x=141.85+120=261.85\text{mm}$$

$$\xi=\dfrac{x}{h_0}=\dfrac{261.85}{610-35}=0.455<\xi_b=0.55$$

说明构件确系大偏心受压。

(3) 计算钢筋面积

由式(6.2-3)得:

$500000\times596=1.405\times141.85\times(370+120-141.85/2-35)+9.6\times370\times120$
$\qquad\qquad\times(370+120+120/2-85)+A_s'\times210\times(610-35-35)$

解得 $A_s'=693\text{mm}^2$

采用 $3\phi18$,$A_s=A_s'=763\text{mm}^2$

【例 6.4-5】 构造柱组合墙受压计算

某小型仓库砖砌体和钢筋混凝土构造柱组合墙(简称组合墙),构造柱尺寸 240mm×240mm,间距 3.6m,混凝土 C20,配 $4\phi12$(HPB235)钢筋,墙计算高度 3.9m。墙体厚 240mm,采用 MU10 普通砖,M5 混合砂浆砌筑。施工质量控制等级 B 级。承受竖向均布线荷载设计值 $q=300\text{kN/m}$,试验算其承载力。

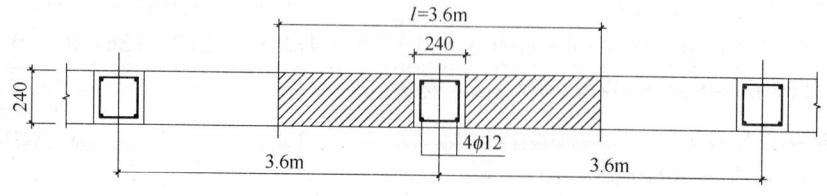

图 6.4-4 例 6.4-5 图

解：（1）基本参数

取 3.6m 长墙段按轴心受压组合墙计算，$N=3.6\times300=1080\text{kN}$

构造柱截面积 $A_c=240\times240=57600\text{mm}^2$，$f_c=9.6\text{N/mm}^2$

$4\phi12$，$A_s'=452\text{mm}^2$

砖墙净截面面积 $A_n=(3600-240)\times240=806400\text{mm}^2$，墙体 $f=1.5\text{MPa}$

配筋率 $\rho=\dfrac{452}{240\times3600}=0.047\%$，$f_y'=210\text{N/mm}^2$，$\beta=\dfrac{3900}{240}=16.25$

由 $\beta=16.25$，$\rho=0.047\%$ 查表 6.2-1 得，组合砖砌体的稳定系数 $\varphi_{com}=0.722$

$$\dfrac{l}{b_c}=\dfrac{3600}{240}=15>4,\quad \eta=\left[\dfrac{1}{\dfrac{l}{b_c}-3}\right]^{\frac{1}{4}}=\left[\dfrac{1}{\dfrac{3600}{240}-3}\right]^{\frac{1}{4}}=0.537$$

（2）受压承载力验算

$$\varphi_{com}[fA_N+\eta(f_cA_c+f_y'A_s')]$$
$$=0.722\times[1.5\times806400+0.537\times(9.6\times57600+210\times452)]$$
$$=1124071\text{N}=1124.071\text{kN}>1080\text{kN}，安全$$

例题小结：

1. 组合砖砌体构件轴心受压计算公式比较简单，应注意截面配筋率 ρ 的计算公式为：$\rho=A_s'/bh$。

2. 组合砖砌体构件偏心受压的计算步骤为：

（1）先求出偏心距 e，初步假定大、小偏心情况；

（2）求解受压区高度 x，判断假设是否成立，如不成立，重新计算 x；

（3）计算所需钢筋面积，同时考虑构造要求，并配筋；

（4）检验是否满足承载力要求。

3. 对于构造柱组合墙的承载力验算，通常情况下，选取构造柱间的墙段截面进行计算，因此，即使截面面积 $A<0.2\text{m}^2$，组合墙砌体强度设计值也不必再乘以调整系数。

第7章 配筋砌块砌体构件

7.1 配筋混凝土砌块砌体的概述

配筋混凝土砌块砌体可以用作梁、板、柱和墙，但用的较多的主要是墙和柱。而砌块砌体中的块材目前主要是混凝土小型砌块。因此，本节主要介绍配筋混凝土砌块墙和柱的相关内容。

1. 配筋类型

在混凝土小型空心砌块砌体结构内配筋主要有如图 7.1-1 所示的三种类型，在砌块砌体中具体采用何种配筋方式，需根据工程情况由设计人员确定。

(1) 在竖向孔洞内配置竖向钢筋并用混凝土灌孔，即形成砌块墙体的芯柱。如图7.1-1 (a)、(b)、(c)、(e)所示。

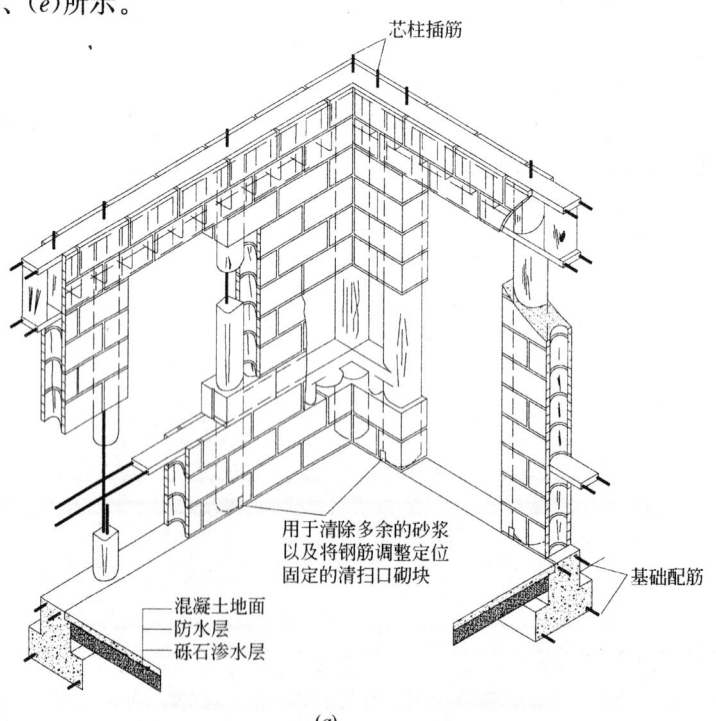

(a)

图 7.1-1 配筋混凝土砌块砌体(一)
(a)在竖向孔洞内配置竖向钢筋

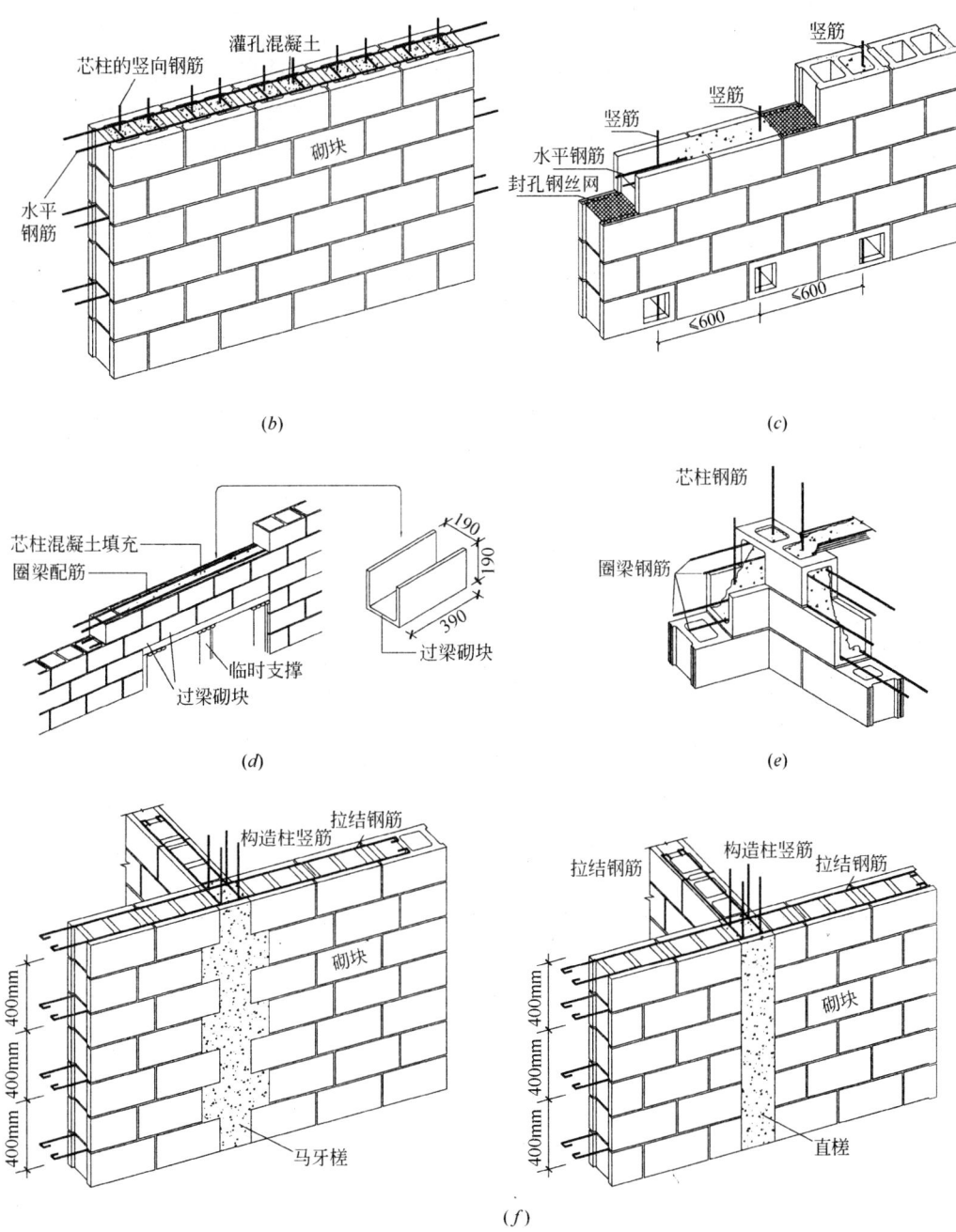

图 7.1-1 配筋混凝土砌块砌体(二)

(b)芯柱及水平灰缝中设置水平钢筋;(c)芯柱及砌块凹槽内设置水平钢筋;(d)混凝土砌块用于门窗过梁的做法;
(e)圈梁芯柱节点构造示意图;(f)砌块墙中设置构造柱

(2) 在砌块墙体的转角、交接处及沿墙长每隔一定的距离设置钢筋混凝土构造柱(通常在楼层标高处设置钢筋混凝土圈梁)。如图 7.1-1(a)、(f)所示。

(3) 在砌块墙体水平灰缝内配置水平钢筋,或在砌块凹槽内配置水平钢筋并用混凝土灌实,即形成水平条带(窗过梁或连系梁)。如图 7.1-1(a)、(b)、(c)、(d)所示。

2.《砌体结构设计规范》GB 50003—2001 规定的基本原则

国内外大量的研究及工程实践表明，配筋混凝土砌块砌体具有良好的力学性能和抗震性能。特别是专用砌筑砂浆和专用灌孔混凝土的采用，使得配筋混凝土砌块砌体的优势更加明显，是多层和高层砌块砌体结构的重要承重材料。对于常用的配筋混凝土砌块墙体，可视为装配整体式钢筋混凝土剪力墙结构，与钢筋混凝土剪力墙的性能非常接近。因此，对于配筋混凝土砌块砌体的设计，在考虑了配筋混凝土砌块砌体的参数取值的不同后，《砌体结构设计规范》规定了如下基本原则：

(1) 配筋砌块砌体剪力墙结构内力及位移分析的基本原则：可按弹性方法计算，即可采用一般的结构力学方法计算，然后进行两方面的计算。

① 根据结构分析所得的内力，分别按轴心受压、偏心受压或偏心受拉构件进行正截面承载力和斜截面承载力的计算；

② 根据结构分析所得的位移进行变形验算。

(2) 在正截面受压承载力的设计中，配筋砌体采用了与钢筋混凝土完全相同的基本假定和计算模式。

(3) 在斜截面受剪承载力的设计中，配筋砌体采用了与钢筋混凝土剪力墙相同的模式而又反映砌体特点的计算表达式。

(4) 规定了配筋混凝土砌块剪力墙、连梁、柱相应的构造要求。

3. 具有广阔应用前景，还需进一步研究

工程实践还表明，在中高层建筑中采用配筋混凝土砌块结构比钢筋混凝土结构还具有显著的经济优势。例如辽宁盘锦 15 层试点楼的造价节省 18%；上海 18 层试点楼的造价节省 7.4%；北京 11 层试点楼的造价节省 10%。配筋混凝土砌块剪力墙结构在中高层住宅、旅馆、办公楼等建筑中得到越来越广泛的应用，具有广阔的应用前景。

需要说明的是，配筋混凝土砌块砌体结构尚属初期应用阶段，特别是关于抗震性能的研究及其计算模式方面，还需进一步研究。

7.2 配筋混凝土砌块砌体的正截面受压承载力计算

1. 基本假定

如前所述，配筋砌块砌体的力学性能与同类钢筋混凝土结构的性能非常相近，在正截面受压承载力的设计中，配筋砌块砌体构件采用了与钢筋混凝土结构完全相同的基本假定。即：

(1) 截面应保持平面；

(2) 竖向钢筋与其毗邻的砌体、灌孔混凝土的应变相同；

(3) 不考虑砌体、灌孔混凝土的抗拉强度；

(4) 根据材料选择砌体、灌孔混凝土的极限压应变，且不应大于 0.003；

(5) 根据材料选择钢筋的极限拉应变，且不应大于 0.01。

2. 轴心受压配筋砌块砌体的正截面承载力计算

(1) 轴心受压配筋混凝土砌块砌体的受力特征

① 从开始加载到破坏经历初裂、裂缝发展和破坏三个阶段。符合上述的平截面基本

假定。与无筋砌体的破坏形态相比,破坏时的竖向裂缝密而细、分布较均匀,即使有的砌块被压碎,由于钢筋的约束作用,构件仍能保持良好的整体性,钢筋与砌体共同工作,竖向钢筋可达屈服强度。

② 配筋混凝土砌块砌体的材料性能,如抗压强度、弹性模量等,比相应的无筋砌体均有较大程度的提高,详见第 3 章砌体结构的计算指标。其中起主要作用的是混凝土和钢筋。

③ 配筋灌孔的混凝土砌块砌体的稳定性不同于一般砌体的稳定性,根据欧拉公式和灌孔的混凝土砌块砌体受压的应力—应变关系,通过与试验结果拟合,进行简化并采用与一般砌体的稳定系数相一致的表达式,轴心受压配筋混凝土砌块砌体的稳定系数 φ_{0g} 采用下述表达式:

$$\varphi_{0g} = \frac{1}{1+0.001\beta^2} \tag{7.2-1}$$

在计算稳定系数 φ_{0g} 时,配筋混凝土砌块砌体的计算高度 H_0 可按层高取用。

(2) 轴心受压配筋混凝土砌块砌体剪力墙、柱正截面承载力的计算

① 当配有箍筋或水平分布筋时,其正截面受压承载力的计算:

$$N \leqslant \varphi_{0g}(f_g A + 0.8 f'_y A'_s) \tag{7.2-2}$$

式中 N——轴向力设计值;
f_g——灌孔砌体的抗压强度设计值,应按第 3 章相关章节采用;
f'_y——钢筋的抗压强度设计值;
A——构件的毛截面面积;
A'_s——全部竖向钢筋的截面面积;
φ_{0g}——轴心受压构件的稳定系数,见式(7.2-1);
β——构件的高厚比。

② 当无箍筋或水平分布筋时,其正截面受压承载力的计算仍可按式(7.2-2)计算,但应使 $f'_y A'_s = 0$。

3. 矩形截面偏心受压配筋砌块砌体剪力墙正截面的承载力计算

(1) 受力特征

试验研究表明,矩形截面配筋砌块砌体剪力墙在偏心受压时的受力性能和破坏形态,与一般的钢筋混凝土剪力墙偏心受压类似,符合上述的平截面基本假定。有如下两种情况:

① 在大偏心受压时:受拉和受压的主筋达到屈服强度;受压区的砌块砌体达到抗压极限强度;截面中的竖向分布钢筋在中和轴附近应力较小,离中和轴较远的(规范取 $h_0 - 1.5x$)竖向分布钢筋可达屈服强度。在计算中不考虑受压区分布钢筋的作用,也不考虑砌体受拉。

② 在小偏心受压时:受压区的主筋达到屈服强度,另一侧的主筋则不能达到屈服强度;受压区的砌块砌体达到抗压极限强度;截面中的竖向分布钢筋大部分受压,即使有一部分受拉,其应力也较小。计算中不考虑竖向分布钢筋受压,也不考虑砌体受拉。

(2) 大小偏心受压界限

按照平截面假定,可以得到矩形截面偏心受压配筋砌块砌体剪力墙的界限相对受压区

高度系数：

$$\xi_b = 0.8 \frac{\varepsilon_{mc}}{\varepsilon_{mc} + \varepsilon_s} \tag{7.2-3}$$

又根据试验中测得的砌块砌体的极限压应变 $\varepsilon_{mc} = 3100\mu s$；钢筋的屈服应变 $\varepsilon_s = f_g/E_s$。可得界限相对受压区高度系数，对 HPB235 级钢筋取 $\xi_b = 0.60$，对 HRB335 级钢筋取 $\xi_b = 0.53$。

当 $x \leqslant \xi_b h_0$ 时，为大偏心受压；

当 $x > \xi_b h_0$ 时，为小偏心受压。

式中　x——截面受压区高度；

　　　h_0——截面有效高度。

（3）大偏心受压计算

大偏心受压时应按下列公式计算[图 7.2-1(a)]：

$$N \leqslant f_g bx + f'_y A'_s - f_y A_s - \Sigma f_{si} A_{si} \tag{7.2-4}$$

$$Ne_N \leqslant f_g bx \left(h_0 - \frac{x}{2}\right) + f'_y A'_s (h_0 - a'_s) - \Sigma f_{si} S_{si} \tag{7.2-5}$$

式中　N——轴向力设计值；

　　　f_g——灌孔砌体的抗压强度设计值；

f_y, f'_y——竖向受拉、受压主筋的强度设计值；

　　　b——截面宽度；

　　　f_{si}——竖向分布钢筋的抗拉强度设计值；

A_s, A'_s——竖向受拉、受压主筋的截面面积；

　　　A_{si}——单根竖向分布钢筋的截面面积；

　　　S_{si}——第 i 根竖向分布钢筋对竖向受拉主筋的面积矩；

　　　e_N——轴向力作用点到竖向受拉主筋合力点之间的距离，可按组合砖砌体偏心受压构件承载力计算中的 e_N 规定计算，参见式(6.2-5)。

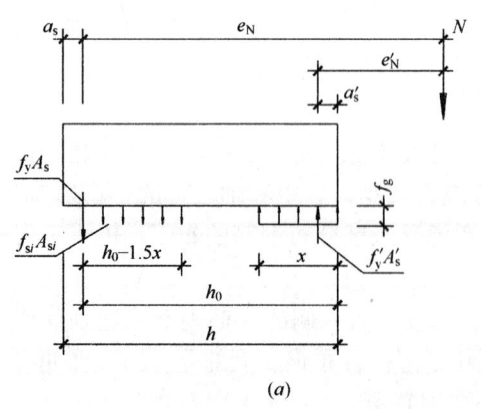 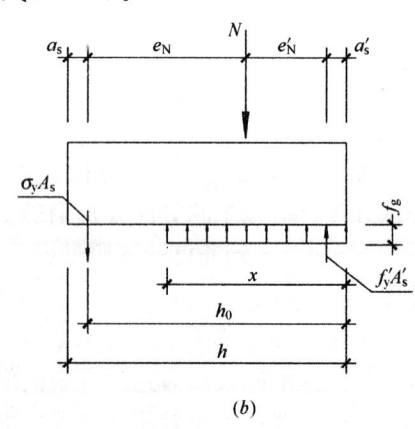

图 7.2-1　矩形截面偏心受压正截面承载力计算简图

(a)大偏心受压；(b)小偏心受压

当受压区高度 $x<2a'_s$ 时，其正截面承载力可按下式计算：
$$Ne'_N \leqslant f_y A_s(h_0-a'_s) \tag{7.2-6}$$
式中 e'_N——轴向力作用点至竖向受压主筋合力点之间的距离，可按组合砖砌体偏心受压构件承载力计算中的 e'_N 规定计算，见式(6.2-6)。

(4) 小偏心受压计算

如前所述，小偏心受压计算中不考虑竖向分布钢筋的作用。小偏心受压时应按下列公式计算[图7.2-1(b)]：

$$N \leqslant f_g bx + f'_y A'_s - \sigma_s A_s \tag{7.2-7}$$

$$Ne_N \leqslant f_g bx\left(h_0 - \frac{x}{2}\right) + f'_y A'_s(h_0 - a'_s) \tag{7.2-8}$$

$$\sigma_s = \frac{f_y}{\xi_b - 0.8}\left(\frac{x}{h_0} - 0.8\right) \tag{7.2-9}$$

与轴心受压时类似，当受压区竖向受压主筋无箍筋或无水平钢筋约束时，仍可按上式计算，但应不考虑竖向受压主筋的作用，即取 $f'_y A'_s = 0$。

矩形截面对称配筋砌块砌体剪力墙小偏心受压时，也可近似按下式计算钢筋截面面积：

$$A_s = A'_s = \frac{Ne_N - \xi(1-0.5\xi)f_g bh_0^2}{f'_y(h_0 - a'_s)} \tag{7.2-10}$$

此处，相对受压区高度可按下式计算：

$$\xi = \frac{x}{h_0} = \frac{N - \xi_b f_g bh_0}{\dfrac{Ne_N - 0.43 f_g bh_0^2}{(0.8-\xi_b)(h_0-a'_s)} + f_g bh_0} + \xi_b \tag{7.2-11}$$

(5) 竖向钢筋仅配在中间的剪力墙平面外偏心受压承载力的计算

按照我国目前的混凝土砌块标准，砌块的厚度为190mm，标准块的最大孔洞率为46%，孔洞尺寸为120mm×120mm，孔洞中只能设置一根钢筋，则形成了竖向钢筋仅配在中间的配筋砌块剪力墙，参见图7.1-1(b)及(c)。为使计算简化，对于此种配筋砌块剪力墙在平面外的偏心受压承载力，可按无筋砌体受压承载力的计算模式进行，但式中砌体的强度值应采用灌孔砌体的抗压强度设计值。即：

$$N \leqslant \varphi f_g A \tag{7.2-12}$$

4. T形、倒L形截面偏心受压配筋砌块砌体剪力墙正截面的承载力计算

(1) 翼缘的计算宽度

翼缘计算宽度的取值，就是根据翼缘与腹板共同工作的情况来确定的，而共同工作是由二者的连接构造来保证。对于钢筋混凝土结构，翼缘与腹板是由整浇的钢筋混凝土进行连接的；对于配筋砌块砌体，翼缘与腹板是通过在交接处块体的相互咬砌、连接钢筋(或连接铁件)，或配筋带进行连接的。因此，《砌体结构设计规范》对于配筋砌块砌体翼缘计算宽度的取值作出如下规定，这些规定与钢筋混凝土T形、倒L形截面受弯构件位于受压区的翼缘计算宽度的规定、钢筋混凝土剪力墙有效翼缘计算宽度的规定非常接近。

T形、倒L形截面偏心受压构件，当翼缘和腹板的相交处采用错缝搭接砌筑和同时设置中距不大于1.2m的配筋带(截面高度≥60mm，钢筋不少于2φ12)时，可考虑翼缘的共同工作，翼缘的计算宽度应按表7.2-1中的最小值采用。

T 形、倒 L 形截面偏心受压构件翼缘计算宽度 b_f' 表 7.2-1

考虑情况	T 形截面	倒 L 形截面
按构件计算高度 H_0 考虑(H_0 可取层高)	$H_0/3$	$H_0/6$
按腹板间距 L 考虑	L	$L/2$
按翼缘厚度 h_f' 考虑	$b+12h_f'$	$b+6h_f'$
按翼缘的实际宽度 b_f' 考虑	b_f'	b_f'

(2) 正截面受压承载力应按下列规定计算：

① 当受压区高度 $x \leqslant h_f'$ 时，应按宽度为 b_f' 的矩形截面计算。

② 当受压区高度 $x > h_f'$ 时，则应考虑腹板的受压作用，应按下列公式计算：

a. 大偏心受压（图 7.2-2）

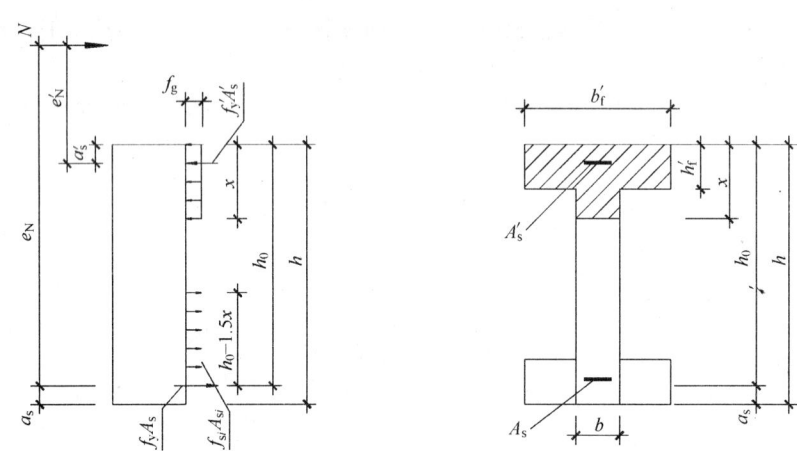

图 7.2-2 T 型截面偏心受压正截面承载力计算简图

$$N \leqslant f_g[bx+(b_f'-b)h_f'] + f_y'A_s' - f_yA_s - \Sigma f_{si}A_{si} \quad (7.2\text{-}13)$$

$$Ne_N \leqslant f_g[bx(h_0-x/2)+(b_f'-b)h_f'(h_0-h_f'/2)] + f_y'A_s'(h_0-a_s') - \Sigma f_{si}S_{si} \quad (7.2\text{-}14)$$

式中 b_f'——T 形或倒 L 形截面受压区的翼缘计算宽度；

h_f'——T 形或倒 L 形截面受压区的翼缘高度。

b. 小偏心受压（不考虑竖向分布筋的作用）

$$N \leqslant f_g[bx+(b_f'-b)h_f'] + f_y'A_s' - \sigma_sA_s \quad (7.2\text{-}15)$$

$$Ne_N \leqslant f_g[bx(h_0-x/2)+(b_f'-b)h_f'(h_0-h_f'/2)] + f_y'A_s'(h_0-a_s') \quad (7.2\text{-}16)$$

7.3 配筋混凝土砌块砌体剪力墙的斜截面受剪承载力计算

1. 受力性能及主要影响因素

(1) 受力性能

试验研究表明，配筋混凝土砌块砌体剪力墙的抗剪受力性能，与非灌孔砌块砌体墙有较大的区别，灌孔砌块砌体墙的抗剪性能更接近于钢筋混凝土剪力墙，此处不再详述。究其原因，这是由于灌孔砌块砌体墙中的灌孔混凝土强度较高（灌孔混凝土最低强度等级为

Cb20),对墙体的抗剪强度影响较大,而砌筑砂浆对墙体的抗剪强度影响较小。

(2) 主要影响因素

① 配筋混凝土砌块砌体墙的材料强度。它不仅与砌块、混凝土、钢筋及砂浆各自的强度有关,还与灌孔率、钢筋的配置方式及布置有关。

② 砌体墙承受正应力 σ_0 的大小。实际上,这就是轴压比对墙体抗剪承载力的影响,在轴压比不大的情况下,墙体的抗剪强度、变形能力随 σ_0 的增加而增加,但当 $\sigma_0 > 0.75 f_{gm}$ 时,随 σ_0 的增加反而使墙体的承载力有所降低。因此,应对墙体的轴压比加以限制,并偏安全地控制正应力对抗剪强度的贡献,在偏压时不大于 $0.12N$。

③ 砌体墙的剪跨比 λ(或高宽比)。剪跨比 λ 对墙体抗剪强度的影响很大,直接影响墙体的应力状态和破坏形态,小剪跨比(例如 $\lambda \leqslant 1$)趋于剪切破坏,而较大剪跨比(例如 $\lambda > 1$),则趋于弯曲破坏。而剪切破坏墙体的抗侧强度远大于弯曲破坏墙体的抗侧强度,这在计算表达式中予以表征。

④ 砌体墙中的水平钢筋配筋率。砌体墙中钢筋的配置,明显提高了墙体的变形能力和抗剪强度。墙体开裂前,水平钢筋几乎不受力;墙体开裂后直至破坏,所有水平钢筋参与受力并达到屈服(通过斜截面上直接受拉抗剪)。竖向钢筋对墙体抗剪强度也有一定的影响,但在计算表达式中未予直接反映,而是在综合计算表达式时考虑,此处不再赘述。

2. 剪力墙偏心受压、偏心受拉时受剪承载力计算

(1) 剪力墙的截面要求

为了防止墙体发生斜压破坏,要求剪力墙的截面尺寸不能过小,配筋混凝土砌块砌体墙的灌孔砌体强度不能过低,剪力墙的截面应满足下列要求:

$$V \leqslant 0.25 f_g bh \tag{7.3-1}$$

式中 V——剪力墙的剪力设计值;
b——剪力墙截面宽度或 T 形、倒 L 形截面腹板宽度;
h——剪力墙的截面高度。

(2) 偏心受压时受剪承载力计算

剪力墙在偏心受压时的斜截面受剪承载力应按下列公式计算:

$$V \leqslant \frac{1}{\lambda - 0.5}\left(0.6 f_{vg} bh_0 + 0.12 N \frac{A_w}{A}\right) + 0.9 f_{yh} \frac{A_{sh}}{s} h_0 \tag{7.3-2}$$

$$\lambda = M/Vh_0 \tag{7.3-3}$$

式中 f_{vg}——灌孔砌体抗剪强度设计值,应按表 3.3-3 的规定及式(3.3-5)采用;
M、N、V——计算截面的弯矩、轴向力和剪力设计值,当 $N > 0.25 f_g bh$ 时,取 $N = 0.25 f_g bh$;
A——剪力墙的截面面积,其中翼缘的有效面积,可按表 7.2-1 规定确定;
A_w——T 形或倒 L 形截面腹板的截面面积,对矩形截面取 A_w 等于 A;
λ——计算截面的剪跨比,当 λ 小于 1.5 时取 1.5,当 λ 大于等于 2.2 时取 2.2;
h_0——剪力墙截面的有效高度;
A_{sh}——配置在同一截面内的水平分布钢筋的全部截面面积;
s——水平分布钢筋的竖向间距;
f_{yh}——水平钢筋的抗拉强度设计值。

(3) 剪力墙在偏心受拉时的斜截面受剪承载力应按下式计算：

$$V \leqslant \frac{1}{\lambda-0.5}\left(0.6f_{vg}bh_0 - 0.22N\frac{A_w}{A}\right) + 0.9f_{yh}\frac{A_{sh}}{s}h_0 \tag{7.3-4}$$

7.4 配筋混凝土砌块砌体剪力墙连梁的承载力

配筋混凝土砌块砌体剪力墙中的连梁有下述两种做法。

第一种：采用配筋混凝土砌块砌体，如图 7.1-1(a)、(d)所示的窗洞上方的连梁。将水平钢筋放置在砌块的凹槽中，箍筋放置在砌块的孔洞内。这种连梁与墙体都是配筋混凝土砌块砌体，采用相同的施工方法。

第二种：采用钢筋混凝土连梁。这往往是由于连梁受力较大、配筋较多，若采用配筋混凝土砌块砌体连梁，使得施工比较困难，难以达到施工质量要求，此时可按照材料的等强原则，将连梁部分设计成钢筋混凝土连梁。这样导致施工时会增加一定的模板工作量，但可以保证工程质量，有些工程就是采用这样的做法。

1. 钢筋混凝土连梁承载力

按现行国家标准《混凝土结构设计规范》GB 50010—2002 的有关规定进行计算。

2. 配筋混凝土砌块砌体连梁承载力

配筋混凝土砌块砌体的连梁，当跨高比较小时（如小于2.5），即所谓"深梁"的范围，此时的受力更像小剪跨比的剪力墙，只不过正应力 σ 的影响很小；当跨高比大于 2.5 时，即所谓"浅梁"的范围，此时的受力更像大剪跨比的剪力墙。因此，剪力墙的连梁除满足正截面承载力要求外，还必须满足受剪承载力要求，以避免连梁产生受剪破坏后导致剪力墙的延性降低。

(1) 连梁的正截面受弯承载力

采用配筋混凝土砌块砌体连梁的正截面受弯承载力，应按现行国家标准《混凝土结构设计规范》GB 50010—2002 中受弯构件的有关规定进行计算。需要注意的是，相关的计算参数应采用配筋混凝土砌块砌体的对应参数和指标，例如应以灌孔砌块砌体的抗压强度设计值 f_g 取代混凝土抗压强度设计值 f_c。

(2) 连梁的斜截面受剪承载力

① 连梁的截面要求

对连梁截面的控制要求，是基于此种构件的受剪承载力应该具有一个上限值，根据我国的试验结果，并参照混凝土结构的设计原则，取为 $0.25f_g bh$，则能保证连梁承载能力的发挥，以及连梁的变形处在可控的工作状态之内。

即，当连梁采用配筋混凝土砌块砌体时，连梁的截面应符合下式要求。

$$V_b \leqslant 0.25f_g bh \tag{7.4-1}$$

② 连梁的斜截面受剪承载力计算

连梁的斜截面受剪承载力应按下式计算：

$$V_b \leqslant 0.8f_{vg}bh_0 + f_{yv}\frac{A_{sv}}{s}h_0 \tag{7.4-2}$$

式中 V_b——连梁的剪力设计值；

b——连梁的截面宽度；

h_0——连梁的截面有效高度；

A_{sv}——配置在同一截面内箍筋各肢的全部截面面积；

f_{yv}——箍筋的抗拉强度设计值；

s——沿构件长度方向箍筋的间距。

7.5 配筋混凝土砌块砌体的构造规定

配筋混凝土砌块砌体的材料主要是砌块、专用砌筑砂浆、专用灌孔混凝土和钢筋，材料方面特点突出，就是对砌块砌体和混凝土结构中都配置的钢筋的要求，它和钢筋混凝土结构有相同之处，但又有其显著特点。在施工方法工艺方面更具特点，例如在配筋混凝土砌块砌体中水平配筋带的形成、清扫孔的设置等。总之，为了保证配筋混凝土砌块砌体能够具有良好的整体受力性能，保证工程质量，在试验研究的基础上，总结工程经验，《砌体结构设计规范》根据其特点，对配筋混凝土砌块砌体的钢筋、剪力墙和连梁、柱提出了多项构造措施。

1. 钢筋的构造规定

（1）钢筋的规格应符合下列规定：

① 钢筋的直径不宜大于 25mm，当设置在灰缝中时不应小于 4mm；

② 配置在孔洞或空腔中的钢筋面积不应大于孔洞或空腔面积的 6%。

（2）钢筋的设置应符合下列规定：

① 设置在灰缝中钢筋的直径不宜大于灰缝厚度的 1/2；

② 两平行钢筋间的净距不应小于 25mm；

③ 柱和壁柱中的竖向钢筋的净距不宜小于 40mm（包括接头处钢筋间的净距）。

（3）钢筋在灌孔混凝土中的锚固应符合下列规定：

① 当计算中充分利用竖向受拉钢筋强度时，其锚固长度 L_a，对 HRB335 级钢筋不宜小于 $30d$；对 HRB400 和 RRB400 级钢筋不宜小于 $35d$；在任何情况下钢筋（包括钢丝）锚固长度不应小于 300mm。

② 竖向受拉钢筋不宜在受拉区截断。如必须截断时，应延伸至按正截面受弯承载力计算不需要该钢筋的截面以外，延伸的长度不应小于 $20d$。

③ 竖向受压钢筋在跨中截断时，必须伸至按计算不需要该钢筋的截面以外，延伸的长度不应小于 $20d$；对绑扎骨架中末端无弯钩的钢筋，不应小于 $25d$。

④ 钢筋骨架中的受力光面钢筋，应在钢筋末端做弯钩，在焊接骨架、焊接网以及轴心受压构件中，可不做弯钩；绑扎骨架中的受力变形钢筋，在钢筋的末端可不做弯钩。

（4）钢筋的接头应符合下列规定：

钢筋的直径大于 22mm 时宜采用机械连接接头，接头的质量应符合有关标准、规范的规定；其他直径的钢筋可采用搭接接头，并应符合下列要求：

① 钢筋的接头位置宜设置在受力较小处。

② 受拉钢筋的搭接接头长度不应小于 $1.1L_a$，受压钢筋的搭接接头长度不应小于 $0.7L_a$，但不应小于 300mm。L_a 为钢筋的锚固长度。

③ 当相邻接头钢筋的间距不大于75mm时，其搭接长度应为$1.2L_a$。当钢筋间的接头错开$20d$时，搭接长度可不增加。

(5) 水平受力钢筋（网片）的锚固和搭接长度应符合下列规定：

① 在凹槽砌块混凝土带中钢筋的锚固长度不宜小于$30d$，且其水平或垂直弯折段的长度不宜小于$15d$和200mm；钢筋的搭接长度不宜小于$35d$。

② 在砌体水平灰缝中，钢筋的锚固长度不宜小于$50d$，且其水平或垂直弯折段的长度不宜小于$20d$和150mm；钢筋的搭接长度不宜小于$55d$。

③ 在隔皮或错缝搭接的灰缝中为$50d+2h$，d为灰缝受力钢筋的直径；h为水平灰缝的间距。

(6) 钢筋的最小保护层厚度应符合下列要求：

① 灰缝中钢筋外露砂浆保护层不宜小于15mm。

② 位于砌块孔槽中的钢筋保护层，在室内正常环境不宜小于20mm；在室外或潮湿环境不宜小于30mm。

③ 对安全等级为一级或设计使用年限大于50年的配筋砌体结构构件，钢筋的保护层应比①、②规定的厚度至少增加5mm，或采用经防腐处理的钢筋、抗渗混凝土砌块等措施。

2. 配筋砌块砌体剪力墙、连梁的构造规定

(1) 配筋砌块砌体剪力墙、连梁的砌体材料强度等级应符合下列规定：

① 砌块不应低于MU10；

② 砌筑砂浆不应低于Mb7.5；

③ 灌孔混凝土不应低于Cb20；

④ 对安全等级为一级或设计使用年限大于50年的配筋砌块砌体房屋，所用材料的最低强度等级应至少比①、②、③规定的提高一级。

(2) 配筋砌块砌体剪力墙厚度、连梁截面宽度不应小于190mm。

(3) 配筋砌块砌体剪力墙的构造配筋应符合下列规定：

① 应在墙的转角、端部和孔洞的两侧配置竖向连续的钢筋，钢筋直径不宜小于12mm。

② 应在洞口的底部和顶部设置不小于$2\phi10$的水平钢筋，其伸入墙内的长度不宜小于$35d$和400mm。

③ 应在楼（屋）盖的所有纵横墙处设置现浇钢筋混凝土圈梁，圈梁的宽度和高度宜等于墙厚和块高，圈梁主筋不应少于$4\phi10$，圈梁的混凝土强度等级不宜低于同层混凝土块体强度等级的2倍，或该层灌孔混凝土的强度等级，也不应低于C20。

④ 剪力墙其他部位的竖向和水平钢筋的间距不应大于墙长、墙高之半，也不应大于1200mm。对局部灌孔的砌体，竖向钢筋的间距不应大于600mm。

⑤ 剪力墙沿竖向和水平方向的构造钢筋配筋率均不宜小于0.07%。

(4) 按壁式框架设计的配筋砌块窗间墙除应符合(1)、(2)、(3)规定外，尚应符合下列规定：

① 窗间墙的截面应符合下列要求：

a. 墙宽不应小于800mm，也不宜大于2400mm；

b. 墙净高与墙宽之比不宜大于 5。

② 窗间墙中的竖向钢筋应符合下列要求：

a. 每片窗间墙中沿全高不应少于 4 根钢筋；

b. 沿墙的全截面应配置足够的抗弯钢筋；

c. 窗间墙的竖向钢筋的含钢率不宜小于 0.2%，也不宜大于 0.8%。

③ 窗间墙中的水平分布钢筋应符合下列要求：

a. 水平分布钢筋应在墙端部纵筋处弯 180°标准钩，或等效的措施；

b. 水平分布钢筋的间距：在距梁边 1 倍墙宽范围内不应大于 1/4 墙宽，其余部位不应大于 1/2 墙宽；

c. 水平分布钢筋的配筋率不宜小于 0.15%。

(5) 配筋砌块砌体剪力墙应按下列情况设置边缘构件：

① 当利用剪力墙端的砌体时，应符合下列规定：

a. 在距墙端至少 3 倍墙厚范围内的孔中设置不小于 $\phi 12$ 通长竖向钢筋；

b. 当剪力墙端部的设计压应力大于 $0.8 f_g$ 时，除按 *a*. 的规定设置竖向钢筋外，尚应设置间距不大于 200mm、直径不小于 6mm 的水平钢筋(钢箍)，该水平钢筋宜设置在灌孔混凝土中。

② 当在剪力墙墙端设置混凝土柱时，应符合下列规定：

a. 柱的截面宽度宜等于墙厚，柱的截面长度宜为 1~2 倍的墙厚，并不应小于 200mm；

b. 柱的混凝土强度等级不宜低于该墙体块体强度等级的 2 倍，或该墙体灌孔混凝土的强度等级，也不应低于 C20；

c. 柱的竖向钢筋不宜小于 $4\phi 12$，箍筋宜为 $\phi 6$、间距 200mm；

d. 墙体中的水平钢筋应在柱中锚固，并应满足钢筋的锚固要求；

e. 柱的施工顺序宜为先砌砌块墙体，后浇捣混凝土。

(6) 配筋砌块砌体剪力墙中当连梁采用钢筋混凝土时，连梁混凝土的强度等级不宜低于同层墙体块体强度等级的 2 倍，或同层墙体灌孔混凝土的强度等级，也不应低于 C20；其他构造尚应符合现行国家标准《混凝土结构设计规范》GB 50010—2002 的有关规定要求。

(7) 配筋砌块砌体剪力墙中当连梁采用配筋砌块砌体时，连梁应符合下列规定：

① 连梁的截面应符合下列要求：

a. 连梁的高度不应小于两皮砌块的高度和 400mm；

b. 连梁应采用 H 形砌块或凹槽砌块组砌，孔洞应全部浇灌混凝土。

② 连梁的水平钢筋宜符合下列要求：

a. 连梁上、下水平受力钢筋宜对称、通长设置，在灌孔砌体内的锚固长度不应小于 $35d$ 和 400mm；

b. 连梁水平受力钢筋的含钢率不宜小于 0.2%，也不宜大于 0.8%。

③ 连梁的箍筋应符合下列要求：

a. 箍筋的直径不应小于 6mm；

b. 箍筋的间距不宜大于 1/2 梁高和 600mm；

c. 在距支座等于梁高范围内的箍筋间距不应大于1/4梁高,距支座表面第一根箍筋的间距不应大于100mm;

d. 箍筋的面积配筋率不宜小于0.15%;

e. 箍筋宜为封闭式,双肢箍末端弯钩为135°;单肢箍末端的弯钩为180°,或弯90°加12倍箍筋直径的延长段。

3. 配筋砌块砌体柱的构造规定

配筋砌块砌体柱(图7.5-1)除应符合本节第2条的要求(配筋砌块砌体剪力墙、连梁的砌体材料强度等级)外,尚应符合下列规定:

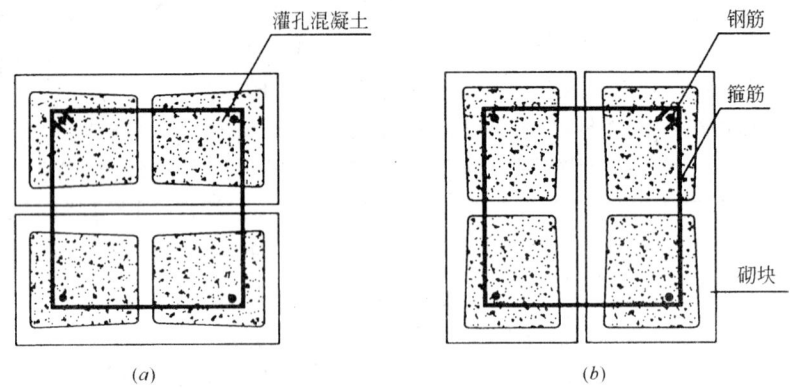

图7.5-1 配筋砌块砌体柱截面示意
(a)下皮;(b)上皮

(1) 柱截面边长不宜小于400mm,柱高度与截面短边之比不宜大于30。

(2) 柱的纵向钢筋的直径不宜小于12mm,数量不应少于4根,全部纵向受力钢筋的配筋率不宜小于0.2%。

(3) 柱中箍筋的设置应根据下列情况确定:

① 当纵向钢筋的配筋率大于0.25%,且柱承受的轴向力大于受压承载力设计值的25%时,柱应设箍筋;当配筋率≤0.25%时,或柱承受的轴向力小于受压承载力设计值的25%时,柱中可不设置箍筋;

② 箍筋直径不宜小于6mm;

③ 箍筋的间距不应大于16倍的纵向钢筋直径、48倍箍筋直径及柱截面短边尺寸中较小者;

④ 箍筋应封闭,端部应弯钩;

⑤ 箍筋应设置在灰缝或灌孔混凝土中。

7.6 配筋砌块砌体构件计算例题

【例7.6-1】 配筋砌块砌体轴心受压计算

某混凝土小型空心砌块砌筑的墙体。如图7.6-1所示,上垫梁相当于楼层混凝土圈梁,下垫梁相当于钢筋混凝土条形基础。根据约束情况,计算高度 $H_0 = 2.60 + 0.40 = 3.0$m。墙体采用MU15砌块、Mb10混合砂浆砌筑,混凝土为C20或Cb20级,竖向钢筋为Ⅱ级，水平钢筋Ⅰ级。施工质量控制等级B级，安全等级二级。该墙段两端设有200mm×190mm构造柱，每根构造柱配有纵筋4Φ14，箍筋φ6@150；隔孔灌注芯柱，每根芯柱截面尺寸为140mm×130mm，配置纵筋1Φ14；隔2皮布置水平条带，水平条带设置在对应的圈梁砌块中，设有通长水平钢筋2φ8。

当仅承受轴向压力设计值 $N=120$kN/m，试验算其承载力是否满足要求。

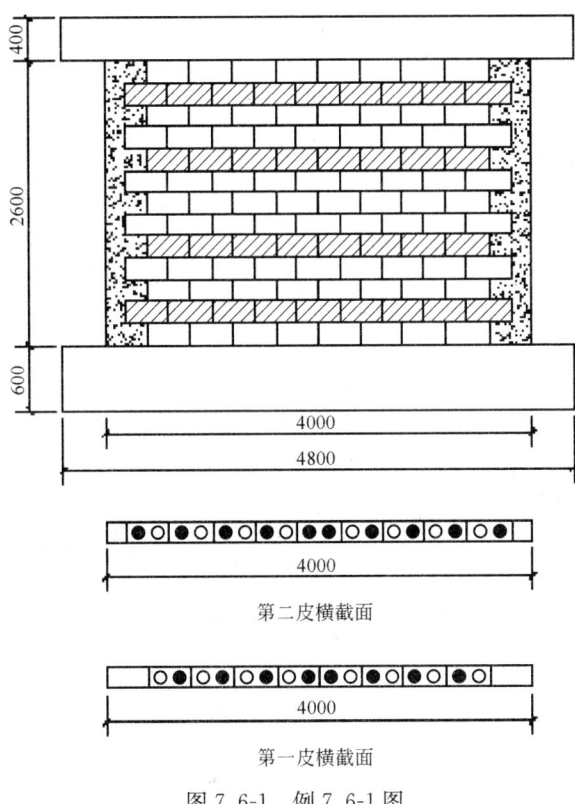

图 7.6-1 例 7.6-1 图

解：竖向分布钢筋为Φ14@400，配筋率为0.2%，水平分布钢筋为2φ8@600，配筋率为0.088%，均满足构造要求。

毛截面面积 $A=190\times4000=760000\text{mm}^2$

全部竖向钢筋截面面积 $A'_s=18\times\dfrac{\pi d^2}{4}=18\times154=2771\text{mm}^2$

$f_c=9.6$MPa；查表3.2-11，未灌孔砌体抗压强度设计值 $f=4.02$MPa

$\delta=\dfrac{140\times130\times2}{190\times390}=0.491$，隔孔灌，$\rho=0.5$，$\alpha=\delta\rho=0.491\times0.5=0.246$

$$f_g=f+0.6\alpha f_c=4.02+0.6\times0.246\times9.6=5.43\text{MPa}$$

$$\beta=\dfrac{H_0}{h}=\dfrac{3000}{190}=15.789,\quad \varphi_{0g}=\dfrac{1}{1+0.001\beta^2}=\dfrac{1}{1+0.001\times15.789^2}=0.800$$

$$\varphi_{0g}(f_g A+0.8f'_y A'_s)=0.800\times(5.43\times760000+0.8\times300\times2771)$$
$$=3838456\text{N}=3838.456\text{kN}>120\times4=480\text{kN}$$

该墙肢轴心受压承载力符合要求。

【例 7.6-2】 配筋混凝土砌块墙体偏心受压及斜截面抗剪计算

其他条件同【例 7.6-1】。仅内力设计值增加：$M=1200$kN·m，$V=300$kN。试验算此墙：(1)正截面抗压；(2)斜截面抗剪是否满足要求。

解：(1) 基本参数

$f_g=5.43$MPa，$f_c=9.6$MPa，$f_y=f_y'=f_{si}=300$MPa，$f_{yh}=210$MPa

$h=4000$mm，因为构造柱高 200mm，故其中心位于 100mm 处，则 $a_s=100$mm，$h_0=h-a_s=3900$mm；竖向分布钢筋为 $\Phi 14@400$；水平分布钢筋为 $2\phi 8@600$。

(2) 偏心受压时正截面承载力验算

轴向力的初始偏心距 $e=\dfrac{M}{N}=\dfrac{1200\times 10^3}{480}=2500$mm

$$\beta=\dfrac{H_0}{h}=\dfrac{3000}{4000}=0.75$$

附加偏心距 $e_a=\dfrac{\beta^2 h}{2200}(1-0.022\beta)=\dfrac{0.75^2\times 4000}{2200}(1-0.022\times 0.75)=1.0$mm

$$e_N=e+e_a+(h/2-a_s)=2500+1.0+(4000/2-100)=4401\text{mm}$$

$$\rho_w=\dfrac{153.9}{190\times 400}=0.203\%$$

因采用对称配筋，且假定为大偏心受压，将参数代入式(7.2-4)，则：

$$x=\dfrac{N+f_{si}bh_0\rho_w}{f_g b+1.5f_{si}b\rho_w}=\dfrac{480\times 10^3+300\times 190\times 3900\times 0.203\%}{5.43\times 190+1.5\times 300\times 190\times 0.203\%}=772\text{mm}$$

$$>2a_s'=2\times 100=200\text{mm}$$

$$<\xi_b h_0=0.53\times 3900=2067\text{mm}$$

上述假定成立，$Ne_N=120\times 4\times 4401.7\times 10^{-3}=2017.433$kN·m

$$\Sigma f_{si}S_{si}=0.5f_{si}\rho_w b(h_0-1.5x)^2$$
$$=0.5\times 300\times 0.203\%\times 190\times (3900-1.5\times 772)^2$$
$$=434943268\text{N·mm}=434.943\text{kN·m}$$

$$f_g bx\left(h_0-\dfrac{x}{2}\right)+f_y'A_s'(h_0-a_s')-\Sigma f_{si}S_{si}$$
$$=5.43\times 190\times 772\times \left(3900-\dfrac{772}{2}\right)+300\times 616\times (3900-100)-434.943\times 10^6$$
$$=3068552687\text{N·mm}=3068.553\text{kN·m}>2017.433\text{kN·m}$$

满足要求。

还应对平面外轴心受压承载力进行验算，参见【例 7.6-1】。

(3) 偏心受压时斜截面受剪承载力

校核墙肢截面：

$0.25f_g bh=0.25\times 5.43\times 190\times 4000\times 10^{-3}=1032.6kN>300$kN，截面符合要求；且
$>N=120\times 4=480$kN，按 N 值计算抗力

$\lambda=\dfrac{M}{Vh_0}=\dfrac{1200}{300\times 3900\times 10^{-3}}=1.026<1.5$，取 $\lambda=1.5$

$$f_{vg}=0.2f_g^{0.55}=0.2\times 5.43^{0.55}=0.507\text{MPa}$$

$$\frac{1}{\lambda-0.5}\left(0.6f_{vg}bh_0+0.12N\frac{A_w}{A}\right)+0.9f_{yh}\frac{A_{sh}}{s}h_0$$

$$=\frac{1}{1.5-0.5}(0.6\times0.507\times190\times3900+0.12\times120\times10^3\times4\times1)+0.9\times210\times\frac{101}{600}\times3900$$

$$=406706.6\text{N}=406.707\text{kN}>300\text{kN}$$

满足要求。

例题小结：

1. 配筋混凝土砌块轴心受压计算公式(7.2-2)比较简单，但无箍筋或水平钢筋时，公式中 $f'_y A'_s=0$。

2. 高厚比 $\beta=\dfrac{H_0}{h}$，应注意 h 指截面轴向力偏心方向的边长。

3. 配筋混凝土砌块偏心受压构件的计算步骤：

（1）求解基本参数。

（2）求解受压区高度 x。先假设为大偏心受压，计算 x，判断假设是否成立，如不成立，按小偏心受压重新计算 x。

（3）根据大、小偏心情况选择计算公式，计算正截面承载力。

4. 配筋混凝土砌块斜截面受剪的计算公式(7.3-2)比较简单，但注意 λ 与 N 的限值要求。

过梁、墙梁及悬挑构件的设计

8.1 过梁的设计

过梁是砌体结构中墙体门窗洞口上的梁，其作用是承受洞口以上墙体和其他结构（例如楼盖、屋盖等）传来的荷载，并将这些荷载传到门（或窗）间墙上。

过梁可直接用砌体（砖、砌块、石砌体等）建造，也可用木材、型钢和钢筋混凝土制作。但常用的过梁有砖砌过梁和钢筋混凝土过梁两类。砖砌过梁又有砖砌平拱过梁、砖砌弧拱过梁和钢筋砖过梁等不同形式（图 8.1-1）。

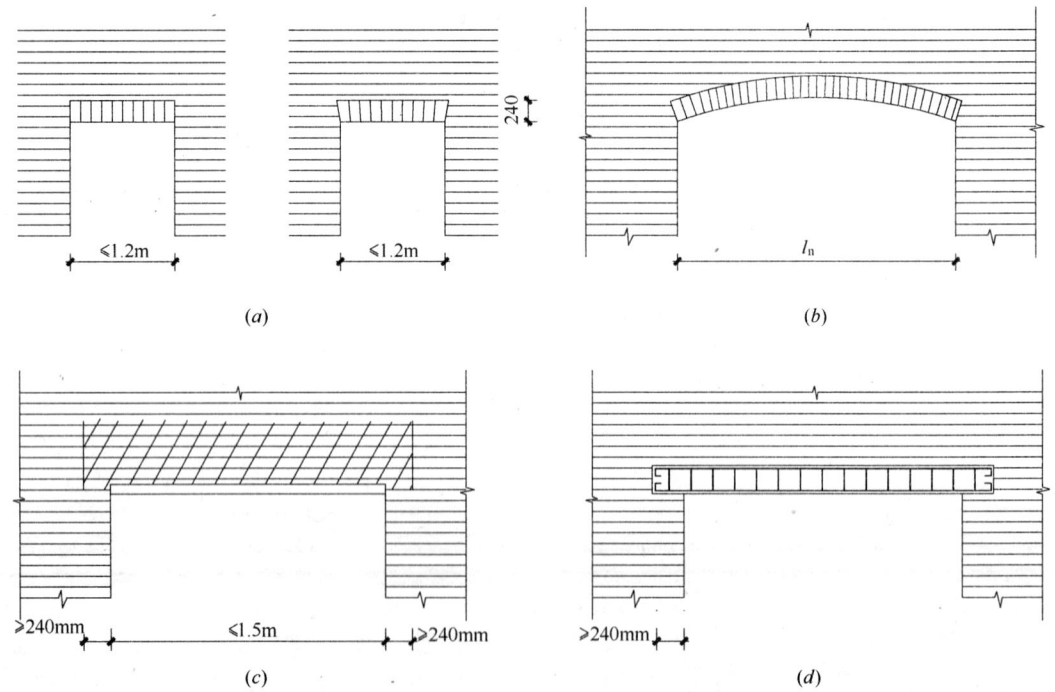

图 8.1-1 砌体过梁
(a)砖砌平拱；(b)砖砌弧拱；(c)钢筋砖过梁；(d)钢筋混凝土过梁

8.1.1 常用过梁的构造及适用范围

1. 砖砌平拱过梁

砖砌平拱过梁用竖砖砌筑,又可分为将砖块竖放立砌和对称斜砌两种,其底面均呈直线形,如图 8.1-1(a)所示。砂浆不宜低于 M5;砖砌过梁计算截面高度内的砖不宜低于 MU10;过梁净跨 l_n 不宜超过 1.2m。这种过梁适用于无振动、地基土质较好不需抗震设防的一般建筑物。

2. 砖砌弧拱过梁

砖砌弧拱过梁也用竖砖砌筑,如图 8.1-1(b)所示。用竖砖砌筑的高度不应小于 120mm(即半砖长)。弧拱最大跨度与矢高 f 有关:当矢高 $f=\left(\dfrac{1}{12}\sim\dfrac{1}{8}\right)l$ 时,最大跨度为 2.5~3.0m;当矢高 $f=\left(\dfrac{1}{6}\sim\dfrac{1}{5}\right)l$ 时,最大跨度为 3.0~4.0m。弧拱砌筑时需用胎模,施工复杂,一般仅在对建筑外形有特殊要求的房屋中采用。

3. 钢筋砖过梁

钢筋砖过梁的砌筑方法与一般墙体一样,施工方便,仅在过梁底面先铺放厚度不小于 30mm 的砂浆层,然后放置纵向受力钢筋。钢筋直径为 5~8mm;根数不应少于两根;间距不宜大于 120mm;钢筋端部应带弯钩,伸入墙体的长度不应小于 240mm[图 8.1-1(c)]。钢筋砖过梁截面计算高度内的砖,不宜低于 MU10,砂浆不宜低于 M5。钢筋砖过梁的净跨 l_n 不应超过 1.5m。这种过梁适用性强,比较灵活,故常在中小型建筑中采用。

4. 钢筋混凝土过梁[图 8.1-1(d)]

钢筋混凝土过梁的制作及构造与一般钢筋混凝土梁一样,可现浇,也可为了方便施工、节省模板,采用预制标准构件。预制过梁常用的有矩形、L 形截面(又有大挑口、小挑口之分),可供不同的建筑要求选用。对于有较大振动荷载或可能产生不均匀沉降的房屋,或过梁跨度较大时,均应采用钢筋混凝土过梁。因此,钢筋混凝土过梁的应用相当广泛。图 8.1-2 所示为北京地区生产的三种形式的预制过梁截面,跨度为 1~3m。

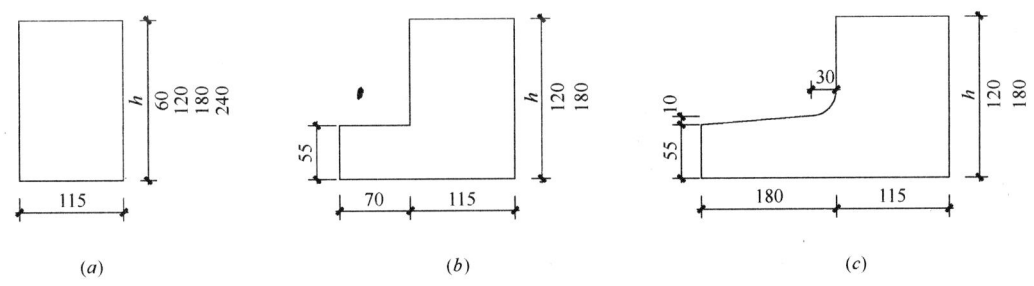

图 8.1-2 预制过梁截面形式
(a)矩形截面;(b)小挑口截面;(c)大挑口截面

8.1.2 过梁上的荷载

设计过梁时首先应合理确定过梁上的荷载。过梁既是"梁",又是墙体的组成部分。过梁上的荷载一般包括梁、板荷载和墙体荷载两部分(图 8.1-3)。

1. 梁、板荷载

对于砖和小型砌块砌体,当梁、板下的墙体高度 $h_w<l_n$ 时(l_n 为过梁的净跨),应计

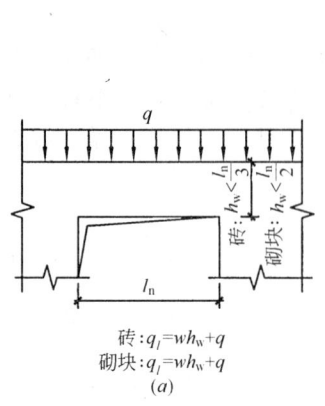 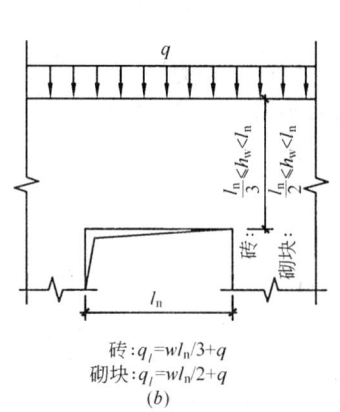 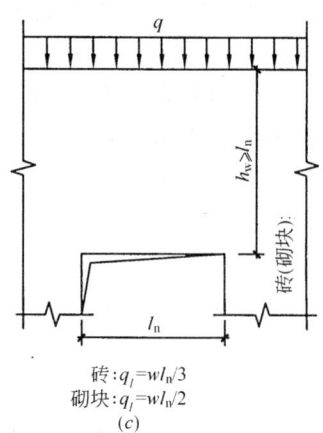

图 8.1-3 过梁上的荷载

(a)墙体荷载和梁板荷载；(b)部分墙体荷载和梁、板荷载；(c)不考虑梁、板荷载

q_l—过梁上的线荷载；w—每平米墙体自重；h_w—梁板下的墙体高度；

q—梁板荷载（每沿长米）；l_n—过梁的净跨

入梁、板传来的荷载；当梁、板下的墙体高度 $h_w \geqslant l_n$ 时，可不考虑梁、板荷载，认为这些荷载已通过梁上砌体的拱作用，传给过梁两侧墙体。

2. 墙体荷载

（1）对于砖砌体，当过梁上的墙体高度 $h_w < l_n/3$ 时，应按全部墙体高度的自重采用；当墙体高度 $h_w \geqslant l_n/3$ 时，应按高度为 $l_n/3$ 墙体的均布自重采用。

（2）对于混凝土砌块砌体，当过梁上的墙体高度 $h_w < l_n/2$ 时，应按全部墙体高度的自重采用；当墙体高度 $h_w \geqslant l_n/2$ 时，应按高度为 $l_n/2$ 墙体的均布自重采用。

8.1.3 过梁的计算

钢筋混凝土过梁的计算与一般钢筋混凝土过梁相同，砖砌弧拱的计算与普通拱相同，这里不再叙述。此处主要介绍砖砌平拱过梁和钢筋砖过梁的计算。

1. 砖砌过梁的破坏特征

砖砌过梁在竖向荷载作用下，和受弯构件相似，截面上产生弯矩和剪力。截面的上部受压、下部受拉。随着荷载的增加，当跨中正截面的拉应力超过砌体的弯曲抗拉强度时，在跨中截面的受拉区将出现竖向裂缝；当支座斜截面上的主拉应力超过砌体沿阶梯形截面抗剪强度时，在靠近支座处将出现接近45°的阶梯形斜裂缝。对砖砌平拱过梁，正截面下部受拉区的拉力将由两端支座提供的推力来平衡；对钢筋砖过梁，正截面下部受拉区的拉力将由钢筋承受。因此，砖砌平拱过梁，如同三铰拱一样地工作；钢筋砖过梁临破坏时，如同带拉杆的三铰拱一样地工作(图 8.1-4)。

2. 砖砌平拱过梁的计算

砖砌平拱过梁有三种可能的破坏情况，过梁的计算应保证三种破坏情况下的承载力满足要求：

（1）为防止过梁因跨中正截面受弯承载力不足而破坏，需进行受弯承载力计算：

$$M \leqslant f_{tm} W \qquad (8.1-1)$$

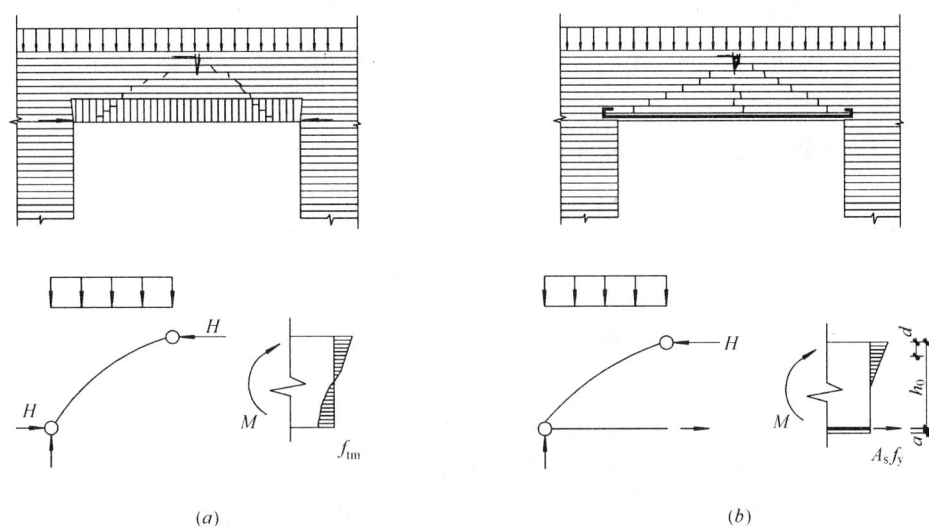

图 8.1-4 砖砌过梁
(a)砖砌平拱；(b)钢筋砖过梁

式中 M——按简支梁计算的弯矩设计值；

f_{tm}——砌体沿齿缝的弯曲抗拉强度设计值；

W——截面抵抗矩，当为矩形截面时 $W = \frac{1}{6}bh^2$。

(2) 为防止过梁因支座附近受剪承载力不足，发生沿阶梯形斜裂缝破坏需进行受剪承载力计算：

$$V \leqslant f_v bz \qquad (8.1-2)$$

式中 V——按简支梁计算的支座边缘剪力设计值；

f_v——砌体的抗剪强度设计值；

b——过梁截面宽度；

z——过梁截面内力臂，$z=I/S$，当截面为矩形时，$z=2h/3$；

I——过梁截面惯性矩；

S——过梁截面面积矩；

h——过梁截面计算高度，取过梁底面以上的墙体高度，但不大于 $l_n/3$；当考虑梁、板传来的荷载时，则按梁、板下的高度采用。

(3) 为防止过梁因支承处水平灰缝受剪承载力不足，发生支座滑移破坏，要按式(5.2-4)进行支承处墙体沿水平通缝的受剪承载力计算（房屋端部的门窗洞口过梁支承墙体），即：

$$H \leqslant (f_v + \alpha\mu\sigma_0)A \qquad (8.1-3)$$

式中 H——过梁支座处的水平推力，近似取 $H=M/(h-2d)=M/0.76h$ 计算，这里 d 为过梁顶部压力 H 距过梁顶部边缘，或支座推力 H 距过梁底部边缘的距离，根据试验取 $d=0.12h$；

A——承受过梁水平推力的尽端墙体的水平截面面积；

其他同前。

3. 钢筋砖过梁计算

钢筋砖过梁临破坏时如同带拉杆的三铰拱,在荷载作用下应进行跨中截面受弯承载力和支座斜截面受剪承载力计算。

(1) 受弯承载力计算按下式进行:

$$M \leqslant 0.85 h_0 f_y A_s \tag{8.1-4}$$

式中 M——按简支梁计算的跨中弯矩设计值;
f_y——钢筋的抗拉强度设计值;
A_s——受拉钢筋的截面面积;
h_0——过梁截面的有效高度,$h_0 = h - a_s$;
a_s——受拉钢筋重心至截面下边缘的距离;
h——过梁截面的计算高度,取过梁底面以上的墙体高度,但不大于 $l_n/3$;当考虑梁、板传来的荷载时,则按梁、板下的高度采用。

(2) 受剪承载力计算按式(8.1-2)进行。

4. 钢筋混凝土过梁的计算

应按钢筋混凝土受弯构件计算。但验算过梁下砌体局部受压承载力时,可不考虑上层荷载的影响,即:

$$N_l \leqslant r f A_l \tag{8.1-5}$$

式(8.1-5)是在梁端支承处砌体局部承压计算公式(5.3-3)中取 $\eta = 1.0$,$\psi = 0$ 得出的。这是因为过梁与过梁上的墙体有良好的组合工作性能使得梁端的角变形小,故取梁端底面压应力图形的完整系数 $\eta = 1.0$;又由于过梁端部有较大范围的墙体,属于 $A_0/A_l \geqslant 3$ 的情况,梁端上部由墙体传来的荷载可全部由梁两侧墙体承担,故取 $\psi = 0$。

【例 8.1-1】 砖砌平拱计算

如图 8.1-5 所示,370mm 厚外纵墙的窗过梁采用砖砌平拱过梁。上部作用有楼板荷载设计值 $q = 6.0$kN/m,370mm 厚外纵墙的自重标准值为 7.78kN/m²,永久荷载设计值产生的水平截面平均压应力 $\sigma_0 = 0.16$N/mm²;采用 MU10 普通砖、M5 混合砂浆砌筑,施工质量控制等级 B 级,安全等级二级。试验算此窗过梁的承载力是否满足要求。

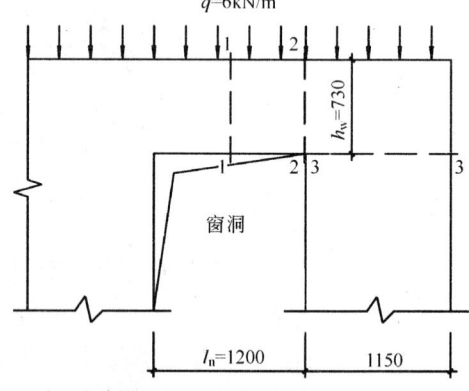

图 8.1-5 例 8.1-1 图

解:(1) 荷载及内力计算

窗口上砌体高度 730mm,$l_n = 1200$mm

则 $h_w = 730$mm $\begin{cases} > l_n/3 = 400\text{mm},\text{墙体荷载按高度为 } l_n/3 \text{ 墙体的均布自重采用} \\ < l_n = 1200\text{mm},\text{计入梁、板传来的荷载} \end{cases}$

故 $q_1 = w l_n/3 + q = 1.35 \times 7.78 \times 0.4 + 6 = 10.20$kN/m

$M = \dfrac{1}{8} q_1 l_n^2 = \dfrac{1}{8} \times 10.20 \times 1.2^2 = 1.836$kN·m

$V = \dfrac{1}{2} q_1 l_n = \dfrac{1}{2} \times 10.20 \times 1.2 = 6.12$kN

(2) 基本参数

$$b=370\text{mm}, h=400\text{mm}, W=bh^2/6=370\times400^2/6=9.87\times10^6\text{mm}^3$$

$$z=\frac{2h}{3}=\frac{2\times400}{3}=266.7\text{mm}, \sigma_0=0.16\text{N/mm}^2$$

$$H=M/0.76h=1.836\times10^6/(0.76\times400)=6040\text{N}=6.04\text{kN}$$

采用 MU10 普通砖,M5 混合砂浆,查表 3.2-9,$f=1.50\text{N/mm}^2$

由 $\sigma_0/f=0.16/1.5=0.107$,$\gamma_G=1.35$ 查表 5.2-1,$\alpha\mu=0.14$

查表 3.3-3,$f_v=0.11\text{N/mm}^2$,$f_{tm}=0.23\text{N/mm}^2$

(3) 承载力验算

$$f_{tm}W=0.23\times9.87\times10^7=2.269\times10^6\text{N}\cdot\text{mm}=2.269\text{kN}\cdot\text{m}>M=1.836\text{kN}\cdot\text{m}$$

$$f_v bz=0.11\times370\times266.7=10853\text{N}=10.853\text{kN}>V=6.12\text{kN}$$

$$(f_v+\alpha\mu\sigma_0)A=(0.11+0.14\times0.16)\times370\times1150=56336\text{N}=56.336\text{kN}>H=6.04\text{kN}$$

承载力满足要求。

例题小结:

砖平拱过梁计算公式比较简单,但应注意过梁截面相关参数的确定,例如:计入墙体荷载的墙体高度,承受过梁水平推力的尽端墙体水平截面面积 A 等。具体解题步骤为:

1. 判断过梁上的荷载。根据墙体高度 h_w 和 l_n 的关系,判断是否应计入梁、板传来荷载,根据 h_w 与 $l_n/3(l_n/2)$ 的关系,判断计入墙体荷载的计算墙体高度;

2. 计算过梁正截面弯矩设计值 M、支座附近剪力设计值 V、边梁支座处的水平推力 H;

3. 根据各公式计算截面承载力。

8.2 墙梁的设计

墙梁系指支承墙体的钢筋混凝土托梁(即钢筋混凝土梁)及其以上计算高度范围内的墙体所组成的组合构件。按承重情况的不同,划分为非承重墙梁和承重墙梁。非承重墙梁仅承受墙梁自重(即托梁自重及托梁以上墙体自重);承重墙梁除承受自重外,还承受楼(屋)盖或其他结构传来的荷载。两者都可以做成无洞口墙梁和有洞口墙梁。

墙梁在工业与民用建筑中得到广泛应用。例如,单层工业厂房中的外纵墙与基础梁,连系梁及其上部墙体均属于典型的墙梁[图 8.2-1(a)]。又如,底层为商店的多层住宅,底层为餐厅的多层旅馆,均采用墙梁结构,来满足底层为大空间而以上各层为小空间的设计要求,如图 8.2-1(b)、(c)、(d)所示。在工程中,按支承情况的不同有简支墙梁、连续墙梁和框支墙梁。

8.2.1 墙梁的受力机构与破坏形态

1. 无洞口简支墙梁

试验表明,在裂缝出现以前,无洞口墙梁的受力状态有如一墙体和托梁组成的组合深梁。图 8.2-2(a)所示为均布荷载下墙梁的主应力轨迹,主压应力线在跨中为拱形分布,将荷载传至支座,托梁位于受拉区。随荷载增大,托梁中出现竖向裂缝,受压区高度上移。

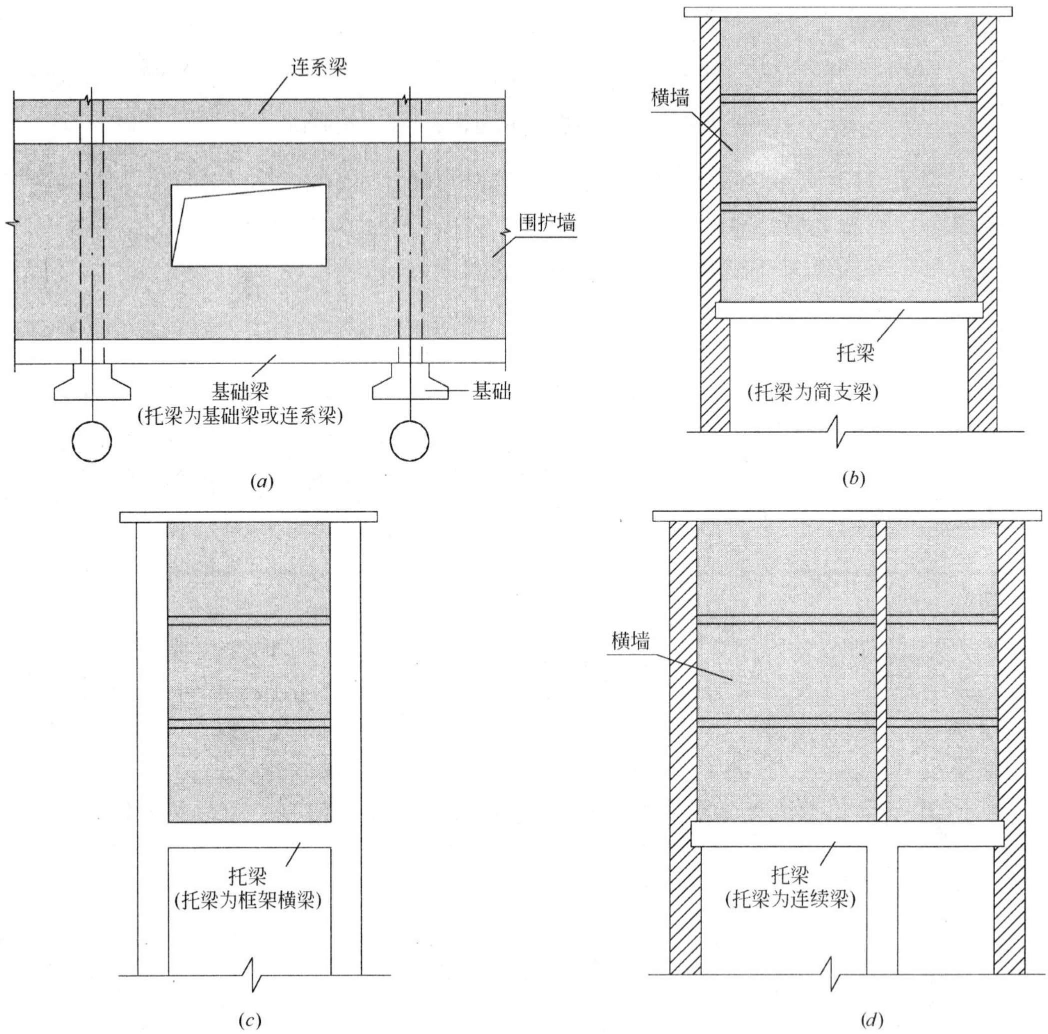

图 8.2-1　墙梁

进一步加载主拉应力使墙体出现阶梯形斜裂缝，并在托梁顶部出现水平裂缝。到达极限状态时，墙梁的受力机构如同一拉杆拱，图 8.2-2(b)中阴影部分为拱体，托梁为拉杆。

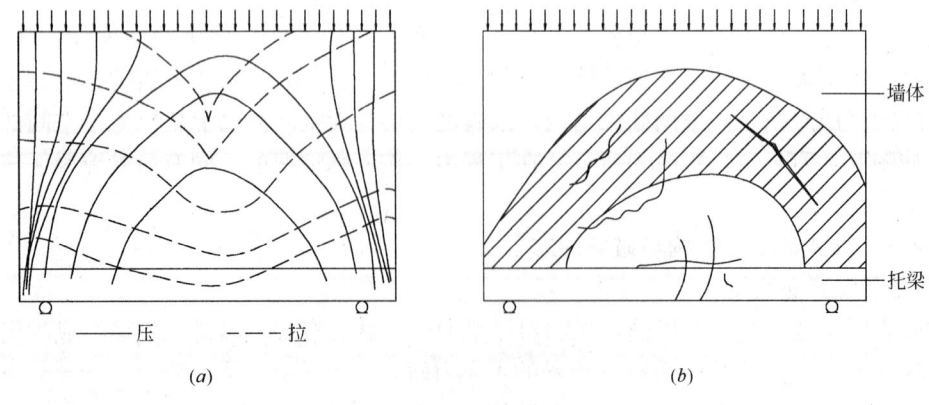

图 8.2-2　无洞口墙梁受力状态

无洞口墙梁有以下几种可能的破坏形态：

(1) 受弯破坏

当托梁的配筋率较低，墙体强度较高时，将由于托梁中钢筋到达屈服，竖向裂缝①越过界面向墙体迅速延伸[图 8.2-3(a)]，墙梁挠度急剧增大而破坏。

(2) 剪切破坏

当墙体高度 h_w 与其计算跨度 l_0 之比 $h_w/l_0<0.5$ 时，且砌体强度较低时，将发生斜拉破坏[图 8.2-3(b)]，即斜裂缝②一出现很快贯通墙高，墙体丧失承载能力。

当 $h_w/l_0>0.5$，且砌体强度较高时，将发生斜压破坏，即支座斜上方斜裂缝间砌体在主压应力作用下的受压破坏，破坏时斜裂缝③较多[图 8.2-3(c)]，砌体被压碎。这种破坏的承载力较高。

在集中荷载作用下，在支座至集中力的连线上突然出现贯穿墙体的斜裂缝④，破坏时承载力较低，称为脆性的劈裂破坏[图 8.2-3(d)]。

(3) 局压破坏

当 h_w/l_0 较大时，支座处竖向压应力高度集中，砌体因局部受压承载力不足而发生破坏[图 8.2-3(e)]。

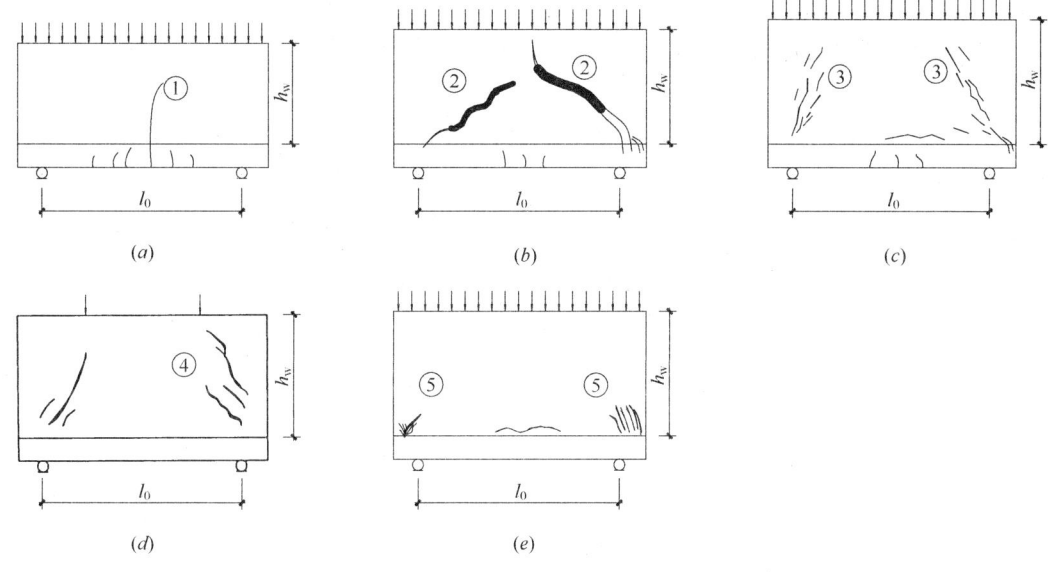

图 8.2-3　无洞口墙梁破坏形态

(a) 受弯破坏；(b) 斜拉破坏；(c) 斜压破坏；(d) 劈裂破坏；(e) 局压破坏

(4) 其他破坏

当墙梁的混凝土强度等级较低或箍筋较少时，还可能发生先于墙体剪切破坏的托梁剪切破坏；也可能发生托梁下砌体支承处的砌体局部破坏，这些应在构造措施中防止。

2. 有洞口简支墙梁

试验及有限元分析表明，若在处于低应力区的跨中对称开有洞口，不影响墙梁的受力拱作用，则此墙梁的受力性能及破坏形态都类似于无洞口简支墙梁。若在墙梁上偏开洞口，就会影响墙梁的受力，使得墙体内形成一个大拱并套一个小拱，托梁既作为拉杆承受拉力,又作为小拱的弹性支座而承受较大的弯矩(图8.2-4)。也就是说,偏开洞口简支墙梁的组合作用将会削弱,特别是洞口靠近支座边缘时的影响更大。但它的破坏形态与无洞口墙梁类似。需要注意偏开洞口简支墙梁的如下情况:

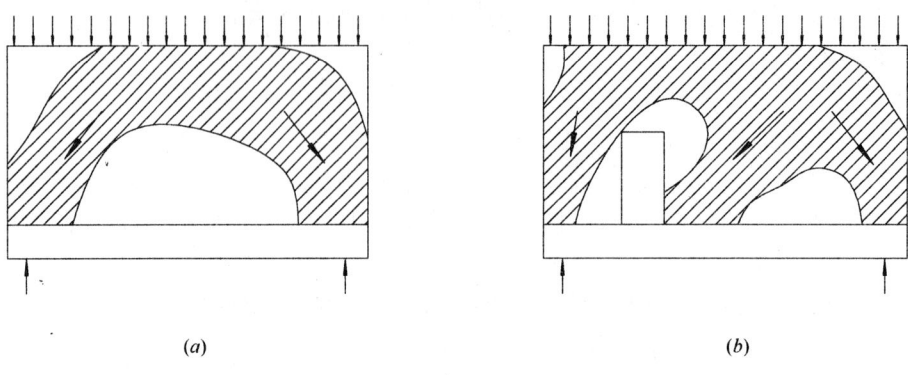

图 8.2-4 无洞口与偏开洞口的受力特征
(a)无洞口墙梁；(b)偏开洞口墙梁

(1) 托梁的最大弯矩发生在洞口内边缘截面(无洞口时在跨中截面);
(2) 托梁处于大偏心受拉状态(无洞口时处于小偏心甚至轴心受拉状态);
(3) 托梁最大剪力发生在洞口附近(无洞口时发生在支座边缘截面)。

3. 连续墙梁

连续墙梁的顶面应按构造要求设置圈梁,也称之为顶梁。连续墙梁则由托梁、墙体、顶梁三部分组成,如图 8.2-5 所示。

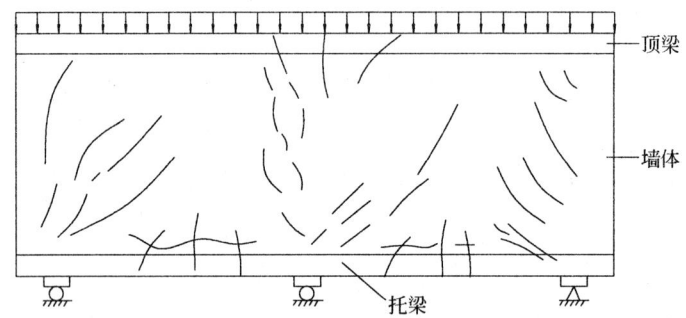

图 8.2-5 连续墙梁裂缝图

试验及有限元分析表明,连续墙梁的受力特点类似于钢筋混凝土连续深梁。托梁大部分区段处于偏心受拉状态,托梁中间支座附近小部分区段处于偏心受压状态,可将它看作连续组合拱受力体系。

连续墙梁的破坏形态也有弯曲破坏、剪切破坏和局压破坏三种。相对而言,应特别注意中间支座上方的墙体受剪和墙体局部受压,此部位是薄弱环节。

4. 框支墙梁

如图 8.2-6 所示的单跨框支墙梁,与前述几种墙梁不同的是,它的托梁是框架的横梁,框架梁与墙体形成了组合深梁,并由此具有自身的特点。框支墙梁的破坏形态也有弯曲破坏、剪切破坏和局压破坏三种,但它的局压破坏往往发生在框架柱上方的砌体内;多跨框支墙梁存在边柱之间的大拱效应，使边柱轴向压力增大，中柱轴向压力减小的情况等，在设计时应予考虑。

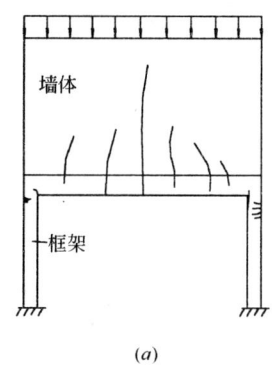
(a)

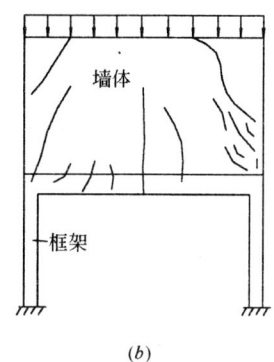
(b)

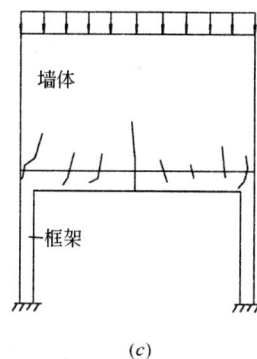
(c)

图 8.2-6　框支墙梁的破坏形态
(a)弯曲破坏机构；(b)剪切破坏；(c)局压破坏

5. 影响墙梁受力及破坏形态的主要因素

各种墙梁有其特点，影响墙梁受力及破坏形态的因素比较复杂，归纳起来主要有：

(1) 墙体的高跨比 h_w/l_{0i}；
(2) 托梁的高跨比 h_b/l_{0i}；
(3) 洞口边距支座中心的距离与跨度之比 a_i/l_{0i}；
(4) 洞跨比 h_h/l_{0i}；
(5) 顶梁的高跨比 h_t/l_{0i}；
(6) 墙体、托梁的强度等级，托梁的配筋率。

8.2.2　墙梁的一般规定

为了保证墙体和托梁的组合作用，防止出现承载力较低的斜拉破坏等情况的发生，规范规定：

1. 采用烧结普通砖和烧结多孔砖砌体和配筋砌体的墙梁设计应符合表 8.2-1 的规定，采用混凝土小型砌块砌体的墙梁可参照使用。

2. 墙梁计算高度范围内每跨允许设置一个洞口；对承重墙梁，洞口边距支座中心的距离 a_i，距边支座不应小于 $0.15l_{0i}$，距中支座不应小于 $0.07l_{0i}$。对自承重墙梁，洞口至边支座中心的距离不宜小于 $0.1l_{0i}$，门窗洞上口至墙顶的距离不应小于 0.5m。

3. 对多层房屋的墙梁，各层洞口宜设置在相同位置，并宜上、下对齐。

4. 表 8.2-1 中各参数取值规定如下：

(1) 墙体总高度指托梁顶面到檐口的高度，带阁楼的坡屋面应算到山尖墙 1/2 高度处；
(2) h_w——墙体计算高度按 8.2.3 节取用；
(3) h_b——托梁截面高度；
(4) l_{0i}——墙梁计算跨度按 8.2.3 节取用；
(5) b_h——洞口宽度；
(6) h_h——洞口高度，对窗洞取洞顶至托梁顶面距离。

墙梁的一般规定 表8.2-1

墙梁类别	墙梁总高度 (m)	跨度 (m)	墙高 h_w/l_{0i}	托梁高 h_b/l_{0i}	洞宽 h_h/l_{0i}	洞高 h_h
承重墙梁	≤18	≤9	≥0.4	≥1/10	≤0.3	≤$5h_w/6$ 且 h_w-h_h≥0.4m
自承重墙梁	≤18	≤12	≥1/3	≥1/15	≤0.8	

8.2.3 墙梁的计算简图

墙梁的计算简图如图 8.2-7 所示。各参数按下列规定取用。

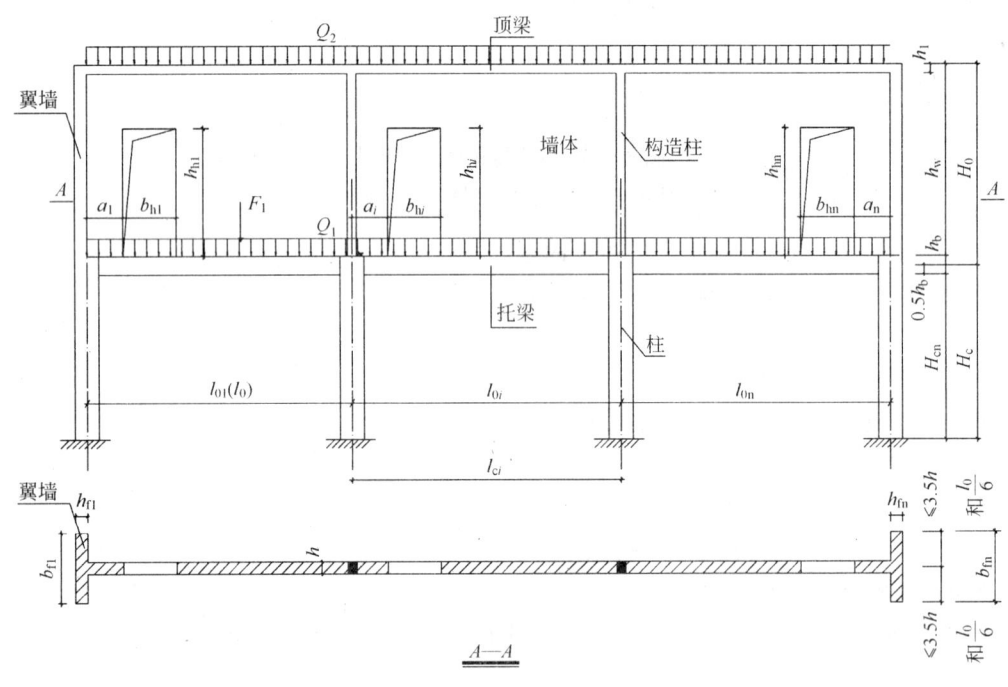

图 8.2-7 墙梁的计算简图

1. 墙梁计算跨度 $l_0(l_{0i})$，根据墙梁为组合深梁，其支座应力分布比较均匀来确定：对简支墙梁和连续墙梁取 $1.1l_n(1.1l_{ni})$ 或 $l_c(l_{ci})$ 两者的较小值；$l_n(l_{ni})$ 为净跨，$l_c(l_{ci})$ 为支座中心线距离。对框支墙梁，取框架柱中心线间的距离 $l_c(l_{ci})$。

2. 墙体计算高度 h_w，偏安全取托梁顶面上一层墙体高度；当 $h_w > l_0$ 时，主要是 $h_w = l_0$ 范围内的墙体参与组合作用，因此，取 $h_w = l_0$（对连续墙梁和多跨框支墙梁，取各跨的平均值）。

3. 墙梁跨中截面计算高度 H_0，考虑轴向拉力作用于托梁中心，取 $H_0 = h_w + 0.5h_b$。

4. 翼墙计算宽度 b_f，取窗间墙宽度或横墙间距的 2/3，且每边不大于 $3.5h$（h 为墙体厚度）和 $l_0/6$。

5. 框架柱计算高度 H_c，取 $H_c = H_{cn} + 0.5h_b$；H_{cn} 为框架柱的净高，取基础顶面至托梁底面的距离。

8.2.4 墙梁的计算荷载

墙梁的计算荷载应按下列规定采用：

1. 使用阶段墙梁上的荷载
(1) 承重墙梁

① 托梁顶面的荷载设计值 Q_1、F_1，取托梁自重及本层楼盖的恒荷载和活荷载；

② 墙梁顶面的荷载设计值 Q_2，取托梁以上各层墙体自重，以及墙梁顶面以上各层楼（屋）盖的恒荷载和活荷载；集中荷载可沿作用的跨度近似化为均布荷载。

(2) 自承重墙梁

墙梁顶面的荷载设计值 Q_2，取托梁自重及托梁以上墙体自重。

2. 施工阶段托梁上的荷载
(1) 托梁自重及本层楼盖的恒荷载；
(2) 本层楼盖的施工荷载；
(3) 墙体自重，可取高度为 $\dfrac{l_{0\max}}{3}$ 的墙体自重，开洞时尚应按洞顶以下实际分布的墙体自重复核；$l_{0\max}$ 为各计算跨度的最大值。

8.2.5 墙梁的承载力计算

为保证墙梁安全可靠地工作，避免墙梁在顶面荷载作用下弯曲破坏、剪切破坏和局压破坏三种主要破坏形态的发生，必须进行下述墙梁的承载力计算。

对于墙梁的使用阶段：托梁正截面承载力计算；托梁斜截面承载力计算；墙体受剪承载力计算；托梁支座上部砌体局部受压承载力计算。

对于墙梁的施工阶段：托梁正截面、斜截面承载力的验算。

对于自承重墙梁：可不验算墙体的受剪承载力和砌体局部受压承载力，其他计算项目同一般墙梁。

1. 墙梁的托梁正截面承载力计算

(1) 托梁跨中截面应按钢筋混凝土偏心受拉构件计算，其弯矩 M_{bi} 及轴心拉力 N_{bti} 可按下列公式计算：

$$M_{bi} = M_{1i} + \alpha_M M_{2i} \tag{8.2-1}$$

$$N_{bti} = \eta_N \frac{M_{2i}}{H_0} \tag{8.2-2}$$

对简支墙梁：

$$\alpha_M = \psi_M \left(1.7 \frac{h_b}{l_0} - 0.03\right) \tag{8.2-3}$$

$$\psi_M = 4.5 - 10 \frac{a}{l_0} \tag{8.2-4}$$

$$\eta_N = 0.44 + 2.1 \frac{h_w}{l_0} \tag{8.2-5}$$

对连续墙梁和框支墙梁：

$$\alpha_M = \psi_M \left(2.7 \frac{h_b}{l_0} - 0.08\right) \tag{8.2-6}$$

$$\psi_M = 3.8 - 8 \frac{a_i}{l_{0i}} \tag{8.2-7}$$

$$\eta_N = 0.8 + 2.6 \frac{h_w}{l_{0i}} \tag{8.2-8}$$

式中 M_{1i}——荷载设计值 Q_1、F_1 作用下的简支梁跨中弯矩或按连续梁或框架分析的托梁各跨跨中最大弯矩;

M_{2i}——荷载设计值 Q_2 作用下的简支梁跨中弯矩或按连续梁或框架分析的托梁各跨跨中弯矩的最大值;

α_M——考虑墙梁组合作用的托梁跨中弯矩系数,可按式(8.2-3)或式(8.2-6)计算,但对自承重简支墙梁应乘以 0.8;当式(8.2-3)中的 $\frac{h_b}{l_0} > \frac{1}{6}$ 时,取 $\frac{h_b}{l_0} = \frac{1}{6}$;当式(8.2-6)中的 $\frac{h_b}{l_{0i}} > \frac{1}{7}$ 时,取 $\frac{h_b}{l_{0i}} = \frac{1}{7}$;

η_N——考虑墙梁组合作用的托梁跨中轴力系数,可按式(8.2-5)或式(8.2-8)计算,但对自承重简支墙梁应乘以 0.8;式中 $\frac{h_w}{l_{0i}} > 1$ 时,取 $\frac{h_w}{l_{0i}} = 1$;

ψ_M——洞口对托梁弯矩的影响系数,对无洞口墙梁取 1.0,对有洞口墙梁可按式(8.2-4)或式(8.2-7)计算;

a_i——洞口边至墙梁最近支座的距离,当 $a_i > 0.35 l_{0i}$ 时,取 $a_i = 0.35 l_{0i}$。

(2) 托梁支座截面

托梁支座截面应按钢筋混凝土受弯构件计算,其弯矩 M_{bj} 可按下列公式计算:

$$M_{bj} = M_{1j} + \alpha_M M_{2j} \tag{8.2-9}$$

$$\alpha_M = 0.75 - \frac{a_i}{l_{0i}} \tag{8.2-10}$$

式中 M_{1j}——荷载设计值 Q_1、F_1 作用下按连续梁或框架分析的托梁支座弯矩;

M_{2j}——荷载设计值 Q_2 作用下按连续梁或框架分析的托梁支座弯矩;

α_M——考虑组合作用的托梁支座弯矩系数,无洞口墙梁取 0.4,有洞口墙梁可按式(8.2-10)计算,当支座两边的墙体均有洞口时,a_i 取较小值。

(3) 对在墙梁顶面荷载 Q_2 作用下的多跨框支墙梁的框支柱,当边柱的轴向压力增大不利时,其轴向压力值应乘以修正系数 1.2。这是考虑了多跨框支墙梁在 Q_2 作用下存在边柱之间的大拱效应,使边柱轴向压力增大而中柱轴向压力减小的情况。对框架柱的弯矩计算不考虑墙梁的组合作用,即不考虑修正。

2. 墙梁的托梁斜截面承载力计算

墙梁的托梁斜截面承载力应按钢筋混凝土受弯构件计算,其剪力 V_{bj} 可按下式计算:

$$V_{bj} = V_{1j} + \beta_V V_{2j} \tag{8.2-11}$$

式中 V_{1j}——荷载设计值 Q_1、F_1 作用下按连续梁或框架分析的托梁支座边剪力或简支梁支座边剪力;

V_{2j}——荷载设计值 Q_2 作用下按连续梁或框架分析的托梁支座边剪力或简支梁支座边剪力;

β_V——考虑组合作用的托梁剪力系数,无洞口墙梁边支座取 0.6,中支座取 0.7;有洞口墙梁边支座取 0.7,中支座取 0.8。对自承重墙梁,无洞口时取 0.45,有洞口时取 0.5。

3. 墙梁的墙体受剪承载力计算

墙梁的墙体受剪承载力，应按下列公式计算：

$$V_2 \leqslant \xi_1\xi_2\left(0.2+\frac{h_b}{l_{0i}}+\frac{h_t}{l_{0i}}\right)fhh_w \tag{8.2-12}$$

式中 V_2——在荷载设计值 Q_2 作用下墙梁支座边剪力的最大值；

ξ_1——翼墙或构造柱影响系数，对单层墙梁取 1.0，对多层墙梁，当 $\dfrac{b_f}{h}=3$ 时取 1.3，当 $\dfrac{b_f}{h}=7$ 或设置构造柱时取 1.5，当 $3<\dfrac{b_f}{h}<7$ 时，按线性插入取值；

ξ_2——洞口影响系数，无洞口墙梁取 1.0，多层有洞口墙梁取 0.9，单层有洞口墙梁取 0.6；

h_t——墙梁顶面圈梁截面高度。

4. 托梁支座上部砌体局部受压承载力计算

托梁支座上部砌体局部受压承载力应按下列公式计算：

$$Q_2 \leqslant \zeta fh \tag{8.2-13}$$

$$\zeta = 0.25 + 0.08\frac{b_f}{h} \tag{8.2-14}$$

式中 ζ——局压系数，当 $\zeta>0.81$ 时，取 $\zeta=0.81$。

当 $b_f/h \geqslant 5$ 或墙梁支座处设置上、下贯通的落地构造柱时，可不验算局部受压承载力。

5. 施工阶段托梁承载力的验算

墙梁是在托梁上砌筑砌体墙形成的。在墙梁的施工阶段，墙体是作为施加在托梁上的荷载而不参与承载。砌筑砌体墙时，除应限制计算高度范围内墙体每天的可砌高度，严格控制施工质量，还应对钢筋混凝土托梁按受弯构件进行在施工荷载作用下正截面、斜截面承载力的验算，以确保安全。施工荷载的取值见前述。

8.2.6 墙梁的构造

为了保证托梁与上部墙体共同工作，保证墙梁组合作用的正常发挥，墙梁除应满足一般规定、符合《混凝土结构设计规范》GB 50010—2002 的有关构造规定外，《砌体结构设计规范》GB 50003—2001 规定尚应符合下列构造要求。

1. 材料

（1）托梁的混凝土强度等级不应低于 C30。

（2）纵向钢筋宜采用 HRB335、HRB400 或 RRB400 级钢筋。

（3）承重墙梁的块体强度等级不应低于 MU10，计算高度范围内墙体的砂浆强度等级不应低于 M10。

2. 墙体

（1）框支墙梁的上部砌体房屋，以及设有承重的简支墙梁或连续墙梁的房屋，应满足刚性方案房屋的要求。

（2）墙梁的计算高度范围内的墙体厚度，对砖砌体不应小于 240mm，对混凝土小型砌块砌体不应小于 190mm。

（3）墙梁洞口上方应设置混凝土过梁，其支承长度不应小于 240mm；洞口范围内不应施加集中荷载。

(4)承重墙梁的支座处应设置落地翼墙,翼墙厚度,对砖砌体不应小于240mm,对混凝土砌块砌体不应小于190mm,翼墙宽度不应小于墙梁墙体厚度的3倍,并与墙梁墙体同时砌筑。当不能设置翼墙时,应设置落地且上、下贯通的构造柱。

(5)当墙梁墙体在靠近支座1/3跨度范围内开洞时,支座处应设置落地且上、下贯通的构造柱,并应与每层圈梁连接。

(6)墙梁计算高度范围内的墙体,每天可砌高度不应超过1.5m,否则,应加设临时支撑。

3. 托梁

(1)有墙梁的房屋的托梁两边各一个开间及相邻开间处应采用现浇混凝土楼盖,楼板厚度不宜小于120mm,当楼板厚度大于150mm时,宜采用双层双向钢筋网,楼板上应少开洞,洞口尺寸大于800mm时应设洞边梁。

(2)托梁每跨底部的纵向受力钢筋应通长设置,不得在跨中段弯起或截断。钢筋接长应采用机械连接或焊接。

(3)墙梁的托梁跨中截面纵向受力钢筋总配筋率不应小于0.6%。

(4)托梁距边支座边 $l_0/4$ 范围内,上部纵向钢筋面积不应小于跨中下部纵向钢筋面积的1/3。连续墙梁或多跨框支墙梁的托梁中支座上部附加纵向钢筋,从支座边算起每边延伸不少于 $l_0/4$。

(5)承重墙梁的托梁在砌体墙、柱上的支承长度不应小于350mm。纵向受力钢筋伸入支座应符合受拉钢筋的锚固要求。

(6)当托梁高度 $h_b \geqslant 500$mm 时,应沿梁高设置通长水平腰筋,直径不应小于12mm,间距不应大于200mm。

(7)墙梁偏开洞口的宽度及两侧各一个梁高 h_b 范围内直至靠近洞口的支座边的托梁箍筋直径不宜小于8mm,间距不应大于100mm(图8.2-8)。

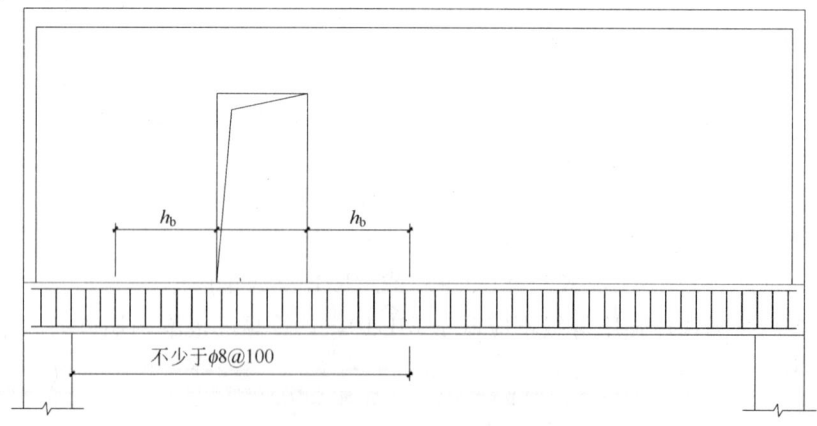

图8.2-8 偏开洞时托梁箍筋加密区

【例8.2-1】 墙梁的计算

某首层为商店,以上各层为住宅的五层房屋,刚性方案,开间3.3m,层高除首层外以上各层均为2.9m,楼板厚120mm。托梁截面尺寸为250mm×600mm,混凝土为C30,纵向主筋为Ⅱ级,其他钢筋为Ⅰ级。二层砖墙采用MU10普通砖,M10混合砂浆砌筑。其他层砖墙采用MU10普通砖,M5混合砂浆砌筑。施工质量控制等级为B级,安全等级二级。

第 8 章　过梁、墙梁及悬挑构件的设计

内纵墙首层墙厚 370mm（带壁柱），以上各层厚 240mm；左边外纵墙厚 370mm（首层内外均带壁柱，以上各层外侧带壁柱）。内纵墙开洞宽 1m，居开间中；外墙窗洞宽 1.8m，居开间中。该房屋局部平面、剖面如图 8.2-9 所示。荷载资料为（设计值）：

屋盖（包括恒载、活载）7.0kN/m²
楼盖（包括恒载、活载）6.0kN/m²
240mm 厚双面抹灰墙体自重 6.29kN/m²
试设计此墙梁。

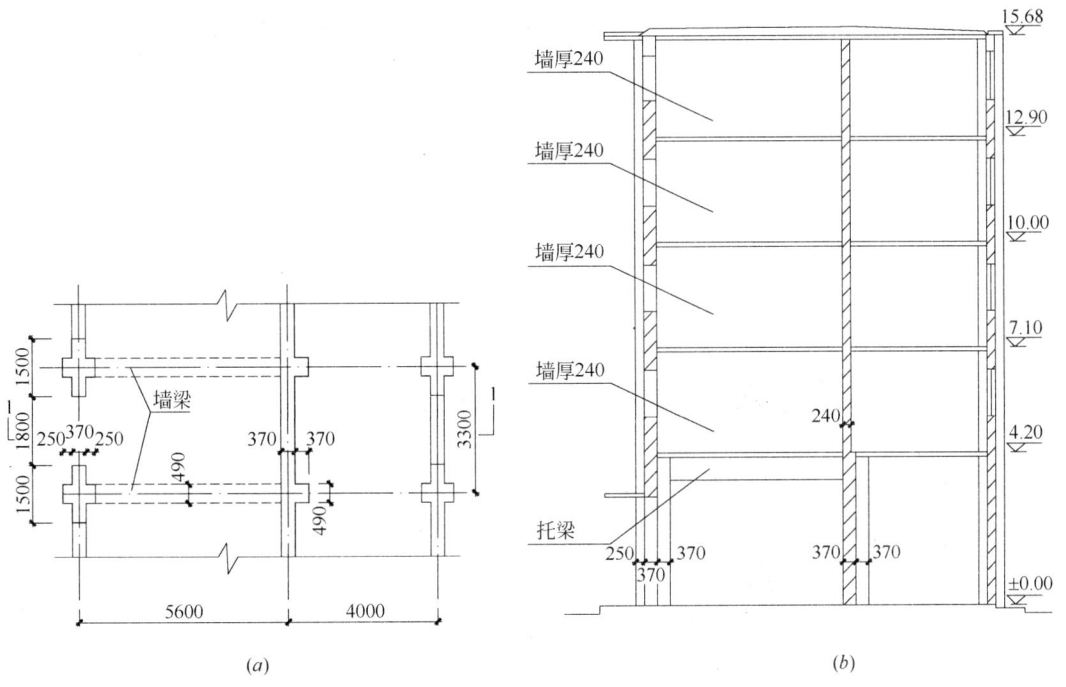

图 8.2-9　例 8.2-1 图
(a)局部平面；(b)剖面 Ⅰ—Ⅰ

解：(1) 墙梁计算简图（图 8.2-10）及几何参数
轴跨 $l=5600\text{mm}=5.60\text{m}<9\text{m}$

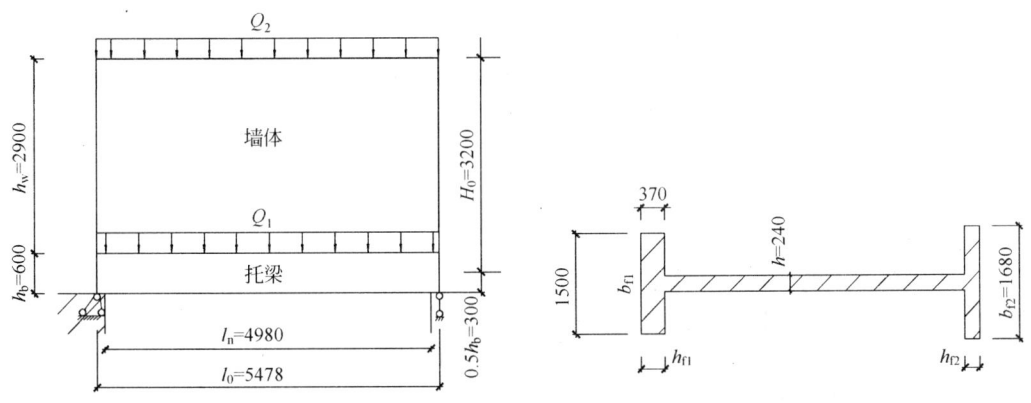

图 8.2-10　墙梁计算简图

净跨 $l_n = 5600 - 185 - 250 - 185 = 4980\text{mm} = 4.98\text{m}$

l_c 为支座中心线的距离，近似可取 $l_c = 5.6\text{m}$

计算跨度 $l_0 = \min\{1.1l_n, l_c\} = \min\{1.1 \times 4.98, 5.6\} = \min\{5.478, 5.6\} = 5.478\text{m}$

托梁以上墙体总高 $H = 15.68 + 0.12 - 4.20 = 11.60\text{m} < 18\text{m}$

墙体计算高度 $h_w = 7.10 - 0.12 - 4.20 + 0.12 = 2.90\text{m} < l_0$

$h_w/l_0 = 2.90/5.478 = 1/1.89 > 1/2.5$

托梁截面宽度 $b_0 = 250\text{mm} = 0.25\text{m}$

托梁截面高度 $h_b = 600\text{mm} = 0.60\text{m}$

$h_b/l_0 = 0.60/5.478 = 1/9.13 > 1/10$

墙梁计算高度 $H_0 = 0.5 \times 0.60 + 2.90 = 3.20\text{m}$

墙梁上无洞口 $b_h = 0$，$h_h = 0$

墙梁的墙体厚度 $h = 240\text{mm} = 0.24\text{m}$

翼墙计算宽度 $b_{f1} = \begin{cases} 3.3 - 1.8 = 1.5\text{m} & (\text{窗间墙宽度}) \\ \dfrac{2}{3} \times 3.3 = 2.2\text{m} & (2/3\ \text{横墙间距}) \end{cases}$

且 $b_{f1} \leqslant \begin{cases} 7 \times 0.24 = 1.68\text{m} & (\text{每边} \leqslant 3.5h) \\ \dfrac{1}{6} \times 5.478 \times 2 = 1.83\text{m} & (\leqslant l_0/6 \times 2) \end{cases}$

故取 $b_{f1} = 1.5\text{m}$，$h_{f1} = 0.37\text{m}$

同理 $b_{f2} = 1.68\text{m}$，$h_{f2} = 0.24\text{m}$

(2) 墙梁的荷载设计值

使用阶段：

① 托梁顶面的荷载设计值 Q_1

本层楼盖　　　　　　$6.0 \times 3.3 = 19.8\text{kN/m}$

托梁自重　　$1.2 \times [25 \times 0.25 \times 0.6 + 0.34 \times (2 \times 0.60 + 0.25)] = 5.09\text{kN/m}$

$Q_1 = 24.89\text{kN/m}$

② 墙梁顶面的荷载设计值 Q_2

托梁顶面以上各层楼(屋)盖　$6.0 \times 3.30 \times 3 + 7.0 \times 3.30 \times 1 = 82.50\text{kN/m}$

托梁以上各层墙体　$6.29 \times (2.90 - 0.12) \times 4 = 69.94\text{kN/m}$

$Q_2 = 69.94 + 82.5 = 152.44\text{kN/m}$

施工阶段：为简化计算并便于安全考虑，假定施工期间楼面活载等于使用期间楼面活载，墙体自重按高度为 $l_0/3$ 计，则作用在托梁的荷载设计值为：

$$q = 6.0 \times 3.3 + \dfrac{1}{3} \times 5.478 \times 6.29 = 31.29\text{kN/m}$$

(3) 墙梁的正截面承载力计算

① 计算截面为跨中 I—I

② 托梁的弯矩 M_b 及轴心拉力 N_{bt}

$M_1 = Q_1 l_0^2 / 8 = 24.89 \times 5.478^2 / 8 = 93.37\text{kN} \cdot \text{m}$

$M_2 = Q_2 l_0^2 / 8 = 152.44 \times 5.478^2 / 8 = 571.83\text{kN} \cdot \text{m}$

无洞口墙梁取 $\psi_M = 1.0$

$$h_b/l_0 = 600/5478 = 0.11 < 1/6$$

$$\alpha_M = \psi_M\left(1.7\frac{h_b}{l_0} - 0.03\right) = 1.0 \times \left(1.7 \times \frac{600}{5478} - 0.03\right) = 0.156$$

$$\eta_N = 0.44 + 2.1\frac{h_w}{l_0} = 0.44 + 2.1 \times \frac{2.9}{5.478} = 1.55$$

$$M_b = M_1 + \alpha_M M_2 = 93.37 + 0.156 \times 571.83 = 182.689 \text{kN} \cdot \text{m}$$

$$N_{bt} = \eta_N \frac{M_2}{H_0} = 1.55 \times \frac{571.83}{3.20} = 277.287 \text{kN}$$

③ 托梁的配筋计算

C30级混凝土 $f_c = 14.3\text{N/mm}^2$，Ⅱ级钢筋 $f_y = f_y' = 300\text{N/mm}^2$

$$b_b = 250\text{mm}, \quad h_b = 600\text{mm}, \quad h_{b0} = 560\text{mm}$$

$$a_b = a_b' = 40\text{mm}, \quad e_0 = M_b/N_{bt} = 182.689/277.287 = 0.659\text{m} = 659\text{mm}$$

$$e_0 > h_b/2 - a_b = 600/2 - 40 = 260\text{mm}$$

所以按大偏心受拉计算配筋。

$$e = e_0 - h_b/2 - a_b = 659 - 600/2 - 40 = 319\text{mm}$$

Ⅱ级钢筋，$\xi_b = 0.55$，$\alpha_{smax} = \xi_b(1 - 0.5\xi_b) = 0.399$

$$A_s' = \frac{N_{bt}e - \alpha_1 f_c b_b h_{b0}^2 \alpha_{smax}}{f_y'(h_{b0} - a_b')} = \frac{277.287 \times 10^3 \times 319 - 1.0 \times 14.3 \times 250 \times 560^2 \times 0.399}{300(560 - 40)} < 0$$

$$\rho_{min} = \max\{0.2\%, \; 45f_t/f_y\%\} = 0.2145\%$$

取 $\quad A_s' = \rho_{min} b_b h_{b0} = 0.2145\% \times 250 \times 560 = 300.3\text{mm}^2$

选用 2Φ14，$A_s' = 308\text{mm}^2$

$$M' = f_y' A_s'(h_{b0} - a_b') = 300 \times 308 \times (560 - 40) = 48.05 \times 10^6 \text{N} \cdot \text{mm}$$

$$M_1 = N_{bt}e - M' = 277.287 \times 10^3 \times 319 - 48.05 \times 10^6 = 40.36 \times 10^6 \text{N} \cdot \text{mm}$$

$$\alpha_s = \frac{M_1}{\beta_1 f_c b_b h_{b0}^2} = \frac{40.36 \times 10^6}{1.0 \times 14.3 \times 250 \times 560^2} = 0.036$$

$$\xi = 1 - \sqrt{1 - 2\alpha_s} = 0.0367 < 2a_b'/h_{b0} = 2 \times 40/560 = 0.143$$

$$A_s = \frac{N_{bt}e'}{f_y(h_{b0} - a_b')} = \frac{277.287 \times 10^3 \times (659 + 300 - 40)}{300(560 - 40)} = 1633\text{mm}^2$$

$$> 0.005 \times 250 \times 560 = 700\text{mm}^2$$

选用 2Φ25+2Φ22，实配钢筋截面面积 $A_s = 1742\text{mm}^2$。

但上部钢筋 2Φ14 不足下部钢筋 2Φ25+2Φ22 的 1/3，故改用 3Φ16(603mm²)。

(4) 斜截面受剪承载力计算

① 墙体斜截面受剪承载力

MU10砖，M10混合砂浆，$f = 1.89\text{N/mm}^2$

$$V_2 = Q_2 l_n/2 = 152.44 \times 4.98/2 = 379.59\text{kN}$$

因 $b_{f1}/h = 1500/240 = 6.25$，$b_{f2}/h = 1680/240 = 7$，偏于安全的取 $b_f/h = 6.25$，插值求得 $\xi_1 = 1.4625$。

无洞口墙梁，取 $\xi_2 = 1.0$。

$$\xi_1\xi_2(0.2+h_b/l_0)fhh_w = 1.4625\times1.0\times(0.2+0.60/5.478)\times1.89\times240\times2.90\times10^3$$
$$= 595.48\times10^3\mathrm{N}$$
$$= 595.48\mathrm{kN} > V_2 = 379.59\mathrm{kN}$$

满足要求。

② 托梁梁端受剪承载力

$$V_1 = Q_1l_n/2 = 24.89\times4.98/2 = 61.98\mathrm{kN}$$
$$V_b = V_1+0.6V_2 = 61.98+0.6\times379.59 = 289.73\mathrm{kN}$$

按钢筋混凝土受弯构件进行抗剪计算。

C30 级混凝土 $f_c = 14.3\mathrm{N/mm^2}$,箍筋Ⅰ级 $f_{yv} = 210\mathrm{N/mm^2}$

$$0.7f_tbh_{b0} = 0.7\times14.3\times250\times560\times10^{-3} = 140.14\mathrm{kN}$$
$$0.25\beta_cf_cbh_{b0} = 0.25\times1.0\times14.3\times250\times560\times10^{-3} = 500.5\mathrm{kN}$$

$0.7f_tbh_{b0} < V_b < 0.25\beta_cf_cbh_{b0}$,故,需按计算配置箍筋。

由 $V_b \leqslant 0.7f_tbh_{b0}+1.25f_{yv}\dfrac{A_{sv}}{s}h_{b0}$ 得:

$$\frac{A_{sv}}{s} = \frac{V_b-0.7f_tbh_{b0}}{1.25f_{yv}h_{b0}} = \frac{289.732\times10^3-140.14\times10^3}{1.25\times210\times560} = 1.018$$

若选用双肢 $\phi10@100$ 箍筋 $\left(\dfrac{A_{sv}}{s} = \dfrac{2\times78.5}{100} = 1.57\right)$,满足要求。

(5) 托梁支座上部砌体局部承压验算

由于 $b_{f1}/h = 6.25 > 5$,$b_{f2}/h = 7 > 5$ 可不必进行局部承压验算。

满足要求。

(6) 施工阶段托梁承载力验算

托梁跨中最大弯矩 $M_{max} = 31.29\times5.478^2/8 = 117.35\mathrm{kN\cdot m}$

托梁支座最大剪力 $V_{max} = 31.29\times4.98/2 = 77.90\mathrm{kN}$

按受弯构件验算托梁已配置的纵向钢筋和箍筋,均能满足要求。

(7) 墙梁的托梁配筋

如图 8.2-11 所示。

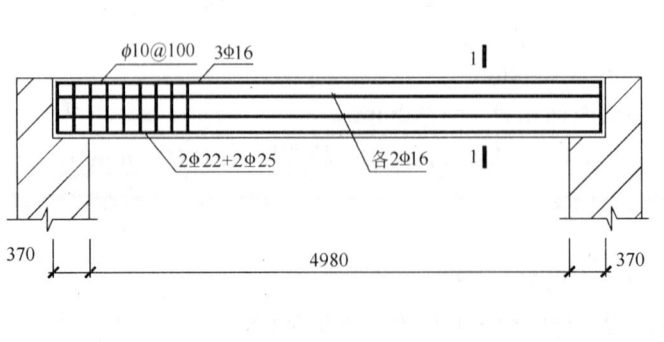
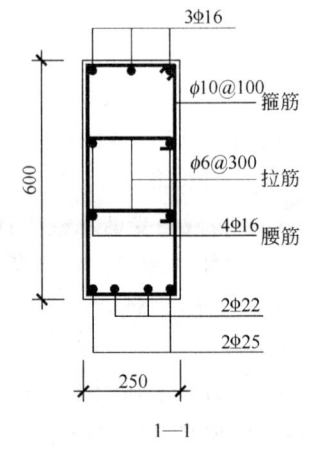

图 8.2-11 托梁配筋图

例题小结：

墙梁解题步骤如下：

1. 确定计算的几何尺寸，如墙梁计算跨度 l_0、墙体计算高度 h_w、墙梁跨中截面计算高度 H_0、翼墙计算宽度 b_f。

2. 计算墙梁的荷载。

3. 分别进行托梁的正截面抗弯计算、托梁支座截面抗剪计算、墙梁的墙体抗剪计算、托梁支座上部砌体局部受压计算、施工阶段托梁承载力验算；若为连续墙梁或框支墙梁的形式，还应进行托梁支座截面的验算。应注意计算时各参数的取值及限制要求。要特别注意抗剪计算时，剪力设计值应取到支座边，即应按净跨 l_n 取剪力设计值。

8.3 悬挑构件的设计

砌体结构中的悬挑构件有两种情况：第一种情况是墙体平面内的悬挑构件，如支撑阳台板、檐口板、外伸走廊板的挑梁；第二种情况是墙体平面外的悬挑构件，如雨篷等。砌体结构中的这些悬挑构件一般是钢筋混凝土结构。

8.3.1 钢筋混凝土挑梁的设计

1. 挑梁的受力及其破坏形态

挑梁是一端嵌固在墙体中的悬挑构件，如图 8.3-1(a) 所示。由图可见，挑梁犹如嵌固在墙体中的一根撬棍，在挑出荷载 P 作用下，挑梁与砌体的上、下界面处就分别产生拉、压应力，如图 8.3-1(b) 所示。即在靠近悬挑端根部 A 的墙体上部受拉、下部受压；而嵌固端 B 的墙体上部受压、下部受拉。随着荷载的增加，应力值也逐渐增大。

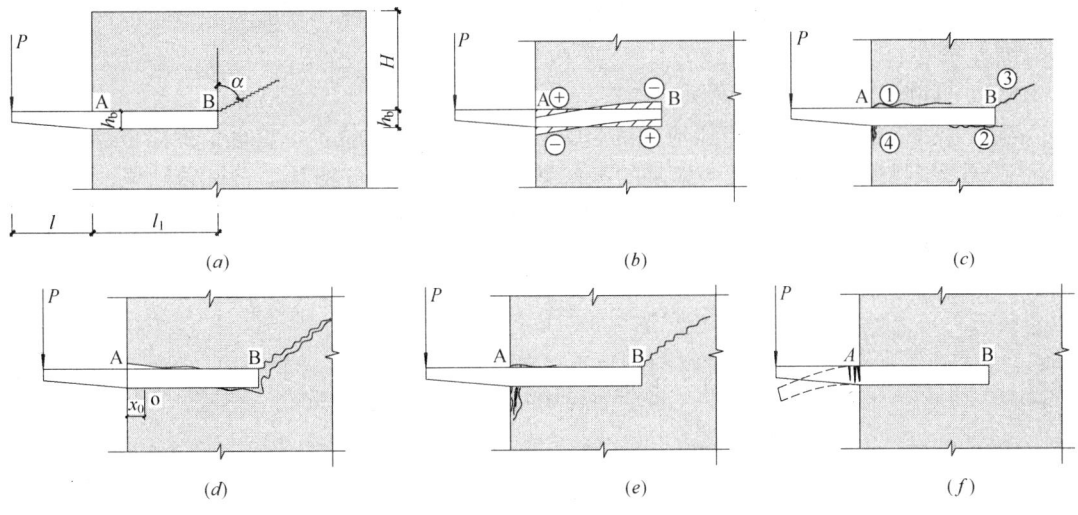

图 8.3-1 砌体中挑梁的受力和破坏形态
(a)挑梁；(b)弹性阶段；(c)裂缝发生阶段；(d)倾覆破坏；(e)局压破坏；(f)挑梁本身破坏

（1）挑梁从开始受载到破坏经历的三个阶段[图 8.3-1(b)、(c)]

弹性阶段：当拉应力达到了砌体的通缝弯曲抗拉强度，就会首先在悬挑端根部 A 的墙体上部受拉处出现水平裂缝①，此水平裂缝出现时的荷载约为倾覆破坏荷载的 20%～

30%；在水平裂缝出现前，砌体的压应力值远小于它的抗压强度，挑梁下砌体的变形基本上呈线性分布，可称之为弹性阶段。

水平裂缝发生发展阶段：随着荷载的增加，水平裂缝①向砌体内部发展，嵌固端B的墙体下部受拉处出现水平裂缝②，同时悬挑端根部A的墙体下部受压区的长度逐渐减小，而压应力值逐渐增大，挑梁下砌体的变形逐渐呈现塑性特征。若荷载继续增加，将会在嵌固端B的墙体上部出现向斜上方发展的阶梯形裂缝③，该裂缝与挑梁尾端垂直线约成一定的角度(一般大于45°)，此阶梯形斜裂缝出现时的荷载约为倾覆破坏荷载的80%。

破坏阶段：阶梯形斜裂缝③出现后，有可能迅速向后延伸，导致全墙裂通发生挑梁的倾覆破坏。只有当砌体强度较高、挑梁嵌固在墙体中的长度足够长、挑梁上砌体较高时，阶梯形斜裂缝才有可能发展缓慢。阶梯形斜裂缝③发展的同时，水平裂缝①、②也在延伸，悬挑端根部A处墙体下部受压区的长度也在减小，而压应力值继续增大，如果此处压应力值达到并超过了砌体的局部抗压强度，就会发生局部受压破坏，在悬挑端根部A的墙体下部产生多条竖向裂缝④。

(2) 挑梁的破坏形态[图8.3-1(d)、(e)、(f)]

综合上述挑梁的受力及其破坏过程，再考虑到挑梁自身的情况，在工程设计中需要防止出现挑梁的破坏形态有三种：倾覆破坏(或称稳定破坏)；挑梁下砌体的局部受压破坏；挑梁自身的破坏。

2. 挑梁的设计

(1) 挑梁的抗倾覆验算

进行挑梁的抗倾覆验算的步骤是：首先，确定挑梁可能发生倾覆时的旋转轴(或称计算倾覆点O)的位置；其次，计算使挑梁可能发生倾覆的力及力矩；然后是确定可能阻止挑梁发生倾覆的力及力矩；最后，验算倾覆是否能被阻止，即倾覆的力矩M_{ov}是否小于抗倾覆的力矩M_r。

① 计算倾覆点位置x_0的确定

挑梁悬挑端根部A处下方压应力的合力点即为倾覆点的位置，它也是挑梁自身最大弯矩的位置。把挑梁作为以墙体为地基的地基梁，用弹性理论分析并结合试验结果，得到挑梁倾覆点至墙外边缘的距离x_0。x_0与挑梁嵌固在墙体中的长度l_1、挑梁截面高度h_b有关[图8.3-1(a)、(d)]。为方便工程设计，规范中近似采用挑梁计算倾覆点至墙外边缘的距离为：

a. 当 $l_1 \geq 2.2h_b$ 时：

$$x_0 = 0.3h_b \qquad (8.3\text{-}1)$$

且不大于$0.13l_1$。

b. 当 $l_1 < 2.2h_b$ 时：

$$x_0 = 0.13l_1 \qquad (8.3\text{-}2)$$

式中　l_1——挑梁埋入砌体墙中的长度(mm)；

　　　x_0——计算倾覆点至墙外边缘的距离(mm)；

　　　h_b——挑梁的截面高度(mm)。

c. 当挑梁下有构造柱时，计算倾覆点至墙外边缘的距离可取$0.5x_0$。

② 倾覆力矩 M_{ov} 设计值的计算

它包含挑梁悬挑区段 l 的各项恒载、活载设计值对计算倾覆点位置的倾覆力矩。

③ 抗倾覆力矩 M_r 设计值的计算

挑梁的抗倾覆力矩 M_r 设计值，是由挑梁嵌入墙体区段内的各项恒载标准值之和对计算倾覆点位置 x_0 的力矩，按下式计算。值得注意的是：这里计入的仅是恒载，不能计入活载；而且是标准值，不是设计值。

挑梁的抗倾覆力矩设计值：

$$M_r = 0.8 G_r (l_2 - x_0) \quad (8.3\text{-}3)$$

式中 G_r——挑梁的抗倾覆荷载，为挑梁尾端上部 45°扩展角的阴影范围（其水平长度为 l_3）内本层的砌体与楼面恒荷载标准值之和（图 8.3-2）；

l_2——G_r 作用点至墙外边缘的距离。

由式(8.3-3)看出，挑梁的抗倾覆恒载与挑梁嵌入墙体区段的长度 l_1、上部墙体有无开洞、开洞位置、挑梁尾端上部 45°扩展角的水平投影长度 l_3 有关系。

恒载（永久荷载）是挑梁的抗倾覆荷载，属于对结构构件有利的荷载，按照《建筑结构可靠度设计统一标准》GB 50068—2001 其分项系数不应大于 1.0。挑梁的抗倾覆力矩计算式(8.3-3)中取 0.8。

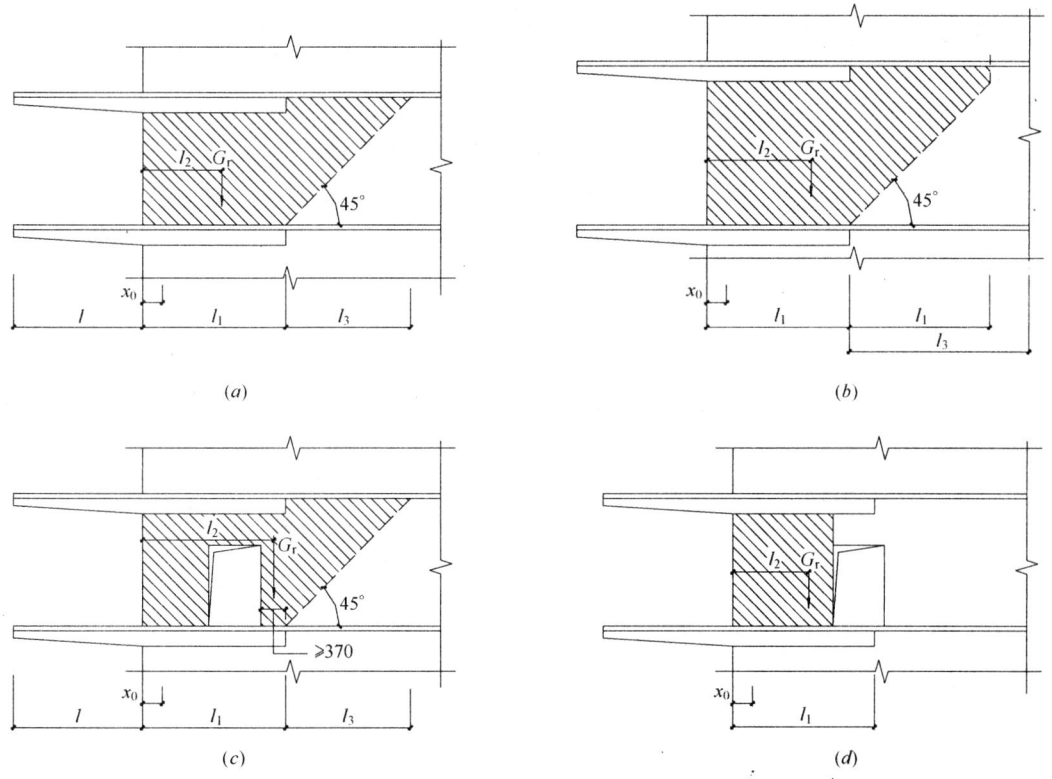

图 8.3-2 挑梁的抗倾覆荷载

(a) $l_3 \leqslant l_1$ 时；(b) $l_3 > l_1$ 时；(c) 洞在 l_1 之内；(d) 洞在 l_1 之外

④ 抗倾覆验算

计算出倾覆力矩 M_{ov} 设计值和抗倾覆力矩 M_r 设计值之后，便可按下式进行砌体墙中钢筋混凝土挑梁的抗倾覆验算，即：

$$M_{0v} \leqslant M_r \tag{8.3-4}$$

式中 M_{0v}——挑梁的荷载设计值对计算倾覆点产生的倾覆力矩；
M_r——挑梁的抗倾覆力矩设计值。

(2) 挑梁下砌体的局部受压承载力验算

按下式进行挑梁下砌体的局部受压承载力验算：

$$N_l \leqslant \eta \gamma f A_l \tag{8.3-5}$$

式中 N_l——挑梁下的支承压力，可取 $N_l = 2R$，R 为挑梁的倾覆荷载设计值；
η——梁端底面压应力图形的完整系数，可取 0.7；
γ——砌体局部抗压强度提高系数，对图 8.3-3(a) 可取 1.25；对图 8.3-3(b) 可取 1.5；
A_l——挑梁下砌体局部受压面积，可取 $A_l = 1.2bh_b$，b 为挑梁的截面宽度，h_b 为挑梁的截面高度。

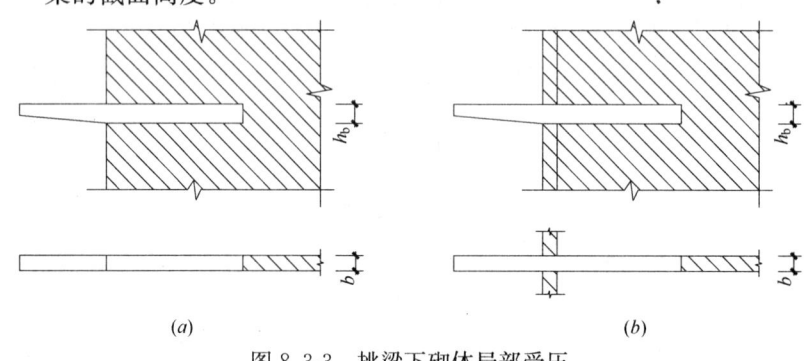

图 8.3-3 挑梁下砌体局部受压
(a) 挑梁支承在一字墙；(b) 挑梁支承在丁字墙

(3) 挑梁自身的内力及构造

钢筋混凝土挑梁的设计需遵照《混凝土结构设计规范》GB 50010—2002。这里需要说明的是下述两方面：挑梁内力的最大设计值及构造要求。

① 挑梁内力的最大设计值

挑梁弯矩的最大值不是位于墙边，而是在倾覆点；挑梁剪力的最大值是位于墙边。因此设计钢筋混凝土挑梁的内力的最大设计值按下列公式确定。

挑梁的最大弯矩设计值 M_{max} 与最大剪力设计值 V_{max}：

$$M_{max} = M_{0v} \tag{8.3-6}$$

$$V_{max} = V_0 \tag{8.3-7}$$

式中 V_0——挑梁的荷载设计值在挑梁墙外边缘处截面产生的剪力。

② 挑梁的构造要求

挑梁设计除应符合现行国家标准《混凝土结构设计规范》GB 50010—2002 的有关规定外，尚应满足下列要求：

a. 纵向受力钢筋至少应有 1/2 的钢筋面积伸入梁尾端，且不少于 2φ12。其余钢筋伸入支座的长度不应小于 $2l_1/3$；

b. 挑梁埋入砌体长度 l_1 与挑出长度 l 之比宜大于 1.2；当挑梁上无砌体时，l_1 与 l 之比宜大于 2。

8.3.2 雨篷的抗倾覆验算

雨篷等墙体平面外悬挑构件倾覆破坏形态与挑梁的情况类似，其抗倾覆验算采用同样的表达式(8.3-4)。具体计算时要按下述要求计算雨篷的倾覆点位置 x_0 和抗倾覆荷载 M_r。雨篷及雨篷梁的弯、剪、扭等计算需遵照《混凝土结构设计规范》。

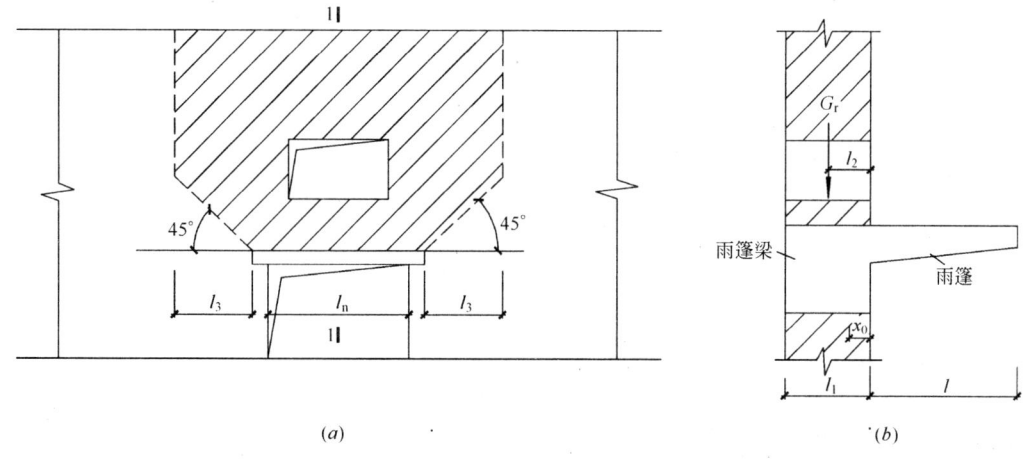

图 8.3-4 雨篷的抗倾覆荷载
(a)正立面；(b)1—1 剖面

1. 雨篷的倾覆点位置按 $l_1 < 2.2h_b$ 时，取 $x_0 = 0.13l_1$ 确定。l_1 为墙厚或雨篷梁宽中的较小值。

2. 雨篷的抗倾覆荷载按图 8.3-4 采用，图中 G_r 距墙外边缘的距离为 $l_2 = l_1/2$，$l_3 = l_n/2$。

【例 8.3-1】 挑梁的计算

某钢筋混凝土挑梁如图 8.3-5 所示，置于带翼缘的 T 形截面墙体中，挑梁下方未设置

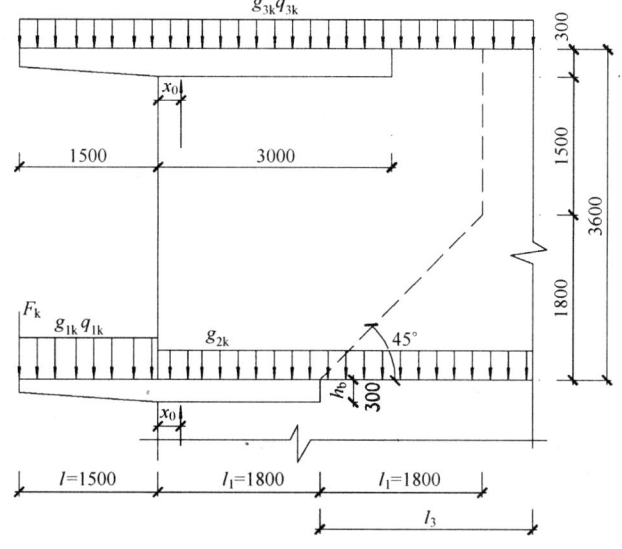

图 8.3-5 例 8.3-1 挑梁计算简图

构造柱。墙体厚度均为240mm厚(自重标准值$5.24kN/m^2$),均采用MU10、M5混合砂浆砌筑,施工质量控制等级为B级。挑梁采用C20级混凝土,主筋Ⅱ级钢、箍筋Ⅰ级钢,截面$b \times h_b = 200mm \times 300mm$(自重标准值$1.80kN/m$)。挑梁挑出长度$l=1.50m$,楼层挑梁埋入长度$l_1=1.80m$,顶层挑梁埋入长度3.00m,楼层挑梁上墙体高3.60m(净高3.30m)。挑梁承受的各项荷载(恒载以g_K表示,活载以q_K表示)标准值如下,试设计该挑梁。

屋面均布荷载标准值:$g_{3K}=15.0kN/m$,$q_{3K}=2.0kN/m$

楼面均布荷载标准值:$g_{2K}=10.0kN/m$,$g_{1K}=6.0kN/m$,$q_{1K}=5.0kN/m$

$F_K=10.5kN$[可能为活载、恒载、(恒+活)载的综合值,本题中,偏于安全地认为是活载]

挑梁自重标准值:$g_K=1.8kN/m$

解:(1) 挑梁抗倾覆验算

① 计算倾覆点

因$l_1=1.8m > 2.2h_b = 2.2 \times 0.3 = 0.66m$,挑梁下无构造柱,取:
$$x_0 = 0.3h_b = 0.3 \times 0.3 = 0.09m < 0.13l_1 = 0.234m$$

② 倾覆力矩

对于顶层:$M_{0v} = \frac{1}{2}[1.2(1.8+15.0)+1.4 \times 2.0](1.5+0.09)^2 = 29.02kN \cdot m$

对于楼层:

$M_{0v} = \frac{1}{2}[1.2(1.8+6.0)+1.4 \times 5.0] \times 1.5 \times (1.5+0.09) + \frac{1}{2} \times 1.2 \times (1.8+10)$
$\times 0.09^2 + 1.4 \times 10.5 \times 1.59 = 42.94kN \cdot m$

③ 抗倾覆力矩

挑梁的抗倾覆力矩由本层挑梁尾端上部45°扩展角范围内的墙体和楼面恒荷载标准值产生。

对于顶层:
$$G_r = (1.8+15.0) \times (3.0-0.09) = 48.89kN$$

$M_r = 0.8G_r(l_2 - x_0) = 0.8 \times 48.89 \times (3-0.09) \times \frac{1}{2} = 56.91kN \cdot m > 29.02kN \cdot m$

对于楼层:

$M_r = 0.8\Sigma G_r(l_2-x_0) = 0.8 \times \{(1.8+10.0) \times \frac{1}{2} \times (1.8-0.09)^2 + 5.24 \times [1.8 \times 3.3$
$\times (1.8-0.09 \times 2)/2 + 1.8 \times 3.3 \times (1.8/2+1.8-0.09) - \frac{1}{2} \times 1.8 \times 1.8 \times (1.8 \times 2/3$
$+1.8-0.09)]\} = 79.271kN \cdot m > 42.94kN \cdot m$

抗倾覆满足要求。

(2) 挑梁下砌体局部受压承载力验算

采用MU10、M5混合砂浆砌筑,施工质量控制等级为B级。$f=1.5N/mm^2$;挑梁支承在丁字墙上,$\gamma=1.5$。

挑梁下的支承压力:

对于顶层:

$N_l = 2R = 2[1.2\times(1.8+15.0)+1.4\times 2.0]\times 1.59 = 73.01\text{kN}$

$\eta\gamma A_l f = 0.7\times 1.5\times 1.2\times 0.24\times 0.3\times 1.5\times 10^3 = 136\text{kN} > 73.01\text{kN}$，满足要求

对于楼层：

$N_l = 2R = 2\{[1.2\times(1.8+6.0)+1.4\times 5.0]\times 1.59 + 1.4\times 10.5\} = 81.42\text{kN}$

$\eta\gamma A_l f = 0.7\times 1.5\times 1.2\times 0.24\times 0.3\times 1.5\times 10^3 = 136\text{kN} > 81.42\text{kN}$，满足要求

(3) 梁承载力计算

以楼层挑梁为例：

$$V_{\max} = V_0 = 1.4\times 10.5 + [1.2(1.8+6.0)+1.4\times 5.0]\times 1.5 = 39.24\text{kN}$$

$$M_{\max} = M_{0v} = 42.94\text{kN}\cdot\text{m}$$

按钢筋混凝土受弯构件计算梁的正截面和斜截面承载力，采用 C20 级混凝土，HRB335 级钢筋配筋。

$$\alpha_s = \frac{M}{f_c b h_0^2} = \frac{42.94\times 10^6}{9.6\times 240\times 265^2} = 0.2654$$

$$\xi = 1-\sqrt{1-2\alpha_s} = 1-\sqrt{1-2\times 0.2654} = 0.315 < \xi_b$$

$$A_s = f_c b h_0 \xi / f_y = 9.6\times 240\times 265\times 0.315/300 = 641\text{mm}^2$$

选用 3Φ18（763mm²）。

因 $0.7 f_t b h_0 = 0.7\times 1.10\times 240\times 265\times 10^{-3} = 49.0\text{kN} > 39.24\text{kN}$，故可按构造配置箍筋，选用 φ6@200。

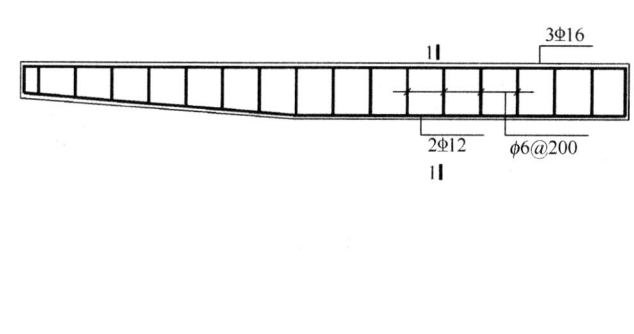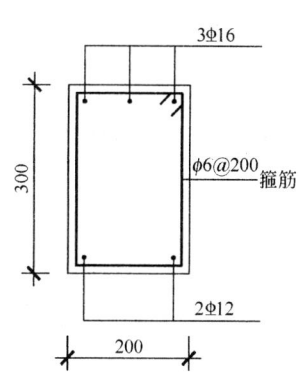

图 8.3-6 挑梁施工图

【例 8.3-2】 雨篷的抗倾覆验算

某三层楼入口处现浇钢筋混凝土雨篷如图 8.3-7 所示，雨篷板挑出长度 $l=1.20\text{m}$，雨篷梁截面为 370mm×300mm，房屋层高为 3.60m。外纵墙墙体 370mm 厚（自重标准值 7.37kN/m²），采用 MU10 砖、M5 混合砂浆砌筑，施工质量控制等级为 B 级。支撑雨篷的外纵墙另侧为楼梯间，楼梯构件不能抵抗雨篷的倾覆。试对此雨篷进行抗倾覆验算。

解：(1) 荷载标准值计算

① 雨篷板根部厚度 $h = l/12 = 100\text{mm}$，板端厚度取 80mm。

② 雨篷板 1m 宽板带上的恒荷载标准值 $g_K(\text{kN/m})$：

20mm 厚水泥砂浆面层　　　　$20\times 0.02\times 1.0 = 0.4\text{kN/m}$

板自重（按平均 90mm 厚计）　$25\times 0.09\times 1.0 = 2.25\text{kN/m}$

| 15mm厚板底粉刷 | $16×0.015×1.0=0.24$kN/m |

合计　　　　　　　　$g_K=2.89$kN/m

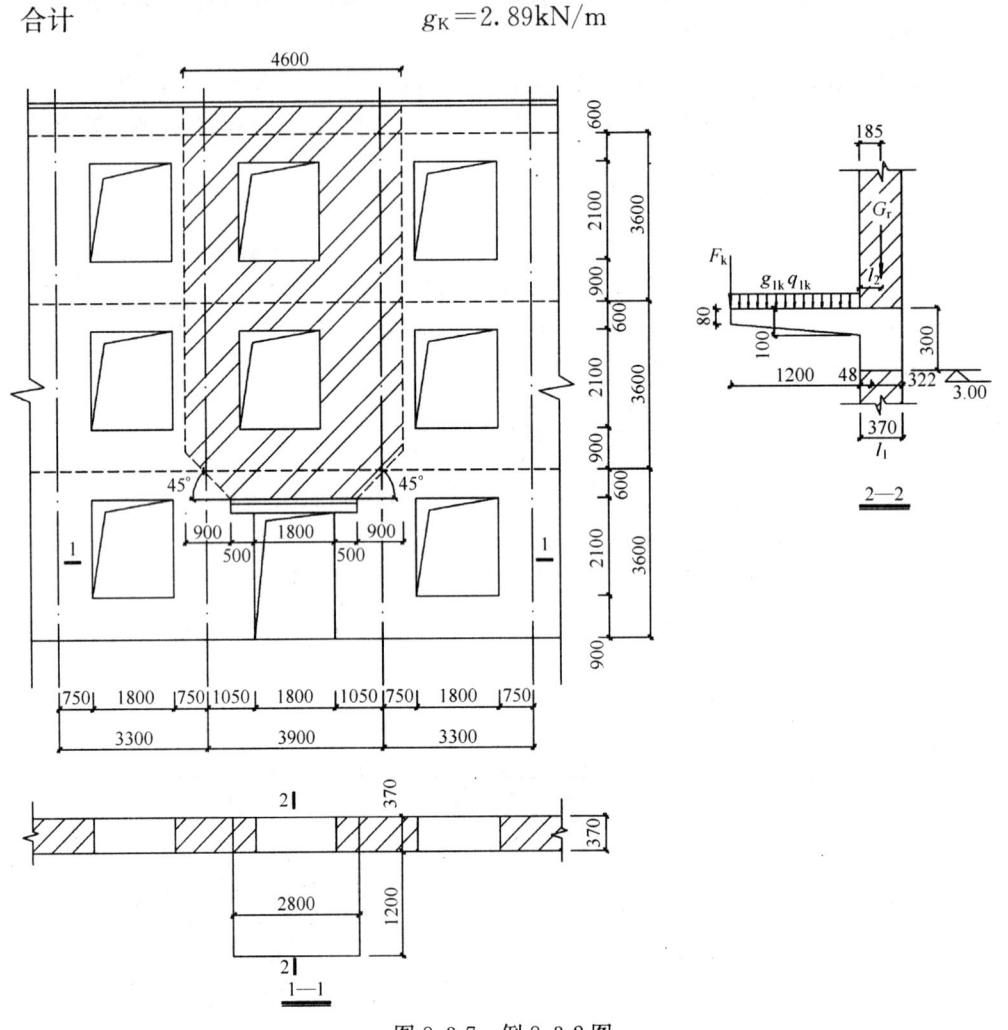

图 8.3-7　例 8.3-2 图

③ 雨篷板端集中活荷载 F：

《建筑结构荷载规范》规定在验算挑檐、雨篷承载力时，应沿板宽每隔 1.0m 取一个集中荷载 1.0kN；当验算挑檐、雨篷倾覆时，应沿板宽每隔 2.5～3.0m 取一个集中荷载 1.0kN。本雨篷板宽为 2.8m，故用来验算整个雨篷倾覆时的 $F_K=1.0$kN。

④ 雨篷板 l 宽板带上的活荷载标准值（不与雪荷载同时考虑，且此地雪荷载小于活荷载，故计入活荷载）。按不上人屋面活荷载取值为 0.5kN/m²；

则 1m 宽板带上的活载标准值 $q_K=0.5×1.0=0.5$kN/m。

(2) 计算倾覆点

$l_1=0.37$m，取 $x_0=0.13l_1=0.13×0.37=0.048$m。

(3) 倾覆力矩（按整个雨篷计算）

$$M_{0v}=(1.2×2.89+1.4×0.5)×1.2×(1.2/2+0.048)×2.8$$
$$+1.4×1.0×(1.2+0.048)=10.822\text{kN·m}$$

(4) 抗倾覆力矩 M_r（按整个雨篷计算）

雨篷的抗倾覆力矩由两部分产生：雨篷梁的自重；雨篷梁上方 45°扩展角范围内 8.1m 高的墙体自重（尚应扣除洞口）。

① 雨篷梁的自重
$$25 \times 0.37 \times 0.3 \times 2.8 = 7.77 \text{kN}$$

② 墙体自重
$$7.37 \times [4.6 \times (0.6+3.6+3.6+0.3) - 1.8 \times 2.1 \times 2 - 0.9 \times 0.9] = 212.92 \text{kN}$$

③ 抗倾覆力矩 M
$$M_r = 0.8 G_r (l_2 - x_0) = 0.8 \times (7.77 + 212.92) \times (0.185 - 0.048) = 24.19 \text{kN} \cdot \text{m}$$
$$> 10.822 \text{kN} \cdot \text{m}$$

抗倾覆满足要求。

(5) 雨篷的抗倾覆验算

考虑了三层墙体（含女儿墙）的自重，故应待全部结构工程完工后，才能拆除现浇钢筋混凝土雨篷施工时的临时支撑。施工时对悬挑构件的倾覆应给予特别关注，避免倾覆事故的发生。

砌体结构房屋墙体设计

砌体结构房屋系指其墙、柱等竖向承重构件采用砖、石、砌块砌体建造，楼盖(屋盖)等水平承重构件采用钢筋混凝土或木材等其他材料建造的房屋，从竖向及水平承重构件采用不同材料考虑亦常称作混合结构房屋。

墙体是砌体(混合)结构房屋的主要承重结构，又是围护结构，因此，墙体设计是砌体结构房屋的重要内容。它的设计合理与否，将直接影响整个建筑物的可靠性与经济效果。

墙体设计一般按以下步骤进行：

1. 根据房屋使用要求、当地条件(材料、地质、抗震要求等)，确定墙体的材料，选择合理的墙体承重体系，进行墙体结构布置；
2. 确定结构静力计算方案，并进行内力分析；
3. 根据设计经验或高厚比要求，初步选择墙体厚度、材料强度等级，并选择合理的计算单元进行高厚比及承载力验算；
4. 墙体构造设计。

下面对上述步骤依次予以阐明。

9.1 砌体结构房屋墙体的承重体系

砌体结构房屋的墙体有：内纵墙、外纵墙、横墙与山墙(外横墙)。为了满足不同的使用要求，房间的大小及布局不尽相同，因此，砌体结构房屋的平面、剖面常常是多种多样。但从墙体的承重特点和布置方式分析，可概括为四种基本的墙体承重体系：纵墙承重体系、横墙承重体系、内框架承重体系和底部框架承重体系。

9.1.1 纵墙承重体系

图 9.1-1(a)为某教学楼平面的一部分，楼盖(屋盖)为预制钢筋混凝土板，图 9.1-1(b)为某单层厂房平面的一部分，屋盖为预制钢筋混凝土梁上铺预制钢筋混凝土大型屋面板。

这类房屋竖向荷载主要传力路线是：

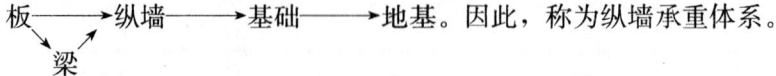

纵墙承重体系的特点：

(1) 纵墙是房屋的主要承重墙。横墙的设置主要是为了满足房屋空间刚度和整体性的要求，它的间距可以相当大。这种承重体系室内空间较大，有利于使用上灵活分隔和

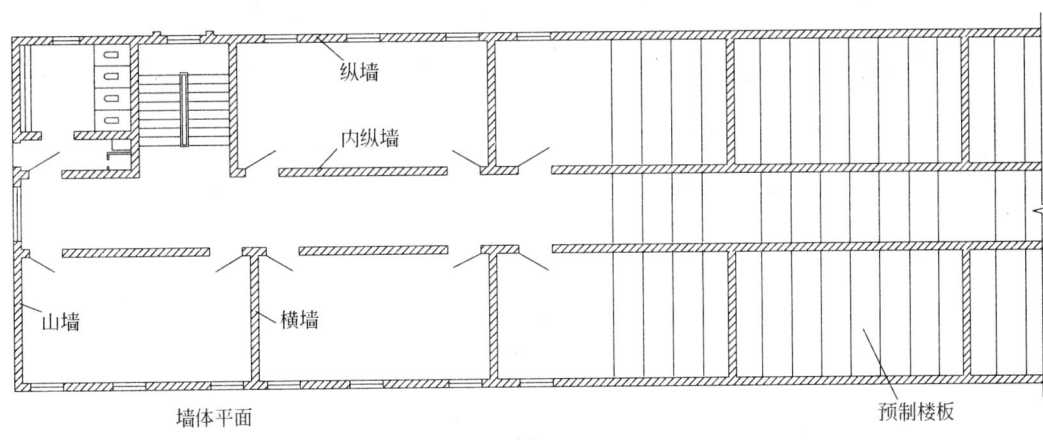

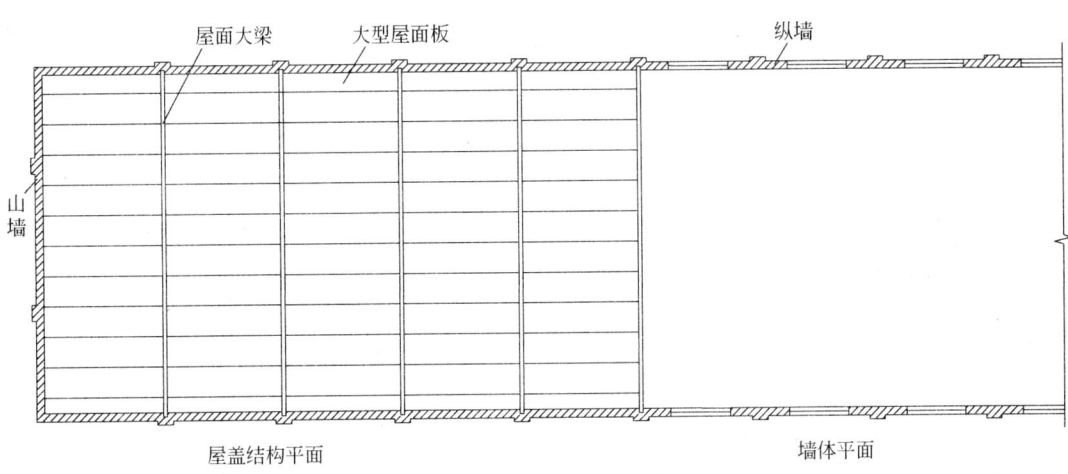

图 9.1-1 纵墙承重体系
(a)多层教学楼平面；(b)单层厂房平面

布置。

（2）由于纵墙承受的荷载较大，因此纵墙上门窗的位置和大小要受到一定限制。例如：门窗尺寸不宜过大，而且不宜设置在梁下等。

（3）相对于横墙承重体系，纵墙承重体系楼盖（或屋盖）的材料用量较多，而墙体材料用量较少。

纵墙承重体系适用于使用上要求有较大室内空间的房屋，或室内隔墙位置有灵活变动要求的房屋中采用。如教学楼、办公楼、图书馆、实验楼、食堂、中小型工业厂房等。

9.1.2 横墙承重体系

图 9.1-2(a)所示为某住宅平面的一部分，图 9.1-2(b)所示为某集体宿舍平面的一部分，楼盖（或屋盖）均为预制板、支承在横墙上。

这类房屋竖向荷载（楼盖和屋盖荷载）主要传递路线是：

板 ──→ 横墙 ──→ 基础 ──→ 地基。因此，称为横墙承重体系。

横墙承重体系的特点：

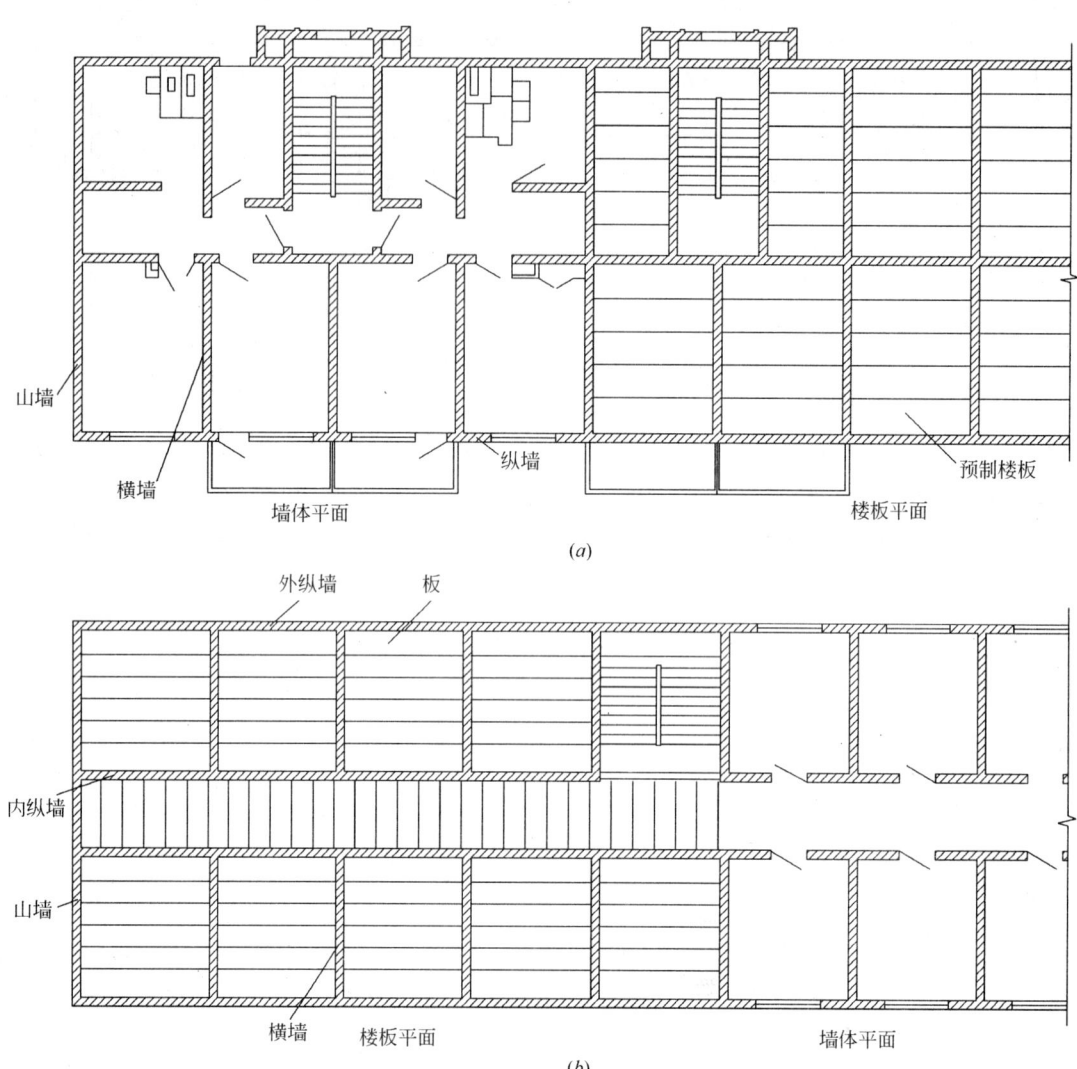

图 9.1-2 横墙承重体系
(a)多层住宅平面；(b)多层宿舍平面

（1）横墙是主要承重墙。纵墙主要起围护、分隔室内空间和与横墙连接使房屋形成整体的作用。在一般情况下，纵墙承载能力有较大富余，所以此种体系对纵墙上门窗位置、大小等的限制较少。

（2）横墙间距很小（一般在 2.7～4.5m 之间），每一开间即有一道横墙，又有纵墙在纵向拉结，因此房屋的空间刚度大，整体性好。这种承重体系对抵抗风、地震等水平作用和调整地基不均匀沉降等方面，较纵墙承重体系有利得多。

（3）这种承重体系房屋的楼盖（或屋盖）结构比较简单，施工方便，材料用量较少；但墙体的材料用量较多。

横墙承重体系由于横墙间距小，房屋大小固定，故适用于宿舍、住宅等居住建筑。

9.1.3 内框架承重体系

图 9.1-3(a)所示为某住宅底层商店平面的一部分。外墙和室内钢筋混凝土柱都是主要

的承重构件。

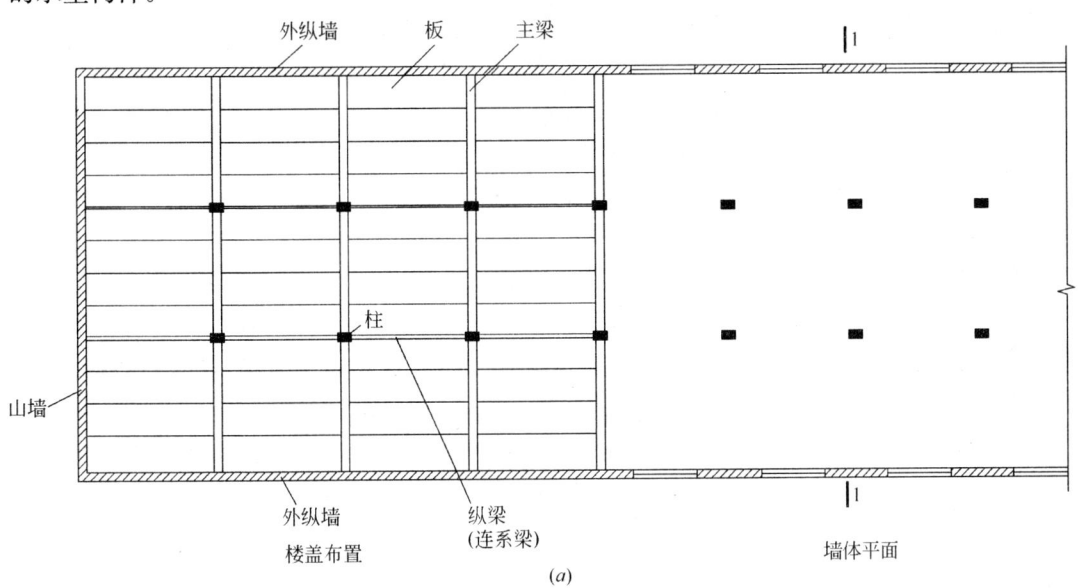

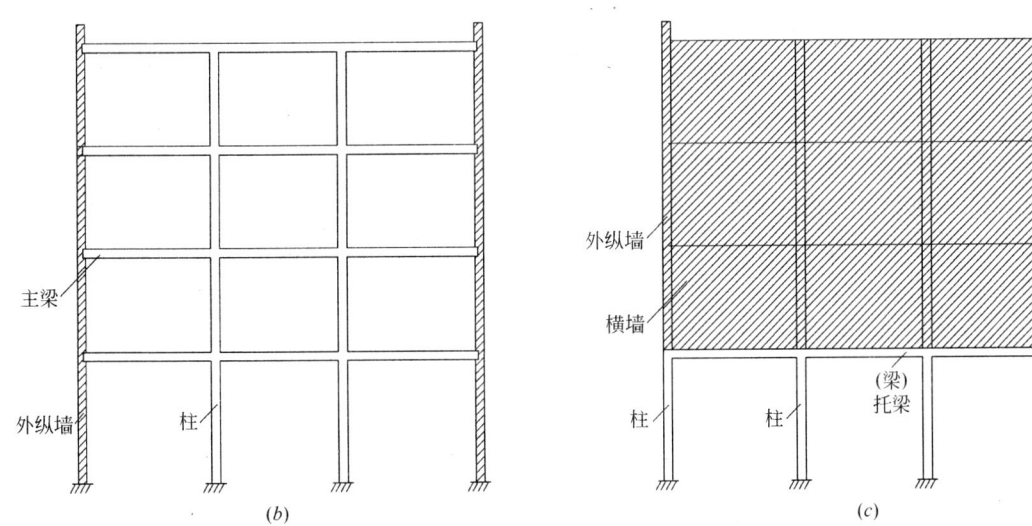

图 9.1-3 内框架及底部框架承重体系
(a)平面图；(b)1—1 剖面；(c)1a—1a 剖面

这类体系竖向荷载(楼盖和屋盖荷载)主要传递路线是：

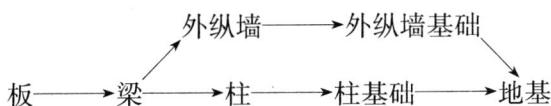

这种体系房屋内部的钢筋混凝土柱与楼盖(或屋盖)梁组成内框架，与外墙共同承重，因此称为内框架承重体系[图 9.1-3(b)]。

内框架承重体系的特点：

(1) 墙和柱都是主要的承重构件。因此取消了承重内墙，由柱代替，故在使用上可以取得较大的室内空间而不增加梁的跨度。

（2）由于主要承重构件材料性质不同，砖墙和钢筋混凝土柱的压缩性不同，基础形式不同，容易产生不均匀沉降。若设计处理不当，会使构件产生较大的附加内力。此外，由于墙和柱材料不同，也增加了施工的复杂性。

（3）由于横墙较少，房屋的空间刚度较差，因而抗震性能也较差。

内框架承重体系可用于旅馆、商店和多层工业建筑，某些建筑（如底层为商店的住宅）的底层也采用。

9.1.4 底部框架承重体系

图9.1-3所示的内框架承重体系中，若由于外开大门的需要，在局部区域的底部用钢筋混凝土柱同时取代内外承重墙体，而上部均是墙体承重。则柱与梁（托梁）形成底部框架，与上部墙体一起，形成底部框架承重体系，如图9.1-3(c)所示。

值得注意的是，此种体系不可单独使用，详见《砌体结构设计规范》及《建筑抗震设计规范》相关要求。底部框架承重体系竖向荷载的主要传递路线是：

上层的板──→内横墙──→梁（托梁）──→柱──→基础──→地基

底部框架承重体系的特点：

（1）在局部区域的底部取消承重墙体，可以适合公共用房灵活布置的要求，多用于底层商店上面几层为住宅的建筑。

（2）底部柱承重，上部墙体承重，形成上刚下柔的结构，对抗震不利。

以上是砌体结构墙体的四种承重体系，它们的墙体布置、材料用量以及结构的空间刚度等都有较大差别。工程设计中采用哪种承重体系，首先要满足使用要求并考虑建筑特点，再从地基、抗震、材料、施工和造价等条件综合比较，力求做到安全可靠、技术先进和经济合理。对比较复杂的建筑，可以在不同的区段采用不同的承重体系。例如，有的建筑采用纵墙和横墙承重体系［图9.1-4(a)］，有的采用纵墙和内框架承重体系等［图9.1-4(b)］，有的由于底部没有公共设施，如商店等，而在底部局部采用框架承重体系。

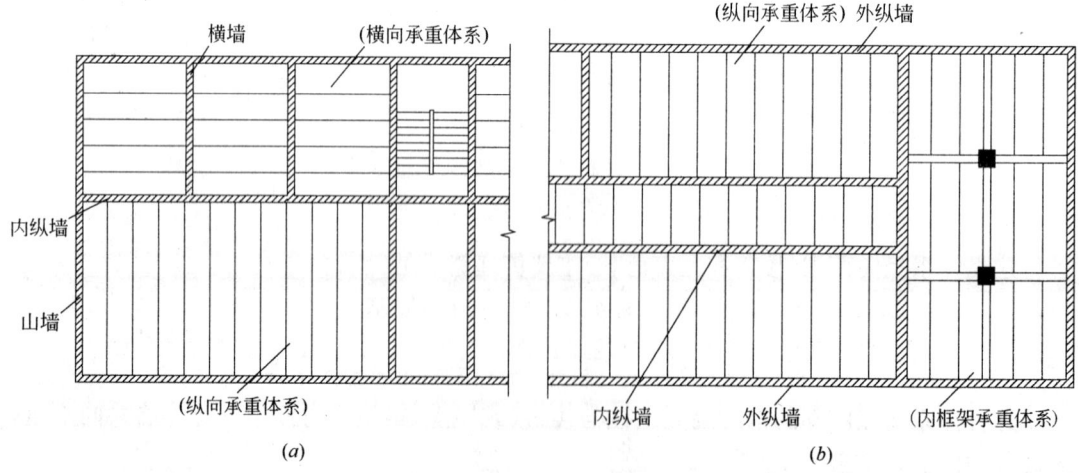

图9.1-4 墙体承重体系
(a)纵墙和横墙承重体系；(b)纵墙和内框架承重体系

9.2 砌体结构房屋的静力计算方案

砌体结构房屋的静力计算,按照作用于屋盖(楼盖)平面内的水平荷载传力途径的不同,可划分为刚性方案、弹性方案和刚弹性方案。现以单层房屋为例,分析其受力特点及静力计算方案的划分。

1. 受力特点

图 9.2-1 所示为一纵墙承重、无山墙,屋盖为钢筋混凝土结构的单层房屋。设外纵墙上窗洞是有规律均匀排列的,则在风荷载作用下,整个屋盖的水平位移是相同的[图 9.2-1(b)]。如以窗洞中线截取出计算单元,如图 9.2-1(c)所示,其受力状态有如一个单跨平面排架,纵墙为立柱。屋盖结构为排架横梁。水平风荷载是通过纵墙的受弯、受剪传至基础的,屋盖处水平位移 Δ_p 的大小取决于纵墙的平面外抗弯刚度。因此,这种无山墙的单层房屋在水平荷载作用下属于平面受力体系。

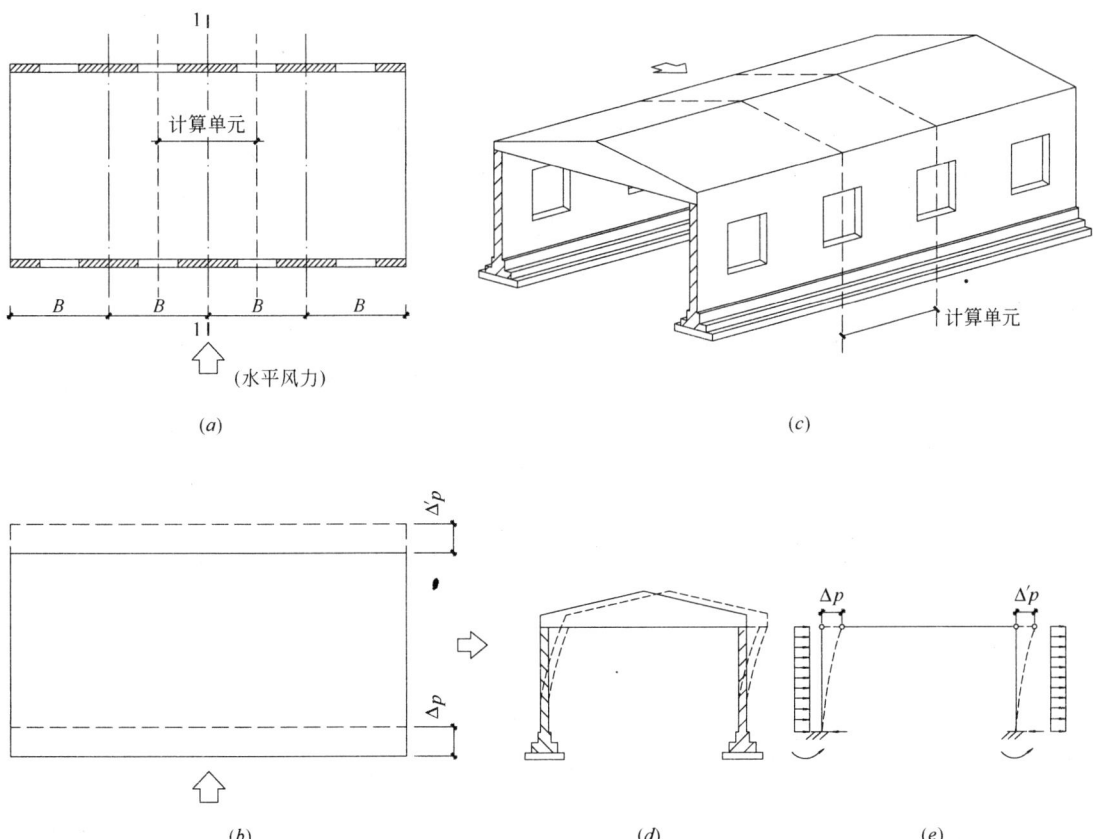

图 9.2-1 两端无山墙时的情况(平面受力体系)
(a)墙体平面;(b)屋盖平面;(c)三维模型;(d)1—1 剖面;(e)计算图形

如果上述单层房屋两端有山墙[图 9.2-2(a)],则风荷载作用下屋盖的水平位移及房屋传力体系将发生改变。由于山墙的存在(山墙在其自身平面内刚度很大),屋盖在山墙处的水

平位移 Δ 很小，山墙间距中间的屋盖水平位移 $(f+\Delta)$ 最大。为了更清楚地说明，图 9.2-2(a) 所示房屋在风荷载作用下的传力体系，设想在屋盖处加一个不动铰支承[图 9.2-2(a)]。作用在外纵墙面上的风荷载，通过纵墙的局部弯曲将风力传至基础及屋盖(将不动铰支座反力 R 反方向作用于屋盖)。作用于屋盖平面内的水平力 R，通过什么途径传至基础是房屋受力体系(静力计算方案)的区别所在。

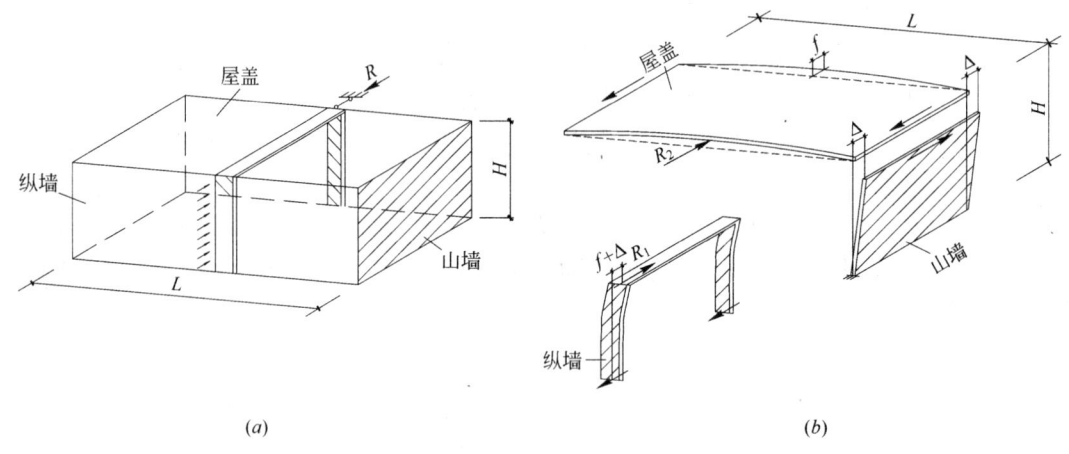

图 9.2-2　端部有山墙时的情况(空间受力体系)

一般情况下，屋盖平面内的水平力 R 分为两部分；一部分 R_1 通过前后纵墙(立柱)与屋盖(横梁)形成的平面排架作用传至基础；另一部分 R_2 通过屋盖以山墙为支座的水平梁作用(挠度为 f)传至山墙，再由山墙的竖向悬臂梁作用(挠度为 Δ)传至基础。如前所述，R_1 的传力途径是平面传力体系；而 R_2 的传力途径则是空间传力体系[图 9.2-2(b)]。

至于 R_1 与 R_2 各在 R 中占多大比例，取决于两种体系刚度的对比。平面传力体系的刚度与纵墙的高度、厚度、窗洞大小、是否有壁柱以及砌体材料强度等级有关。而空间传力体系的刚度与屋盖在其自身平面内的刚度(取决于屋盖结构类别)、横(山)墙间距(L)及横墙在其自身平面内的刚度(取决于横墙的长度、厚度、洞口大小及砌体种类)有关。按下述三种情况：

(1) 当无山墙或山墙有很大开洞，其自身平面内刚度很小(墙体位移 Δ 较大)；或即使横(山)墙具有足够的刚度，但横墙间距(图 9.2-2 中水平梁的跨度 L)很大或屋盖刚度很差(如木屋盖)，屋盖作为水平梁的挠度 f 很大。总之，在这种极端情况下 $(\Delta+f)/\Delta_p \approx 1.0$ 使得 $R_1 \approx R$，$R_2 \approx 0$，绝大部分屋盖处水平力 R 将通过 R_1 传至基础，为平面传力体系，称为弹性方案。静力计算时不考虑空间作用，按平面排架分析。

(2) 如横(山)墙刚度很大(Δ 很小)，且间距(L)不大，同时屋盖在自身平面内具有足够的刚度(f 很小)，即屋盖的位移$(\Delta+f)$与 Δ_p 相比很小，可忽略不计，即 $(\Delta+f)/\Delta_p \approx 0$，屋盖可视为纵墙的水平不动支座。在这种极端情况下，绝大部分屋盖处水平力 R 将通过 R_2 传至基础，$R_1 \approx 0$，$R_2 \approx R$，为空间传力体系。屋盖与纵墙和山墙在水平力 R 作用下有如一空间刚性盒子，称为刚性方案。静力计算时，墙、柱可作为以屋盖(楼盖)为不动铰支座的竖向构件计算。

(3) 介于以上两种情况之间的为刚弹性方案。即屋盖的水平梁作用可作为以纵墙为立柱的平面排架的弹性支承，R_1 与 R_2 均不容忽略。设 $R_1 = \eta R$；$R_2 = (1-\eta)R$，η 称为房屋的空间性能影响系数。η 值越小，房屋的空间刚度越大，通过空间传力体系传至基础的水平力 R_2 就越大；η 值越大，房屋的空间刚度越小，通过平面排架作用传至基础的水平力 R_1 越大。三种静力计算方案的计算简图如图 9.2-3 所示。

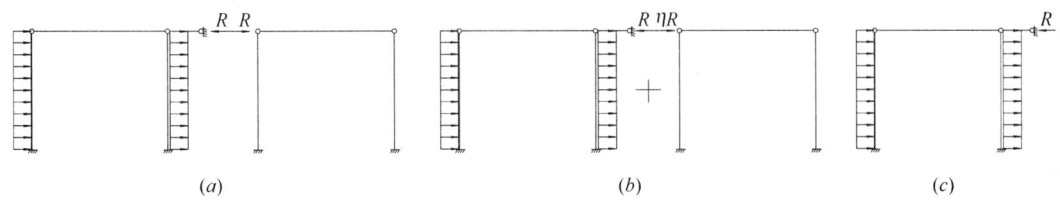

图 9.2-3　三种静力计算方案的计算简图
(a)弹性方案；(b)刚弹性方案(0＜η＜1.0)；(c)刚性方案

2. 房屋静力计算方案

(1) 三种静力计算方案

砌体结构房屋的空间刚度与屋盖(楼盖)类别和横墙间距(二者反映了屋盖作为水平梁的刚度)有关。《砌体结构设计规范》按照屋盖(楼盖)类别的不同给出了划分三种静力计算方案的横墙间距 s，见表 9.2-1。并规定了刚性、刚弹性方案房屋的横墙应符合下列要求：

划分房屋静力计算方案的横墙间距(m)　　表 9.2-1

	屋盖或楼盖类别	刚性方案	刚弹性方案	弹性方案
1	整体式、装配整体和装配式无檩体系钢筋混凝土屋盖或钢筋混凝土楼盖	$s<32$	$32 \leqslant s \leqslant 72$	$s>72$
2	装配式有檩体系钢筋混凝土屋盖、轻钢屋盖和有密铺望板的木屋盖或木楼盖	$s<20$	$20 \leqslant s \leqslant 48$	$s>48$
3	瓦材屋面的木屋盖和轻钢屋盖	$s<16$	$16 \leqslant s \leqslant 36$	$s>36$

① 横墙中开有洞口(如门、窗洞等)时，洞口的水平截面面积不应超过横截面面积的 50%；

② 横墙的厚度不宜小于 180mm；

③ 单层房屋的横墙长度不宜小于其高度，多层房屋的横墙长度，不宜小于 $H/2$(H 为横墙总高度)；

④ 当横墙不能同时符合①、②、③项的要求时，应对横墙的水平刚度进行验算。如其最大水平位移 $\mu_{\max} \leqslant \dfrac{H}{4000}$ 时，仍可视作刚性或刚弹性方案房屋的横墙。对于符合此要求的一段横墙或其他结构构件(如框架等)，也可视作刚性或刚弹性方案房屋的横墙。

(2) 单层房屋或多层刚弹性房屋的静力计算，可按屋盖(楼盖)与墙(柱)为铰接的考虑空间工作的平面排架或框架计算。房屋各层的空间性能影响系数 η_i(i 取 1～n，n 为房屋的层数)可按表 9.2-2 采用。

(3) 弹性方案房屋的静力计算，可按屋架、大梁与墙(柱)为铰接的，不考虑空间工作的平面排架或框架计算。

(4) 对于上柔下刚的多层房屋，计算时顶层可按单层房屋，其空间性能影响系数可根据屋盖类别及顶层的横墙间距按表9.2-2采用。下面各层按多层刚性房屋计算，尚应计入顶层传来的荷载。这种房屋在中小型实际工程中常会遇到，例如：某办公楼的顶层布置大会议室、报告厅、娱乐厅，下面几层布置小型办公室。顶层的横墙间距较大(多为20m左右)、屋盖为木屋盖，不满足刚性方案要求；下面几层的横墙间距较小(为4.2m、8.4m)、楼盖为钢筋混凝土楼盖，满足刚性方案要求，此办公楼即为上柔下刚的多层房屋。

房屋各层的空间性能影响系数 η_i 表9.2-2

屋盖或楼盖类别	横墙间距 s(m)													
	16	20	24	28	32	36	40	44	48	52	56	60	64	68	72
1	—	—	—	—	0.33	0.39	0.45	0.50	0.55	0.60	0.64	0.68	0.71	0.74	0.77
2	—	0.35	0.45	0.54	0.61	0.68	0.73	0.78	0.82	—	—	—	—	—	—
3	0.37	0.49	0.60	0.68	0.75	0.81	—	—	—	—	—	—	—	—	—

3. 砌体受压构件的计算高度

房屋的静力计算方案确定之后，等于明确了房屋中墙、柱等受压构件的支承条件，因而可以确定受压构件的计算高度 H_0。《砌体结构设计规范》规定无吊车的房屋中受压构件计算高度 H_0 按表9.2-3采用。

表9.2-3中各项参数及取值说明如下：

受压构件的计算高度 H_0 表9.2-3

房屋类别			柱		带壁柱墙或周边拉结的墙		
			排架方向	垂直排架方向	$s>2H$	$2H \geqslant s>H$	$s \leqslant H$
有吊车的单层房屋	变截面柱上段	弹性方案	$2.5H_u$	$1.25H_u$	$2.5H_u$		
		刚性、刚弹性方案	$2.0H_u$	$1.25H_u$	$2.0H_u$		
	变截面柱下段		$1.0H_l$	$0.8H_l$	$1.0H_l$		
无吊车的单层和多层房屋	单跨	弹性方案	$1.5H$	$1.0H$	$1.5H$		
		刚弹性方案	$1.2H$	$1.0H$	$1.2H$		
	多跨	弹性方案	$1.25H$	$1.0H$	$1.25H$		
		刚弹性方案	$1.10H$	$1.0H$	$1.10H$		
	刚性方案		$1.0H$	$1.0H$	$1.0H$	$0.4s+0.2H$	$0.6s$

(1) H 为受压构件高度。底层为楼板顶面到基础顶面(当埋置较深且有刚性地坪时，取至室内地面或室外地面下500mm处)的距离；其他层次为楼板(或其他水平支点)间的距离。对于无壁柱的山墙，可取层高加山墙尖高度的1/2；对于有壁柱的山墙，可取壁柱处的山墙高度。

(2) H_u 为变截面柱的上段高度，H_l 为变截面柱的下段高度。

(3) 对于上端为自由端的构件，$H_0=2H$。

(4) 独立砖柱，当无柱间支撑时，柱在垂直排架方向的 H_0 应取表中数值乘以1.25后采用。

(5) s——房屋横墙间距。

（6）自承重墙的计算高度应根据周边支承或拉结条件确定。

9.3 墙、柱的高厚比验算

砌体结构房屋中的墙、柱是受压构件，除了满足强度要求外，还必须保证其稳定性。《砌体结构设计规范》中规定用验算墙、柱高厚比的方法来进行墙、柱稳定性的验算。目的是防止施工阶段和使用阶段中的墙、柱出现过大的挠曲、轴线偏差和丧失稳定，这是从构造上保证受压构件稳定的重要措施。

墙、柱高厚比 β 系指墙、柱某一方向的计算高度 H_0 与相应方向边长 h 的比值，$\beta=H_0/h$。高厚比验算是要使所设计墙、柱的高厚比 β 小于或等于允许高厚比 $[\beta]$ 值。

1. 墙、柱的允许高厚比 $[\beta]$

砌体结构中墙、柱的允许高厚比 $[\beta]$ 与钢、木结构受压构件的长细比 $[\lambda]$ 具有类似的物理意义。《砌体结构设计规范》规定的墙、柱的允许高厚比 $[\beta]$ 列于表 9.3-1 中，它是根据我国长期的工程实践经验综合分析确定的。

由表 9.3-1 看出，影响实心砖砌体允许高厚比 $[\beta]$ 的主要因素为砂浆强度等级。因为砌体的刚度和稳定与其弹性模量有关，而砌体的弹性模量主要取决于砂浆的强度等级。显然，柱的 $[\beta]$ 比墙的 $[\beta]$ 要小。

墙、柱的允许高厚比 $[\beta]$ 值 表 9.3-1

砂浆强度等级	墙	柱	砂浆强度等级	墙	柱
M2.5	22	15	≥M7.5	26	17
M5.0	24	16			

注：1. 毛石墙、柱允许高厚比应按表中数值降低 20%；
2. 组合砖砌体构件的允许高厚比，可按表中数值提高 20%，但不得大于 28；
3. 验算施工阶段砂浆尚未硬化的新砌体高厚比时，允许高厚比对墙取 14，对柱取 11。

2. 墙、柱高厚比验算

（1）矩形截面墙、柱高厚比验算

$$\beta=\frac{H_0}{h}\leqslant\mu_1\mu_2[\beta] \quad (9.3-1)$$

式中 H_0——墙、柱的计算高度，按表 9.2-3 采用；

h——墙厚或矩形柱与 H_0 相对应的边长；

$[\beta]$——墙、柱的允许高厚比，按表 9.3-1 采用；

μ_1——自承重墙允许高厚比 $[\beta]$ 值的修正系数，根据墙厚 h 按下列数值采用：

$h=240\text{mm}$，$\mu_1=1.2$

$h=90\text{mm}$，$\mu_1=1.5$

$240\text{mm}>h>90\text{mm}$，$\mu_1$ 可按插入法取值；

注：对上端为自由端墙的允许高厚比 $[\beta]$ 值，除按上述规定提高外，尚可提高 30%；对于厚度小于 90mm 的墙（隔墙），当双面用不低于 M10 的水泥砂浆抹面，包括抹面层的墙厚不小于 90mm 时，可按墙厚等于 90mm 验算高厚比。

μ_2——有门窗洞口墙允许高厚比 $[\beta]$ 值的修正系数，可按式（9.3-2）计算，但若

算得的 μ_2 值小于 0.7 时，应采用 0.7。当洞口高度等于或小于墙高的 1/5 时，可取 $\mu_2=1.0$。

$$\mu_2=1-0.4\frac{b_s}{s} \tag{9.3-2}$$

式中　b_s——在宽度 s 范围内的门窗洞口总宽度(图 9.3-1)；
　　　s——相邻窗间墙或壁柱之间的距离(图 9.3-1)。

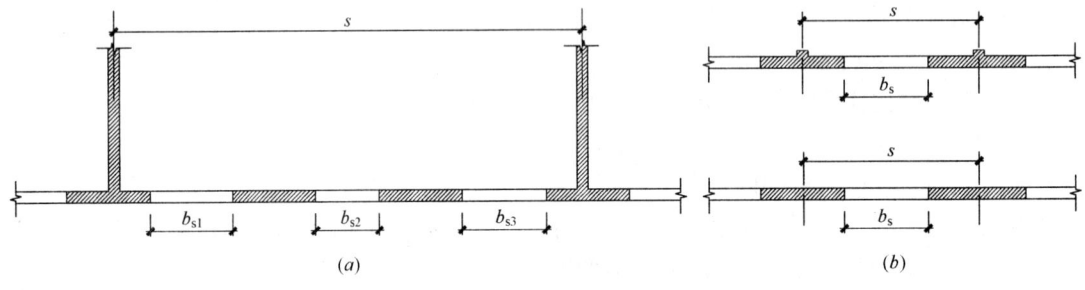

图 9.3-1　s 及 b_s 取法

按式(9.3-1)验算高厚比，尚应注意：

① 当墙高 H 大于或等于相邻横墙或壁柱间的距离 s 时，应按计算高度 $H_0=0.6s$ 验算高厚比；

② 当与墙连接的相邻两横墙间的距离 $s \leqslant \mu_1\mu_2[\beta]h$ 时，墙的高度可不受式(9.3-1)限制；

③ 变截面柱的高厚比可按上、下截面分别验算，其计算高度按表 9.2-3 采用。验算上柱的高厚比时，其允许高厚比可乘以 1.3 后采用。

(2) 带壁柱墙的高厚比验算

带壁柱墙(T 形或十字形截面)高厚比验算按下述规定进行：

① 整片墙的高厚比验算

$$\beta=\frac{H_0}{h_T}\leqslant\mu_1\mu_2[\beta] \tag{9.3-3}$$

式中　μ_1，μ_2，$[\beta]$——同式(9.3-1)；
　　　H_0——带壁柱墙的计算高度，按表 9.2-3 采用，计算 H_0 时墙的长度 s 取相邻横墙间的距离(图 9.3-1)；
　　　h_T——带壁柱墙截面的折算厚度，$h_T=3.5i$，i 为截面的回转半径，$i=\sqrt{I/A}$；
　　　I，A——分别为带壁柱墙的截面惯性矩和面积。计算 i 时，计算截面的翼缘宽度 b_f 取法为：对于多层房屋，当有门窗洞口时，可取门窗间墙宽度，当无门窗洞口时，可取相邻壁柱间的距离[图 9.3-2(a)]；对于单层房屋，可取壁柱宽加 2/3 墙高 H，但不大于窗间墙宽度和相邻壁柱间的距离[图 9.3-2(b)]。

② 壁柱间墙的高厚比验算

壁柱间墙的高厚比按无壁柱墙计算式(9.3-1)进行验算，此时壁柱间墙的计算高度 H_0 取法可查表 9.2-3，其中 s 应取相邻壁柱间的距离。

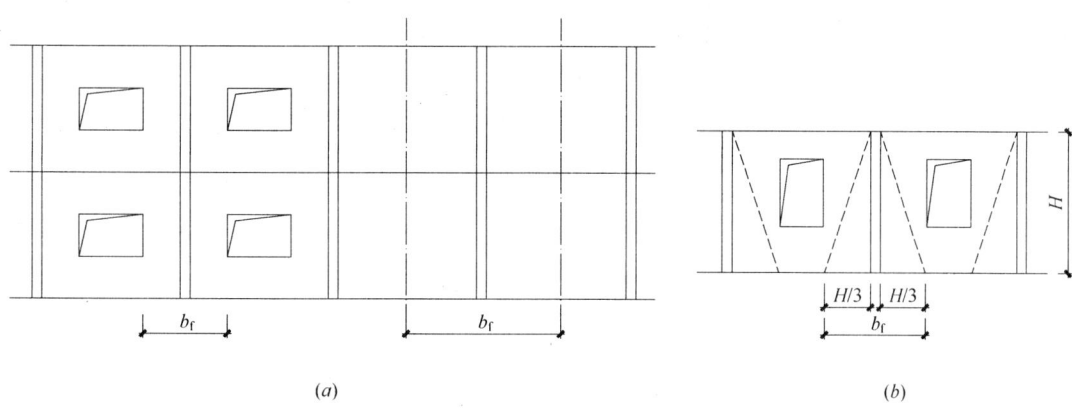

图 9.3-2 b_f 取法
(a)多层房屋 b_f 取法；(b)单房屋 b_f 取法

(3) 带构造柱墙的高厚比验算

墙中设置钢筋混凝土构造柱可以提高墙体使用阶段的稳定性和刚度。显然，构造柱的间距和尺寸不同，对墙体的稳定性和刚度提高作用也不同。当构造柱的间距过大、尺寸过小时，提高作用会很小。另外，由于施工中大多是先砌墙后浇筑构造柱，因此考虑构造柱有利作用的高厚比验算不适用于施工阶段。

规范对带构造柱墙的有利作用是通过将墙的允许高厚比 $[\beta]$ 乘以提高系数 μ_c 来实现。带构造柱墙的高厚比验算按如下规定进行：

① 整片墙的高厚比验算

当构造柱截面宽度不小于墙厚时，仍可按式(9.3-1)验算，只是将墙的允许高厚比 β 乘以提高系数 μ_c：

$$\mu_c = 1 + \gamma \frac{b_c}{l} \tag{9.3-4}$$

式中 γ——系数。对细料石半细料石砌体，$\gamma=0$；对混凝土砌块、粗料石、毛料石及毛石砌体，$\gamma=1.0$；其他砌体，$\gamma=1.5$；

b_c——构造柱沿墙长方向的宽度；

l——构造柱的间距。

当 $b_c/l > 0.25$ 时，取 $b_c/l = 0.25$；当 $b_c/l < 0.05$ 时，取 $b_c/l = 0$。

② 构造柱间墙的高厚比验算

构造柱间墙的高厚比验算按式(9.3-1)验算，此时构造柱间墙的计算高度 H_0 取法可查表 9.2-3，其中 s 应取相邻构造柱间的距离。

如高厚比验算不能满足要求时，可在墙中设置钢筋混凝土圈梁。对于设有钢筋混凝土圈梁的带壁柱墙或带构造柱墙，当 $b/s \geq 1/30$ 时，圈梁可视作壁柱间墙的不动铰支点（b 为圈梁宽度）。这是因为圈梁的水平刚度较大，能够限制壁柱间墙体或带构造柱墙体的侧向变形（图 9.3-3）。就是说壁柱间墙体或带构造柱间墙体的高度 H 可取圈梁间的距离或圈梁与其他横向（水平）支点间的距离。如相邻壁柱间的距离 s 极大，圈梁宽度 $b=s/30>$

墙厚 h，不允许增加圈梁宽度时，可按等刚度原则(墙体平面外刚度相等)增加圈梁高度，以满足壁柱间墙不动铰支点的要求。

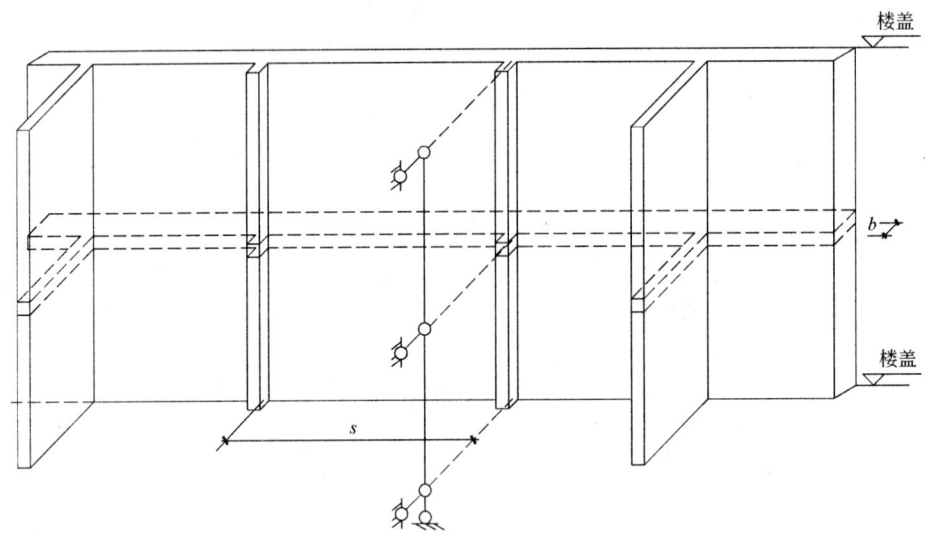

图 9.3-3　带壁柱墙增设圈梁

【例 9.3-1】 带壁柱墙高厚比验算(仅举一例，其他类型例题参见第 11 章)

某单层单跨无吊车厂房，长 35m；两端有山墙；纵墙为带壁柱墙，壁柱间距 5m，每两个相邻壁柱间开有 1.8m 宽的窗洞(图 9.3-4)；墙厚 240mm，壁柱截面 370mm×250mm，采用 M5 级混合砂浆砌筑；屋盖为瓦屋面有檩体系轻钢结构，屋架下弦标高＋4.60m。试验算此纵墙的高厚比。

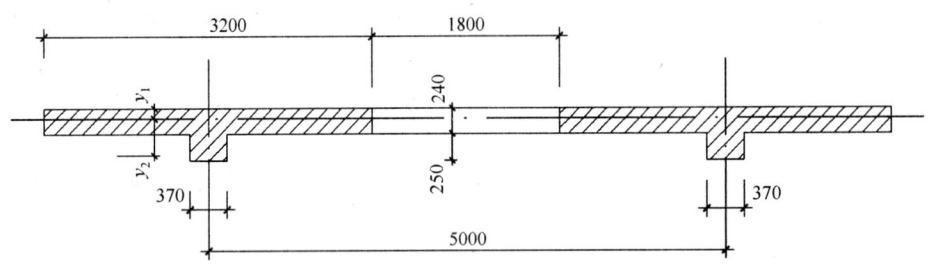

图 9.3-4　例 9.3-1 图

解：(1) 根据 $s=35$m 及屋盖类别查表 9.2-1，该厂房属于刚弹性方案。

(2) 整片墙高厚比验算

纵墙截面(包括壁柱在内的窗间墙截面)的几何特征：

$$A = 3200 \times 240 + 370 \times 250 = 860500 \text{mm}^2$$

$$y_1 = \frac{3200 \times 240 \times 120 + 370 \times 250 \times \left(240 + \frac{250}{2}\right)}{860500} = 146 \text{mm}$$

$$y_2 = (240 + 250) - 146 = 344 \text{mm}$$

$$I = \frac{3200}{3} \times 146^3 + \frac{(3200-370)}{3}(240-146)^3 + \frac{370}{3} \times 344^3 = 912373 \times 10^4 \text{mm}^4$$

$$i=\sqrt{\frac{I}{A}}=103\text{mm}$$
$$h_T=3.5i=361\text{mm}$$

纵墙的计算高度 H_0：纵墙高度取屋架下弦到室内地坪下方 500mm 的距离，则：
$$H=4.6+0.5=5.1\text{m}$$

故属于 $s=35\text{m}>2H=10.2\text{m}$ 情况，查表 9.2-3 无吊车的单层单跨刚弹性房屋纵墙的计算高度 $H_0=1.2H=6.12\text{m}$。

采用 M5 混合砂浆，查表 9.3-1 得：$[\beta]=24$

纵墙为承重墙：$\mu_1=1.0$，$\mu_2=1-0.4\dfrac{b_s}{s}=1-0.4\times\dfrac{1.8}{5.0}=0.856$

$$\mu_1\mu_2[\beta]=1.0\times0.856\times24=20.544$$

$\dfrac{H_0}{h_T}=\dfrac{6120}{361}=16.95<20.544$，满足要求

（3）壁柱间墙厚的高厚比验算

横墙间距应取相邻壁柱间距，则 $s=5.0\text{m}<H=5.1\text{m}$，查表 9.2-3，应取：$H_0=0.6s=0.6\times5.0=3.0\text{m}$

$\beta=\dfrac{H_0}{h}=\dfrac{3000}{240}=12.5<20.54$，满足要求

9.4 刚性方案多层房屋墙体承载力计算

1. 计算单元

在进行多层砌体结构房屋墙体的承载力计算时，首先要选择计算部位，通常取受力较大的有代表性的一段进行计算，称为计算单元。对有门窗洞口的外纵墙，取一个开间的窗间墙为计算单元，如图 9.4-1 中的 $m-m$ 和 $n-n$ 之间的墙体。无门窗洞口的横墙可取单位长度的墙体为计算单元。

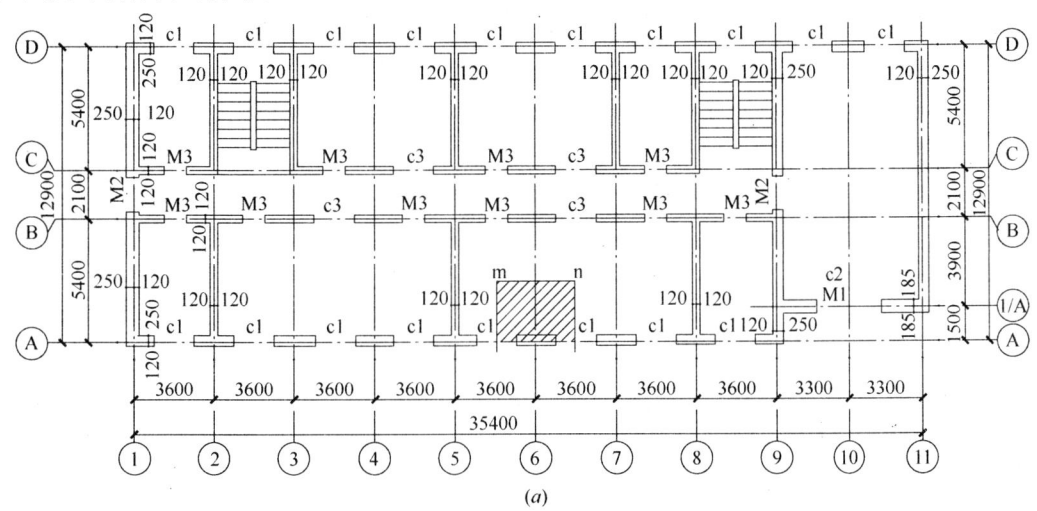

(a)

图 9.4-1 刚性方案多层房屋的平、立面（一）
(a)平面

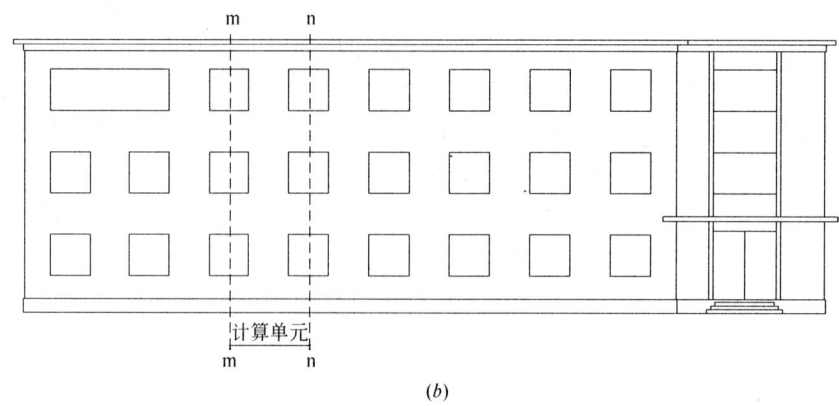

图 9.4-1 刚性方案多层房屋的平、立面(二)
(b)立面

2. 竖向荷载作用下的计算简图

按照刚性方案的基本假设,多层房屋的墙有如以楼(屋)盖为水平不动支点的竖向连续梁。由于楼盖是嵌砌在墙体内的,墙体在该处被削弱[图 9.4-2(a)]。为了简化计算,可假设墙体在楼盖处为铰支,因此,每层墙体(或柱)可作为单独的两端铰支的竖向构件计算[图 9.4-2(b)]。亦即,每层楼盖的偏心荷载只在本层内产生弯矩,上层传来的荷载 N_u 通过上层墙体的截面形心。楼(屋)盖梁传来的轴向力距墙内边缘的距离:屋盖、楼盖均取 $0.4a_0$。这里 a_0 为梁端的有效支承长度[图 9.4-2(c)]。

3. 风荷载作用下的验算

(1) 刚性方案多层房屋的外墙、柱在水平风荷载作用下的计算简图如图 9.4-2(d)所示,即为以楼(屋)盖为水平不动支点的竖向连续梁。

(2) 刚性方案多层房屋的外墙符合下列要求时,静力计算可不考虑风荷载的影响:

① 洞口水平截面面积不超过全截面面积的 2/3;
② 屋面自重不小于 $0.8kN/m^2$;
③ 层高和总高不超过表 9.4-1 要求。

外墙不考虑风荷载影响时的最大高度　　表 9.4-1

基本风压值 (kN/m²)	层高 (m)	总高 (m)	基本风压值 (kN/m²)	层高 (m)	总高 (m)
0.4	4.0	28	0.6	4.0	18
0.5	4.0	24	0.7	3.5	18

注:对于多层砌块房屋190mm厚的外墙,当层高不大于2.8m,总高不大于19.6m,基本风压不大于0.7kN/m² 时,可不考虑风荷载的影响。

一般刚度方案多层房屋大都能满足上述要求。当必须考虑风荷载时,风荷载引起的弯矩 M,可按下式计算:

$$M = \omega H_i^2 / 12 \tag{9.4-1}$$

式中,ω 及 H_i 分别为风荷载设计值及层高。

4. 计算截面

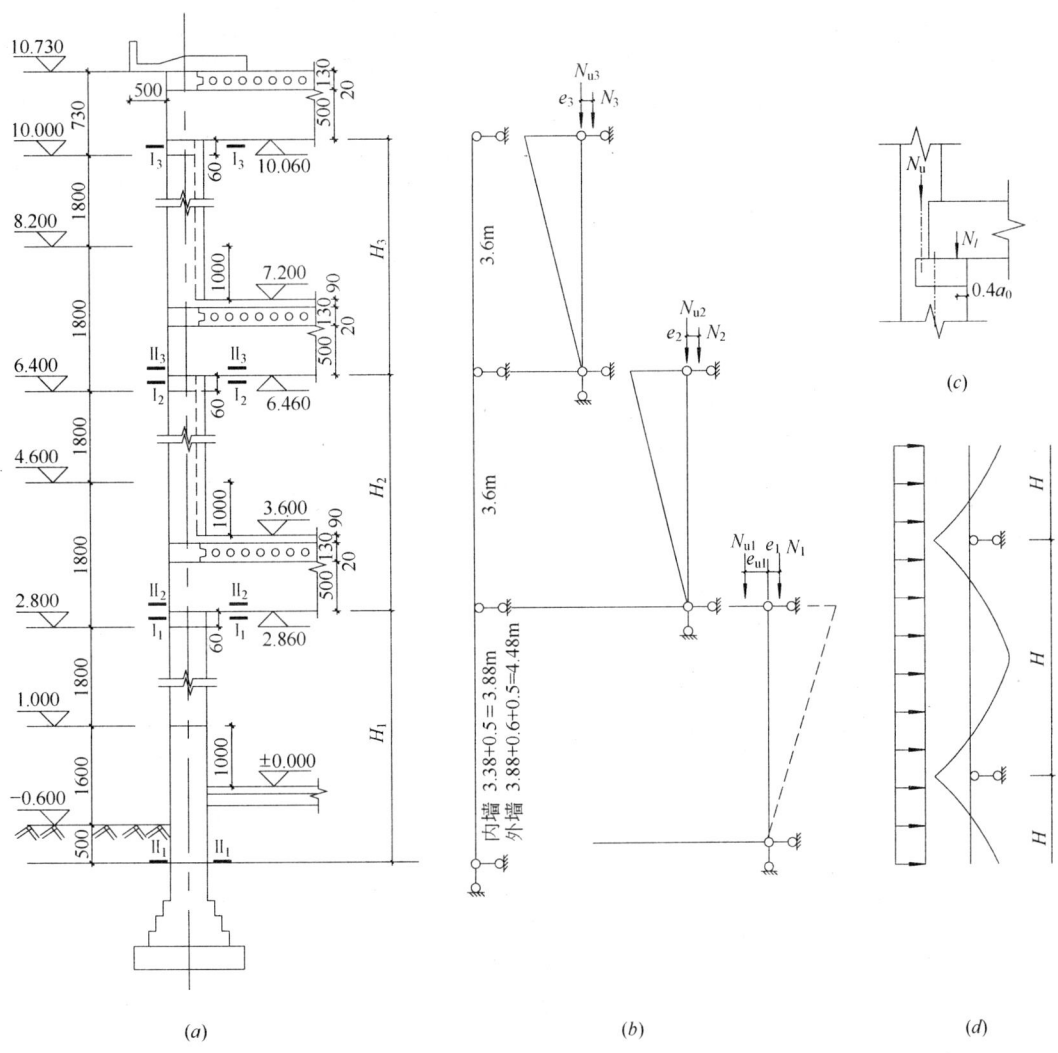

图 9.4-2 刚性方案多层房屋的剖面及计算简图
(a)剖面；(b)竖向荷载作用下计算简图；(c)梁端支承压力位置；(d)风荷载作用下计算简图

墙体内力沿层高是变化的(图 9.4-2)，弯矩上大下小，轴力上小下大；而墙体截面在窗间墙处最小。因此在进行墙体承载力计算时，需选择起控制作用的计算截面位置。设计中为了简化计算，一般取楼层梁支承面下部[图 9.4-2(a)Ⅰ—Ⅰ截面]及上部[图 9.4-2(a)Ⅱ—Ⅱ截面]两个截面进行计算。因为Ⅰ—Ⅰ截面的弯矩(或偏心距)最大，Ⅱ—Ⅱ截面的轴力最大，但截面面积均偏安全取窗间墙截面。对于底层墙Ⅱ—Ⅱ截面应取基础顶面处截面。

5. 梁跨度大于 9m 时弯矩的修正

多层砌体结构房屋中的梁支撑在墙体上，由于上部墙体传来的荷载，对梁端产生约束作用，这种约束作用随着梁跨度的增大而增大，对墙体的受力产生不利影响。当跨度较小时，为使计算简化，在刚性方案房屋中将屋盖楼盖视为墙体的不动铰支座所引起的误差很小，而对于梁跨度大于 9m 的砌体墙承重的多层房屋，则应考虑梁端约束弯矩对墙体受力的不利影响。根据试验及有限元分析，并经拟合简化，规范有如下规定：

对于梁跨度大于9m的墙承重的多层房屋，除按前述方法计算墙体承载力外，宜再按梁两端固结计算梁端弯矩，再将其乘以修正系数 γ 后，按墙体线性刚度分到上层墙底部和下层墙顶部，修正系数 γ 按下式计算：

$$\gamma = 0.2\sqrt{\frac{a}{h}} \tag{9.4-2}$$

式中　　a——梁端实际支承长度；
　　　　h——支承墙体的墙厚，当上下墙厚不同时取下部墙厚，当有壁柱时取 h_T。

刚性方案多层砌体房屋墙体承载力计算例题参见第11章。

9.5 墙体的构造措施

在砌体结构工程中出现的质量事故，其中不少是由于构造措施不当引起的。因此，在进行砌体结构设计时，除对墙体进行承载能力、高厚比等验算外，还必须采取适当的构造措施，以确保砌体结构的可靠性。

本节介绍的是非地震区墙体的主要构造措施，对于地震区的要求另见相关章节。

对防裂要求较高的墙体，还可根据情况采取专门措施。

9.5.1 一般构造要求

1. 砌体材料要求

有关砌体材料的最低强度等级要求，详见本书第2.6节墙体材料的选用。

2. 砌体最小截面尺寸要求

（1）承重的独立砖柱截面尺寸不应小于240mm×370mm。

（2）毛石墙的厚度不宜小于350mm，毛料石柱较小边长不宜小于400mm。

（3）当有振动荷载时，墙、柱不宜采用毛石砌体。

3. 构件与墙体的连接锚固要求

（1）跨度大于6m的屋架和跨度大于下列数值的梁，应在支承处砌体上设置混凝土或钢筋混凝土垫块：

① 对砖砌体为4.8m；

② 对砌块和料石砌体为4.2m；

③ 对毛石砌体为3.9m。

当墙中设有圈梁时，垫块与圈梁宜浇成整体。

（2）当梁跨度大于或等于下列数值时，其支承处宜加设壁柱，或采取其他加强措施：

① 对240mm厚的砖墙为6m，对180mm厚的砖墙为4.8m；

② 对砌块、料石墙为4.8m。

（3）预制钢筋混凝土板的支承长度，在墙上不宜小于100mm；在钢筋混凝土圈梁上不宜小于80mm；当利用板端伸出钢筋拉结和混凝土灌缝时，其支承长度可为40mm，但板端缝宽不小于80mm，灌缝混凝土不宜低于C20。

（4）支承在墙、柱上的吊车梁、屋架及跨度大于或等于下列数值的预制梁的端部，应采用锚固件与墙、柱上的垫块锚固：

① 对砖砌体为9m；

② 对砌块和料石砌体为 7.2m。

(5) 填充墙、隔墙应分别采取措施与周边构件可靠连接。

(6) 山墙处的壁柱宜砌至山墙顶部,屋面构件应与山墙可靠拉结。

4. 砌块墙体的砌筑、连接及灌实要求

(1) 砌块砌体应分皮错缝搭砌,上下皮搭砌长度不得小于 90mm。当搭砌长度不满足上述要求时,应在水平灰缝内设置不少于 2φ4 的焊接钢筋网片(横向钢筋的间距不宜大于 200mm),网片每端均应超过该垂直缝,其长度不得小于 300mm。

(2) 砌块墙与后砌隔墙交接处,应沿墙高每 400mm 在水平灰缝内设置不少于 2φ4、横筋间距不大于 200mm 的焊接钢筋网片(图 9.5-1)。

(3) 混凝土砌块房屋,宜将纵横墙交接处、距墙中心线每边不小于 300mm 范围内的孔洞,采用不低于 Cb20 灌孔混凝土灌实,灌实高度应为墙身全高。

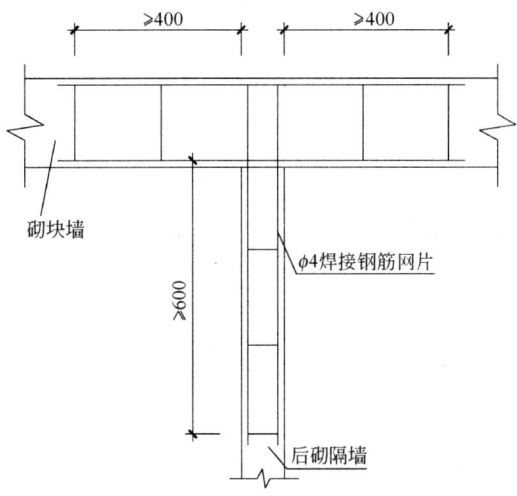

图 9.5-1 砌块墙与后砌隔墙交接处钢筋网片

(4) 混凝土砌块墙体的下列部位,如未设圈梁或混凝土垫块,应采用不低于 Cb20 灌孔混凝土将孔洞灌实:

① 搁栅、檩条和钢筋混凝土楼板的支承面下,高度不应小于 200mm 的砌体;

② 屋架、梁等构件的支承面下,高度不应小于 600mm,长度不应小于 600mm 的砌体;

③ 挑梁支承面下,距墙中心线每边不应小于 300mm,高度不应小于 600mm 的砌体。

5. 砌体中留槽洞及埋管的要求

(1) 不应在截面长边小于 500mm 的承重墙体、独立柱内埋设管线;

(2) 不宜在墙体中穿行暗线或预留、开凿沟槽,无法避免时应采取必要的措施或按削弱后的截面验算墙体的承载力;

(3) 对受力较小或未灌孔的砌块砌体,允许在墙体的竖向孔洞中设置管线。

6. 夹心墙的要求

(1) 夹心墙应符合下列规定:

① 混凝土砌块的强度等级不应低于 MU10;

② 夹心墙的夹层厚度不宜大于 100mm;

③ 夹心墙外叶墙的最大横向支承间距不宜大于 9m。

(2) 夹心墙叶墙间的连接应符合下列规定:

① 叶墙应用经防腐处理的拉结件或钢筋网片连接。

② 当采用环形拉结件时,钢筋直径不应小于 4mm;当为 Z 形拉结件时,钢筋直径不应小于 6mm。拉结件应沿竖向梅花形布置,拉结件的水平和竖向最大间距分别不宜大于 800mm 和 600mm;对有振动或有抗震设防要求时,其水平和竖向最大间距分别不宜大于 800mm 和 400mm。

③ 当采用钢筋网片作拉结件时，网片横向钢筋的直径不应小于4mm，其间距不应大于400mm；网片的竖向间距不宜大于600mm，对有振动或有抗震设防要求时，不宜大于400mm。

④ 拉结件在叶墙上的搁置长度，不应小于叶墙厚度的2/3，并不应小于60mm。

⑤ 门窗洞口周边300mm范围内应附加间距不大于600mm的拉结件。

⑥ 对安全等级为一级或设计使用年限大于50年的房屋，上述各项夹心墙叶墙间的连接宜采用不锈钢拉结件。

9.5.2 防止或减轻由于温度、收缩引起墙体开裂的主要构造措施

在砌体结构中，往往楼屋盖是采用钢筋混凝土结构。由于钢筋混凝土与砌体材料的收缩系数和膨胀系数的不同，以及房屋各个部分(地上与地下、室内与室外)温度的差异，会使墙体及构件产生由于温度变化和干缩变形引起的裂缝。如图9.5-2(a)所示的由于钢筋混凝土屋盖与墙体之间温度变形差异产生的水平裂缝；图9.5-2(b)所示的顶层窗口处的八字裂缝；图9.5-3(c)所示的由于房屋过长，钢筋混凝土楼屋盖与墙体之间温度、收缩变形差异有可能使外纵墙产生竖向的上下贯通裂缝。

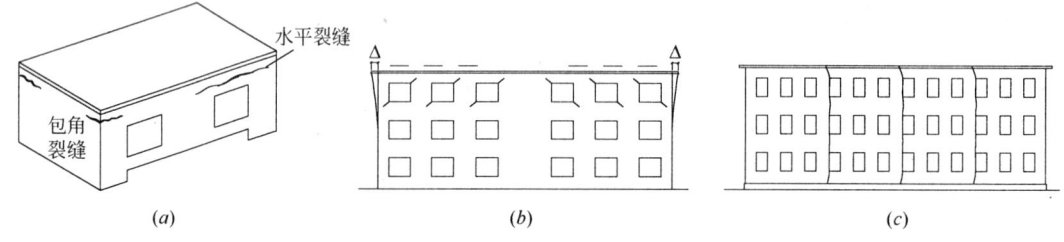

图 9.5-2　外墙裂缝
(a)顶层外纵墙水平裂缝；(b)顶层外纵墙八字裂缝；(c)外墙竖向裂缝

为了防止或减轻由于温度、收缩引起墙体开裂的这些裂缝，规范规定采取如下措施。

1. 设置伸缩缝

设置伸缩缝的目的就是将长度过大的房屋划分成几个长度较小的单元，以减小因温度、收缩产生的附加应力，防止或减轻墙体产生竖向裂缝。因此，伸缩缝应设置在因温度、收缩变形可能引起应力集中、砌体产生裂缝可能性最大的地方。如房屋立面、平面有较大变化的部位。伸缩缝的宽度一般不小于30mm。伸缩缝的两侧均宜设置承重墙，缝两侧的承重墙可共用一个基础，如图9.5-3所示。

砌体规范给出的砌体房屋伸缩缝的最大间距，见表9.5-1。

使用表9.5-1时尚应注意下述几点：

(1) 对烧结普通砖、多孔砖、配筋砌块砌体房屋取表中数值；对石砌体、蒸压灰砂砖、蒸压粉煤灰砖和混凝土砌块房屋取表中数值乘以0.8的系数。当有实践经验并采取有效措施时，可不遵守本表规定。

(2) 在钢筋混凝土屋面上挂瓦的屋盖应按钢筋混凝土屋盖采用。

(3) 按本表设置的墙体伸缩缝，一般不能同时防止由于钢筋混凝土屋盖的温度变形和砌体干缩变形引起的墙体局部裂缝。

(4) 层高大于5m的烧结普通砖、多孔砖、配筋砌块砌体结构单层房屋，其伸缩缝间

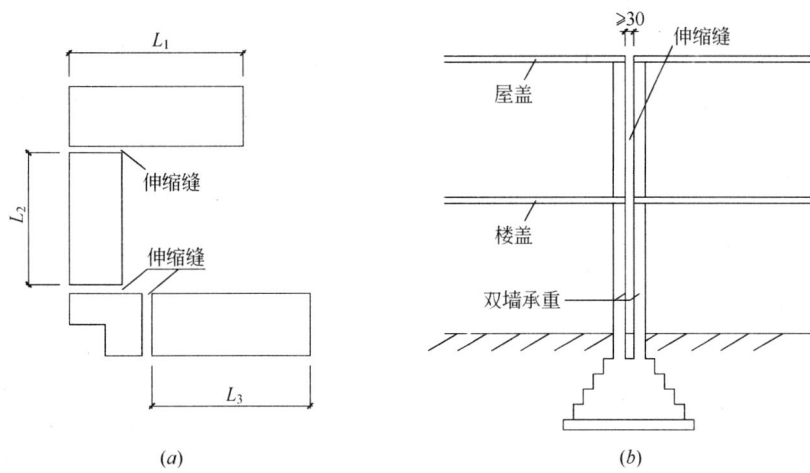

图 9.5-3 伸缩缝布置和做法
(a)平面位置;(b)剖面和构造做法

距可按表中数值乘以 1.3。

(5) 温差较大且变化频繁地区和严寒地区不采暖的房屋及构筑物墙体的伸缩缝的最大间距,应按表中数值予以适当减小。

(6) 墙体的伸缩缝应与结构的其他变形缝相重合,在进行立面处理时,必须保证缝隙的伸缩作用。

砌体房屋伸缩缝的最大间距(m)　　　　　　　　　　　　　表 9.5-1

屋盖或楼盖类别		间　距
整体式或装配整体式钢筋混凝土结构	有保温层或隔热层的屋盖、楼盖	50
	无保温层或隔热层的屋盖	40
装配式无檩体系钢筋混凝土结构	有保温层或隔热层的屋盖、楼盖	60
	无保温层或隔热层的屋盖	50
装配式有檩体系钢筋混凝土结构	有保温层或隔热层的屋盖、楼盖	75
	无保温层或隔热层的屋盖	60
瓦材屋盖、木屋盖或楼盖、轻钢屋盖		100

2. 防止或减轻房屋顶层墙体裂缝的措施

为了防止或减轻房屋顶层墙体的裂缝,可根据情况采取下列措施:

(1) 屋面应设置保温、隔热层。

(2) 屋面保温(隔热)层或屋面刚性面层及砂浆找平层应设置分隔缝,分隔缝间距不宜大于 6m,并与女儿墙隔开,其缝宽不小于 30mm。

(3) 采用装配式有檩体系钢筋混凝土屋盖和瓦材屋盖。

(4) 在钢筋混凝土屋面板与墙体圈梁的接触面处设置水平滑动层,滑动层可采用两层油毡夹滑石粉或橡胶片等;对于长纵墙,可只在其两端的 2~3 个开间内设置,对于横墙可只在其两端各 $l/4$ 范围内设置(l 为横墙长度)。

(5) 顶层屋面板下设置现浇钢筋混凝土圈梁,并沿内外墙拉通,房屋两端圈梁下的墙体内宜适当设置水平钢筋。

（6）顶层挑梁末端下墙体灰缝内设置 3 道焊接钢筋网片（纵向钢筋不宜少于 2φ4，横筋间距不宜大于 200mm）或 2φ6 钢筋，钢筋网片或钢筋应自挑梁末端伸入两边墙体不小于 1m（图 9.5-4）。

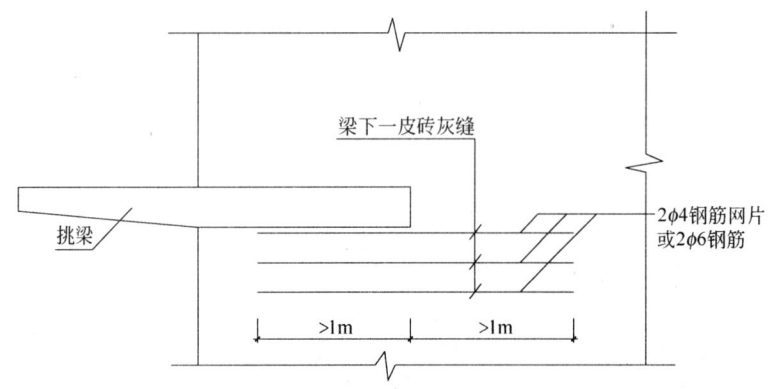

图 9.5-4　顶层挑梁末端钢筋网片或钢筋

（7）顶层墙体有门窗等洞口时，在过梁上的水平灰缝内设置 2～3 道焊接钢筋网片或 2φ6 钢筋，并应伸入过梁两端墙内不小于 600mm。

（8）顶层及女儿墙砂浆强度等级不低于 M5。

（9）女儿墙应设置构造柱，构造柱间距不宜大于 4m，构造柱应伸至女儿墙顶并与现浇钢筋混凝土压顶整浇在一起。

（10）房屋顶层端部墙体内适当增设构造柱。

3. 防止或减轻房屋底层墙体裂缝的措施

底层墙体的裂缝主要由过大的地基不均匀沉降、地基反力不均匀所引起。详见 9.5.3 节。

4. 防止或减轻砌块房屋墙体裂缝的措施

为防止或减轻混凝土砌块房屋顶层两端和底层第一、第二开间门窗洞处的裂缝，可采取下列措施：

（1）在门窗洞口两侧不少于一个孔洞中设置不小于 1φ12 钢筋，钢筋应在楼层圈梁或基础锚固，并采用不低于 Cb20 灌孔混凝土灌实。

（2）在门窗洞口两边的墙体的水平灰缝中，设置长度不小于 900mm、竖向间距为 400mm 的 2φ4 焊接钢筋网片。

（3）在顶层和底层设置通长钢筋混凝土窗台梁，窗台梁的高度宜为砌块高的模数，纵筋不少于 4φ10、箍筋 φ6@200，Cb20 混凝土。

5. 墙体内设置竖向控制缝的措施

当房屋刚度较大时，可在窗台下或窗台角处墙体内设置竖向控制缝。在墙体高度或厚度突然变化处也宜设置竖向控制缝，或采取其他可靠的防裂措施。竖向控制缝的构造和嵌缝材料应能满足墙体平面外传力和防护的要求。

6. 防止或减轻墙体裂缝的其他措施

（1）墙体转角处和纵横墙交接处宜沿竖向每隔 400～500mm 设拉结钢筋，其数量为每

120mm 墙厚不少于 1ϕ6 或焊接钢筋网片,埋入长度从墙的转角或交接处算起,每边不小于 600mm。

(2) 对灰砂砖、粉煤灰砖、混凝土砌块或其他非烧结砖,宜在各层门、窗过梁上方的水平灰缝内及窗台下第一和第二道水平灰缝内设置焊接钢筋网片或 2ϕ6 钢筋,焊接钢筋网片或钢筋应伸入两边窗间墙内不小于 600mm。

当灰砂砖、粉煤灰砖、混凝土砌块或其他非烧结砖实体墙长大于 5m 时,宜在每层墙高度中部设置 2~3 道焊接钢筋网片或 3ϕ6 的通长水平钢筋,竖向间距宜为 500mm。

(3) 灰砂砖、粉煤灰砖砌体宜采用粘结性好的砂浆砌筑,混凝土砌块砌体应采用砌块专用砂浆砌筑。

9.5.3 防止或减轻由于地基不均匀沉降引起墙体开裂的主要构造措施

过大的地基不均匀沉降会使房屋产生过大的外加变形,导致墙体开裂。当地基土层比较软弱,且房屋的长高比较大时,在纵墙上可能产生八字裂缝[图 9.5-5(a)];当地基土层分布不均匀,且土的压缩性有较大差别时,可能使墙体产生图 9.5-5(b)所示斜裂缝;当房屋的高度或荷载有较大变化时,在房屋的高低(或轻重)连接部位将由于过大的沉降差产生很大的附加应力,使房屋低层部分墙体出现图 9.5-5(c)所示的裂缝形态。

为防止由于地基不均匀沉降引起墙体的开裂,设计上可采用以下构造措施:

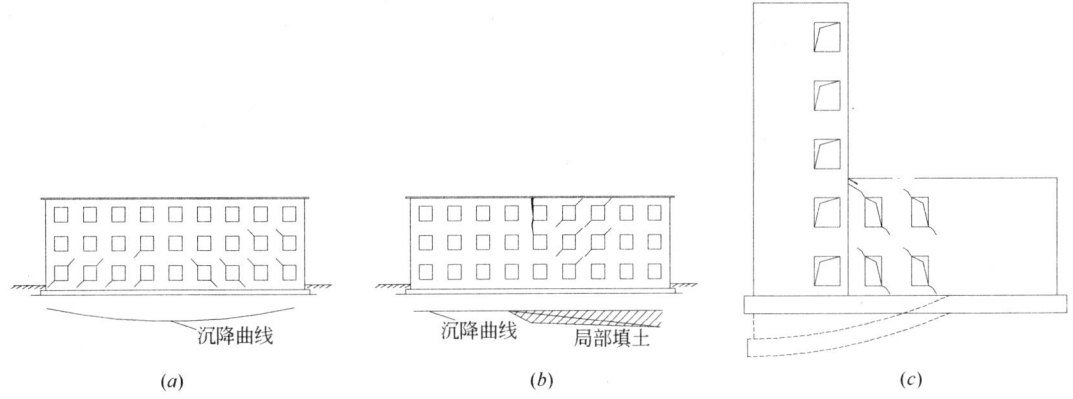

图 9.5-5 地基不均匀沉降引起的墙体开裂

1. 从总体上控制房屋的长高比。对 3 层和 3 层以上房屋,当房屋建造在软弱地基上时,其长高比宜≤2.5;当房屋建造在一般地基上时,其长高比宜≤5。

2. 加强房屋的空间刚度。适当减小横墙间距,纵墙应尽可能拉通,避免过大的门洞,以增加其调整不均匀沉降的作用。

3. 在墙体内设置钢筋混凝土或钢筋砖圈梁,增大基础圈梁的刚度。圈梁可承受由地基不均匀沉降而在墙体中产生的拉应力,并能增加房屋的整体刚度。

(1) 圈梁的设置部位:

① 对空旷的单层房屋:

a. 砖砌体房屋,当檐口标高为 5~8m 时,应在檐口标高处设置圈梁一道;檐口标高大于 8m 时,应增加设置数量。

b. 砌块及料石砌体房屋,当檐口标高为 4~5m 时,应在檐口标高处设置圈梁一道;

檐口标高大 5m 时，应增加设置数量。

c. 对有吊车或较大振动设备的单层工业房屋，除在檐口或窗顶标高处设置现浇钢筋混凝土圈梁外，尚应增加设置数量。

② 对多层砌体：

a. 多层砌体民用房屋，且层数为 3~4 层时，应在檐口标高处设置圈梁一道。当层数超过 4 层时，应在所有纵横墙上设置。

b. 多层砌体工业房屋，应每层设置现浇钢筋混凝土圈梁。

c. 设置墙梁的多层砌体民用房屋应在托梁、墙梁顶面和檐口标高处设置现浇钢筋混凝土圈梁，其他楼层处应在所有纵横墙上每层设置。

③ 采用现浇钢筋混凝土楼（屋）盖的多层砌体结构房屋，当层数超过 5 层时，除在檐口标高处设置一道圈梁外，可隔层设置圈梁，并与楼（屋）面板一起现浇。未设置圈梁的楼面板嵌入墙内的长度不应小于 120mm，并沿墙长配置不少于 2φ10 的纵向钢筋（图 9.5-6）。

④ 对建造在软弱地基或不均匀土层上的多层房屋，应在基础增加设置一道圈梁，其他各层按上述要求设置。

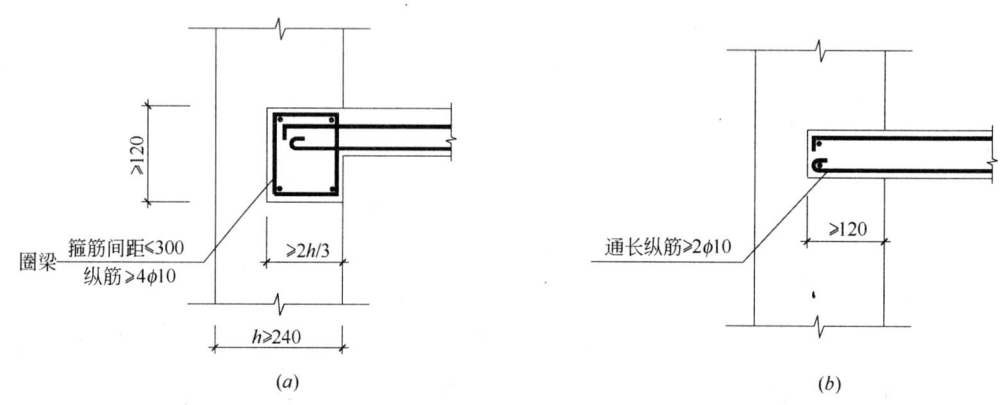

图 9.5-6 现浇钢筋混凝土楼（屋）盖圈梁
(a)有圈梁；(b)无圈梁

（2）圈梁的构造要求：

① 圈梁宜连续地设在同一水平面上，并形成封闭状；当圈梁被门窗洞口截断时，应在洞口上部增设相同截面的附加圈梁。附加圈梁与圈梁的搭接长度不应小于其中到中垂直间距的 2 倍，且不得小于 1m[图 9.5-7(f)]。

② 纵横墙交接处的圈梁应有可靠连接。刚弹性和弹性方案房屋，圈梁应与屋架、大梁等构件可靠连接。

③ 钢筋混凝土圈梁的宽度宜与墙厚相同，当墙厚 $h \geqslant 240$mm 时，其宽度不宜小于 $\frac{2}{3}h$。圈梁高度不应小于 120mm（图 9.5-6、图 9.5-7）。纵向钢筋不应少于 4φ10，绑扎接头的搭接长度按受拉钢筋考虑，箍筋间距不应大于 300mm。

④ 圈梁兼作过梁时，过梁部分的钢筋应按计算用量另行增配。

4. 在底层的窗台下墙体灰缝内设置 3 道焊接钢筋网片或 2φ6 钢筋，并伸入两边窗间墙内不小于 600mm。

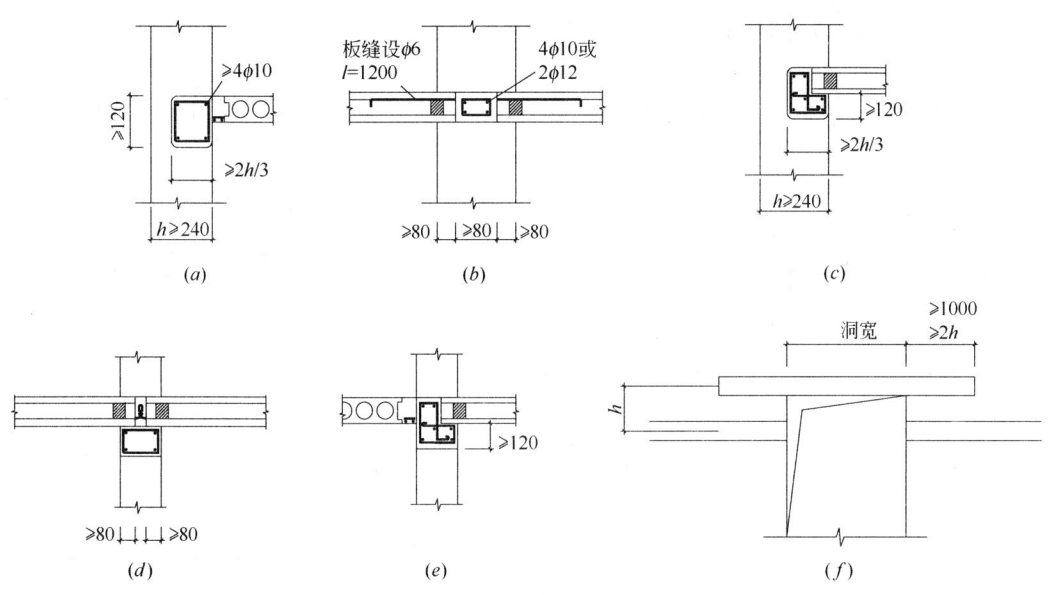

图 9.5-7　预制钢筋混凝土楼(屋)盖圈梁
(a)、(b)与板等高圈梁；(c)、(d)、(e)板底圈梁；(f)被截断圈梁做法

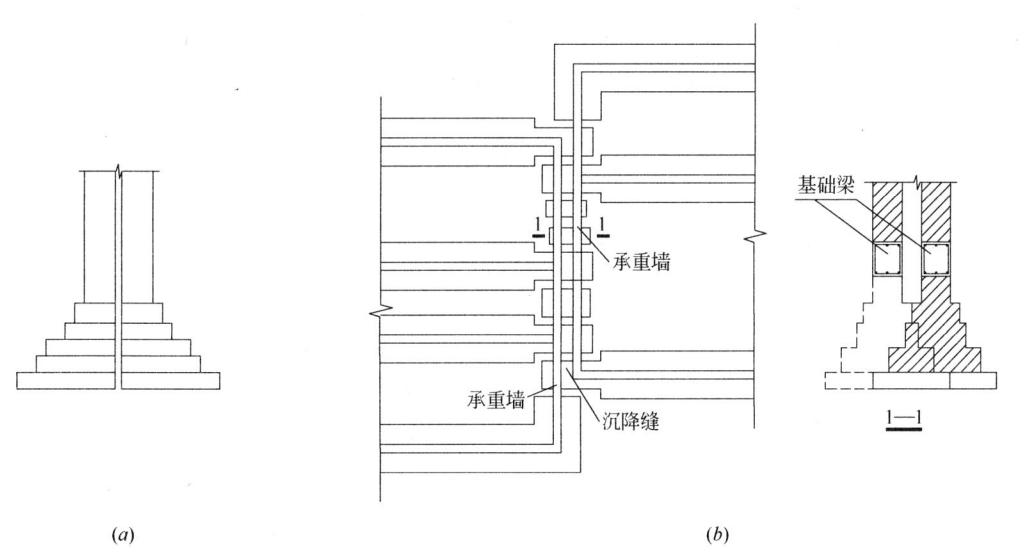

图 9.5-8　几种沉降缝做法
(a)双墙偏心方案；(b)双墙基础穿插方案

5. 采用钢筋混凝土窗台板，窗台板嵌入窗间墙内不小于600mm。

6. 设置沉降缝。它与温度伸缩缝不同的是必须自基础起将两侧房屋在结构构造上完全分开(图 9.5-8)。建筑物的下列部位，宜设置沉降缝：

(1) 建筑平面的转折部位；

(2) 高度差异(或荷载差异)较大部位；

(3) 长高比过大的房屋的适当部位；

(4) 地基土的压缩性有明显差异部位；

（5）建筑结构（或基础）类型不同处；

（6）分期建造房屋的交界处。

沉降缝应有足够的宽度，以避免相邻房屋因地基沉降不同产生倾斜引起相邻构件的碰撞，故与房屋高度有关。沉降缝的最小宽度可取：

二～三层房屋　　50～80mm；

四～五层房屋　　80～120mm；

五层以上房屋　　不小于120mm。

砌体结构构件抗震设计

在有抗震设防烈度的地区进行的砌体结构设计，除应符合一般砌体结构的设计要求外，尚应符合抗震设计的要求。《建筑抗震设计规范》GB 50011—2001 和《砌体结构设计规范》GB 50003—2001 中的"砌体结构构件抗震设计"中都提出了明确的抗震设计要求。

砌体结构的抗震设计应该在结构的概念设计、构造要求、抗震计算及具体构件的抗震设计等方面，全面满足《建筑抗震设计规范》。

本章介绍抗震设计内容的出发点，主要是使读者使用方便，对于量大面广最常用的多层砌体结构抗震设计重点阐述，对于较少使用而又"先天不足"的底部框架砌体结构房屋中的墙梁抗震设计未作介绍。另外，还要考虑到与本套丛书中《房屋抗震结构设计》分册的配套使用，适当衔接而不宜过多重复。

一、本章主要内容：

1. 砌体结构中构件的抗震设计（除墙梁外）；
2. 多层砖砌体和多层砌块砌体房屋的抗震构造措施。

二、下述内容可参见本套丛书中《房屋结构抗震设计》一书，或现行国家标准《建筑抗震设计规范》的相应要求。

1. 房屋的总高度和层数、高宽比、结构体系、抗震横墙的间距、局部尺寸的限值、防震缝设置；
2. 地震作用计算；
3. 底部框架砌体结构房屋中的墙梁设计；
4. 底部框架砌体结构房屋、内框架砌体结构房屋，单层砖柱厂房、石结构房屋等结构的设计及构造措施。

10.1 无筋砌体构件的抗震验算

10.1.1 无筋砖砌体受压构件的抗震验算

考虑地震作用组合的无筋砖砌体受压构件，其抗震承载力应按无筋砖砌体受压构件静力计算公式及相应规定计算，但其抗力应除以承载力抗震调整系数 γ_{RE}，承载力调整系数按表 10.1-1 采用。

承载力抗震调整系数 表 10.1-1

结构构件类别	受力状态	γ_{RE}
无筋、网状配筋和水平配筋砌体剪力墙	受剪	1.0
两端均设构造柱、芯柱的砌体剪力墙	受剪	0.9
组合砖墙、配筋砌块砌体剪力墙	偏心受压、受拉和受剪	0.85
自承重墙	受剪	0.75
无筋砖柱	偏心受压	0.9
组合砖柱	偏心受压	0.85

注：本章的剪力墙即为现行国家标准《建筑抗震设计规范》GB 50011—2001 中的抗震墙。

10.1.2 无筋砌体构件的抗震抗剪验算

1. 砌体抗震抗剪强度

砌体结构在地震作用下产生地震剪力。在水平地震作用下可计算出各楼层的地震剪力，经过楼层的剪力分配和墙体的剪力分配后，可以得到各个墙段所承受的水平剪力。

墙体在承受剪力的同时还承受自重及上层墙体传来的垂直压应力，墙体处于受压、受剪共同作用的状态。在一定范围内的垂直压应力能有效地提高砌体的抗剪强度，因此砌体沿阶梯形截面破坏的抗震抗剪强度设计值应在砌体抗剪强度设计值上予以修正。各类砌体沿阶梯形截面破坏的抗震抗剪强度设计值由式(10.1-1)确定：

$$f_{vE} = \zeta_N f_v \tag{10.1-1}$$

式中 f_{vE}——砌体沿阶梯形截面破坏的抗震抗剪强度设计值；

f_v——砌体抗剪强度设计值；

ζ_N——砌体抗震抗剪强度的正应力影响系数，按表 10.1-2 采用。

砌体强度的正应力影响系数 表 10.1-2

砌体类别	σ_0/f_v							
	0.0	1.0	3.0	5.0	7.0	10.0	15.0	20.0
普通砖、多孔砖	0.80	1.00	1.28	1.50	1.70	1.95	2.32	
混凝土砌块		1.25	1.75	2.25	2.60	3.10	3.95	4.80

注：σ_0 为对应于重力荷载代表值的砌体截面平均压应力。

2. 无筋砌体构件的抗震承载力

(1) 烧结普通砖、烧结多孔砖、蒸压灰砂砖、蒸压粉煤灰砖墙体和石墙体的截面抗震承载力应按下式验算：

$$V \leq \frac{f_{vE} A}{\gamma_{RE}} \tag{10.1-2}$$

式中 V——考虑地震作用组合的墙体剪力设计值；

f_{vE}——砌体沿阶梯形截面破坏的抗震抗剪强度设计值；

A——墙体横截面面积；

γ_{RE}——承载力抗震调整系数，按表 10.1-1 采用。

(2) 混凝土砌块墙体的截面抗震承载力应按式(10.1-3)验算，当同时设置芯柱和构造柱时，构造柱截面可作为芯柱截面，构造柱钢筋可作为芯柱钢筋。

$$V \leqslant \frac{1}{\gamma_{RE}}[f_{vE}A+(0.3f_tA_c+0.05f_yA_s)\zeta_c] \qquad (10.1\text{-}3)$$

式中 f_t——灌孔混凝土的轴心抗拉强度设计值,应按《混凝土结构设计规范》GB 50010—2002 采用;

A_c——灌孔混凝土或芯柱截面总面积;

f_y——芯柱钢筋的抗拉强度设计值;

A_s——芯柱钢筋截面总面积;

ζ_c——芯柱参与工作系数,可按表 10.1-3 采用。

芯柱参与工作系数表　　　　　表 10.1-3

灌孔率 ρ	$\rho<0.15$	$0.15\leqslant\rho<0.25$	$0.25\leqslant\rho<0.5$	$\rho\geqslant0.5$
ζ_c	0	1.0	1.10	1.15

注:灌孔率指芯柱根数(含构造柱和填实孔洞数)与孔洞总数之比。

10.2 配筋砖砌体构件的抗震验算

10.2.1 网状配筋或水平配筋砖砌体构件

网状或水平配筋烧结普通砖、烧结多孔砖墙中的水平配筋在地震作用下承担部分的水平剪力。其作用的大小与钢筋的抗拉强度、钢筋面积配筋率以及墙体的高宽比有关。

对于考虑地震作用组合的网状配筋或水平配筋烧结普通砖、烧结多孔砖墙的截面抗震承载力,按下式进行验算:

$$V\leqslant\frac{1}{\gamma_{RE}}(f_{vE}+\xi_sf_y\rho_s)A \qquad (10.2\text{-}1)$$

式中 V——考虑地震作用组合的墙体剪力设计值;

γ_{RE}——承载力抗震调整系数,按表 10.1-1 采用;

f_{vE}——砌体沿阶梯形截面破坏的抗震抗剪强度设计值;

A——墙体的横截面面积;

ξ_s——钢筋参与工作系数,它与墙体的高宽比有关,可按表 10.2-1 采用;

f_y——钢筋的抗拉强度设计值;

ρ_s——按层间墙体竖向截面计算的水平钢筋面积配筋率,应不小于 0.07% 且不宜大于 0.17%。

钢筋参与工作系数 ξ_s　　　　　表 10.2-1

墙体高宽比	0.4	0.6	0.8	1.0	1.2
ξ_s	0.10	0.12	0.14	0.15	0.12

10.2.2 砖砌体和钢筋混凝土构造柱组合墙

此种组合墙的截面抵抗地震水平剪力的计算公式中,考虑了砌体受混凝土构造柱的约束作用(由承载力抗震调整系数 γ_{RE} 反映),以及作用于墙体上的垂直压应力(由确定砌体沿阶梯形截面破坏的抗震抗剪强度设计值 f_{vE} 反映),还分别考虑了中部构造柱混凝土和纵向

钢筋参与抗剪(在计算公式中直接表示)等,经简化并偏于安全地采用下述计算公式:

$$V \leqslant \frac{1}{\gamma_{RE}} [\eta_c f_{VE}(A-A_c) + \zeta f_t A_c + 0.08 f_y A_s] \quad (10.2\text{-}2)$$

式中 V——考虑地震作用组合的墙体剪力设计值;

γ_{RE}——承载力抗震调整系数,按表 10.1-1 采用;

f_{VE}——砌体沿阶梯形截面破坏的抗震抗剪强度设计值;

A——墙体的横截面面积;

A_c——中部构造柱的截面面积(对横墙和内纵墙,$A_c > 0.15A$ 时,取 $0.15A$;对外墙,$A_c > 0.25A$ 时,取 $0.25A$);

f_t——中部构造柱的混凝土抗拉强度设计值,应按现行《混凝土结构设计规范》GB 50010—2002 采用;

A_s——中部构造柱的纵向钢筋截面总面积(配筋率不小于 0.6%,大于 1.4% 时取 1.4%);

ζ——中部构造柱参与工作系数;居中设一根时取 0.5,多于一根时取 0.4;

η_c——墙体约束修正系数;一般情况下取 1.0,构造柱间距不大于 2.8m 时取 1.1。

10.2.3 配筋组合砖柱

考虑地震作用组合的配筋组合砖柱,其抗震承载力应按第 6 章配筋组合砖柱静力计算公式及相应规定计算,但其抗力应除以承载力抗震调整系数 γ_{RE},承载力抗震调整系数按表 10.1-1 采用。

10.2.4 配筋砖砌体构件的构造要求

1. 水平配筋砖墙的材料和构造

(1) 砂浆的强度等级不应低于 M7.5;水平钢筋宜采用 HPB235、HRB335 级钢筋;

(2) 水平钢筋的配筋率不应小于 0.07%,且不宜大于 0.17%;水平分布钢筋间距不应大于 400mm;

(3) 水平钢筋端部伸入垂直墙体中的锚固长度不宜小于 300mm,伸入构造柱中的锚固长度不宜小于 180mm。

2. 组合砖墙的材料和构造

组合砖墙的材料和构造,除应符合第 6 章非抗震的要求外,尚应符合下列要求:

(1) 构造柱的混凝土的强度等级不应低于 C20;

(2) 构造柱的纵向钢筋,对中柱不应少于 4φ12,对边柱、角柱不应少于 4φ14;

(3) 砖砌体与构造柱的拉结钢筋每边伸入墙内不宜小于 1m。

10.3 配筋砌块砌体的抗震计算

10.3.1 配筋砌块砌体剪力墙结构抗震设计的一般规定

配筋砌块砌体剪力墙结构是具有强度高、延性好、抗震性能好的结构体系,是"预制装配整体式的混凝土剪力墙结构",它的受力性能与现浇混凝土剪力墙结构很相似。

在我国,虽然自 20 世纪 80 年代以来进行了大量的科学研究和工程实践,也验证了此种结构体系的上述性能,但是考虑到配筋砌体对配套材料和施工质量的要求较高,我国的工程实践相对较少，砌体规范对此种结构体系作出了较严的规定。实际上，在进行研究和采取可靠措施的条件下，有可能突破一些规定，它还会有较大的发展潜力。

本节中叙述的配筋砌块砌体剪力墙结构抗震设计，应该遵守如下的规定。

1. 房屋最大高度

配筋砌块砌体剪力墙结构构件抗震设计的适用的房屋最大高度，不宜超过表10.3-1中的规定。

配筋砌块砌体剪力墙房屋适用的最大高度(m)　　　　表 10.3-1

最小墙厚	6 度	7 度	8 度
190mm	54	45	30

注：1. 房屋高度指室外地面至檐口的高度；
　　2. 房屋的高度超过表内高度时，应根据专门的研究，采取有效的加强措施。

《砌体结构设计规范》对此种结构体系抗震设计的适用的房屋最大高度作出了较严的规定。例如，同为7(8)度区，房屋最大高度的限值：由表10.3-1可知，配筋砌块砌体剪力墙结构为45(30)m；钢筋混凝土剪力墙结构为120(100)m；钢筋混凝土框架结构为55(45)m。可以看出：此种结构体系抗震设计的适用的房屋最大高度，不足钢筋混凝土剪力墙结构高度限值的一半，比钢筋混凝土框架结构高度的限值还低；对高烈度区的规定则更严。此外，相对国外规范控制更是严得多，如美国抗震规范就把配筋砌块砌体剪力墙结构与钢筋混凝土剪力墙结构两种结构划分为同样的适用范围。

2. 抗震等级

由于不同烈度及相同烈度下不同的结构类型、不同的高度有不同的抗震要求，即在抗震要求上分为：很严格、严格、较严格、一般四个级别，其对应的是一、二、三、四这四个抗震等级。

配筋砌块砌体剪力墙和其他结构构件的抗震设计应根据设防烈度和房屋高度，根据表10.3-2确定其抗震等级，计算和构造要求应符合相应的抗震等级。

抗震等级的划分　　　　表 10.3-2

结构类型		设 防 烈 度					
		6		7		8	
		≤24	>24	≤24	>24	≤24	>24
配筋砌块砌体剪力墙	高度(m)						
	抗震等级	四	三	三	二	二	一
框支墙梁	底层框架	三		二		一	
	剪力墙	三		二		一	

注：1. 对于四级抗震等级，除本章规定外，均按非抗震设计采用；
　　2. 接近或等于高度分界时，可结合房屋不规则程度及场地、地基条件确定抗震等级；
　　3. 当配筋砌体剪力墙结构为底部大空间时，其抗震等级宜按表中规定适当提高一级。

3. 抗震变形验算

配筋砌块砌体剪力墙结构应进行相应多遇地震作用下的抗震变形验算，参照钢筋混凝土剪力墙结构和配筋砌体材料结构的特点，规范规定：其楼层内最大的层间弹性位移角不宜超过 1/1000。

10.3.2 配筋砌块砌体剪力墙抗震设计的承载力计算

1. 配筋砌块剪力墙的正截面抗震承载力计算

考虑地震作用组合的配筋砌块剪力墙的正截面承载力应按第 7 章的规定计算，但其抗力应除以承载力抗震调整系数 γ_{RE}，承载力抗震调整系数 γ_{RE} 可查表 10.1-1。

2. 配筋砌块剪力墙的斜截面抗震承载力计算

（1）配筋砌块剪力墙的剪力设计值

砌体结构在地震作用下以弯曲变形为主，配筋砌块剪力墙的底部剪力和弯矩都很大，地震破坏严重，是抗震的薄弱环节。为了保证剪力墙"强剪弱弯"的设计要求，在底部加强区范围内根据不同的抗震等级对剪力墙的剪力设计值进行增幅。底部加强区的高度为 $H/6$（H 为房屋高度），并不小于两层高度。底部加强区截面组合剪力设计值 V_w 应按下列规定调整：

一级抗震等级　$V_w=1.6V$
二级抗震等级　$V_w=1.4V$
三级抗震等级　$V_w=1.2V$
四级抗震等级　$V_w=1.0V$

式中　V——考虑地震作用组合的剪力墙计算截面的剪力设计值。

（2）配筋砌块砌体剪力墙的截面尺寸

为使剪力墙砌体正常工作，使剪力墙砌体中的配筋产生作用，配筋砌块砌体剪力墙的截面尺寸必须满足相应的要求。

① 当剪跨比大于 2 时，剪力设计值应满足：

$$V_w \leqslant \frac{1}{\gamma_{RE}} 0.2 f_g b h \tag{10.3-1}$$

② 当剪跨比小于或等于 2 时，剪力设计值应满足：

$$V_w \leqslant \frac{1}{\gamma_{RE}} 0.15 f_g b h \tag{10.3-2}$$

式中　γ_{RE}——承载力抗震调整系数；
　　　f_g——灌孔砌体的抗压强度设计值；
　　　b——剪力墙截面宽度；
　　　h——剪力墙截面高度。

（3）偏心受压配筋砌块砌体剪力墙斜截面承载力计算

$$V_w \leqslant \frac{1}{\gamma_{RE}} \left[\frac{1}{\lambda-0.5} \left(0.48 f_{vg} b h_0 + 0.10 N \frac{A_w}{A} \right) + 0.72 f_{yh} \frac{A_{sh}}{S} h_0 \right] \tag{10.3-3}$$

$$\lambda = \frac{M}{V h_0} \tag{10.3-4}$$

式中　f_{vg}——灌孔砌体的抗剪强度设计值，按式(3.3-5)取用；
　　　M——考虑地震作用组合的剪力墙计算截面的弯矩设计值；
　　　V——考虑地震作用组合的剪力墙计算截面的剪力设计值；
　　　N——考虑地震作用组合的剪力墙计算截面的轴向力设计值，当 $N > 0.2 f_g b h$ 时，取 $N=0.2 f_g b h$（限制正应力对砌体抗剪能力的贡献）；

A——剪力墙的截面面积,其中翼缘的有效面积,可按偏压构件翼缘计算宽度的规定计算;

A_w——T形或I字形截面剪力墙腹板的截面面积,对于矩形截面取 $A_w = A$;

λ——计算截面的剪跨比,当 $\lambda \leqslant 1.5$ 时,取 $\lambda = 1.5$;当 $\lambda \geqslant 2.2$ 时,取 $\lambda = 2.2$;

h_0——剪力墙截面的有效高度;

A_{sh}——配置在同一截面内的水平分布钢筋的全部截面面积;

f_{yh}——水平钢筋的抗拉强度设计值;

f_g——灌孔砌体的抗压强度设计值;

s——水平分布钢筋的竖向间距;

γ_{RE}——承载力抗震调整系数。

(4) 偏心受拉配筋砌块砌体剪力墙斜截面承载力计算

$$V_w \leqslant \frac{1}{\gamma_{RE}} \left[\frac{1}{\lambda - 0.5} \left(0.48 f_{vg} b h_0 - 0.17 N \frac{A_w}{A} \right) + 0.72 f_{yh} \frac{A_{sh}}{S} h_0 \right] \tag{10.3-5}$$

式中,当 $0.48 f_{vg} b h_0 - 0.17 N \frac{A_w}{A} < 0$ 时,取其值为零。其他同前。

10.3.3 配筋砌块砌体剪力墙连梁抗震设计的承载力计算

此种连梁的设计原则有三:其一,连梁破坏应先于剪力墙;其二,连梁本身要"强剪弱弯";其三,砌块中配筋不能太多,配筋太多了就改用钢筋混凝土连梁。

按照下述的设计要求,来实现此种连梁的上述三个设计原则。

1. 剪力墙连梁正截面抗震设计的承载力计算

(1) 当剪力墙连梁采用钢筋混凝土结构时,其正截面受弯承载力可按《混凝土结构设计规范》GB 50010—2002 中受弯构件的有关规定进行计算。

(2) 当剪力墙连梁采用配筋砌块砌体结构时,其全部砌块要求灌孔,其受力性能与钢筋混凝土连梁类似,则其正截面受弯承载力仍可采用钢筋混凝土受弯构件的有关规定进行计算,但应采用配筋砌块砌体相应的计算参数和指标。

(3) 上述考虑地震作用组合的连梁的正截面承载力计算时,其抗力应除以相应的承载力抗震调整系数 γ_{RE},承载力抗震调整系数 γ_{RE} 可查表 10.1-1。

2. 剪力墙连梁的斜截面抗震设计的承载力计算

(1) 剪力墙连梁的剪力设计值

配筋砌块砌体剪力墙连梁的剪力设计值,抗震等级一、二、三级时应按下式调整,四级时可不调整:

$$V_b = \eta_v \frac{M_b^l + M_b^r}{l_n} + V_{Gb} \tag{10.3-6}$$

式中 V_b——连梁的剪力设计值;

η_v——剪力增大系数,一级时取 1.3;二级时取 1.2;三级时取 1.1;

M_b^l、M_b^r——分别为梁左、右端考虑地震作用组合的弯矩设计值;

V_{Gb}——在重力荷载代表值作用下,按简支梁计算的截面剪力设计值;

l_n——连梁净跨。

(2) 剪力墙连梁的截面要求

配筋砌块砌体剪力墙连梁的截面受剪承载力应符合下列要求：
① 当跨高比大于 2.5 时：
$$V_b \leqslant \frac{1}{\gamma_{RE}}(0.2f_g b h_0) \quad (10.3\text{-}7)$$
② 当跨高比小于或等于 2.5 时：
$$V_b \leqslant \frac{1}{\gamma_{RE}}(0.15f_g b h_0) \quad (10.3\text{-}8)$$

(3) 剪力墙连梁的斜截面受剪承载力

配筋砌块砌体剪力墙连梁的斜截面受剪承载力应按下列公式计算：
① 当跨高比大于 2.5 时：
$$V_b \leqslant \frac{1}{\gamma_{RE}}\left(0.64f_{vg} b h_0 + 0.8f_{yv}\frac{A_{sv}}{S}h_0\right) \quad (10.3\text{-}9)$$
② 当跨高比小于或等于 2.5 时：
$$V_b \leqslant \frac{1}{\gamma_{RE}}\left(0.56f_{vg} b h_0 + 0.7f_{yv}\frac{A_{sv}}{S}h_0\right) \quad (10.3\text{-}10)$$

式中　A_{sv}——配置在同一截面内的箍筋各肢的全部截面面积；
　　　f_{yv}——箍筋的抗拉强度设计值。
③ 当连梁跨高比大于 2.5 时，宜采用混凝土连梁。

10.3.4　配筋砌块砌体剪力墙结构抗震设计的构造措施

根据配筋砌块砌体剪力墙的施工程序、特点及工程经验，为保证结构的整体性，提出如下抗震设计的构造措施。

1. 配筋砌块砌体剪力墙

(1) 剪力墙的厚度

配筋砌块砌体剪力墙的厚度，一级抗震等级剪力墙不应小于层高的 1/20，二、三、四级剪力墙不应小于层高的 1/25，且不应小于 190mm。

(2) 剪力墙的布置

配筋砌块砌体剪力墙的布置，应符合下列要求：
① 平面形状宜简单、规则，凹凸不宜过大；竖向布置宜规则、均匀，避免有过大的外挑和内收。
② 纵横方向的剪力墙宜拉通对齐；较长的剪力墙可用楼板或弱连梁分为若干个独立的墙段，每个独立墙段的总高度与长度之比不宜小于 2。
③ 剪力墙的门窗洞口宜上下对齐，成列布置。
④ 剪力墙小墙肢的截面高度不宜小于 3 倍墙厚，也不应小于 600mm，小墙肢的配筋按剪力墙边缘构件设置，应符合表 10.3-5 的要求，一级剪力墙小墙肢的轴压比不宜大于 0.5，二、三级剪力墙的轴压比不宜大于 0.6。
⑤ 单肢剪力墙和由弱连梁连接的剪力墙，宜满足在重力荷载作用下，墙体平均轴压比 $N/f_g A_w$ 不大于 0.5 的要求。

(3) 剪力墙的水平和竖向分布钢筋

配筋砌块砌体剪力墙的水平和竖向分布钢筋应符合表 10.3-3 和表 10.3-4 的要求；剪力墙底部加强区的高度不小于房屋高度的 1/6，且不小于两层的高度。

由表 10.3-3 和表 10.3-4 可以看出，配筋砌块砌体剪力墙的水平和竖向分布钢筋的最小配筋率比现浇钢筋混凝土剪力墙(一、二、三级 0.25%，四级 0.2%)小得多，大概是混凝土的一半或以上。这主要是有下述的原因：现浇钢筋混凝土结构是在塑性状态下浇筑，在水化过程中产生显著的收缩，因此要求有相当大的最小配筋率；配筋砌块砌体剪力墙施工时，作为主要部分的块体砌筑时收缩已稳定，仅在砌体中加入了塑性的砂浆和灌孔混凝土，其可收缩的材料要比现浇钢筋混凝土剪力墙少得多，因此要求的最小配筋率就相对降低的较多。

剪力墙水平分布钢筋的配筋构造　　　　　　　　　表 10.3-3

抗震等级	最小配筋率(%)		最大间距(mm)	最小直径(mm)
	一般部位	加强部位		
一级	0.13	0.13	400	ϕ8
二级	0.11	0.13	600	ϕ8
三级	0.10	0.13	600	ϕ6
四级	0.07	0.10	600	ϕ6

剪力墙竖向分布钢筋的配筋构造　　　　　　　　　表 10.3-4

抗震等级	最小配筋率(%)		最大间距(mm)	最小直径(mm)
	一般部位	加强部位		
一级	0.13	0.13	400	ϕ12
二级	0.11	0.13	600	ϕ12
三级	0.10	0.10	600	ϕ12
四级	0.07	0.10	600	ϕ12

（4）剪力墙边缘构件

与现浇钢筋混凝土剪力墙类似，为了提高剪力墙的抗弯能力和延性，并考虑到此种结构的施工特点，配筋砌块砌体剪力墙端部设置的边缘构件（或钢筋混凝土柱），除应符合第 7 章的规定外，当剪力墙的压应力大于 $0.5f_g$ 时，其构造配筋应符合表 10.3-5 的规定。

剪力墙边缘构件构造配筋　　　　　　　　　表 10.3-5

抗震等级	底部加强区	其他部位	箍筋或拉筋直径和间距
一级	3ϕ20(4ϕ16)	3ϕ18(4ϕ16)	ϕ8@200
二级	3ϕ18(4ϕ16)	3ϕ16(4ϕ14)	ϕ8@200
三级	3ϕ14(4ϕ12)	3ϕ14(4ϕ12)	ϕ8@200
四级	3ϕ12(4ϕ12)	3ϕ12(4ϕ12)	ϕ6@200

注：表中括号内数字为混凝土柱时的配筋。

（5）剪力墙的钢筋布置

配筋砌块砌体剪力墙的水平分布钢筋（网片）宜沿墙长连续设置，其锚固或搭接要求除应符合非抗震设计的锚固和搭接的构造规定外，尚应符合下列规定：

① 水平分布钢筋可绕端部主筋弯 180°弯钩，弯钩端部直段长度不宜小于 $12d$；该钢筋亦

可垂直弯入端部灌孔混凝土中锚固,其弯折段长,对一、二级抗震等级不应小于250mm;对三、四级抗震等级,不应小于200mm。

② 当采用焊接网片作为剪力墙水平钢筋时,应在钢筋网片的弯折端部加焊两根直径与抗剪钢筋相同的横向钢筋,弯入灌孔混凝土的长度不应小于150mm。

(6) 剪力墙与剪力墙基础结合处受力钢筋的连接

配筋砌块砌体剪力墙房屋的基础与剪力墙结合处的受力钢筋,当房屋高度超过50m或一级抗震等级时宜采用机械连接或焊接(此项要求较高,施工难度大,需进一步探索和实践),其他情况可采用搭接。当采用搭接时,一、二级抗震等级时搭接长度不宜小于$50d$;三、四级抗震等级时不宜小于$40d$(d为受力钢筋直径)。

(7) 受力钢筋的锚固和接头

考虑地震作用组合的剪力墙及其他配筋砌体结构构件,其配置的受力钢筋的锚固和接头,除应符合非抗震设计的要求外,尚应符合下列要求:

① 竖向钢筋或纵向钢筋的最小锚固长度l_{ae},应按下列规定采用:

一、二级抗震等级 $l_{ae}=1.15l_a$

三级抗震等级 $l_{ae}=1.05l_a$

四级抗震等级 $l_{ae}=1.0l_a$

式中 l_a——受拉钢筋的锚固长度,按第5章中相应条文确定。

② 钢筋搭接接头,对一、二级抗震等级不小于$1.2l_a+5d$;对三、四级不小于$1.2l_a$。

2. 配筋砌块砌体剪力墙连梁

配筋砌块砌体剪力墙中的连梁可采用混凝土连梁和配筋砌块砌体连梁两种,是保证各段剪力墙共同工作的重要构件,是作为剪力墙结构抗震的"第一道防线"。

配筋砌块砌体连梁与现浇钢筋混凝土连梁施工程序不同,它一般是采用凹槽或H形砌块砌筑,砌筑时按要求设置水平钢筋,而横向钢筋或箍筋则需砌到楼层高度和达到一定强度后方能在孔中设置。

配筋砌块砌体剪力墙连梁的构造,当采用混凝土连梁时,应符合第7章的规定和《混凝土结构设计规范》GB 50010—2001中有关地震区连梁的构造要求;当采用配筋砌块砌体连梁时,除应符合第7章的规定外,尚应符合下列要求:

(1) 连梁上下水平钢筋锚入墙体内的长度,一、二级抗震等级不应小于$1.1l_a$,三、四级抗震等级不应小于l_a,且不应小于600mm。

(2) 连梁的箍筋应沿梁长布置,并应符合表10.3-6的要求。

连梁箍筋的构造要求　　　　　　　　表10.3-6

抗震等级	箍筋加密区			箍筋非加密区	
	长度	箍筋间距(mm)	直径	间距(mm)	直径
一级	$2h$	100	$\phi 10$	200	$\phi 10$
二级	$1.5h$	200	$\phi 18$	200	$\phi 8$
三级	$1.5h$	200	$\phi 8$	200	$\phi 8$
四级	$1.5h$	200	$\phi 8$	200	$\phi 8$

注:h为连梁截面高度;加密区长度不小于600mm。

(3) 在顶层连梁伸入墙体的钢筋长度范围内，应设置间距不大于 200mm 的构造箍筋，箍筋直径应与连梁的箍筋直径相同。

(4) 跨高比小于 2.5 的连梁，在自梁底以上 200mm 和梁顶以下 200mm 范围内，每隔 200mm 增设水平分布钢筋，当一级抗震等级时，不小于 $2\phi12$，二、三、四级抗震等级时为 $2\phi10$，水平分布钢筋伸入墙内的长度不小于 $30d$ 和 300mm。

(5) 连梁不宜开洞。当需要开洞时，应在跨中梁高 1/3 处预埋外径不大于 200mm 的钢套管，洞口上下的有效高度不应小于 1/3 梁高，且不应小于 200mm，洞口处应配补强钢筋并在洞周边浇筑灌孔混凝土，被洞口削弱的截面应进行受剪承载力验算。

3. 配筋砌块砌体柱

配筋砌块砌体柱是预制装配整体式钢筋混凝土柱，它的构造要求基本同钢筋混凝土柱。

配筋砌块砌体柱的施工程序是先以砌块作模版，砌筑时按要求在灰缝中或孔槽边缘设置水平箍筋，砌至层高待达到一定强度后，设置竖向钢筋和浇筑混凝土。又由于受块型影响，其横向钢筋间距及直径受到限制，这种柱一般用于受力较小的构件。

配筋砌块砌体柱的构造除应符合第 7 章的规定外，尚应符合下列要求：

(1) 纵向钢筋直径不应小于 12mm，全部纵向钢筋的配筋率不应小于 0.4%。

(2) 箍筋直径不应小于 6mm，且不应小于纵向钢筋直径的 1/4；箍筋的间距，应符合下列要求：

① 地震作用产生轴向力的柱，箍筋间距不宜大于 200mm；

② 地震作用不产生轴向力的柱，在柱顶和柱底的 1/6 柱高、柱截面长边尺寸和 450mm 三者较大值范围内，箍筋间距不宜大于 200mm；其他部位不宜大于 16 倍纵向钢筋直径、48 倍箍筋直径和柱截面短边尺寸三者较小值。

(3) 箍筋或拉结钢筋端部的弯钩不应小于 135°。

4. 楼、屋盖及圈梁

配筋砌块砌体剪力墙房屋与钢筋混凝土剪力墙房屋的楼、屋盖要求相同，均要求楼、屋盖具有足够的刚度和整体性。设置钢筋混凝土圈梁还可以作为建筑调整竖向尺寸的手段。具体是：

(1) 配筋砌块砌体剪力墙房屋的楼、屋盖宜采用现浇钢筋混凝土结构；抗震等级为四级时，也可采用装配整体式钢筋混凝土楼盖。

(2) 配筋砌块砌体剪力墙房屋的楼、屋盖处，应按下列规定设置钢筋混凝土圈梁：

① 圈梁混凝土强度等级不宜小于砌块强度等级的 2 倍，或该层灌孔混凝土的强度等级，但不应低于 C20；

② 圈梁的宽度宜为墙厚，高度不宜小于 200mm；纵向钢筋直径不应小于墙中水平分布钢筋的直径，且不宜小于 $4\phi12$；箍筋直径不应小于 $\phi6$，间距不大于 200mm。

5. 夹心墙的自承重叶墙的横向支承间距

为了进一步确保内外叶墙在地震区的整体性和共同工作，要求夹心墙的自承重叶墙的横向支承间距，宜符合下列规定：

(1) 8、9 度时不宜大于 3m；

(2) 7 度时不宜大于 6m；

(3) 6 度时不宜大于 9m。

10.4 多层砌体结构的抗震构造措施

多层砌体结构是本章阐述的重点,为了使用方便及其完整性,并减少与本套丛书中《房屋抗震结构设计》一册的重复,本章给出了多层砖房及多层砌块房屋的抗震构造措施,其他类型(底部框架和内框架等)房屋的抗震构造措施请见本套丛书《建筑结构抗震设计及工程应用》或《建筑抗震设计规范》GB 50011—2001。

10.4.1 地震区材料强度的最低等级

为了有利于砌体建筑向轻质高强发展,对于地震区的材料强度,应符合下列规定:

1. 烧结普通砖和烧结多孔砖的强度等级不应低于MU10,其砌筑砂浆的强度等级不应低于M5.0;配筋砖砌体剪力墙中砌筑砂浆不应低于M7.5。

2. 混凝土砌块砌筑砂浆的强度等级不应低于Mb5.0;混凝土小型空心砌块的强度等级不应低于MU7.5,其砌筑砂浆的强度等级不应低于Mb7.5;配筋砌块砌体剪力墙中砌筑砂浆的强度等级不应低于Mb10。

3. 料石的强度等级不应低于MU30,砌筑砂浆的强度等级不应低于M5。

4. 一般房屋的构造柱、芯柱、圈梁及其他各类构件的混凝土强度等级不应低于C20;底层设置抗震墙的框支墙梁的框架柱、抗震墙和托梁的混凝土强度等级不应低于C30,托梁上一层墙体的砂浆强度等级不应低于M10,其余墙体的砂浆强度等级不应低于M5。

10.4.2 多层砖房的抗震构造措施

1. 设置钢筋混凝土构造柱

根据大量的工程实践和试验研究,在多层砌体结构中设置钢筋混凝土构造柱可以提高砌体结构承受地震作用产生的水平剪力的能力;构造柱约束着墙体在开裂后的滑移和错位,提高了墙体的变形能力,对防止房屋倒塌、减少房屋的损坏有很大的作用。

(1) 构造柱设置要求

① 构造柱设置的部位

根据构造柱的作用,构造柱应设置在墙体的转角处、纵墙和横墙的交接处。具体的设置部位应符合表10.4-1的要求。

砖房构造柱设置部位 表10.4-1

房屋层数				设 置 部 位	
6度	7度	8度	9度		
四、五	三、四	二、三		外墙四角,错层部位横墙与外墙交接处,大房间内外墙交接处,较大洞口两侧	7、8度时,楼电梯间的四角;隔15m或单元横墙与外纵墙交接处
六、七	五	四	二		隔开间横墙(轴线)与外墙交接处,山墙与内纵墙交接处;7~9度时,楼电梯间的四角
八	六、七	五、六	三、四		内墙(轴线)与外墙交接处,内墙的局部较小墙垛处;7~9度时,楼、电间的四角;9度时内纵墙与横墙(轴线)交接处

② 外廊式和单面走廊式的多层房屋,应根据房屋增加一层后的层数,按表10.4-1的要求设置构造柱,且单面走廊两侧的纵墙均应按外墙处理。

③ 教学楼、医院等横墙较少的房屋，应根据房屋增加一层后的层数，按表10.4-1的要求设置构造柱；当教学楼、医院等横墙较少的房屋为单面走廊时，应按②款要求设置构造柱，但6度不超过四层、7度不超过三层和8度不超过二层时，应按增加两层后的层数对待。

④ 对于6、7度时采用蒸压灰砂砖、蒸压粉煤灰砌体结构的房屋，当砌体的抗剪强度不低于砖砌体的70%时，其构造柱应按增加一层的层数所对应的砖房设置，其他要求可按砖房的相应规定执行。

(2) 构造柱的截面配筋及拉结

① 构造柱最小截面可采用240mm×180mm，纵向钢筋宜采用4φ12，箍筋间距不宜大于250mm，且在柱上下端宜适当加密；7度时超过六层、8度时超过五层和9度时，构造柱纵向钢筋宜采用4φ14，箍筋间距不应大于200mm；房屋四角的构造柱可适当加大截面及配筋。

② 构造柱与墙连接处应砌成马牙槎，并应沿墙高每隔500mm设2φ6拉结钢筋，每边伸入墙内不宜小于1m。

③ 构造柱与圈梁连接处，构造柱的纵筋应穿过圈梁，保证构造柱纵筋上下贯通。

④ 构造柱可不单独设置基础，但应伸入室外地面下500mm，或与埋深小于500mm的基础圈梁相连。

⑤ 房屋高度和层数接近《建筑抗震设计规范》GB 50011—2001表7.1.2的限值时，纵、横墙内构造柱间距尚应符合下列要求：

a. 横墙内的构造柱间距不宜大于层高的2倍；下部1/3楼层的构造柱间距适当减小；

b. 当外纵墙开间大于3.9m时，应另设加强措施。内纵墙的构造柱间距不宜大于4.2m。

2. 设置钢筋混凝土圈梁

钢筋混凝土圈梁与构造柱连接起来，提高了房屋的整体性，加强了房屋的抗震能力。圈梁还可以延缓墙体裂缝的出现和发展，同时还可以抵抗由于地震或其他原因引起的地基不均匀沉降。

(1) 圈梁的设置部位

多层普通砖、多孔砖房屋的现浇钢筋混凝土圈梁的设置应符合下列要求：

① 装配式钢筋混凝土楼、屋盖或木楼、屋盖的砖房、横墙承重时应按表10.4-2的要求设置圈梁；纵墙承重时每层均应设置圈梁，且抗震横墙上的圈梁间距应比表内要求适当加密。

② 现浇或装配整体式钢筋混凝土楼、屋盖与墙体有可靠连接的房屋，应允许不另设圈梁，但楼板沿墙体周边应加强配筋并应与相应的构造柱可靠连接。

砖房现浇钢筋混凝土圈梁设置要求   表10.4-2

墙　类	烈　度		
	6、7	8	9
外墙和内纵墙	屋盖处及每层楼盖处	屋盖处及每层楼盖处	屋盖处及每层楼盖处
内横墙	同上；屋盖处间距不应大于7m；楼盖处间距不应大于15m；构造柱对应部位	同上；屋盖处沿所有横墙，且间距不应大于7m；楼盖处间距不应大于7m；构造柱对应部位	同上；各层所有横墙

(2) 现浇钢筋混凝土圈梁的构造要求

① 圈梁应闭合，遇有洞口圈梁应上下搭接。圈梁宜与预制板设在同一标高处或圈梁紧靠板底。

② 圈梁在表 10.4-2 要求的间距内无横墙时，应利用梁或板缝中配筋替代圈梁。

③ 圈梁的截面高度不应小于 120mm，配筋应符合表 10.4-3 的要求；当在软弱黏性土、液化土、新近填土或严重不均匀土质上采取增设基础圈梁时，截面高度不应小于 180mm，配筋不应少于 4ϕ12。

砖房圈梁配筋要求　　　　　　表 10.4-3

配　筋	烈　度		
	6、7	8	9
最小纵筋	4ϕ10	4ϕ12	4ϕ14
最大箍筋间距(mm)	250	200	150

(3) 楼、屋盖的构造要求

多层普通砖、多孔砖房屋的楼、屋盖的构造要求主要是保证楼、屋盖与房屋结构相应部位的拉结与锚固，加强房屋的整体性，其具体要求如下：

① 现浇钢筋混凝土楼板或屋面板伸进纵、横墙内的长度，均不应小于 120mm。

② 装配式钢筋混凝土楼板或屋面板，当圈梁未设在板的同一标高时，板端伸进外墙的长度不应小于 120mm，伸进内墙的长度不应小于 100mm，在梁上不应小于 80mm。

③ 当板的跨度大于 4.8m 并与外墙平行时，靠外墙的预制板侧边应与墙或圈梁拉结。

④ 房屋端部大房间的楼盖，8 度时房屋的屋盖和 9 度时房屋的楼、屋盖，当圈梁设在板底时，钢筋混凝土预制板应相互拉结，并应与梁、墙或圈梁拉结。

3. 梁、墙及柱连接的构造要求

(1) 楼、屋盖的钢筋混凝土梁或屋架应与墙、柱(包括构造柱)或圈梁可靠连接，梁与砖柱的连接不应削弱柱截面，各层独立砖柱顶部应在两个方向均有可靠连接。

(2) 对于 7 度时长度大于 7.2m 的大房间，及 8 度和 9 度时，外墙转角及内外墙交接处，应沿墙高每隔 500mm 配置 2ϕ6 拉结钢筋，且每边伸入墙内不宜小于 1m。

4. 楼梯间的构造要求

(1) 8 度和 9 度时，顶层楼梯间横墙和外墙应沿墙高每隔 500mm 设 2ϕ6 通长钢筋；9 度时其他各层楼梯间墙体在休息平台或楼层半高处设置 60mm 厚的钢筋混凝土带或配筋砖带，其砂浆强度等级不应低于 M7.5，纵向钢筋不应少于 2ϕ10。

(2) 8 度和 9 度时，楼梯间及门厅内墙阳角处的大梁支承长度不应小于 500mm，并应与圈梁连接。

(3) 装配式楼梯段应与平台板的梁可靠连接；不应采用墙中悬挑式踏步或踏步竖肋插入墙体的楼梯，不应采用无筋砖砌栏板。

(4) 突出屋顶的楼、电梯间，构造柱应伸到顶部，并与顶部圈梁连接，内外墙交接处应沿墙高每隔 500mm 设 2ϕ6 拉结钢筋，且每边伸入墙内不应小于 1m。

5. 其他构造要求

(1) 坡屋顶房屋的屋架应与顶层圈梁可靠连接，檩条或屋面板应与墙及屋架可靠连接，房屋出入口处的檐口瓦应与屋面构件锚固；8度和9度时，顶层内纵墙顶宜增砌支承山墙的踏步式墙垛。

(2) 门窗洞口处不应采用无筋砖过梁；过梁支承长度，6~8度时不应小于240mm，9度时不应小于360mm。

(3) 预制阳台应与圈梁和楼板的现浇板带可靠连接。

(4) 后砌的非承重砌体隔墙应采取措施减少对主体结构的不利影响，应沿墙高每隔500mm配置2ϕ6拉结钢筋与承重墙或柱拉结，每边伸入墙内不应少于500mm；8度和9度时，长度大于5m的后砌隔墙，墙顶尚应与楼板或梁拉结。

(5) 同一结构单元的基础(或桩承台)，宜采用同一类型的基础，底面宜埋置在同一标高上，否则应增设基础圈梁并应按1:2的台阶逐步放坡。

(6) 横墙较少的多层普通砖、多孔砖住宅楼的总高度和层数接近或达到《建筑抗震设计规范》GB 50011—2001表7.1.2规定限值时，应采取下列加强措施：

① 房屋的最大开间尺寸不宜大于6.6m。

② 同一结构单元内横墙错位数量不宜超过横墙总数的1/3，且连续错位不宜多于两道；错位的墙体交接处均应增设构造柱，且楼、屋面板应采用现浇钢筋混凝土板。

③ 横墙和内纵墙上洞口的宽度不宜大于1.5m；外纵墙上洞口的宽度不宜大于2.1m或开间尺寸的一半；且内外墙上洞口位置不应影响内外纵墙与横墙的整体连接。

④ 所有纵横墙均应在楼、屋盖标高处设置加强的现浇钢筋混凝土圈梁：圈梁的截面高度不宜小于150mm，上下纵筋各不应少于3ϕ10，箍筋不小于ϕ6，间距不大于300mm。

⑤ 所有纵横墙交接处及横墙的中部，均应增设满足下列要求的构造柱：在横墙内的柱距不宜大于层高，在纵墙内的柱距不宜大于4.2m，最小截面尺寸不宜小于240mm×240mm，配筋宜符合表10.4-4的要求。

增设构造柱的纵筋和箍筋设置要求 表10.4-4

位置	纵向钢筋			箍筋		
	最大配筋率 (%)	最小配筋率 (%)	最小直径 (mm)	加密区范围 (mm)	加密区间距 (mm)	最小直径 (mm)
角柱	1.8	0.8	14	全高	100	6
边柱			14	上端700		
中柱	1.4	0.6	12	下端500		

⑥ 同一结构单元的楼、屋面板应设置在同一标高处。

⑦ 房屋底层和顶层的窗台标高处，宜设置沿纵横墙通长的水平现浇钢筋混凝土带；其截面高度不小于60mm，宽度不小于240mm，纵向钢筋不少于3ϕ6。

10.4.3 多层砌块房屋抗震构造措施

多层砌块房屋抗震构造措施主要是结合空心砌块的特点，所采取的是增加房屋整体性和延性，提高抗震能力的措施。这些措施主要有钢筋混凝土芯柱的设置，以及代替芯柱的构造柱、圈梁、配筋砌块砌体剪力墙以及各部分构件连接等方面。

1. 钢筋混凝土芯柱的设置

(1) 小砌块房屋芯柱设置要求

小砌块房屋应按表 10.4-5 的要求设置钢筋混凝土芯柱,对医院、教学楼等横墙较少的房屋,应根据房屋增加一层后的层数,按表 10.4-5 的要求设置芯柱。

小砌块房屋芯柱设置要求　　　　　　　　　　　　表 10.4-5

房屋层数			设 置 部 位	设 置 数 量
6 度	7 度	8 度		
四、五	三、四	二、三	外墙转角,楼梯间四角;大房间内外墙交接处;隔 15m 或单元横墙与外纵墙交接处	外墙转角,灌实 3 个孔;内外墙交接处,灌实 4 个孔
六	五	四	外墙转角,楼梯间四角;大房间内外墙交接处,山墙与内纵墙交接处,隔开间横墙(轴线)与外纵墙交接处	
七	六	五	外墙转角,楼梯间四角;各内墙(轴线)与外纵墙交接处;8、9 度时内纵墙与横墙(轴线)交接处和洞口两侧	外墙转角,灌实 5 个孔;内外墙交接处,灌实 4 个孔,内墙交接处,灌实 4～5 个孔;洞口两侧各灌实 1 个孔
	七	六	同上 横墙内芯柱间距不宜大于 2m	外墙转角,灌实 7 个孔;内外墙交接处,灌实 5 个孔,内墙交接处,灌实 4～5 个孔;洞口两侧各灌实 1 个孔

注:外墙转角、内外墙交接处、楼电梯间四角等部位,应允许采用钢筋混凝土构造柱替代部分芯柱。

(2) 小砌块房屋芯柱的构造要求

① 小砌块房屋芯柱截面不宜小于 120mm×120mm。

② 芯柱混凝土强度等级,不应低于 C20。

③ 芯柱的竖向插筋应贯通墙身且与圈梁连接;插筋不应小于 1ϕ12,7 度时超过五层、8 度时超过四层和 9 度时,插筋不应小于 1ϕ14。

④ 芯柱应伸入室外地面下 500mm 或与埋深小于 500mm 的基础圈梁相连。

⑤ 为提高墙体抗震受剪承载力而设置的芯柱,宜在墙体内均匀布置,最大净距不宜大于 2.0m。

(3) 小砌块房屋中替代芯柱的钢筋混凝土构造柱的构造要求

在墙体交接处用构造柱代替芯柱,可较大程度地提高对砌块砌体的约束能力,也为施工带来方便。具体要求如下:

① 构造柱最小截面可采用 190mm×190mm,纵向钢筋宜采用 4ϕ12,箍筋间距不宜大于 250mm,且在柱上下端宜适当加密;7 度时超过五层、8 度时超过四层和 9 度时,构造柱纵向钢筋宜采用 4ϕ14,箍筋间距不应大于 200mm;外墙转角的构造柱可适当加大截面及配筋。

② 构造柱与砌块墙连接处应砌成马牙槎,与构造柱相邻的砌块孔洞,6 度时宜填实,7 度时应填实,8 度时应填实并插筋;沿墙高每隔 600mm 应设拉结钢筋网片,每边伸入墙内不宜小于 1m。

③ 构造柱与圈梁连接处,构造柱的纵筋应穿过圈梁,保证构造柱纵筋上下贯通。

④ 构造柱可不单独设置基础,但应伸入室外地面下 500mm,或与埋深小于 500mm 的基础圈梁相连。

2. 钢筋混凝土圈梁的设置

小砌块房屋的现浇钢筋混凝土圈梁应按表 10.4-6 的要求设置，圈梁宽度不应小于 190mm，配筋不应少于 4ϕ12，箍筋间距不应大于 200mm。

小砌块房屋现浇钢筋混凝土圈梁设置要求　　　　表 10.4-6

墙　类	烈　度	
	6、7	8
外墙和内纵墙	屋盖处及每层楼盖处	屋盖处及每层楼盖处
内横墙	同上；屋盖处沿所有横墙；楼盖处间距不应大于 7m；构造柱对应部位	同上；各层所有横墙

3. 墙体拉结

（1）小砌块房屋墙体交接处或芯柱与墙体连接处应设置拉结钢筋网片，网片可采用直径 4mm 的钢筋点焊而成，沿墙高每隔 600mm 设置，每边伸入墙内不宜小于 1m。

（2）小砌块房屋的层数，6 度时七层，7 度时超过五层、8 度时超过四层，在底层和顶层的窗台标高处，沿纵横墙应设置通长的水平现浇钢筋混凝土带；其截面高度不小于 60mm，纵筋不小于 2ϕ10，并应有分布拉结钢筋；其混凝土强度等级不应低于 C20。

4. 其他构造要求

小砌块房屋的楼、屋盖及楼梯间处的其他构造要求同多层砖房。

10.5 砌体抗震构件计算例题

【例 10.5-1】 砖砌体和钢筋混凝土构造柱组合墙抗震计算例题

某采用普通烧结砖砌筑的墙体。如图 10.5-1 所示，上垫梁相当于楼层混凝土圈梁，下垫梁相当于钢筋混凝土条形基础。根据约束情况，计算高度 $H_0 = 2.60 + 0.40 = 3.0$m。墙体采用 MU15 烧结普通砖、M10 混合砂浆砌筑，混凝土为 C20 级，竖向钢筋为 Ⅱ 级，水平钢筋 Ⅰ 级。施工质量控制等级 B 级，安全等级二级。地震设防烈度 8 度。该墙段两端及中部设有 240mm×240mm 构造柱，每根构造柱配有纵筋 4ϕ14，箍筋 ϕ6@150。

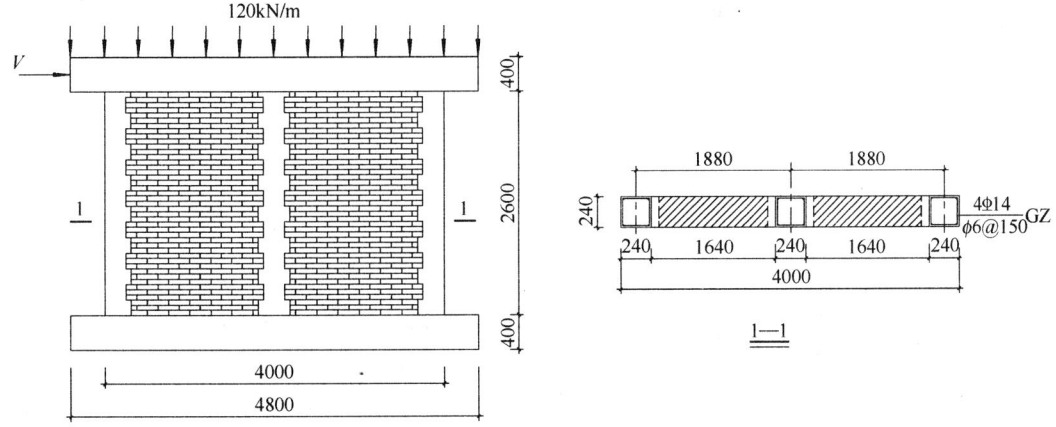

图 10.5-1　例 10.5-1 图

该墙体承受轴向压应力设计值 $N=120\text{kN/m}$，考虑地震作用组合的水平剪力 $V=280\text{kN}$。试验算其水平抗震承载力是否满足要求。

解：(1) 按式(10.2-2)即 $V \leqslant \dfrac{1}{\gamma_{RE}} [\eta_c f_{VE}(A-A_c) + \zeta f_t A_c + 0.08 f_y A_s]$ 验算此组合墙抗震承载力是否满足要求。

(2) $V=280\text{kN}$。

(3) 计算抗力：

① 查表 10.1-1，组合砖墙受剪，$\gamma_{RE}=0.85$。

② 本墙段构造柱间距 1.880m<2.8m，取 $\eta_c=1.1$。

③ f_{VE} 按式(10.1-1)即 $f_{VE}=\zeta_N f_v$ 计算：

a. 采用 MU15 烧结普通砖、M10 混合合砂浆砌筑可得：
$$f^* = 2.31\text{MPa}, \quad f_v = 0.17\text{MPa}$$

b. ζ_N 应根据砌体类别、σ_0/f_v 查表 10.1-2，所以应先求解 σ_0/f_v。

σ_0 的求解：

$A=240\times 4000=960000\text{mm}^2$，$N=120\times 4=480\text{kN}=480000\text{N}$

$\sigma_0 = \dfrac{N}{A} = \dfrac{480000}{960000} = 0.5$

$\sigma_0/f_v = 0.5/0.17 = 2.941$，根据表 10.1-2 插值求得 $\zeta_N=1.272$

c. $f_{VE} = \zeta_N f_v = 1.271 \times 0.17 = 0.216\text{MPa}$

④ 基本参数：

钢筋面积 $A_s = 4\times \pi \times 14^2/4 = 616\text{mm}^2$

中部构造柱的截面面积(假设为横墙或内纵墙)：

$A_c = 240\times 240 = 57600\text{mm}^2 < 0.15A = 0.15\times 960000 = 144000\text{mm}^2$，取 $A_c = 57600\text{mm}^2$，中部构造柱的配筋率 $=616/57600=1.07\%$，符合要求。

混凝土为 C20 级，$f_t=1.10\text{MPa}$，竖向钢筋为Ⅱ级可得 $f_y=300\text{MPa}$

$A=960000\text{mm}^2=0.96\text{m}^2>0.2\text{m}^2$，$r_a=1$，$f=\gamma_a f^* = 2.31\text{MPa}$

⑤ 中部构造柱参与系数，居中设一根，$\zeta=0.5$。

⑥ 抗力计算：

$\dfrac{1}{\gamma_{RE}} [\eta_c f_{VE}(A-A_c) + \zeta f_t A_c + 0.08 f_y A_s]$

$= \dfrac{1}{0.85} [1.1\times 0.216\times (960000-57600) + 0.5\times 1.10\times 57600 + 0.08\times 300\times 616]$

$= 306911\text{N} = 306.910\text{kN}$

(4) $V=280\text{kN} <$ 抗力 $=306.910\text{kN}$，因此满足要求。

【例 10.5-2】 配筋砌块砌体剪力墙抗震计算例题

某配筋混凝土小型空心砌块房屋首层的墙体。如图 10.5-2 所示，上垫梁相当于楼层混凝土圈梁，下垫梁相当于钢筋混凝土条形基础。根据约束情况，计算高度 $H_0=2.60+0.40=3.0\text{m}$。墙体采用 MU15 砌块、Mb10 混合砂浆砌筑，混凝土为 C20 或 Cb20 级，竖向钢筋为Ⅱ级，水平钢筋Ⅰ级。施工质量控制等级 B 级，安全等级二级。地震设防烈度 8 度，抗震等级属一级。该墙段两端设有 $200\text{mm}\times 190\text{mm}$ 构造柱，每根构造柱配有纵筋

4φ16，箍筋 φ8@150；隔孔灌注芯柱，每根芯柱截面尺寸为 140mm×130mm，配置纵筋 1φ14；隔 1 皮布置水平条带，水平条带放置在对应的圈梁砌块中，设有通长水平钢筋 2φ8。

当墙体承受轴向压应力设计值 $N=120$kN/m，考虑地震作用组合的水平剪力 $V=230$kN，作用于上垫梁中心。试验算墙体考虑地震作用组合后其正截面及斜截面的承载力是否满足要求。

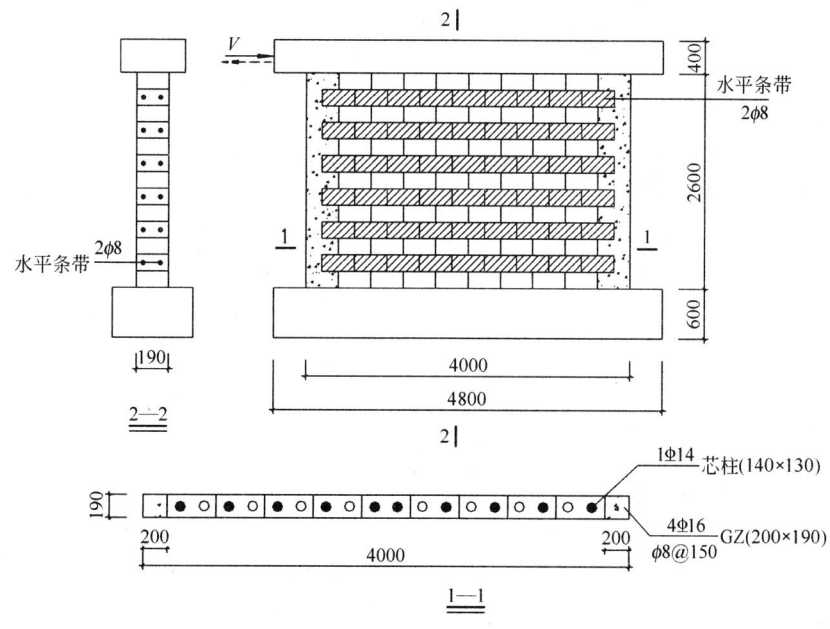

图 10.5-2 例 10.5-2 图

解：

1. 基本参数

（1）检查构造要求是否满足要求

该配筋砌块房屋首层的墙体为一级抗震等级配筋砌块砌体剪力墙底部加强区❶。

表 10.5-1

实 际 配 筋	构 造 要 求	是否满足要求
竖向分布钢筋为 φ14@400，配筋率为 0.2%	最小配筋率为 0.13%，最小直径 φ12，最大间距 400	满 足
水平分布钢筋为 2φ8@400，配筋率为 0.132%	最小配筋率为 0.13%，最小直径 φ8，最大间距 400	满 足

（2）计算强度设计值

① 灌孔砌体抗压强度设计值 f_g

按式(3.2-5)求解，即 $f_g = f + 0.6\alpha f_c$，其中 $\alpha = \delta\rho$。

a. 查表 3.2-11，未灌孔砌体抗压强度设计值 $f=4.02$MPa。

---

❶ 底部加强区是指墙体高度不小于房屋高度的 1/6，且不小于两层的高度。

b. 砌块孔洞率 $\delta = \dfrac{140 \times 130 \times 2}{190 \times 390} = 0.491$；

隔孔灌，灌孔率 $\rho = 0.5$

$$\alpha = \delta \rho = 0.491 \times 0.5 = 0.246$$

c. Cb20 级混凝土轴心抗压强度设计值 $f_c = 9.6 \text{MPa}$；

d. $f_g = f + 0.6 \alpha f_c = 4.02 + 0.6 \times 0.246 \times 9.6 = 5.43 \text{MPa}$

② 灌孔砌体的抗剪强度设计值 f_{vg}

按式(3.3-5)计算 f_{vg}，即 $f_{vg} = 0.2 f_g^{0.55} = 0.2 \times 5.43^{0.55} = 0.507 \text{MPa}$

(3) 其他参数

钢筋的强度设计值 $f_y = f_y' = 300 \text{MPa}$，$f_{yh} = 210 \text{MPa}$

$h = 4000 \text{mm}$，因为构造柱高 200mm，故其中心位于 100mm 处，则 $a_s = 100 \text{mm}$，$h_0 = h - a_s = 3900 \text{mm}$；竖向分布钢筋为 $\Phi 14@400$；水平分布钢筋为 $2\phi 8@400$。

$$\rho_w = \dfrac{153.9}{190 \times 400} = 0.203\%$$

(4) 确定墙体承受的外荷载

根据 10.3.2 节关于底部加强区截面组合剪力设计值 V_w 的调整规定：

一级抗震等级 $V_w = 1.6V = 1.6 \times 230 = 368 \text{kN}$

所以该墙体承受的外荷载设计值为：

$$N = 120 \times 4 = 480 \text{kN}$$
$$V_w = 1.6V = 1.6 \times 230 = 368 \text{kN}$$
$$M = 230 \times (2.6 + 0.4/2) = 644 \text{kN} \cdot \text{m}$$

2. 构件正截面承载力计算

(1) 平面内抗压承载力计算——偏心受压

首先假设为大偏心受压：

根据平衡条件 $\gamma_{RE} N \leqslant f_g b x + f_y' A_s' - f_y A - \Sigma f_{si} A_{si}$

为简化计算，令 $\Sigma f_{si} A_{si} = (h_0 - 1.5x) b f_{si} \rho_w$，并考虑对称配筋，即 $f_y' A_s' = f_y A_s$

配筋砌块砌体剪力墙受偏心受压、受剪作用时，查表 10.1-1，$\gamma_{RE} = 0.85$

代入平衡条件，得 $\gamma_{RE} N \leqslant f_g b x - (h_0 - 1.5x) b f_{si} \rho_w$

$$x = \dfrac{\gamma_{RE} N + f_{si} b h_0 \rho_w}{f_g b + 1.5 f_{si} b \rho_w} = \dfrac{0.85 \times 480 \times 10^3 + 300 \times 190 \times 3900 \times 0.203\%}{5.43 \times 190 + 1.5 \times 300 \times 190 \times 0.203\%} = 712 \text{mm}$$

$> 2a_s' = 2 \times 100 = 200 \text{mm}$

$< \xi_b h_0 = 0.53 \times 3900 = 2067 \text{mm}$

上述假设成立，可按大偏心受压构件计算。

轴向力的初始偏心距 $e = \dfrac{M}{N} = \dfrac{644 \times 10^3}{480} = 1342 \text{mm}$

$$\beta = \dfrac{H_0}{h} = \dfrac{3000}{4000} = 0.75$$

附加偏心距 $e_a = \dfrac{\beta^2 h}{2200}(1 - 0.022\beta) = \dfrac{0.75^2 \times 4000}{2200}(1 - 0.022 \times 0.75) = 1.0 \text{mm}$

$e_N = e + e_a + (h/2 - a_s') = 1342 + 1.0 + (4000/2 - 100) = 3243 \text{mm}$

$$Ne_N = 480 \times 3243 \times 10^{-3} = 1556 \text{kN} \cdot \text{m}$$

$$\Sigma f_{si}S_{si} = 0.5 f_{si}\rho_w b(h_0 - 1.5x)^2 = 0.5 \times 300 \times 0.203\% \times 190 \times (3900 - 1.5 \times 712)^2$$
$$= 463814666 \text{N} \cdot \text{mm} = 463.815 \text{kN} \cdot \text{m}$$

$$\frac{1}{\gamma_{RE}}\left[f_g bx\left(h_0 - \frac{x}{2}\right) + f'_y A'_s (h_0 - a'_s) - \Sigma f_{si} S_{si}\right]$$
$$= \frac{1}{0.85} \times \left[5.43 \times 190 \times 772 \times \left(3900 - \frac{712}{2}\right) + 300 \times 804 \times (3900 - 100) - 463.815 \times 10^6\right]$$
$$= 3599911 \text{N} \cdot \text{mm} = 3599.91 \text{kN} \cdot \text{m} > 1556 \text{kN} \cdot \text{m}$$

(2) 平面外抗压承载力验算——轴心受压

按 $\gamma_{RE} N \leq \varphi_{0g}(f_g A + 0.8 f'_y A'_s)$ 验算此墙正截面平面外抗压是否满足承载力要求。

① 计算 φ_{0g}：

根据式(7.2-1)计算 φ_{0g}，即 $\varphi_{0g} = \dfrac{1}{1+0.001\beta^2}$

$$\beta = \frac{H_0}{h} = \frac{3000}{190} = 15.789, \quad \varphi_{0g} = \frac{1}{1+0.001\beta^2} = \frac{1}{1+0.001 \times 15.789^2} = 0.800$$

② 由于表10.1-1未给出配筋砌块砌体剪力墙轴心受压抗震调整系数，即不进行调整，取 $\gamma_{RE} = 1.0$。

③ 毛截面面积：$A = 190 \times 4000 = 760000 \text{mm}^2$

④ 全部竖向钢筋面积 A'_s（构造柱竖向钢筋＋竖向分布钢筋）：

$$A'_s = 4 \times 2 \times \frac{\pi d_1^2}{4} + \frac{4000 - 2 \times 200}{390 + 10} \times \frac{\pi d_2^2}{4} = 8 \times 201 + 9 \times 153.9 = 2994 \text{mm}^2$$

⑤ 抗力计算：

$$\varphi_{0g}(f_g A + 0.8 f'_y A'_s) = 0.800 \times (5.43 \times 760000 + 0.8 \times 300 \times 2994)$$
$$= 3876288 \text{N} = 3876.288 \text{kN} > 120 \times 4 = 480 \text{kN}$$

正截面抗压满足承载力要求。

3. 构件斜截面承载力计算

(1) 截面尺寸要求

$$\lambda = \frac{M}{Vh_0} = \frac{644}{230 \times (3900/1000)} = 0.718 < 2, \text{由于} \lambda < 1.5, \text{取} \lambda = 1.5$$

根据式(10.3-2)，截面尺寸必须满足 $V_w \leq \dfrac{1}{\gamma_{RE}} 0.15 f_g bh$

$$\frac{1}{\gamma_{RE}} 0.15 f_g bh = \frac{1}{0.85} \times 0.15 \times 5.43 \times 190 \times 4000 = 728894 \text{N} = 728.894 \text{kN} > 368 \text{kN}$$

配筋砌块砌体剪力墙的截面符合构造要求。

(2) 斜截面受剪承载力计算

偏心受压配筋砌块砌体剪力墙斜截面受剪承载力应按式(10.3-3)计算。

即 $V_w \leq \dfrac{1}{\gamma_{RE}}\left[\dfrac{1}{\lambda - 0.5}\left(0.48 f_{vg} bh_0 + 0.10 N \dfrac{A_w}{A}\right) + 0.72 f_{yh} \dfrac{A_{sh}}{A} h_0\right]$

① $N = 480 \text{kN} < 0.2 f_g bh = 0.2 \times 5.43 \times 190 \times 4000 \times 10^{-3} = 826.08 \text{kN}$

② 配筋砌块砌体剪力墙受偏心受压、受剪作用时，查表10.1-1，$\gamma_{RE} = 0.85$

$$\frac{1}{\gamma_{RE}}\left[\frac{1}{\lambda-0.5}\left(0.48f_{vg}bh_0+0.10N\frac{A_w}{A}\right)+0.72f_{yh}\frac{A_{sh}}{s}h_0\right]$$

$$=\frac{1}{0.85}\times\left[1\times(0.48\times0.507\times190\times3900+0.10\times480\times10^3\times1)+0.72\times210\times\frac{100.5}{400}\times3900\right]$$

$$=443160N=443.160kN>368kN$$

构件满足承载力要求。

例题小结：

1. 考虑地震作用组合后配筋砌块砌体剪力墙的斜截面承载力计算时，注意截面组合剪力应根据抗震等级作相应调整。

2. 计算过程中应注意公式中各参数的限值要求。

3. 砌体构件的抗震验算或计算与前述各章非抗震计算密切相关，应注意它们之间的取系和差别。

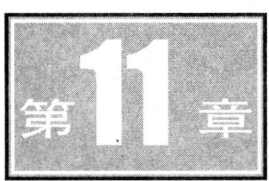

第11章 砌体结构设计实例

11.1 多层砖砌体房屋(某文化活动中心)的结构设计

11.1.1 设计任务

1. 设计要求

某文化活动中心(三层建筑)的平、立面如图 11.1-1 所示，外纵墙墙身剖面及竖向荷载作

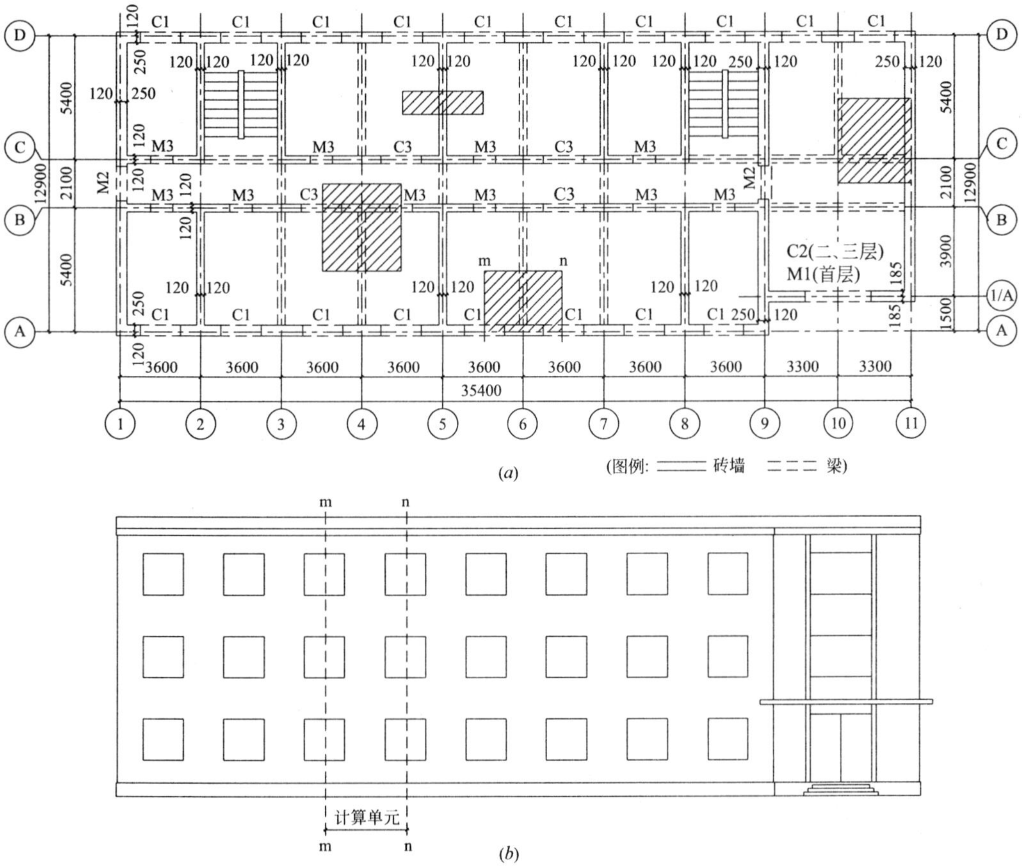

图 11.1-1 某文化活动中心的平/立面

M1—3×2.7；M2—1.5×2.7；M3—1×2.4；C1—1.8×1.8；C2—3×1.8；C3—1.8×0.6(均为宽×高；以 m 计)

(*a*)平面图；(*b*)立面图

用下的计算简图如图 11.1-2 所示。该房屋为纵横墙混合承重体系。开间 3.6m，层高 3.6m，进深 5.4m，走道 2.1m。楼盖及屋盖采用现浇钢筋混凝土板（100mm 厚）、梁（截面 $b \times h = 200mm \times 500mm$）结构。外墙及⑨轴线墙厚为 370mm，内墙厚 240mm。外墙外面为清水墙，内面抹灰，内墙为双面抹灰。墙体用 MU15 普通烧结砖、M7.5 混合砂浆砌筑。采用钢门窗。抗震设防烈度为 8 度，场地土类别为Ⅲ类，设计地震分组为Ⅰ组。工程地质资料：自然地表下 0.3m 内为填土，填土下 2m 内为黏土（$f_{ak} = 160kPa$），其下层为中砂层（$f_{ak} = 350kPa$），标准冻结深度为 0.8m；地下水位较深，无腐蚀性。施工质量控制等级为 B 级，安全等级二级。

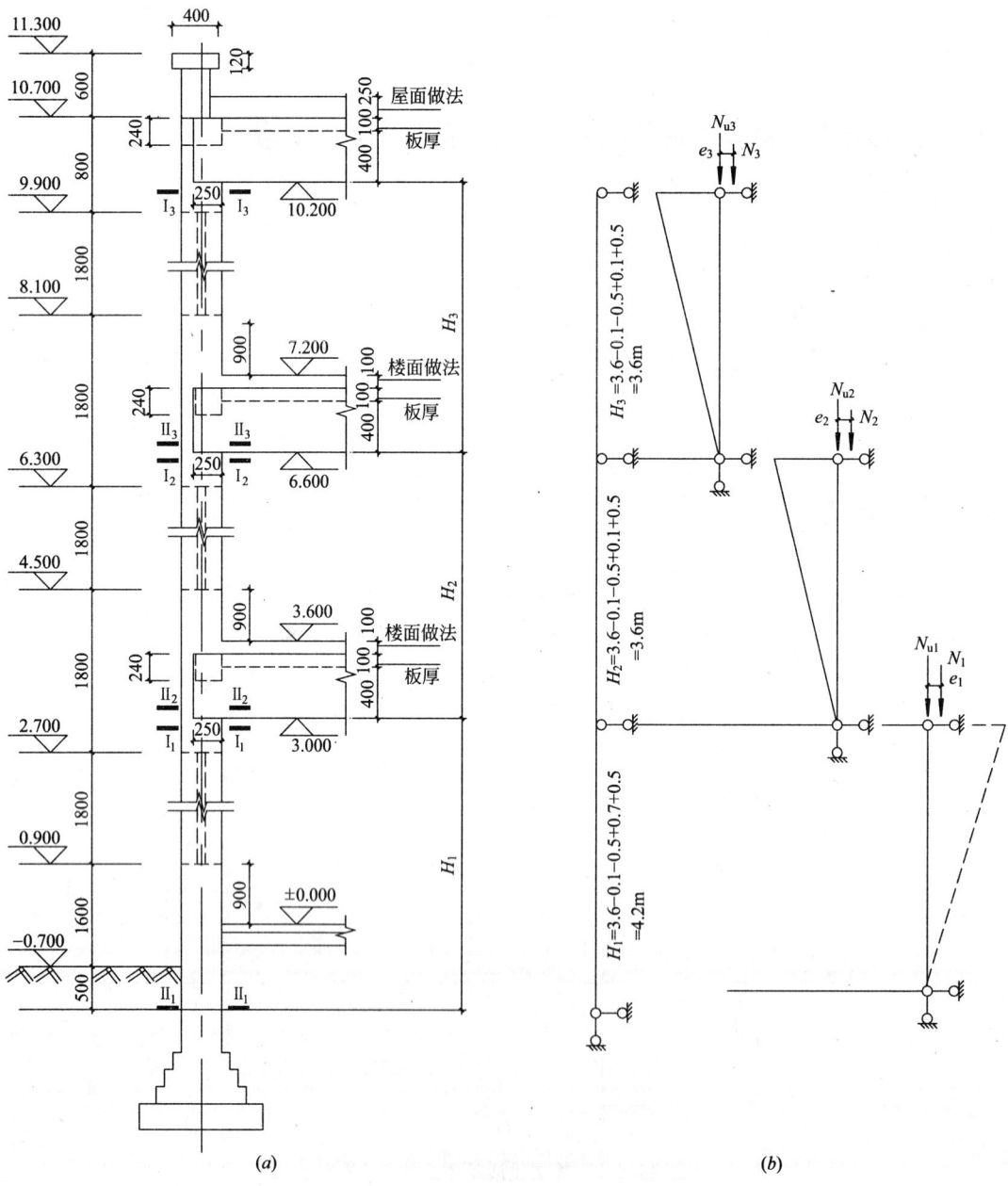

图 11.1-2 某文化活动中心外纵墙剖面图及竖向荷载作用下的计算简图
(a)墙身剖面；(b)竖向荷载作用下计算简图

2. 建筑做法

见表 11.1-1。

各部位建筑做法　　　　　　　　　　表 11.1-1

项　目	建　筑　做　法
屋面做法 （屋13）	(1) 20厚1:3水泥砂浆保护层，每1m见方设分格缝，缝宽10，缝内填粗砂，水泥砂浆保护层内配$\phi1$镀锌钢丝网，每块980×980网孔25～30； (2) 3厚麻刀灰（或纸筋灰）隔离层； (3) SBS改性沥青防水卷材（一道高聚物改性沥青卷材）； (4) 20厚1:3水泥砂浆找平； (5) 最薄30厚1:0.2:3.5水泥粉煤灰页岩陶粒找2%坡； (6) 190厚水泥聚苯颗粒板（保温层采用D3）； (7) 现浇钢筋混凝土屋面板
楼面做法 （楼8B）	(1) 5～10厚铺地砖，稀水泥浆（或彩色水泥浆）擦缝； (2) 6厚建筑水泥砂浆粘结层； (3) 素水泥浆一道（内掺建筑胶）； (4) 74～79厚CL7.5轻集料混凝土（或1:1:6水泥粗砂焦渣）垫层； (5) 现浇钢筋混凝土楼板
板条钢板网 抹灰吊顶（棚20）	(1) 喷（刷、辊）涂料面层； (2) 2厚纸筋灰找平； (3) 6厚1:2.5石灰膏砂浆两遍成活，将麻丝条向四周均匀分散压入灰中； (4) 5厚1:2.5石灰膏砂浆（略掺麻刀）打底（将砂浆压入钢板网孔及板条内）； (5) 悬挂麻丝条，下垂250，间距300； (6) 钉0.8厚钢板网（9×25孔）； (7) 钉30×8木板条，离缝30宽，端头离缝5宽； (8) 50×50木次龙骨中距450，与主龙骨固定，并用12号镀锌低碳钢丝每隔一道绑牢一道； (9) 50×70木主龙骨找平后用8号镀锌低碳钢丝（或$\phi6$钢筋）吊杆与上部预留钢筋吊环固定； (10) 现浇钢筋混凝土板预留$\phi8$钢筋吊环（勾），双向中距900～1200

注：以上建筑做法均选自《建筑构造通用图集88J1-1工程做法》。

11.1.2 结构布置

根据该文化活动中心需设有棋牌室、小型活动室等使用要求，根据用地情况、当地建筑材料供应及施工队伍情况等，本建筑采用三层普通烧结砖砌体纵横墙承重体系，砖砌刚性条形基础，现浇钢筋混凝土楼屋盖，大房间布置梁，如图 11.1-1 所示。

按照8度抗震构造要求需设构造柱、圈梁、门窗洞口处尚应布置过梁。分述如下：

1. 构造柱的布置

参见本书"10.4.2 多层砖房的抗震构造要求"或《建筑抗震设计规范》GB 50011—2001（以下简称《抗规》）表 7.3.1 规定：对于8度三层砖混结构，在外墙四角、大房间内外墙交接处、较大洞口两侧、楼（电）梯间四角设置构造柱；《抗规》7.3.2 条规定：构造柱的最小截面可采用240mm×180mm，纵向钢筋宜采用4ϕ12。本例中设置构造截面尺寸为240mm×240mm构造柱，初步布置如图 11.1-3(a) 所示。

2. 圈梁的布置

参见本书"10.4.2 多层砖房的抗震构造要求"或《抗规》表 7.3.3：8度区，对于外

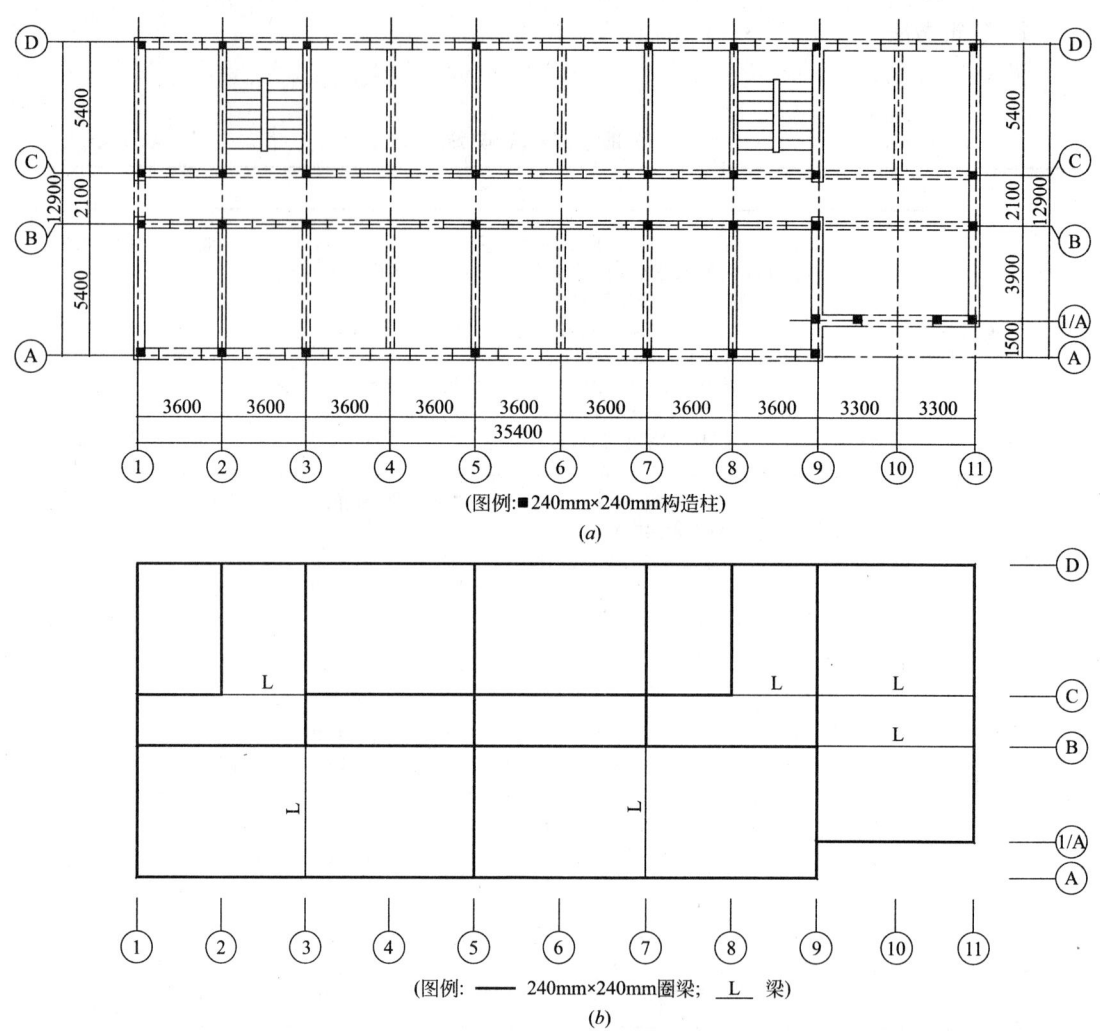

图 11.1-3 构造柱和圈梁布置图
(a)构造柱布置图；(b)圈梁布置图

墙和内纵墙，应在屋盖处及每层楼盖处设置圈梁。对于内横墙，应在屋盖处，且间距不应大于7m；楼盖处间距不应大于7m且构造柱对应部位设置圈梁。《抗规》7.3.4-3 条规定：圈梁高度不应小于 120mm。

在各层楼盖及屋盖处设置 240mm×240mm 的圈梁，已有楼(屋)盖梁处不再另布圈梁，梁(L)则兼作圈梁。圈梁上皮与现浇板平齐，外墙内皮与圈梁内皮平齐。具体布置如图 11.1-3(b)所示。

3. 过梁的布置

钢筋砖过梁跨度不应超过 1.5m，砖砌平拱过梁跨度不应超过 1.2m。本题中均设钢筋混凝土过梁。净跨 1.8m 以下的门窗过梁(C1、C3 窗过梁，M2、M3 门过梁)截面尺寸：墙厚×180mm；净跨 3m 的门窗过梁(C2 窗过梁、M1 门过梁)截面尺寸：墙厚×240mm。

4. 结构构造尺寸检验

见表 11.1-2。

结构构造尺寸检验 表 11.1-2

项　　目	规范规定值	实际值	结　　论
房屋总高度(m)	18	11.4	符合规范要求
房屋总层数	6	3	符合规范要求
房屋高宽比	2.0	0.868	符合规范要求
抗震横墙最大间距(m)	15	10.8	符合规范要求
承重墙窗间墙最小宽度(m)	1.2	1.8	符合规范要求
承重外墙尽端至门窗洞边最小距离(m)	1.2	1.02	不符合规范要求,角部设构造柱
非承重外墙尽端至门窗洞边最小距离(m)	1.0	—	—
内墙阳角至门窗洞边的最小距离(m)	1.5	1.02	墙段需加构造柱
无锚固女儿墙(非主入口处)最大高度	0.5	—	—

5. 其他

本文化活动中心屋顶不上人,设置 240mm 厚 600mm 高女儿墙。

11.1.3 结构计算书

1. 荷载计算

由《建筑结构荷载规范》GB 50009—2001 和《建筑构造通用图集 88J1-1 工程做法》屋面、楼面及墙面的构造做法,可计算或查得各类荷载值如下:

(1) 屋面荷载(kN/m^2):

水泥砂浆面层屋面(不上人)	2.77
100 厚钢筋混凝土板	$25 \times 0.10 = 2.5$
钢丝网抹灰吊顶	0.45
恒载	$5.72 kN/m^2$
活载(不上人屋面,取屋面均布活荷载和雪荷载的较大值)	$0.5 kN/m^2$

(2) 楼面荷载(kN/m^2):

铺地砖楼面	1.7
100 厚钢筋混凝土板	$25 \times 0.10 = 2.5$
钢丝网抹灰吊顶	0.45
恒载	$4.65 kN/m^2$
活载	$2.0 kN/m^2$

(3) 墙体荷载(kN/m^2):

370 厚墙	$19 \times 0.37 = 7.03$
30mm 厚抹面(单面抹灰,外墙)	$20 \times 0.03 = 0.6$
恒载	$7.63 kN/m^2$
240 厚墙	$19 \times 0.24 = 4.56$
双面抹灰	$20 \times 0.06 = 1.2$
恒载	$5.76 kN/m^2$

女儿墙近似用双面抹灰 240 厚砖墙荷载,即 $5.76 kN/m^2$

钢门窗：$0.45kN/m^2$

(4) 梁自重(此处计算梁自重，高度应扣除楼板厚度)：

$25×0.2×(0.50-0.10)+20×0.02×(0.40×2+0.2)=2.40kN/m$

(5) 风荷载(基本风压$0.45kN/m^2$)：

洞口水平截面面积$1.8/3.6=0.5<2/3$；

层高为$3.6m<4m$，总高为$10.95m<26m$(插值)

屋面自重$5.72kN/m^2>0.8kN/m^2$

该结构为刚性方案房屋(具体确定办法见下文中"2. 静力计算方案")，符合本书"9.4 刚性方案多层房屋墙体承载力计算"或《砌体结构设计规范》4.2.6条可不考虑风荷载影响的规定，所以本建筑可不考虑风荷载的影响。

2. 静力计算方案

采用现浇钢筋混凝土屋(楼)盖，最大横墙间距$s=3.6×3=10.8m<32m$；横墙的厚度240mm且无洞口；查本书表9.2.1或《砌体结构设计规范》表4.2.1，属于刚性方案房屋。

3. 高厚比验算

由于从首层到三层各片墙墙厚未发生改变，而首层墙计算高度较高，只需验算一层墙的高厚比。

首层墙的高度从基础顶面到一层楼板顶面的距离，$H=3.6-0.1+0.7+0.5=4.7m$。

高厚比验算(表11.1-3)应选取计算高度H_0较大，即横墙(或纵墙)间距较大，墙厚较小的墙段，并考虑墙上开洞的影响。如有构造柱，还应判断是否考虑构造柱的影响。

构造柱有利于提高墙体稳定性和刚度，应选取较小截面构造柱，计算构造柱截面宽度与构造柱间距之比，判断是否考虑其有利影响：

沿纵墙方向为$b_c/l=240/7200=0.033<0.05$，不考虑构造柱对提高墙体稳定性和刚度的影响；

沿横墙方向：$b_c/l=240/5400=0.044<0.05$，不考虑构造柱的影响。

高 厚 比 验 算　　　　　　　　　　　　　　　表 11.1-3

	整片墙高厚比验算		
	外纵墙(3开间)	内纵墙(3开间)	内横墙
墙 h(mm)	370	240	240
墙高 H(m)	4.7	4.7	4.7
横墙间距 s(m)	$3×3.6=10.8$	$3×3.6=10.8$	5.4
s 与 H 关系	$s>2H$	$s>2H$	$2H>s>H$
计算高度 H_0(m)	4.7	4.7	$0.4×5.4+0.2×4.7=3.1$
$\beta=\dfrac{H_0}{h}$	12.7	19.58	12.92
μ_1	1.0	1.0	1.0
μ_2	$1-0.4×\dfrac{1.8×3}{10.8}=0.8$	$1-0.4×\dfrac{1×2+1.8}{10.8}=0.859$	1.0

续表

	整片墙高厚比验算		
	外纵墙(3开间)	内纵墙(3开间)	内横墙
μ_c	1.0(构造柱宽度<墙厚)	$1+1.5\times\dfrac{240}{7200}=1.05$	—
$[\beta]$	26	26	26
$\mu_1\mu_2\mu_c[\beta]$	26	23.45	26
是否满足要求	满足	满足	满足

4. 抗压承载力验算

1) 外纵墙内力计算和截面承载力验算

(1) 计算单元(图 11.1-1)

选取原则：首先要选择计算部位，通常取受力较大的有代表性的一段进行计算，称为计算单元。对有门窗洞口的外纵墙，取一个开间的窗间墙为计算单元。

外纵墙取一个开间为计算单元，取 6 轴处窗间墙为纵墙计算截面，斜线部分为纵墙受荷面积，$3.6\times5.4/2=9.72\text{m}^2$(实际需扣除一部分墙体的面积，这里仍近似以轴线尺寸计算)。

(2) 控制截面(图 11.1-2)

选取原则：墙体内力沿层高是变化的，弯矩上大下小，轴力上小下大；而墙体截面在窗间墙处最小。因此在进行墙体承载力计算时，需选择起控制作用的计算截面位置。设计中为了简化计算，一般取楼层梁支承面下部[图 11.1-2(a)Ⅰ-Ⅰ截面]及上部[图11.1-2(a)Ⅱ-Ⅱ截面]两个截面进行计算。因为Ⅰ-Ⅰ截面的弯矩(或偏心距)最大，Ⅱ-Ⅱ截面的轴力最大，但截面面积均偏安全取窗间墙截面。对于首层墙Ⅱ-Ⅱ截面应取基础顶面处截面。

由于墙体材料、厚度沿高度均无变化，本墙体可仅验算首层墙的Ⅰ$_1$-Ⅰ$_1$，Ⅱ$_2$-Ⅱ$_2$截面。

对于Ⅰ-Ⅰ截面：砌体抗压强度设计值 $f=2.07\text{MPa}$(施工质量控制等级为 B 级)

对于Ⅱ-Ⅱ截面：±0.00 以下 MU7.5 水泥砂浆，$\gamma_a=0.9$

$$f=\gamma_a f^*=0.9\times2.07=1.863\text{MPa}$$

计算截面面积为：$A=370\times(3600-1800)=666000\text{mm}^2$

(3) 内力计算(标准值)

① 各层墙重(砖墙实体重+门窗重)：

a. 三层梁底以上墙(包括女儿墙)：$G_k=5.76\times3.6\times0.6+7.63\times3.6\times0.5=26.18\text{kN}$

b. 2～3 层墙重(从上一层梁底面到下一层梁底面)：

$$G_{2k}=G_{3k}=7.63\times(3.6\times3.6-1.8\times1.8)+0.45\times1.8\times1.8=75.62\text{kN}$$

c. 首层墙重(大梁底面到基础顶面)：

墙高=楼面建筑标高+室内外高差+室外地坪与基础顶面高差-楼层建筑面层厚度-梁高，即 $3.6+0.7+0.5-0.1-0.5=4.2\text{m}$

$$G_{1k}=7.63\times(3.6\times4.2-1.8\times1.8)+0.45\times1.8\times1.8=92.10\text{kN}$$

② 屋面梁支座反力(屋面传来荷载+梁自重)：

$$N_{l3gk}=5.72\times9.72+0.5\times2.4\times5.4=62.078\text{kN}$$
$$N_{l3qk}=0.5\times9.72=4.86\text{kN}$$

③ 楼面梁支座反力(楼板传来荷载+梁自重)：

由恒载传来 $\quad N_{l2gk}=N_{l1gk}=4.65\times9.72+0.5\times2.4\times5.4=51.68\text{kN}$

由活载传来 $\quad N_{l2qk}=N_{l1qk}=2\times9.72=19.44\text{kN}$

楼面梁的有效支承长度 $\quad a_{01}=10\sqrt{\dfrac{h_c}{f}}=10\times\sqrt{\dfrac{500}{2.07}}=155.44\text{mm}$

$$e_{l1}=\dfrac{h}{2}-0.4a_{01}=370/2-0.4\times155.4=122.8\text{mm}$$

(4) 内力组合

① 首层墙 Ⅰ-Ⅰ 截面

a. 第一种组合(由可变荷载效应控制的组合，$\gamma_G=1.2$，$\gamma_Q=1.4$)：

$$N_{1I}=1.2(G_k+G_{3k}+G_{2k}+N_{l3gk}+N_{l2gk}+N_{l1gk})+1.4(N_{l3qk}+N_{l2qk}+N_{l1qk})$$
$$=1.2\times(26.18+75.62\times2+62.08+51.68\times2)+1.4\times(4.86+19.44\times2)$$
$$=1.2\times342.85+1.4\times43.74=472.7\text{kN}$$

$$N_{l1}=1.2N_{l1gk}+1.4\times N_{l1qk}=1.2\times51.68+1.4\times19.44=89.23\text{kN}$$

$$\sigma_0=\dfrac{472.7-89.23}{1.8\times0.37}=575.72\text{kN/m}^2=0.576\text{MPa}$$

$$e=\dfrac{N_{l1}e_{l1}}{N_I}=\dfrac{89.23\times122.8}{472.7}=23.2\text{mm}$$

b. 第二种组合(由永久荷载效应控制的组合，$\gamma_G=1.35$，$\gamma_Q=1.4$，$\psi_c=0.7$)：

$$N_{1I}=1.35(G_k+G_{3k}+G_{2k}+N_{l3gk}+N_{l2gk}+N_{l1gk})+1.4\times0.7\times(N_{l3qk}+N_{l2qk}+N_{l1qk})$$
$$=1.35\times342.85+1.4\times0.7\times43.74=505.7\text{kN}$$

$$N_{l1}=1.35N_{l1gk}+1.4\times0.7\times N_{l1qk}=1.35\times51.68+1.4\times0.7\times19.44=88.82\text{kN}$$

$$\sigma_0=\dfrac{505.7-88.82}{1.8\times0.37}=625.98\text{kN/m}^2=0.626\text{MPa}$$

$$e=\dfrac{N_{l1}e_{l1}}{N_I}=\dfrac{88.82\times122.8}{505.7}=21.6\text{mm}$$

② 首层墙 Ⅱ-Ⅱ 截面

a. 第一种组合(由可变荷载效应控制的组合，$\gamma_G=1.2$，$\gamma_Q=1.4$)：

$$N_{2Ⅱ}=1.2G_{1k}+472.7=1.2\times92.10+472.7=583.2\text{kN}$$

b. 第二种组合(由永久荷载效应控制的组合，$\gamma_G=1.35$，$\gamma_Q=1.4$，$\psi_c=0.7$)：

$$N_{2Ⅱ}=1.35G_{1k}+505.7=1.35\times92.10+505.7=630.1\text{kN}$$

(5) 截面承载力计算

① 首层墙体 Ⅰ-Ⅰ 截面

a. 第一种组合：

$$A=666000\text{mm}^2,\ f=2.07\text{MPa},\ H_0=4700\text{mm},\ \gamma_\beta=1.0$$

$$\beta=\gamma_\beta\dfrac{H_0}{h}=1.0\times\dfrac{4700}{370}=12.7,\ e=23.2\text{mm}<0.6y=0.6\times370/2=111\text{mm}$$

$\dfrac{e}{h}=\dfrac{23.2}{370}=0.0627$，查本书表 5.1-2 或《砌体结构设计规范》表 D.0.1-1，$\varphi=0.667$

$\varphi fA=0.667\times 2.07\times 666000=919.68\text{kN}>N_{1\text{I}}=472.7\text{kN}$，满足要求。

b. 第二种组合：

$$\beta=12.7,\ e=21.6\text{mm}<0.6y=0.6\times 370/2=111\text{mm}$$

$\dfrac{e}{h}=\dfrac{21.6}{370}=0.0583$，查本书表 5.1-1 或《砌体结构设计规范》表 D.0.1-1，$\varphi=0.676$

$\varphi fA=0.676\times 2.07\times 666000=931.81\text{kN}>N_{1\text{I}}=505.7\text{kN}$，满足要求。

② 首层墙体 Ⅱ-Ⅱ 截面

按轴心受压计算（$e=0$），取两种组合中较大的轴力 $N=630.1\text{kN}$ 进行验算。

$\beta=12.7$，查本书表 5.1-1 或《砌体结构设计规范》表 D.0.1-1，$\varphi=0.803$

$\varphi fA=0.803\times 1.863\times 666000=995.7\text{kN}>N_{1\text{II}}=630.1\text{kN}$，满足要求。

(6) 梁下局部承压验算

① 对于第一种组合：

$A_0=(b+2h)h=(200+2\times 370)\times 370=347800\text{mm}^2$

$A_l=a_0 b=155.4\times 200=31083\text{mm}^2$

$A_0/A_l=347800/31083=11.19>3$，故 $\psi=0$

$\gamma=1+0.35\sqrt{\dfrac{A_0}{A_l}-1}=1+0.35\times\sqrt{11.19-1}=2.117>2.0$，取 $\gamma=2.0$

梁端底面压应力图形的完整系数　　　　$\eta=0.7$

$\psi N_0+N_l=0+89.23=89.23\text{kN}$

$<\eta\gamma fA_l=0.7\times 2\times 2.07\times 31083=90080\text{N}=90.08\text{kN}$

满足要求。

② 对于第二种组合：

$\psi N_0+N_l=0+88.82=88.82\text{kN}<\eta\gamma fA_l=90.08\text{kN}$

满足要求。

根据外纵墙局部承压验算可知，安全储备不多，对于内纵墙，墙厚减为 240mm，故梁下初步设置刚性垫块，宽×长×高＝$a_b\times b_b\times t_b=240\text{mm}\times 500\text{mm}\times 240\text{mm}$。

2) 内纵墙内力计算和截面承载力验算

(1) 计算单元（图 11.1-1）

内纵墙取一个开间为计算单元，取④轴与⑤轴相交处墙计算截面，斜线部分为纵墙受荷面积。

(2) 控制截面（图 11.1-2）

同外纵墙仅验算首层墙的 Ⅰ$_1$-Ⅰ$_1$，Ⅱ$_2$-Ⅱ$_2$ 截面。计算截面面积为：

$$A=240\times(3600-1800/2-1000/2)=528000\text{mm}^2$$

(3) 内力计算（标准值）

① 各层墙重：

a. 三层梁底以上墙：$G_k=5.76\times 3.6\times 0.5=10.368\text{kN}$

b. 2～3 层墙重（从上一层梁底面到下一层梁底面）：

$$G_{2k}=G_{3k}=5.76\times(3.6\times3.6-1.8\times0.6\times0.5-1\times2.4\times0.5)+$$
$$0.45\times(1.8\times0.6+1\times2.4)\times0.5=65.41\text{kN}$$

c. 首层墙重(大梁底面到基础顶面)：墙高 3.6+0.7+0.5-0.6=4.2m

$$G_{1k}=5.76\times(3.6\times4.2-1.8\times0.6\times0.5-1\times2.4\times0.5)+$$
$$0.45\times(1.8\times0.6+1\times2.4)\times0.5=77.85\text{kN}$$

② 屋面荷载：

$$N_{l3gk}=5.72\times3.6\times(5.4/2+2.1/2)+0.5\times2.4\times5.4=83.7\text{kN}$$
$$N_{l3qk}=0.5\times3.6\times(5.4/2+2.1/2)=6.75\text{kN}$$

③ 走廊荷载(现浇楼板，不考虑偏心)：

由恒载传来 $N_{b2gk}=N_{b1gk}=4.65\times3.6\times2.1/2=17.58\text{kN}$

由活载传来 $N_{b2qk}=N_{b1qk}=2.5\times3.6\times2.1/2=9.45\text{kN}$

④ 楼面荷载(楼层梁传来荷载)：

由恒载传来 $N_{l2gk}=N_{l1gk}=4.65\times3.6\times5.4/2+0.5\times2.4\times5.4=51.68\text{kN}$

由活载传来 $N_{l2qk}=N_{l1qk}=2\times3.6\times5.4/2=19.44\text{kN}$

(4) 内力组合

① 首层墙Ⅰ-Ⅰ截面

a. 第一种组合(由可变荷载效应控制的组合，$\gamma_G=1.2$，$\gamma_Q=1.4$)：

$$N_I=1.2(G_k+G_{3k}+G_{2k}+N_{3gk}+N_{2gk}+N_{1gk})+1.4(N_{3qk}+N_{2qk}+N_{1qk})$$
$$=1.2\times[10.37+65.41+65.41+83.7+(51.68+17.58)\times2]+1.4\times[6.75+(19.44+9.45)\times2]$$
$$=1.2\times363.40+1.4\times64.53=526.4\text{kN}$$

$$N_{l1}=1.2N_{l1gk}+1.4\times N_{l1qk}=1.2\times51.68+1.4\times19.44=89.23\text{kN}$$

$$\sigma_0=\frac{(526.42-89.23)\times10^3}{528000}=0.828\text{MPa}$$

$\sigma_0/f=0.828/2.07=0.4$，查本书表 5.3-1 或《砌体结构设计规范》表 5.2.5，插值得 $\delta_1=6$

楼面梁的有效支承长度 $a_{01}=\delta_1\sqrt{\dfrac{h_c}{f}}=6\times\sqrt{\dfrac{500}{2.07}}=93.25\text{mm}$

$$e_{l1}=\frac{h}{2}-0.4a_{01}=240/2-0.4\times93.25=82.70\text{mm}$$

$$M=(1.2\times N_{l1gk}+1.4\times N_{l1qk})\times e_{l1}$$
$$=(1.2\times51.68+1.4\times19.44)\times82.70$$
$$=7379.27\text{kN}\cdot\text{mm}$$

$$e=\frac{M}{N_I}=\frac{7379.27}{526.4}=14\text{mm}$$

b. 第二种组合(由永久荷载效应控制的组合，$\gamma_G=1.35$，$\gamma_Q=1.4$，$\psi_c=0.7$)：

$$N_I=1.35(G_k+G_{3k}+G_{2k}+N_{3gk}+N_{2gk}+N_{1gk})+1.4\times0.7\times(N_{3qk}+N_{2qk}+N_{1qk})$$
$$=1.35\times363.4+0.98\times64.53=553.8\text{kN}$$

$$N_{l1}=1.35N_{l1gk}+1.4\times0.7\times N_{l1qk}=1.35\times51.68+1.4\times0.7\times19.44=88.82\text{kN}$$

$$\sigma_0=\frac{(553.8-88.82)\times10^3}{528000}=0.881\text{MPa}$$

$\sigma_0/f=0.881/2.07=0.425$，查本书表 5.3-1 或《砌体结构设计规范》表 5.2.5，插值

得 $\delta_1 = 6.115$

楼面梁的有效支承长度 $a_{01} = \delta_1 \sqrt{\dfrac{h_c}{f}} = 6.115 \times \sqrt{\dfrac{500}{2.07}} = 95.03\text{mm}$

$$e_{l1} = \dfrac{h}{2} - 0.4 a_{01} = 240/2 - 0.4 \times 95.03 = 81.99\text{mm}$$

$$\begin{aligned} M &= (1.35 \times N_{l1gk} + 1.4 \times 0.7 \times N_{l1qk}) \times e_{l1} \\ &= (1.35 \times 51.68 + 0.98 \times 19.44) \times 81.99 \\ &= 7281.85\text{kN} \cdot \text{mm} \end{aligned}$$

$$e = \dfrac{M}{N_\text{I}} = \dfrac{7281.85}{553.83} = 13.15\text{mm}$$

② 首层墙Ⅱ-Ⅱ截面

a. 第一种组合(由可变荷载效应控制的组合，$\gamma_G = 1.2$，$\gamma_Q = 1.4$)：

$$N_{2\text{Ⅱ}} = 1.2 G_{1k} + 526.4 = 1.2 \times 77.852 + 526.4 = 619.8\text{kN}$$

b. 第二种组合(由永久荷载效应控制的组合，$\gamma_G = 1.35$，$\gamma_Q = 1.4$，$\psi_c = 0.7$)：

$$N_{2\text{Ⅱ}} = 1.35 G_{1k} + 553.8 = 1.35 \times 77.852 + 553.8 = 658.9\text{kN}$$

(5) 截面承载力计算

① 首层墙体Ⅰ-Ⅰ截面

由于两种组合，轴向压力及偏心矩相差很小，这里只选择轴向力较大的组合进行验算

$A = 528000\text{mm}^2$，$f = 2.07\text{MPa}$，$H_0 = 4700\text{mm}$，$\gamma_\beta = 1.0$

$$\beta = \gamma_\beta \dfrac{H_0}{h} = 1.0 \times \dfrac{4700}{240} = 19.58, \quad e = 13.15\text{mm} < 0.6y = 0.6 \times 240/2 = 72\text{mm}$$

$\dfrac{e}{h} = \dfrac{13.15}{240} = 0.0548$，查本书表 5.1-2 或《砌体结构设计规范》表 D.0.1-1，$\varphi = 0.529$

$$\varphi f A = 0.529 \times 2.07 \times 528000 = 577.95\text{kN} > N_{1\text{I}} = 553.8\text{kN}$$

满足要求

② 首层墙体Ⅱ-Ⅱ截面

按轴心受压计算($e = 0$)，取两种组合中较大的轴力 $N = 658.9\text{kN}$ 进行验算。

$\beta = 19.58$，查本书表 5.1-2 或《砌体结构设计规范》表 D.0.1-1，$\varphi = 0.631$

$\varphi f A = 0.631 \times 1.863 \times 528000 = 620.20\text{kN} < N_{1\text{Ⅱ}} = 658.9\text{kN}$，不满足要求。

在墙体中部加设一根构造柱，截面尺寸 240mm×240mm，采用 C20 混凝土，HRB335 的 4Φ12 钢筋。

按砖砌体和钢筋混凝土构造柱的组合砖墙进行验算：

由 $\beta = \dfrac{H_0}{h} = \dfrac{4700}{240} = 19.58$，$\rho = \dfrac{A'_s}{bh} = \dfrac{113 \times 4}{240 \times 220} = 0.09\%$

查《砌体结构设计规范》表 8.2.3，$\varphi_\text{com} = 0.643$

$$A_n = A - A_c = 528000 - 57600 = 470400\text{mm}^2$$

$$l/b_c = 3600/240 = 15 > 4, \quad \eta = \left[\dfrac{1}{l/b_c - 3}\right]^{1/4} = \left[\dfrac{1}{3.6/0.24 - 3}\right]^{1/4} = 0.537$$

$$f_c = 9.6\text{N/mm}^2 \quad f'_y = 300\text{N/mm}^2$$

$$\varphi_{com}[fA_n + \eta(f_cA_c + f'_yA'_s)] = 0.643[1.863 \times 470400 + 0.537(9.6 \times 240^2 + 300 \times 113 \times 4)]$$
$$= 801.855\text{kN} > 658.4\text{kN}$$

因此，内纵墙有楼层梁(屋面梁)处应加设一根构造柱，方能满足承载要求。初始的构造柱布置图 11.1-3 应予调整，调整后的构造柱布置参见 11.2 节施工图。

(6) 局部承压计算

本例在大梁支承处加设钢筋混凝土构造柱(大梁支承在构造柱上)，所以可不必设刚性垫块，由于构造柱截面尺寸(240mm×240mm)大于梁的实际支承面积(240mm×200mm)，因而可不进行梁下局部承压验算。

3) 外横墙内力计算和截面承载力验算

(1) 计算单元(图 11.1-1)

外横墙取一个开间为计算单元，取⑪轴与ⓒ轴相交处墙为计算截面，斜线部分为横墙受荷面积。受荷面积：$3.3 \times (5.4/2 + 2.10/2) = 12.375\text{m}^2$

(2) 控制截面(图 11.1-2)

由于墙体材料、厚度沿高度均无变化，本墙体可仅验算首层墙的 I_1-I_1，II_2-II_2 截面。

计算截面面积为：$A = 370 \times (5400 + 2100)/2 = 370 \times 3750 = 1387500\text{mm}^2$。

(3) 内力计算(标准值)

① 各层墙重：

a. 三层梁底以上墙(包括女儿墙)：
$$G_k = 5.76 \times 3.75 \times 0.6 + 7.63 \times 3.75 \times 0.5 = 14.31\text{kN}$$

b. 2~3 层墙重(从上一层梁底面到下一层梁底面)：
$$G_{2k} = G_{3k} = 7.63 \times 3.75 \times 3.6 = 103\text{kN}$$

c. 首层墙重(大梁底面到基础顶面)：

墙高 $3.6 + 0.7 + 0.5 - 0.6 = 4.2\text{m}$
$$G_{1k} = 7.63 \times 3.75 \times 4.2 = 120.17\text{kN}$$

② 屋面梁支座反力：
$$N_{l3gk} = 5.72 \times 12.375 + 0.5 \times 2.4 \times (5.4 + 6.6) = 85.19\text{kN}$$
$$N_{l3qk} = 0.5 \times 12.375 = 6.188\text{kN}$$

③ 楼面梁支座反力：

由恒载传来 $\quad N_{l2gk} = N_{l1gk} = 4.65 \times 12.375 + 0.5 \times 2.4 \times 12 = 71.94\text{kN}$

由活载传来 $\quad N_{l2qk} = N_{l1qk} = 2 \times 12.375 = 24.75\text{kN}$

(4) 内力组合

① 首层墙 I—I 截面

a. 第一种组合(由可变荷载效应控制的组合，$\gamma_G = 1.2$，$\gamma_Q = 1.4$)：

$N_{11} = 1.2(G_k + G_{3k} + G_{2k} + N_{l3gk} + N_{l2gk} + N_{l1gk}) + 1.4(N_{l3qk} + N_{l2qk} + N_{l1qk})$

$\quad = 1.2 \times (14.31 + 103 + 103 + 85.19 + 71.94 + 71.94) + 1.4 \times (6.188 + 24.75 + 24.75)$

$\quad = 1.2 \times 449.39 + 1.4 \times 55.688 = 617.2\text{kN}$

$N_{l1} = 1.2N_{l1gk} + 1.4 \times N_{l1qk} = 1.2 \times 71.94 + 1.4 \times 24.75 = 121\text{kN}$

$$\sigma_0 = \frac{(617.2-121)\times 10^3}{1387500} = 0.357 \text{MPa}$$

$\sigma_0/f = 0.357/2.07 = 0.173$,查本书表 5.3-1 或《砌体结构设计规范》表 5.2.5,插值得 $\delta_1 = 5.659$

楼面梁的有效支承长度 $a_{01} = \delta_1\sqrt{\dfrac{h_c}{f}} = 5.659 \times \sqrt{\dfrac{500}{2.07}} = 87.95 \text{mm}$

$$e_{l1} = \frac{h}{2} - 0.4 a_{01} = 370/2 - 0.4 \times 87.95 = 149.8 \text{mm}$$

$$e = \frac{N_{l1} e_{l1}}{N_{1\text{I}}} = \frac{121 \times 149.8}{617.2} = 29.37 \text{mm}$$

b. 第二种组合(由永久荷载效应控制的组合,$\gamma_G = 1.35$,$\gamma_Q = 1.4$,$\psi_c = 0.7$):

$N_{1\text{I}} = 1.35(G_k + G_{3k} + G_{2k} + N_{l3\text{gk}} + N_{l2\text{gk}} + N_{l1\text{gk}}) + 1.4 \times 0.7 \times (N_{l3\text{qk}} + N_{l2\text{qk}} + N_{l1\text{qk}})$

$\qquad = 1.35 \times 449.39 + 1.4 \times 0.7 \times 55.69 = 661.2 \text{kN}$

$N_{l1} = 1.35 N_{l1\text{gk}} + 1.4 \times 0.7 \times N_{l1\text{qk}} = 1.35 \times 71.94 + 1.4 \times 0.7 \times 24.75 = 121.4 \text{kN}$

$$\sigma_0 = \frac{(661.2-121.4) \times 10^3}{1387500} = 0.389 \text{MPa}$$

$\sigma_0/f = 0.389/2.07 = 0.188$,查本书表 5.3-1 或《砌体结构设计规范》表 5.2.5,插值得 $\delta_1 = 5.682$

楼面梁的有效支承长度 $a_{01} = \delta_1\sqrt{\dfrac{h_c}{f}} = 5.682 \times \sqrt{\dfrac{500}{2.07}} = 88.3 \text{mm}$

$$e_{l1} = \frac{h}{2} - 0.4 a_{01} = 370/2 - 0.4 \times 88.3 = 149.7 \text{mm}$$

$$e = \frac{N_{l1} e_{l1}}{N_{\text{I}}} = \frac{121.4 \times 149.7}{661.2} = 27.5 \text{mm}$$

② 首层墙 Ⅱ-Ⅱ 截面

a. 第一种组合(由可变荷载效应控制的组合,$\gamma_G = 1.2$,$\gamma_Q = 1.4$):

$$N_{2\text{II}} = 1.2 G_{1k} + 617.2 = 1.2 \times 120.2 + 617.2 = 761.4 \text{kN}$$

b. 第二种组合(由永久荷载效应控制的组合,$\gamma_G = 1.35$,$\gamma_Q = 1.4$,$\psi_c = 0.7$):

$$N_{2\text{II}} = 1.35 G_{1k} + 617.2 = 1.35 \times 120.17 + 661.2 = 823.5 \text{kN}$$

(5) 截面承载力计算

① 首层墙体 Ⅰ-Ⅰ 截面

a. 第一种组合:

$A = 1387500 \text{mm}^2$,$f = 2.07 \text{MPa}$,$H_0 = 4700 \text{mm}$,$\gamma_\beta = 1.0$

$\beta = \gamma_\beta \dfrac{H_0}{h} = 1.0 \times \dfrac{4700}{370} = 12.7$,$e = 29.37 \text{mm} < 0.6y = 0.6 \times 370/2 = 111 \text{mm}$

$\dfrac{e}{h} = \dfrac{29.37}{370} = 0.0794$,查本书表 5.1-2 或《砌体结构设计规范》表 D.0.1-1,$\varphi = 0.633$

$\varphi f A = 0.633 \times 2.07 \times 1387500 = 1816.780 \text{kN} > N_{1\text{I}} = 617.2 \text{kN}$,满足要求。

b. 第二种组合:

$\qquad \beta = 12.7$,$e = 27.47 \text{mm} < 0.6y = 0.6 \times 370/2 = 111 \text{mm}$

$\dfrac{e}{h} = \dfrac{27.47}{370} = 0.0743$,查本书表 5.1-2 或《砌体结构设计规范》表 D.0.1-1,$\varphi = 0.644$

$\varphi f A = 0.644 \times 2.07 \times 1387500 = 1849.36 \text{kN} > N_{1\text{I}} = 661.2 \text{kN}$,满足要求。

② 首层墙体 Ⅱ-Ⅱ 截面

按轴心受压计算($e=0$),取两种组合中较大的轴力 $N = 823.5$ kN 进行验算。

$\beta = 12.7$,查本书表 5.1-2 或《砌体结构设计规范》表 D.0.1-1,$\varphi = 0.803$

$\varphi f A = 0.803 \times 1.863 \times 1387500 = 2074.39 \text{kN} > N_{1\text{II}} = 823.5 \text{kN}$,满足要求。

(6) 局部承压计算

本例在大梁支承处设有钢筋混凝土构造柱(大梁支承在构造柱上),由于构造柱截面尺寸(240mm×240mm)接近梁的实际支承面积(240mm×200mm),因而可不进行梁下局部承压验算。

4) 内横墙内力计算和截面承载力验算

(1) 计算单元(图 11.1-1)

无门窗洞口的横墙可取单位长度的墙体为计算单元。取 1m 宽墙体为计算单元,沿房屋纵向取一个开间为受荷宽度。

(2) 控制截面(图 11.1-2)

由于房屋开间及所承受荷载均相同,因而可按轴心受压计算。

计算截面面积为:$A = 240 \times 1000 = 240000 \text{mm}^2$

(3) 首层墙 Ⅱ-Ⅱ 截面内力组合

① 第一种组合(由可变荷载效应控制的组合,$\gamma_G = 1.2$,$\gamma_Q = 1.4$):

$$N_{1\text{II}} = 1.2[1 \times 3.6 \times (0.5 + 3.6 \times 2 + 4.2) + (5.72 + 4.65 \times 2) \times 1 \times 3.6]$$
$$+ 1.4(0.5 + 2.0 \times 2) \times 1 \times 3.6 = 169.8 \text{kN}$$

② 第二种组合(由永久荷载效应控制的组合,$\gamma_G = 1.35$,$\gamma_Q = 1.4$,$\psi_c = 0.7$):

$$N_{1\text{II}} = 1.35[1 \times 3.6 \times (0.5 + 3.6 \times 2 + 4.2) + (5.72 + 4.65 \times 2) \times 1 \times 3.6]$$
$$+ 1.4 \times 0.7 \times (0.5 + 2.0 \times 2) \times 1 \times 3.6 = 181.4 \text{kN}$$

(4) 截面承载力计算

按轴心受压计算($e=0$),取两种组合中较大的轴力 $N = 181.4$ kN 进行验算。

$\beta = \gamma_\beta \dfrac{H_0}{h} = 1.0 \times 12.92 = 12.92$,查本书表 5.1-1 或《砌体结构设计规范》表 D.0.1-1,$\varphi = 0.797$

$\varphi f A = 0.797 \times 1.863 \times 240000 = 356.355 \text{kN} > N_{1\text{II}} = 181.4 \text{kN}$,满足要求。

上述验算结果表明,砌体具有较好的抗压能力,抗压验算具有较大的安全储备。

5. 抗震承载力验算

一般情况下,多层砌体房屋的抗震承载力验算采用底部剪力法,仅考虑水平地震作用。

结构的总水平地震剪力作用标准值 F_{Ek}:

$$F_{Ek} = \alpha_{max} G_{eq}$$

式中 $\alpha_{\max}$——水平地震影响系数最大值，查《抗规》表 5.1.4-1，得 8 度区（地震加速度 $0.20g$），$\alpha_{\max}=0.16$；

G_{eq}——结构总重力荷载代表值，$G_{eq}=0.85\sum\limits_{i=1}^{n}G_i$

G_i——结构重力荷载代表值，具体计算方法详见《抗规》第 5.1.3 条。

(1) 水平地震作用计算

① 各层重力荷载代表值

屋面均布荷载＝恒荷载＋雪荷载×组合值系数＝$5.72+0.4\times0.5=5.912\text{kN/m}^2$

楼面均布荷载＝恒荷载＋活荷载×组合值系数＝$4.65+2\times0.5=5.65\text{kN/m}^2$

② 水平地震作用的计算

见表 11.1-4。计算得到的水平地震作用和剪力如图 11.1-4 所示。

水平地震作用　　　　　　表 11.1-4

层	G_i (kN)	H_i (m)	G_iH_i (kN·m)	$F_i=\dfrac{G_iH_i}{\Sigma G_iH_i}F_{Ek}$ (kN)	$V_{ik}=\Sigma F_i$ (kN)
3	5442	11.9	64758	1121	1121
2	7173	8.3	59535	1030	2151
1	7972	4.7	37469	649	2800
Σ	20587		161761	2800	
F_{Ek}	\multicolumn{5}{c	}{$0.16\times0.85\times20587=2800\text{kN}$}

注：根据《抗规》5.2.4 条，采用底部剪力法时，突出屋面的屋顶间、女儿墙、烟囱等的地震作用效应宜乘以增大系数 3，此增大部分不应往下传递，但与该突出部分相连的构件应予计入。由于本例中女儿墙高出屋面仅 0.35m，未进行女儿墙抗震验算，采取抗震构造措施即可。本例只进行首层抗震验算。

(2) 横墙截面抗震承载力验算

位于图 11.1-1 中轴线⑤的横墙（从属面积最大）为最不利墙段，应进行抗震承载力验算（首层剪力最大，只验算首层）。

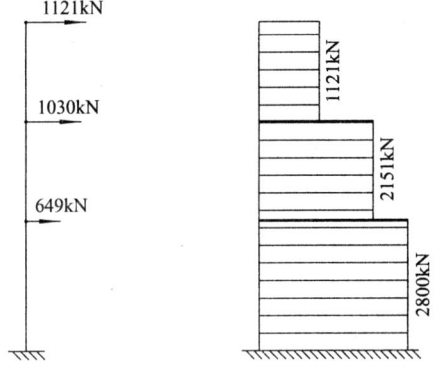

图 11.1-4　水平地震作用和剪力

全部横向抗侧力墙体横截面面积：

$$A_1=(13.14-1.5)\times3\times0.37+5.64\times8\times0.24=23.75\text{m}^2$$

轴线⑤横墙横截面面积：$A_{15}=5.64\times2\times0.24=2.71\text{m}^2$

轴线⑤横墙所承担的水平地震剪力：$V_{15}=\dfrac{A_{15}}{A_1}\gamma_{Eh}V_1=\dfrac{2.71}{23.75}\times1.3\times2800=414.90\text{kN}$

轴线⑤横墙每米长度上承担的竖向荷载：

$$N=5.92\times3.6\times1+5.65\times3.6\times1\times2+5.76\times(3.6\times2+4.7/2)\times1=117\text{kN}$$

轴线⑤横墙横截面的平均压应力：$\sigma_0=\dfrac{117\times1000}{2.71\times1000^2}=0.4875\text{kN/mm}^2$

采用 M7.5 级混合砂浆，$f_{v0}=0.14\text{N/mm}^2$，$\sigma_0/f_{v0}=0.488/0.14=3.482$

查本书表 10.1-1 或《砌体结构设计规范》表 10.1.5 得，两端均设构造柱的砌体剪力墙，$\gamma_{RE}=0.9$

查本书表 10.1-2 或《砌体结构设计规范》表 10.2.3 得，$\zeta_n=1.333$

$$\frac{1}{\gamma_{RE}}\zeta_n f_{v0} A_{15}=\frac{1}{0.9}\times 1.333\times 0.14\times 2.71\times 1000^2\div 1000=561.353\text{kN}>414.90\text{kN}$$

满足要求。

(3) 外纵墙截面抗震承载力验算(图 11.1-5，并参见图 11.1-1、图 11.1-2)

外纵墙的窗间墙(局部截面较小)为不利墙段，取图 11.1-1 轴线Ⓐ墙及其墙段进行验算。

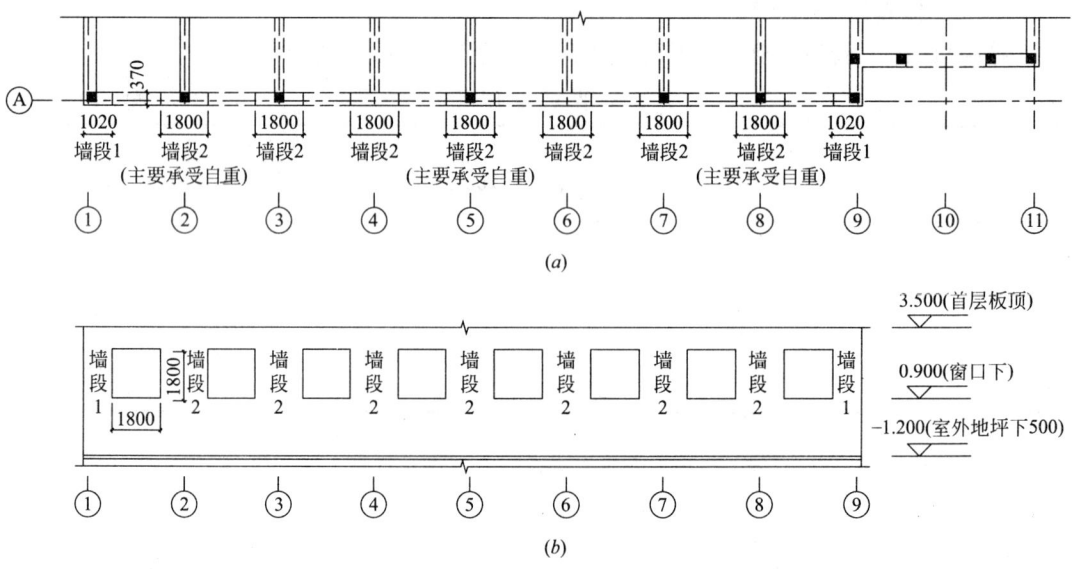

图 11.1-5　外纵墙示意图
(a)平面图；(b)立面图

全部纵向抗侧力墙体横截面面积(见图 11.1-1)：
$$A_{1z}=(35.64\times 2-18\times 1.8-3)\times 0.37+(29.04\times 2-10\times 1-4\times 1.8 \\ -2\times 3.36)\times 0.24=21.47\text{m}^2$$

轴线Ⓐ纵墙横截面面积(图 11.1-5)：
$$A_{1A}=(29.04-8\times 1.8)\times 0.37=5.417\text{m}^2$$

轴线Ⓐ纵墙所承担的水平地震剪力：
$$V_{1A}=\frac{A_{1A}}{A_{1Z}}\gamma_{Eh}V_1=\frac{5.417}{21.47}\times 1.3\times 2800=918.12\text{kN}$$

不利墙段的地震剪力分配：$V_j=\dfrac{K_j}{\Sigma K_j}V_{1A}$

尽端墙段(墙段 1)：$\rho=h/b=1800/[(3600-1800)/2+120]=1.765$

中间墙段(墙段 2)：$\rho=h/b=1800/(3600-1800)=1$

由于 $1\leqslant \rho \leqslant 4$，应同时考虑弯曲和剪切变形，取 $K=\dfrac{Et}{3\rho+\rho^3}$。

首层轴线Ⓐ纵墙墙段地震剪力设计值 表 11.1-5

类别	h (m)	b (m)	$\rho=\dfrac{h}{b}$	个数	ρ^3	3ρ	$\dfrac{1}{3\rho+\rho^3}$	V_j (kN)
1	1800	1020	1.765	2	5.4956	5.2941	0.0927	43.97
2	1800	1800	1	7	1	3	0.25	118.60

验算：

$$A_{1A1}=1.02\times0.37=0.3774\text{m}^2 \quad A_{1A2}=1.8\times0.37=0.666\text{m}^2$$

墙段1(轴线①、⑨处)仅承受墙体自重，查本书表10.1-1或《砌体结构设计规范》表10.1.5得，$\gamma_{RE}=0.75$。

$$N=[7.63\times(3.6\times2+4.7/2)+5.76\times0.6]\times1.02=77.85\text{kN}$$

$$\sigma_0=\dfrac{77.85\times1000}{0.3774\times1000^2}=0.206\text{kN/mm}^2$$

$$f_{v0}=0.14\text{N/mm}^2，\sigma_0/f_{v0}=0.206/0.14=1.47$$

查本书表10.1-2或《砌体结构设计规范》表10.2.3得，$\zeta_n=1.066$

$$\dfrac{1}{\gamma_{RE}}\zeta_n f_{v0}A_{1A1}=\dfrac{1}{0.75}\times1.066\times0.14\times0.3774\times1000^2\div1000=75.10\text{kN}>43.97\text{kN}$$

满足要求。

轴线②、⑤、⑧处的墙段2主要承受墙体自重：

$$N=[5.76\times0.6+7.63\times(3.6\times2+4.7/2)]\times1.8=137.38\text{kN}$$

$$\sigma_0=\dfrac{137.38\times1000}{0.666\times1000^2}=0.206\text{kN/mm}^2$$

$\sigma_0/f_{v0}=0.206/0.14=1.47$，查本书表10.1-2或《砌体结构设计规范》表10.2.3得，$\zeta_n=1.066$

$$\dfrac{1}{\gamma_{RE}}\zeta_n f_{v0}A_{1A2}=\dfrac{1}{0.75}\times1.066\times0.14\times0.666\times1000^2\div1000=132.53\text{kN}>118.60\text{kN}$$

满足要求。

其他轴线处墙段2除承受自重外还承受大梁传来的屋面、楼面荷载，$\gamma_{RE}=1.0$。

$$N=137.38+(5.92+5.65\times2)\times3.6\times2.7+2.4\times5.4\times0.5\times3=324.20\text{kN}$$

$$\sigma_0=\dfrac{324.20\times1000}{0.666\times1000^2}=0.487\text{kN/mm}^2$$

$\sigma_0/f_{v0}=0.487/0.14=3.477$，查本书表10.1-2或《砌体结构设计规范》表10.2.3得，$\zeta_n=1.332$

$$\dfrac{1}{\gamma_{RE}}\zeta_n f_{v0}A_{1A2}=\dfrac{1}{1}\times1.332\times0.14\times0.666\times1000^2\div1000=124.196\text{kN}>118.60\text{kN}$$

满足要求。

(4) 内纵墙截面抗剪承载力验算(图11.1-6，并参见图11.1-1)

取轴线Ⓑ的墙段进行验算。

轴线Ⓑ纵墙横截面面积：

$$A_{1B}=(29.04-6\times1-2\times1.8)\times0.24=4.666\text{m}^2$$

轴线Ⓑ纵墙所承担的水平地震剪力：

$$V_{1B} = \frac{A_{1B}}{A_{1Z}} \gamma_{Eh} V_1 = \frac{4.666}{21.474} \times 1.3 \times 2800 = 790.80 \text{kN}$$

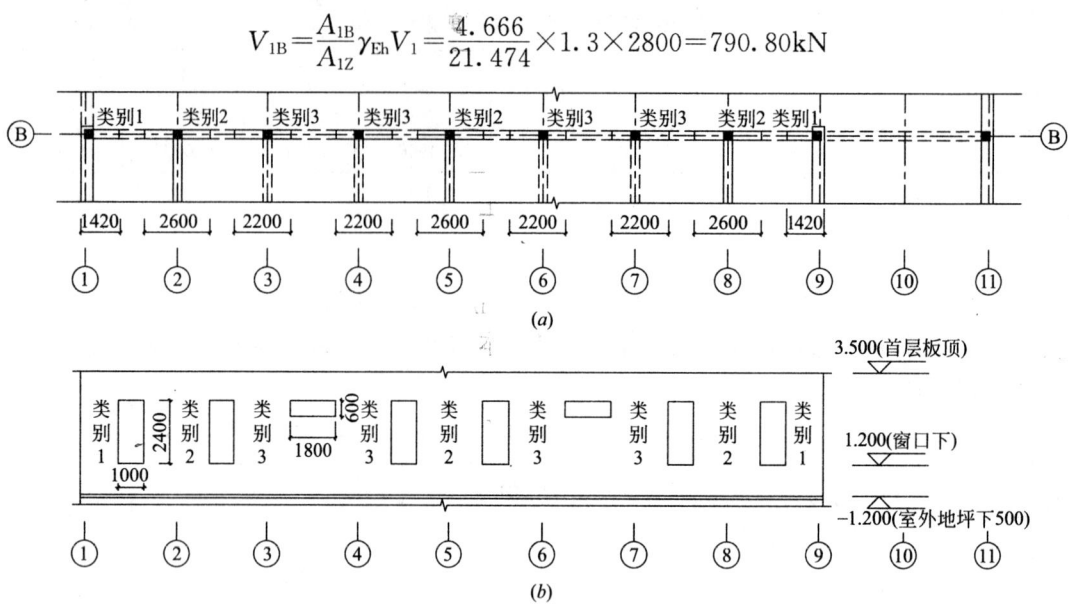

图 11.1-6 内纵墙示意图
(a)平面图；(b)立面图

轴线Ⓑ纵墙墙段地震剪力设计值见表 11.1-6，承载力验算见表 11.1-7。

首层轴线Ⓑ纵墙墙段地震剪力设计值　　　　　表 11.1-6

类别	h (m)	b (m)	$\rho = \dfrac{h}{b}$	个数	ρ^3	3ρ	$\dfrac{1}{3\rho + \rho^3}$	V_j (kN)
1	2400	1420	1.6901	2	4.8280	5.0704	0.1010	12.94
2	2400	2600	0.9231	3	0	2.7692	0.3611	46.25
3	600	2200	0.2727	4	0	0.8182	1.2222	156.54

注：类别 2、3 墙段 $\rho < 1$，只考虑剪切变形。$K = Et/3\rho$。

承 载 力 验 算　　　　　表 11.1-7

类别	γ_{RE}	A (mm²)	N (kN)	σ_0 (kN/mm²)	f_{v0}	σ_0/f_{v0}	ζ	承载力 (kN)	是否满足
1	1	340800	110.657	0.3247	0.14	2.319	1.185	56.54	满足
2	0.75	624000	208.112	0.3335	0.14	2.382	1.194	139.077	满足
3	1	528000	372.928	0.7063	0.14	5.045	1.505	104.005	不满足

对类别 3 墙段，考虑构造柱参与抗剪。

构造柱截面尺寸为 240mm×240mm，采用 C20 混凝土，HRB335 的 4Φ12 钢筋。

$$f_t = 1.10 \text{N/mm}^2，f_y = 210 \text{N/mm}^2$$
$$A_c = 240 \times 240 = 57600 \text{mm}^2，A_s = 452 \text{mm}^2$$

组合砖墙，查本书表 10.1-1 或《砌体结构设计规范》表 10.1.5，$\gamma_{RE} = 0.85$，查本书表 10.1-2 或《砌体结构设计规范》表 10.2.3 得，$\zeta_n = 1.332$。

$$A_c = 240 \times 240 = 57600 \text{mm}^2 < 0.15A = 0.15 \times 528000 = 79200 \text{mm}^2$$

$$\frac{1}{\gamma_{RE}}[\eta_c f_{VE}(A-A_c)+\zeta f_t A_c+0.08 f_y A_s]$$
$$=\frac{1}{0.85}[1.0\times1.407\times0.14\times(528000-57600)+0.5\times1.10\times57600+0.08\times210\times452]$$
$$=186.805\text{kN}>156.54\text{kN}$$

满足要求。

6. 基础的设计

按照《抗规》4.2.1条，本砌体房屋可不进行天然地基及基础的抗震验算。

每层楼盖的偏心荷载只在本层内产生弯矩，上层传来的荷载 N_u 通过上层墙体的截面形心，显然，墙下为轴心受压条形基础，取 1m 为计算宽度，采用等高大放脚，即台阶宽度为 60mm，高度为 120mm。

$$b\geqslant\frac{F_k}{f_a-\gamma_m d}$$

式中　　F_k——相应于荷载效应标准组合❶时，上部结构传至基础顶面的竖向力值；

f_a——修正后地基承载力特征值；

γ_m——基础底面以上土的加权平均重度，可取 $\gamma_m=20\text{kN/m}^3$。

查《建筑地基基础设计规范》GB 50007—2002，表 5.2.4 得，黏粒含量 $\rho_c\geqslant10\%$ 的粉土，$\eta_b=0.3$，$\eta_d=1.5$。

修正后地基承载力特征值，初步假设基础埋深 $d=1.0\text{m}$，$b<3\text{m}$。

则
$$f_a=f_{ak}+\eta_b\gamma(b-3)+\eta_d\gamma_m(d-0.5)$$
$$=160+0+1.5\times20\times(1.0-0.5)$$
$$=181\text{kPa}$$

（1）外纵墙下条形基础（每沿米）

$F_k=(26.18+75.62\times2+92.1+62.08+51.68\times2+19.44+4.86\times0.7+19.44\times0.7)/3.6$
$=130.9\text{kN}$（每沿米的竖向力）

$$b\geqslant\frac{F_k}{f_a-\gamma_m d}=\frac{130.9}{181-20\times1.0}=0.813\text{m}$$

采用 4 级台阶，$b=0.06\times4\times2+0.37=0.85\text{m}$，基础高度 $0.12\times4=0.48\text{m}$。

（2）内纵墙下条形基础计算（每沿米）

$F_k=(10.35+65.41\times2+77.85+83.7+51.68\times2+19.44+6.75\times0.7+19.44\times0.7)/3.6$
$=123.3\text{kN}$（每沿米的竖向力）

$$b\geqslant\frac{F_k}{f_a-\gamma_m d}=\frac{123.3}{181-20\times1.0}=0.766\text{m}$$

采用 5 级台阶，$b=0.06\times5\times2+0.24=0.84\text{m}$，基础高度 $0.12\times5=0.6\text{m}$。

（3）外横墙下条形基础（每沿米）

---

❶ 荷载的标准组合详见《建筑结构荷载规范》GB 5009—2001 第 3.2.8 条。

F_k=(14.31+103×2+120.2+110.67+92.66×2+33.66+8.42×0.7+33.66×0.7)/3.75
=186.6kN(每沿米的竖向力)

$$b \geqslant \frac{F_k}{f_a - \gamma_m d} = \frac{186.6}{181 - 20 \times 1.0} = 1.159\text{m}$$

采用7级台阶，b=0.06×7×2+0.37=1.21m，基础高度0.12×7=0.84m。

(4) 内横墙下条形基础(每沿米)

F_k=(2.88+20.74×2+24.19+20.59+16.74×2+7.2+1.8×0.7+7.2×0.7)/1
=136.1kN(每沿米的竖向力)

$$b \geqslant \frac{F_k}{f_a - \gamma_m d} = \frac{136.1}{181 - 20 \times 1.0} = 0.845\text{m}$$

采用6级台阶，b=0.06×6×2+0.24=0.96m，基础高度0.12×6=0.72m。

综合考虑地质条件，满足地基承载力要求、标准冻结深度(0.8m)以下、地下水位以上三个条件，可取埋深1.0m。

7. 过梁的设计

(1) C1、C3窗过梁及M2、M3门过梁的计算(连梁跨度≤1800mm)

选取跨度大的C1窗上过梁进行计算(图11.1-7，并参见图11.1-1)。

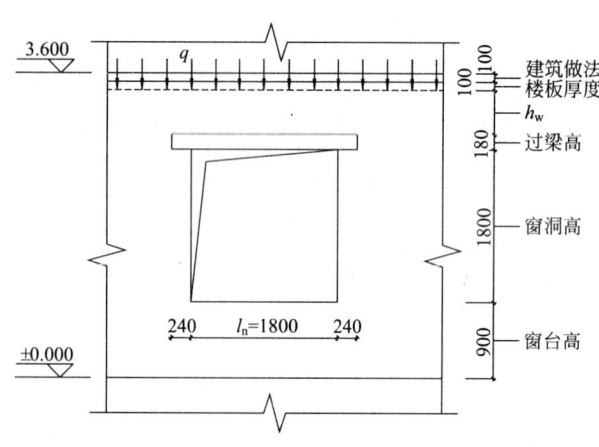

图11.1-7 C1窗过梁示意图

初估过梁截面尺寸370mm×180mm，支承长度为0.24m，C20混凝土 HRB335级纵筋和HRB235箍筋。

则 $f_c = 9.6\text{N/mm}^2$，$f_t = 1.10\text{N/mm}^2$，$f_y = 300\text{N/mm}^2$，$f_{yv} = 210\text{N/mm}^2$

过梁上砌体高度：h_w=3600−100−100−180−900−1800=520mm

过梁净跨：l_n=1800mm

则 h_w=520mm $\begin{cases} < l_n/3 = 600\text{mm}, 墙体荷载按高度为 h_w=520\text{mm} 墙体的均布自重采用 \\ < l_n = 1800\text{mm}, 计入梁、板传来的荷载 \end{cases}$

过梁自重：1.35×25×0.37×0.18=2.248kN/m

墙体自重：1.35×7.63×520/1000=5.356kN/m

楼板传来荷载近似按均布荷载考虑，受荷宽度为3.6/2=1.8m

(1.35×4.65+1.4×0.7×2)×1.8=14.83kN/m

$q_1 = wl_n/3 + q$=2.248+5.36+14.83=22.432kN/m

计算跨度：min(1.1l_n, l_c)=min(1.1×1.8, 1.8+0.24)=min(1.98, 2.04)=1.98m

$$M = \frac{1}{8}q_1 l^2 = \frac{1}{8} \times 22.432 \times 1.98^2 = 10.99\text{kN·m}$$

$$V = \frac{1}{2}q_1 l = \frac{1}{2} \times 22.43 \times 1.98 = 22.207\text{kN}$$

$$\alpha_s = \frac{M}{f_c b h_0^2} = \frac{10.99 \times 10^6}{9.6 \times 370 \times (180-20)^2} = 0.1209$$

$$\xi = 1 - \sqrt{1-2\alpha_s} = 1 - \sqrt{1-2 \times 0.1209} = 0.1292 < \xi_b = 0.55$$

$$A_s = \frac{f_c b h_0 \xi}{f_y} = \frac{9.6 \times 370 \times (180-20) \times 0.1292}{300} = 245 \text{mm}^2$$

$$> \rho_{\min} bh = 0.002 \times 370 \times 180 = 133 \text{mm}^2$$

选用 $3 \Phi 12 (A_s = 339 \text{mm}^2)$

$$V = 22.207 \text{kN} \begin{cases} < 0.25 f_c b h_0 = 0.25 \times 9.6 \times 370 \times (180-20) = 142080 \text{N} = 142.08 \text{kN}, \\ \text{满足截面限制条件} \\ < 0.7 f_t b h_0 = 0.7 \times 1.1 \times 370 \times (180-20) = 45584 \text{N} = 45.584 \text{kN}, \\ \text{过梁受剪承载力满足要求} \end{cases}$$

因此，可按构造配置箍筋，选配双肢箍 $\phi 6 @150$。

(2) M1 门过梁、C2 窗过梁（过梁跨度 3000mm）的计算（图 11.1-8，并参见图 11.1-1）

初估过梁截面尺寸 370mm×240mm，支承长度为 0.24m，C20 混凝土 HRB335 级纵筋和 HRB235 箍筋。

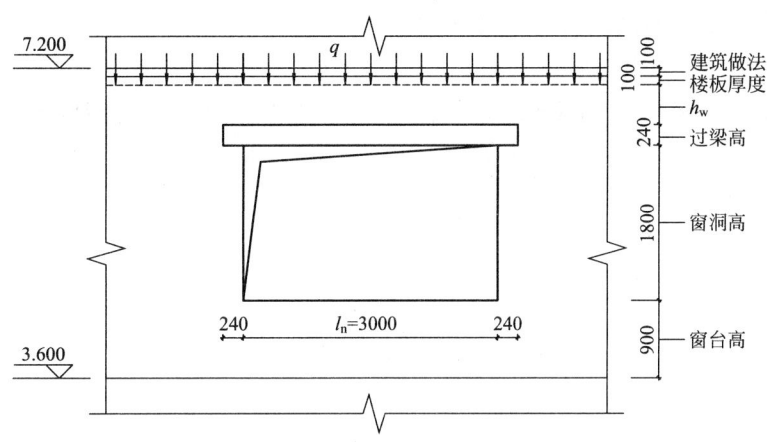

图 11.1-8　C2 窗过梁示意图

过梁上砌体高度：$h_w = 3600 - 100 - 100 - 240 - 900 - 1800 = 460$mm

过梁净跨：$l_n = 3000$mm

则 $h_w = 460$mm $\begin{cases} < l_n/3 = 1000 \text{mm}，墙体荷载按高度为 h_w=460\text{mm} 墙体的均布自重采用 \\ < l_n = 3000 \text{mm}，计入梁、板传来的荷载 \end{cases}$

过梁自重：$1.35 \times 25 \times 0.37 \times 0.24 = 2.997$ kN/m

墙体自重：$1.35 \times 7.63 \times 460/1000 = 4.738$ kN/m

楼板传来荷载近似按均布荷载考虑，受荷宽度为 $3.9/2 = 1.950$m

$$(1.35 \times 4.65 + 1.4 \times 0.7 \times 2) \times 1.950 = 16.06 \text{ kN/m}$$

$$q_1 = w l_n/3 + q = 2.997 + 4.74 + 16.06 = 23.798 \text{ kN/m}$$

计算跨度：$\min(1.1l_n, l_c) = \min(1.1 \times 3, 3+0.24) = \min(3.3, 3.04) = 3.24\text{m}$

$$M = \frac{1}{8}q_1 l^2 = \frac{1}{8} \times 23.798 \times 3.24^2 = 31.23\text{kN} \cdot \text{m}$$

$$V = \frac{1}{2}q_1 l = \frac{1}{2} \times 23.798 \times 3.24 = 38.553\text{kN}$$

$$\alpha_s = \frac{M}{f_c b h_0^2} = \frac{31.23 \times 10^6}{9.6 \times 370 \times (240-20)^2} = 0.1816$$

$$\xi = 1 - \sqrt{1 - 2\alpha_s} = 1 - \sqrt{1 - 2 \times 0.1816} = 0.2021 < \xi_b = 0.55$$

$$A_s = \frac{f_c b h_0 \xi}{f_y} = \frac{9.6 \times 370 \times (240-20) \times 0.2021}{300} = 526\text{mm}^2$$

$$> \rho_{\min} bh = 0.002 \times 370 \times 240 = 178\text{mm}^2$$

选用 $3\Phi16(A_s = 603\text{mm}^2)$

$$V = 38.55\text{kN} \begin{cases} <0.25f_c bh_0 = 0.25 \times 9.6 \times 370 \times (240-20) = 195360\text{N} = 195.36\text{kN}, \\ \text{满足截面限制条件} \\ <0.7f_t bh_0 = 0.7 \times 1.1 \times 370 \times (240-20) = 62678\text{N} = 62.678\text{kN}, \\ \text{过梁受剪承载力满足要求} \end{cases}$$

因此，可按构造配置箍筋，选配双肢箍 $\phi 6@200$。

11.1.4 PKPM 计算

采用中国建筑科学研究院 PKPM 软件 PMCAD 模块对本例题进行验算。计算模型如图 11.1-9 所示，层高由下至上分别为 4.700m、3.600m 和 3.600m。

1. PKPM 输入

(1) 材料（表 11.1-8）：

(2) 荷载（表 11.1-9）：

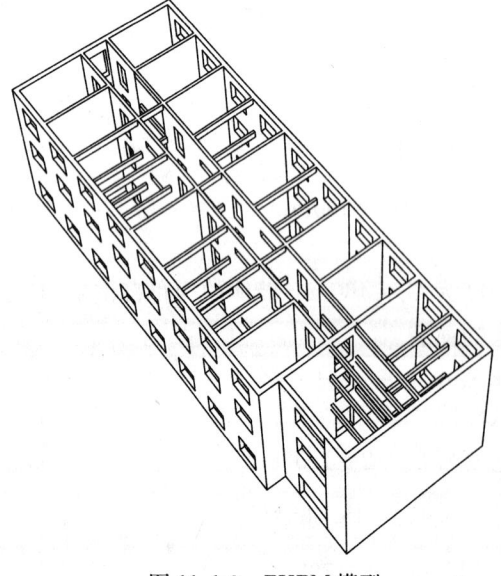

图 11.1-9 PKPM 模型

材料信息　表 11.1-8

材料	承重烧结普通砖	砂浆	梁板混凝土	构造柱混凝土
等级	MU15	M7.5	C30	C20

荷载信息　表 11.1-9

屋面/楼面恒载 (kN/m²)	屋面/楼面活载 (kN/m²)	承重墙砌体容重 (kN/m³)
6.0/5.0	0.5/2.0	22

注：此处的承重墙砌体容重考虑了墙面做法的一个折算容重。

(3) 其他输入参数见图 11.1-10。

2. PKPM 输出

计算书输出：

*** 砌体结构计算控制数据 ***

结构类型：	砌体结构
结构总层数：	3
结构总高度：	12
地震烈度：	8.0
楼面结构类型：现浇或装配整体式钢筋混凝土楼面（刚性）	
墙体材料：烧结砖	
墙体材料的自重(kN/m^3)：	22
地下室结构嵌固高度(mm)：	0
混凝土墙与砌体弹塑性模量比(3~6)：	6
构造柱是否参与共同工作：	是

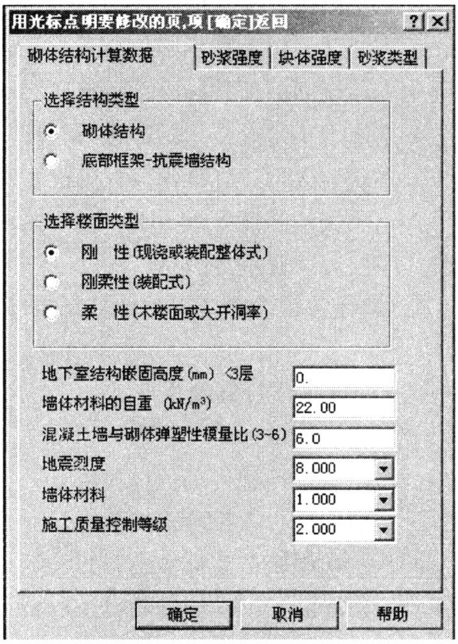

*** 结构计算总结果 ***

结构等效总重力荷载代表值：	17797.2
墙体总自重荷载：	14176.9
楼面总恒荷载：	8600.0
楼面总活荷载：	2039.0
水平地震作用影响系数：	0.160
结构总水平地震作用标准值(kN)：	2847.6

---第 1 层计算结果---

本层层高(mm)：	4700.0
本层重力荷载代表值(kN)：	8086.0
本层墙体自重荷载标准值(kN)：	5717.0
本层楼面恒荷载标准值(kN)：	2655.0
本层楼面活荷载标准值(kN)：	915.0
本层水平地震作用标准值(kN)：	657.3
本层地震剪力标准值(kN)：	2847.6
本层块体强度等级 MU：	15.0
本层砂浆强度等级 M：	7.5

（墙体各项验算结果见计算结果图）

图 11.1-10 PKPM 参数输入

---第 2 层计算结果---

本层层高(mm)：	3600.0
本层重力荷载代表值(kN)：	7303.5

本层墙体自重荷载标准值(kN)：　　4230.0
本层楼面恒荷载标准值(kN)：　　2616.0
本层楼面活荷载标准值(kN)：　　915.0
本层水平地震作用标准值(kN)：　　1048.4
本层地震剪力标准值(kN)：　　2190.3
本层块体强度等级 MU：　　15.0
本层砂浆强度等级 M　　7.5
(墙体各项验算结果见计算结果图)

- - -第 3 层计算结果- - -
本层层高(mm)：　　3600.0
本层重力荷载代表值(kN)：　　5548.5
本层墙体自重荷载标准值(kN)：　　4230.0
本层楼面恒荷载标准值(kN)：　　3329.0
本层楼面活荷载标准值(kN)：　　209.0
本层水平地震作用标准值(kN)：　　1141.9
本层地震剪力标准值(kN)：　　1141.9
本层块体强度等级 MU：　　15.0
本层砂浆强度等级 M　　7.5
(墙体各项验算结果见计算结果图)

由于首层墙体截面为控制截面，这里仅列出首层墙体各项验算结果图，如图 11.1-11、图 11.1-12 所示。平行于墙段的数字为抗力与效应之比、均为≥1.0 满足要求；当<1.0 时，为不满足要求，对不满足要求的墙段，抗震验算结果给出应配钢筋面积。

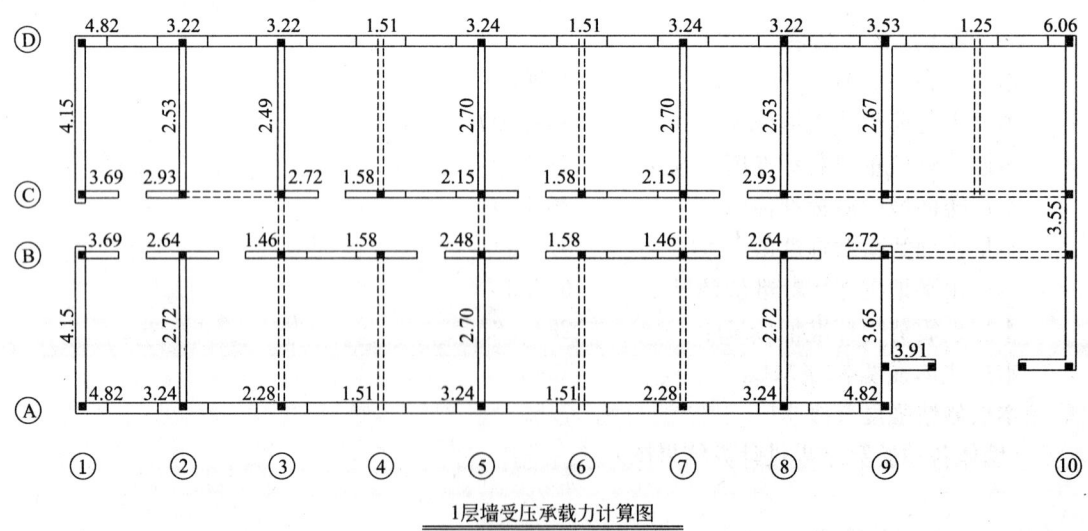

图 11.1-11　1 层墙受压承载力计算图

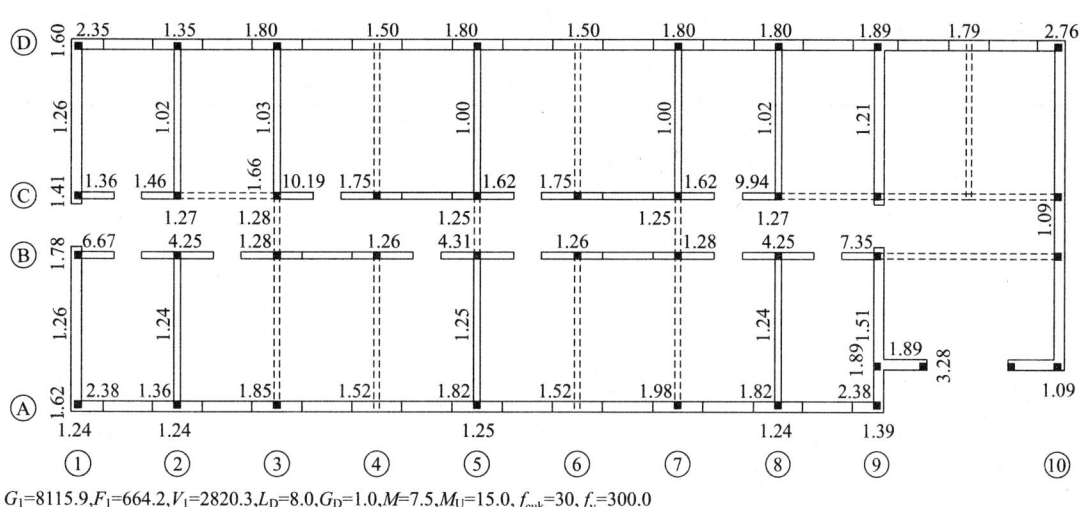

1层抗震验算结果(抗力与效应之比)

图 11.1-12　1层墙抗震验算结果

11.1.5　手算与电算结果比较及分析

1. 受压计算结果比较(表 11.1-10)

手算与电算受压计算结果　　　　　　　　　　　　　　表 11.1-10

计算方式 代表墙段	手　算			电　算		
	抗力(kN)	效应(kN)	抗力/效应	抗力(kN)	效应(kN)	抗力/效应
外纵墙	995.7	630.1	1.58	996.90	660.2	1.51
内纵墙	801.855	658.9	1.22	998.47	631.94	1.58
外横墙	2074.39	823.5	2.52	4162.55	1172.6	3.55
内横墙	356.36	181.4	1.96	402.68	149.14	2.7

由表 11.1-10 计算结果比较分析可知:

(1) 效应比较: 电算值接近手算值。

(2) 抗力比较: 总体上电算值大于手算值。这是由于电算均考虑了构造柱参与工作。特别是手算未考虑构造柱参与受压工作时,就更加明显。

(3) 抗力/效应的比较: 总体上,电算值大于手算值。

2. 抗震计算结果比较(表 11.1-11)

手算与电算抗震计算结果　　　　　　　　　　　　　　表 11.1-11

计算方式 代表墙段			手　算			电　算		
			抗力(kN)	效应(kN)	抗力/效应	抗力(kN)	效应(kN)	抗力/效应
横　墙			280.675	207.45	1.35	260.45	208.36	1.25
外纵墙	类别1		75.1	43.97	1.71	69.544	29.22	2.38
	类别2	只承受自重	132.53	118.6	1.12	185.46	136.37	1.36
		承受梁板荷载	124.196	118.6	1.05	202.51	102.28	1.98

续表

计算方式 代表墙段		手算			电算		
		抗力(kN)	效应(kN)	抗力/效应	抗力(kN)	效应(kN)	抗力/效应
内纵墙	类别1	56.54	12.94	4.37	64.165	9.62	6.67
	类别2	139.077	46.25	3.01	174.72	41.11	4.25
	类别3	186.805	156.54	1.19	175.34	139.16	1.26

由表 11.1-11 计算结果比较分析可知：

(1) 效应比较：墙段所受地震作用手算与电算比较接近。

(2) 抗力比较：总体上，电算值略大于手算值。一方面从抗压计算结果的比较可知，电算的墙段的正应力较大，表现为砌体强度的正应力影响系数 ζ_n 较手算值大，对砌体抗剪强度产生有利影响；另一方面，电算考虑墙段中部的构造柱参与抗震工作。由横墙、外纵墙类别 2 只主要承受自重的墙段、内纵墙类别 3 墙段的计算结果比较可知，当手算和电算都不考虑或都考虑了构造柱参与工作时，二者之间抗力的差异会明显缩小。

(3) 抗力/效应的比较：总体上，电算值大于手算值。

因此手算偏安全因素较多，具有较大安全储备。

11.2 多层砖砌体房屋施工图

结构设计成果的表达，包括结构计算书和结构施工图。11.1 节介绍了结构计算；本节以 11.1 节中的某文化活动中心为例，介绍多层砖砌体房屋结构施工图的绘制。结构施工图是设计人员意图的准确表达，是施工的依据。本工程应包括的图纸见表 11.2-1 图纸目录，考虑初次从事砖砌体房屋结构设计、施工、监理人员的需求及内容精炼，本节中仅呈现主要图纸(图 11.2-1～图 11.2-5)。

图 纸 目 录　　　　　　　表 11.2-1

图号	图名	规格	说　　明
结施 01	结构设计总说明	A×	
结施 02	基础图	A×	
结施 03	首层顶板、圈梁布置图及构造柱、圈梁大样	A×	
结施 04	二层顶板、圈梁布置图及构造柱、圈梁大样	A×	二层顶板与一层顶板图相比，主要有以下几点不同： 1. 二层没有雨篷； 2. 为保持建筑美观，外墙 GZ2 自二层起截面及配筋同 GZ1。定位参见 GZ1 的相应节点
结施 05	三层顶板、圈梁布置图及圈梁大样	A×	三层顶板与二层顶板相比，主要不同之处在于三层为顶层，故楼梯间处有屋面板
结施 06	女儿墙构造柱的布置及详图	A×	女儿墙的构造节点可以参见《多层砖房钢筋混凝土构造柱抗震节点详图》03G363
结施 07	楼梯图	A×	
结施 08	楼梯、雨篷、梁大样	A×	

结构设计总说明

一、工程概况

本工程为北京市某单位文化活动中心，占地面积为458.4m²，建筑面积为1375.3m²。地上3层，层高3.6m，采用普通砖砌体结构，纵横墙承重，现浇钢筋混凝土楼（屋）盖，属刚性方案。

本工程属于丙类建筑，安全等级为二级。结构设计使用年限为50年，设计标高±0.00相当于绝对标高45.00m。

二、设计依据

1. 岩土工程勘察报告 ××工程勘察院 2006年11月1日
2. 《建筑地基基础设计规范》 (GB 50007—2002)
3. 《砌体结构设计规范》 (GB 50003—2001)
4. 《混凝土结构设计规范》 (GB 50010—2002)
5. 《建筑结构荷载规范》 (GB 50009—2001)
6. 《建筑抗震设计规范》 (GB 50011—2001)
7. 《多层砖房钢筋混凝土构造柱抗震节点详图》(03G363)

三、自然条件

1. 基本风压：$W_0 = 0.45$ kN/m²，设计基本地震加速度：0.2g
2. 基本雪压：$S_0 = 0.4$ kN/m²，建筑场地类别：Ⅲ类
3. 抗震设防烈度：8度，地面粗糙度：B类
4. 设计地震分组：第一组
5. 场地的工程地质条件：自然地表下0.3m内为填土，填土下2m内为黏土，其下层为中砂层。
6. 地下水位较深，地下水无腐蚀性。

四、不上人屋面活荷载标准值 (kN/m²)：

屋面 2.0　雨篷 0.7　楼梯 2.5　走廊 2.5　楼面 0.5

五、材料：

1. 砌体：砖：MU15；砂浆：±0.00以下为M7.5水泥砂浆，其他M7.5混合砂浆。
2. 混凝土：基础、圈梁、构造柱、现浇过梁：C20；楼盖梁：C30。
3. 钢筋：直径 $d \leq 10$mm，采用HPB235级钢，以φ表示。直径 $d \geq 12$mm，采用HRB335级钢，以Φ表示。

六、地基基础

1. 本工程场地及地基条件简单，荷载分布均匀的三层混凝土结构，基础基础设计等级为丙级。
2. 本工程采用砖墙下条形刚性基础，基础置于新黏土层，承载力特征值 $f_{ak} = 160$ kPa。
3. 施工中如遇地下水，应采取适当的排水方案。
4. 基础刨槽后需进行钎探，并经勘察、设计、施工等部门会同验收同意后，方可继续施工。

七、砖砌体结构的构造要求

1. 除特别注明者外，施工图表示方法及构造要求采用国家建筑标准设计图集《多层砖房钢筋混凝土构造柱抗震节点详图》03G363（以下简称《03G363》）、中国建筑标准设计研究所编制。
2. 本工程施工质量控制等级为B级。
3. 构造柱必须先砌墙后浇筑，按图示要求留置和预留钢筋，后浇筑混凝土。混凝土须振捣密实，保证与砌体紧密结合，满足抗震构造要求。
4. 其他未特别说明的，均应按相应的构造要求。

八、混凝土结构的环境类别：基础属二、b类，上部结构按一类考虑。

钢筋的保护层最小厚度见表1，且不小于受力钢筋的直径。

净保护层最小厚度 (mm) 表1

构件类型	受力筋	箍筋	分布筋
板	15	—	10
梁、圈梁	25	15	
构造柱	25	15	

2. 混凝土配合比应符合合理耐久性的相应要求，具体见《混凝土结构设计规范》GB 50010—2002 表3.4.2。
3. 钢筋的搭接头与锚固：
   直径 $d \geq 22$ 的钢筋，一律采用焊接接头和机械接头，其他钢筋采用搭接接头。搭接长度 $\geq 40d$，且接头位置应按规范要求错开设置。

   除特别说明外，钢筋最小锚固长度Ⅰ级钢 $\geq 25d$（不含端弯钩）；Ⅱ级钢 $\geq 35d$，且应尽可能采用直段锚固。若有弯折时，其弯折长度 $\geq 10d$。

4. 主次梁相交时，应配合主梁钢筋的设计位置（如图1），并在次梁两侧的主筋上附加箍筋。附加钢筋的按图2附加箍筋配筋如图。附加排数见图1、图2。

5. 现浇板中的上部钢筋应采取有效措施保证其正确位置、防止踩踏变形。双向板中的下部钢筋应设置短向钢筋在下。长向钢筋在上。
6. 现浇过梁：支承长度均为240mm。过梁截面及配筋见表2。如无特别说明，门窗洞、门洞口按表2选用。

九、其他

1. 本工程图示尺寸以毫米 (mm) 为单位，标高以米 (m) 为单位。
2. 应配合建筑设计及设备设计人员同意本图纸施工，埋件应预埋，洞口应预留。
3. 本说明未尽事宜，按国家现行有关规范和规程执行。

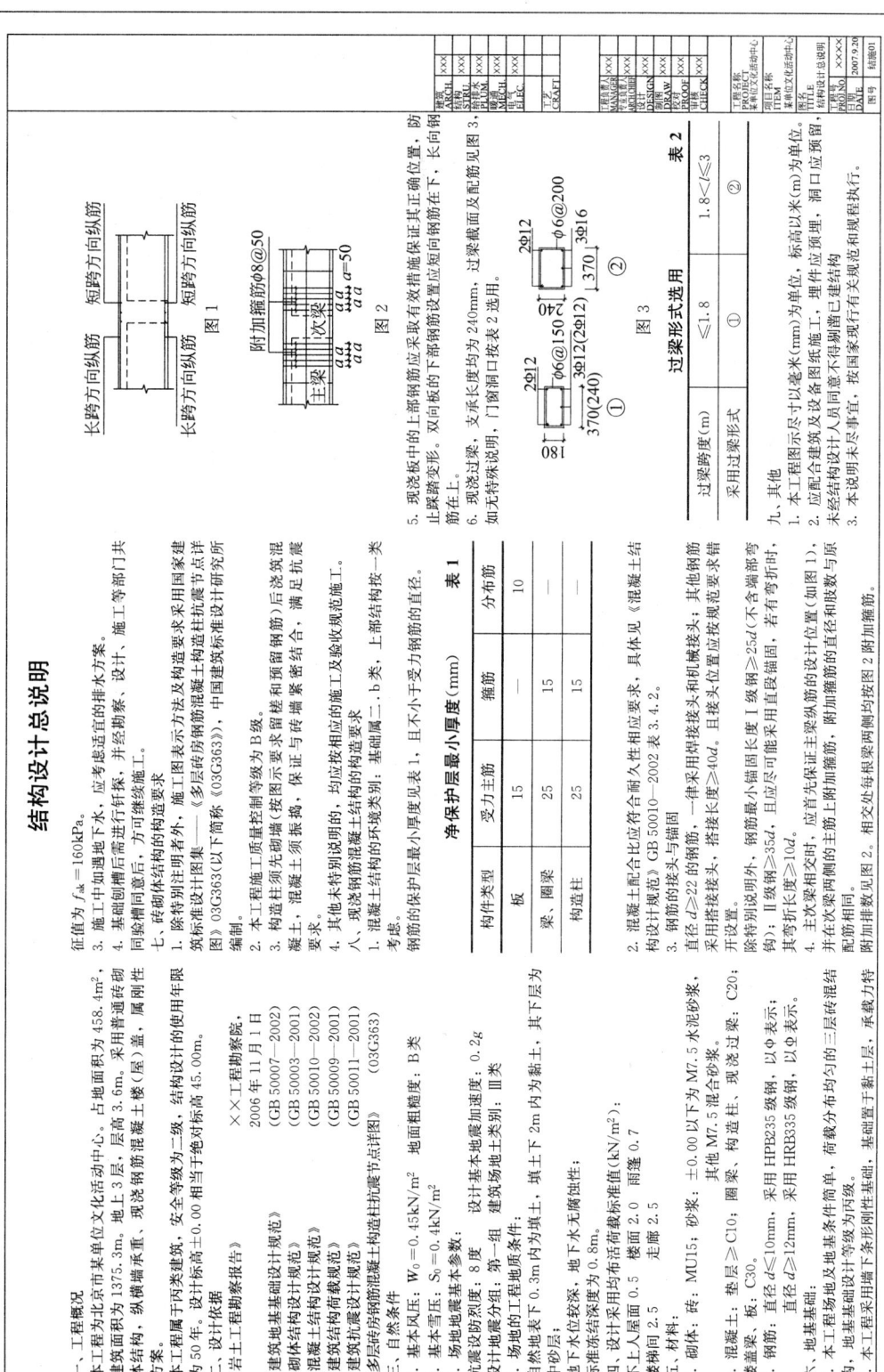

图1

附加箍筋φ8@50

图2

过梁形式选用 表2

过梁跨度 (m)	≤1.8	1.8<l≤3
过梁形式	①	②

图3

图11.2-1 结构设计总说明

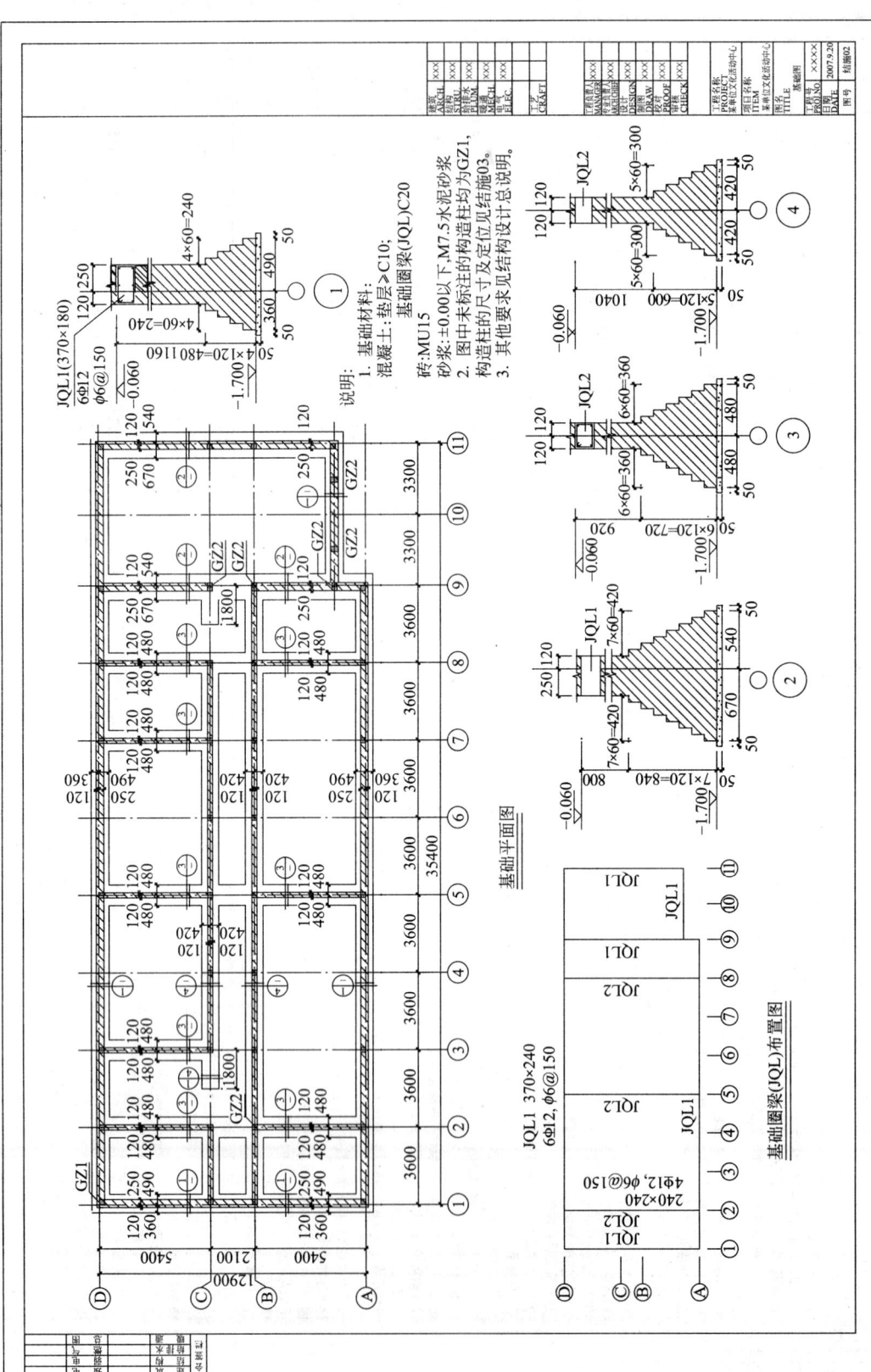

图 11.2-2 基础图

第 11 章 砌体结构设计实例

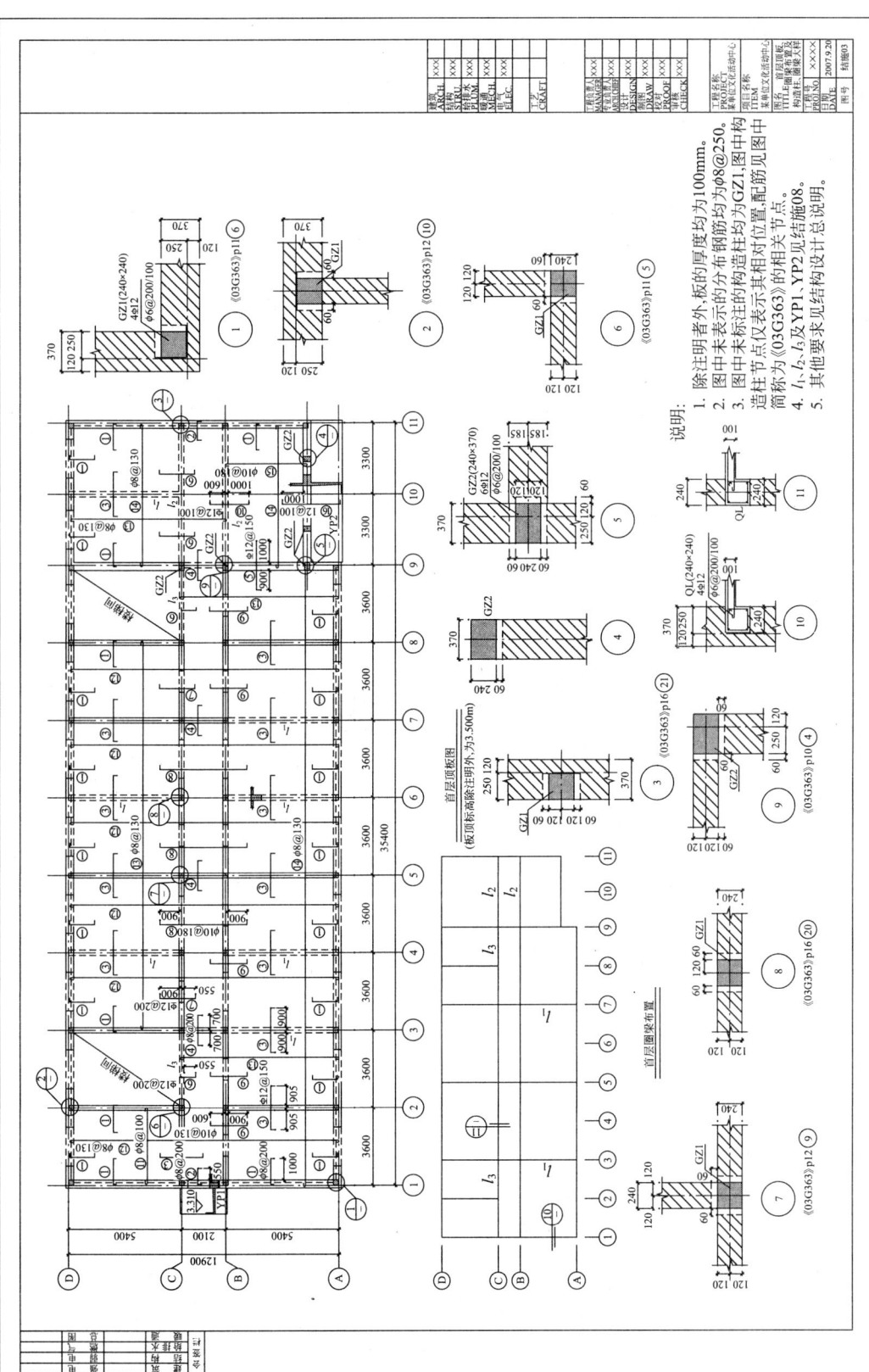

图 11.2-3 首层顶板、圈梁布置及构造柱、圈梁大样

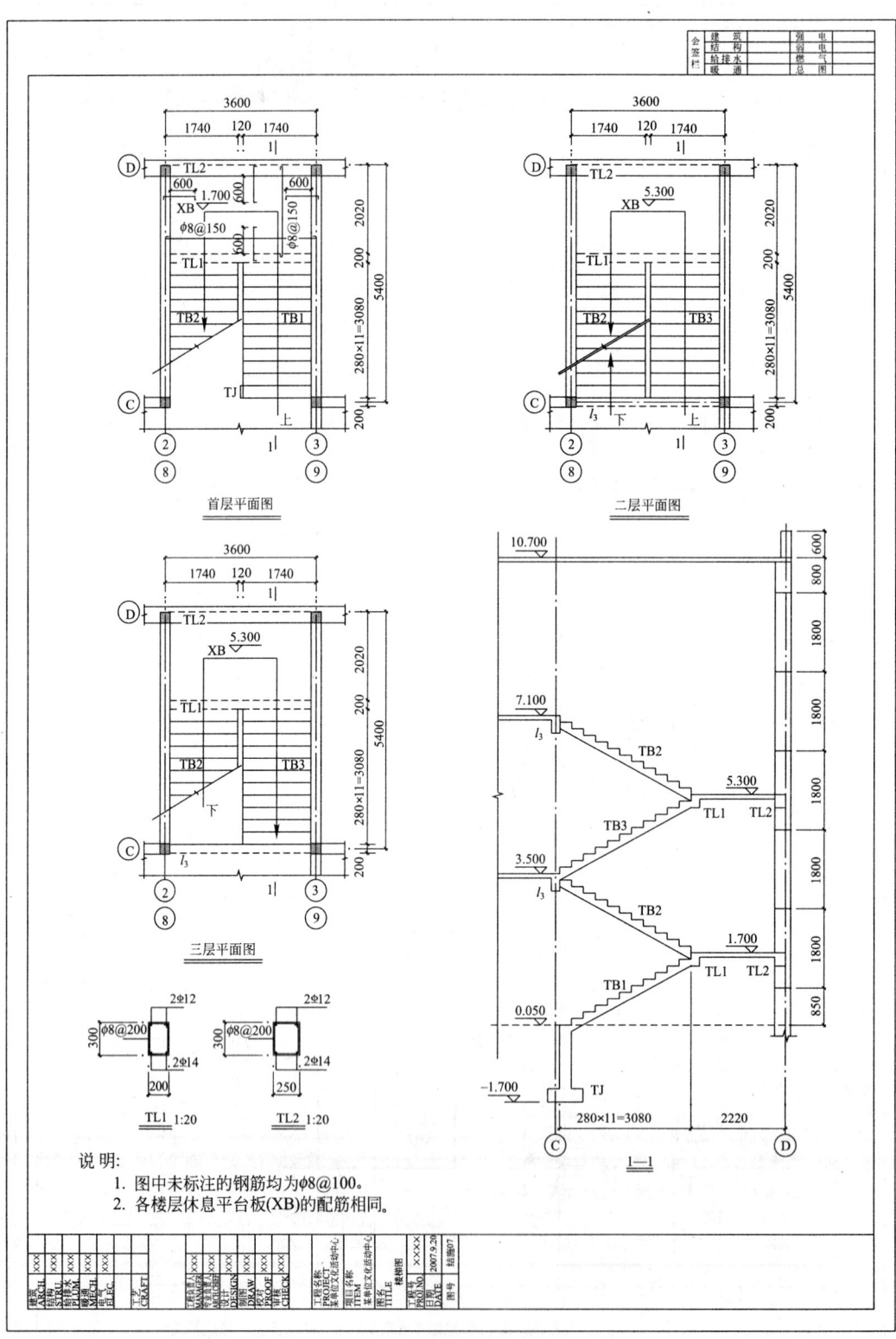

图 11.2-4 楼梯图

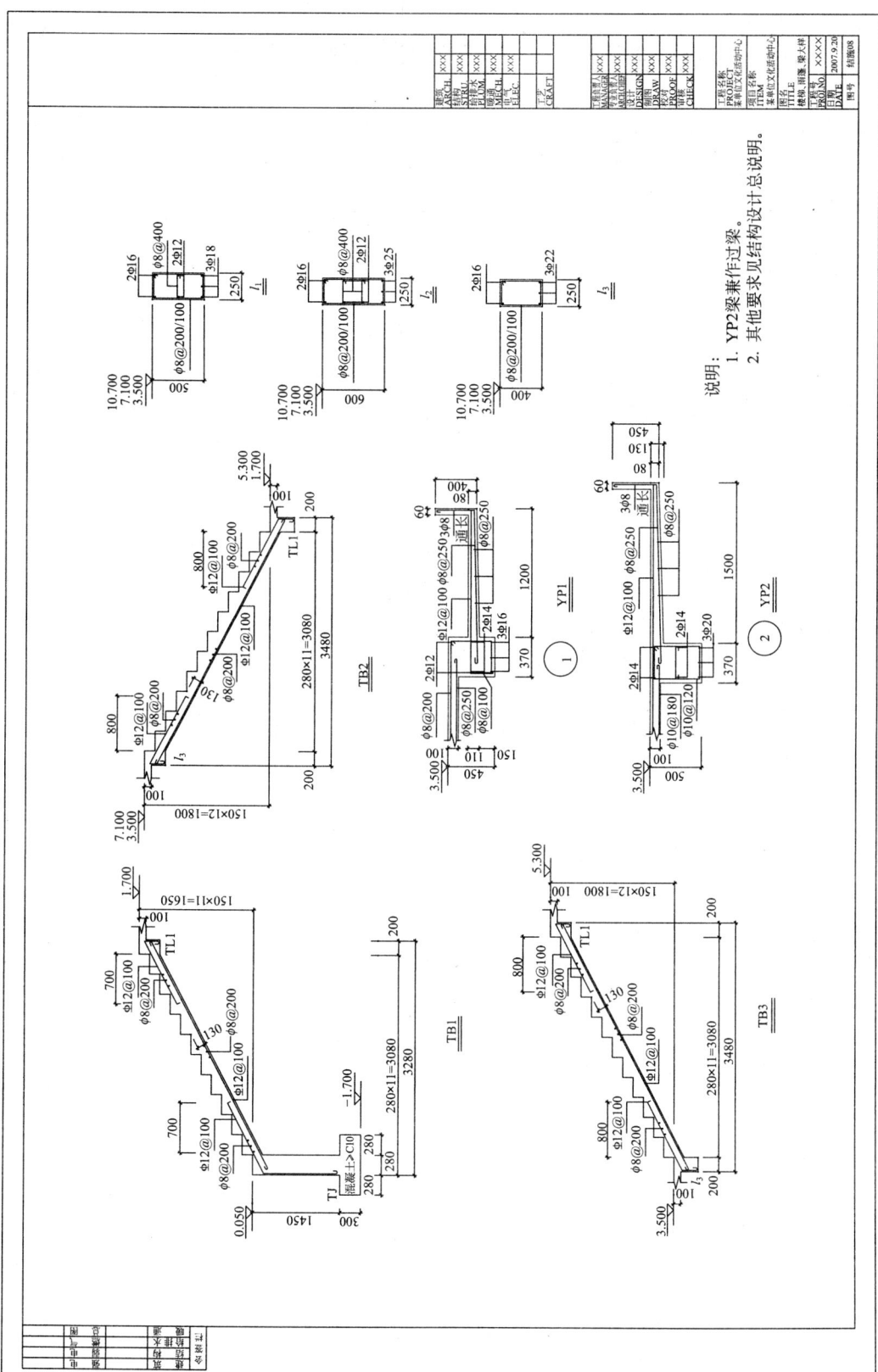

图 11.2-5 楼梯、雨篷、梁大样

11.3 单层组合砖柱厂房(某工厂仓库)的结构设计

11.3.1 设计任务

1. 设计对象：某工厂仓库。
2. 设计要求：

单层单跨，跨度12m，长度55m，屋架下弦标高4.600m，屋架间距5m，厂房内无桥式吊车，无天窗。安全等级二级。

3. 结构设计原始资料：

(1) 自然条件：基本风压 $0.35kN/m^2$，地面粗糙度 B 级；基本雪压 $0.45kN/m^2$。

(2) 地震烈度和场地类别：按7度地震设防要求，场地土为Ⅱ类。

(3) 地质条件：采用天然地基，持力层为粉土—重粉质黏土，修正后地基承载力为110kPa。地下水位较深，无腐蚀性，标准冻结深度 0.5m。

(4) 建筑材料：

屋面及屋盖构造：瓦屋面、望板、轻钢檩条、轻型钢屋架，无吊顶。

外墙：370mm 厚，室内为 20mm 水泥粗砂粉刷墙面，室外为清水墙面。

门窗：木门窗 [参见局部立面，图 11.3-1(c)]。

地面：混凝土地面，室内外高差 300mm。

11.3.2 结构布置

1. 按抗震设防要求布置墙体

如表 11.3-1 所列，根据《建筑抗震设计规范》GB 50011—2001 第 9.3.1、9.3.3 条规定，检查是否满足采用砖柱厂房的条件。

判断是否可采用单层砖柱承重　　　　表 11.3-1

设 计 要 求	采用单层砖柱的抗震构造要求	结　　论
单层单跨无桥式吊车	单跨和等高多跨且无桥式吊车的车间仓库	满足规范要求
7度，跨度为12m，柱高 $H=4.6+0.5=5.1m$	6～8 跨度不大于 15m 且柱顶标高不大于 6.6m	满足规范要求
轻型钢屋架	6～8 度时宜采用轻型屋盖	满足规范要求

注：柱高从大放脚顶面算至柱顶。

由表 11.3-1 可知，本厂房跨度、墙顶标高、屋盖结构均符合单层砖柱厂房的要求。为增加结构的整体工作性能，初步设计为每榀屋架下设置扶壁柱的砖砌体结构，厂房两端设置带壁柱的封闭承重山墙，外墙四角处设置 370mm×370mm 构造柱，建筑平面、剖面和局部立面如图 11.3-1 所示。

2. 外纵墙及山墙设置

外纵墙及山墙均带扶壁柱的 370mm 厚承重墙，采用 MU10 砖、M7.5 水泥混合砂浆砌筑。施工质量控制等级为 B 级。

3. 圈梁及卧梁设置

(1) 圈梁的设置

① 基础大放脚标高处设置基础圈梁 QL1；

② 屋架底部标高处设置 QL1；

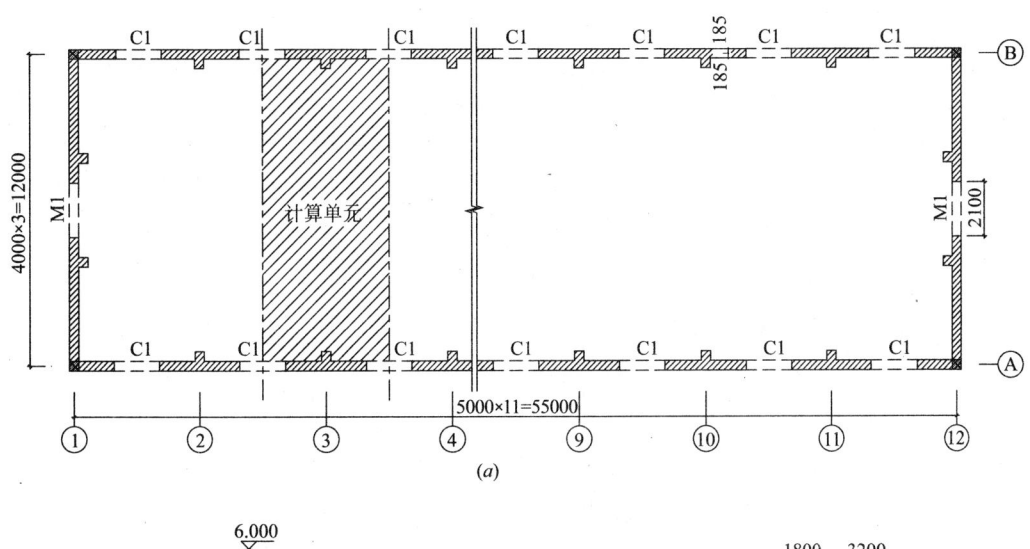

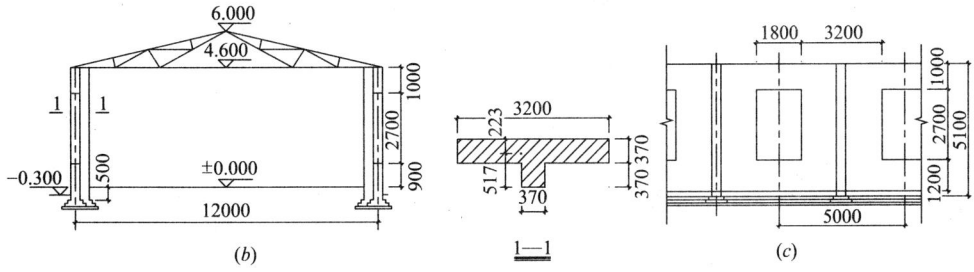

图 11.3-1 某工厂仓库的平面、剖面及局部立面图
(a)平面图；(b)剖面图；(c)计算单元
C1—1.8×2.7；M1—2.1×3.6

③ 门、窗上口标高处设置 QL2，兼作过梁。

QL1、QL2 均为沿外纵墙及山墙的封闭式钢筋混凝土圈梁，如图 11.3-2 所示。屋架用螺栓与墙顶圈梁(扶壁柱处圈梁放大)牢固连接，连接处配置 $\phi 8@100$ 钢筋网两层。

(2) 卧梁的设置

山墙沿屋面标高斜向设置钢筋混凝土卧梁，轻钢檩条与卧梁连接。该卧梁宽 240mm，高 180mm，配置 $4\phi 12$，箍筋 $\phi 6@200$。山墙壁柱截面和配筋情况与外墙壁柱相同。

11.3.3 结构计算书

1. 墙体的计算指标

墙体砖砌体抗压设计强度 $f=1.69\text{N/mm}^2$，抗剪设计强度 $f_v=0.14\text{N/mm}^2$，弹性模量 $E=1600f=2704\text{N/mm}^2$。

2. 静力方案的确定

房屋的屋盖类别为第 3 类，山墙(横墙)的间距 $s=55\text{m}>36\text{m}$，因此属弹性方案房屋。由于 $b_c/l=370/55000=0.007<0.05$，所以不考虑构造柱的影响。

3. 高厚比验算

(1) 纵墙高厚比验算

本厂房的纵墙为带壁柱墙，因此不仅需要验算其整片墙的高厚比，还需验算壁柱间墙的高厚比。

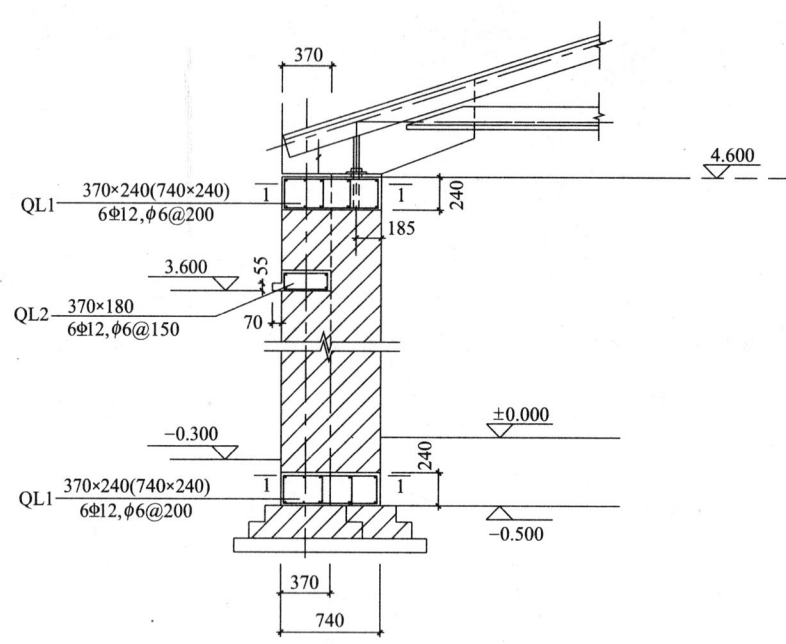

图 11.3-2　圈梁布置

注：括号内为扶壁柱圈梁截面，QL2 位于门洞口上方时为矩形截面。

取一个开间作为计算单元(图 11.3-1)。

① 整片墙的高厚比验算

查本书表 5.1-5 或《砌体结构设计规范》表 5.1.3，由无吊车单层房屋、单跨、弹性方案、带壁柱墙查得：

$$H_0 = 1.5H = 1.5 \times 5.1 = 7.65 \text{m}$$

纵墙为带壁柱的 T 形截面，需先确定其折算厚度 h_T。

根据《砌体结构设计规范》4.2.8 条规定或参见本书 5.1 节：带壁柱墙计算截面翼缘宽度，单层房屋可取壁柱宽加 2/3 墙高，但不大于窗间墙宽度和相邻壁柱间距离，即：

$b_{f1} = \min(b_c + 2/3 \times H, 5.0 - 1.8, 5.0) = \min(0.37 + 2/3 \times 5.1, 3.2, 5.0) = 3.2\text{m}$

带壁柱墙的截面面积：$A = 3.2 \times 0.37 + 0.37 \times 0.37 = 1.3209 \text{m}^2$

截面重心位置：

$$y_1 = \frac{(3.2 - 0.37) \times 0.37 \times 0.37/2 + 0.37 \times 0.37 \times 2 \times 0.37}{1.3209} = 0.223 \text{m}$$

$$y_2 = 0.37 \times 2 - 0.223 = 0.517 \text{m}$$

截面惯性矩：

$$I = \frac{1}{12} \times (3.2 - 0.37) \times 0.37^3 + (3.2 - 0.37) \times 0.37 \times \left(0.223 - \frac{0.37}{2}\right)^2 + \frac{1}{12} \times 0.37 \times (0.37 \times 2)^3$$
$$+ 0.37 \times 0.37 \times 2 \times (0.517 - 0.37)^2 = 0.0319 \text{m}^4$$

截面回转半径：$i = \sqrt{\dfrac{I}{A}} = \sqrt{\dfrac{0.0319}{1.3209}} = 0.155 \text{m}$

截面折算厚度：$h_T=3.5i=3.5\times0.155=0.544\text{m}$

整片墙的实际高厚比：$\beta=\dfrac{H_0}{h_T}=\dfrac{7.65}{0.544}=14.065$

墙上有窗洞，$\mu_2=1-0.4\times\dfrac{1.8}{5}=0.856>0.7$，由砂浆强度等级 M7.5，查本书表 5.1-1 或《砌体结构设计规范》表 6.1.1，可得 $[\beta]=26$。

则，该墙的允许高厚比：$\mu_1\mu_2[\beta]=1.0\times0.856\times26=22.256>14.065$

因此，Ⓐ、Ⓑ轴整片纵墙的高厚比满足要求。

② 壁柱间墙的高厚比验算

壁柱间距 $s=5\text{m}<16\text{m}$，因此按刚性方案计算 H_0。

由 $s=5\text{m}<H=5.1\text{m}$ 得，$H_0=0.6s=0.6\times5=3\text{m}$

$\beta=\dfrac{H_0}{h}=\dfrac{3}{0.37}=8.108<22.256$，满足高厚比要求。

(2) 山墙高厚比验算

① 整片墙的高厚比验算

带壁柱的山墙取壁柱处的山墙高度：$H=4/6\times(6-4.6)+4.6+0.5=6.033\text{m}$

带壁柱的山墙的计算高度：$H_0=1.5H=1.5\times6.033=9.05\text{m}$

带壁柱的山墙计算截面翼缘宽度：

$b_{f1}=\min[b_c+2/3\times H,(12.0-2.1)/2,4.0]$
$=\min(0.37+2/3\times6.033,4.95,4.0)=4.0\text{m}$

带壁柱山墙的截面面积：

$$A=4.0\times0.37+0.37\times0.37=1.6169\text{m}^2$$

截面重心位置：

$$y_1=\dfrac{(4.0-0.37)\times0.37\times0.37/2+0.37\times0.37\times2\times0.37}{1.6169}=0.216\text{m}$$

$$y_2=0.37\times2-0.216=0.524\text{m}$$

截面惯性矩：

$$I=\dfrac{1}{12}\times(4-0.37)\times0.37^3+(4-0.37)\times0.37\times(0.37-0.216)^2+\dfrac{1}{12}$$
$$\times0.37\times(0.37\times2)^3+0.37\times0.37\times2\times(0.524-0.37)^2=0.066\text{m}^4$$

截面回转半径：$i=\sqrt{\dfrac{I}{A}}=\sqrt{\dfrac{0.066}{1.6169}}=0.202\text{m}$

截面折算厚度：$h_T=3.5i=3.5\times0.202=0.707\text{m}$

整片墙的实际高厚比：$\beta=\dfrac{H_0}{h_T}=\dfrac{9.05}{0.707}=12.798$

墙上有窗洞，$\mu_2=1-0.4\dfrac{b_s}{s}=1-0.4\times\dfrac{2.1}{4}=0.79>0.7$

则该墙的允许高厚比：$\mu_1\mu_2[\beta]=1.0\times0.79\times26=20.54>12.798$，因此，满足高厚比要求。

② 壁柱间山墙的高厚比验算

壁柱间山墙的平均高度 $H=(6+0.5+6.033)/2=6.267\text{m}$

此时壁柱间距 $s=4\text{m}<H$，得 $H_0=0.6s=0.6\times4=2.4\text{m}$

壁柱间山墙的实际高厚比 $\beta=\dfrac{H_0}{h}=\dfrac{2.4}{0.37}=6.49$

墙上有窗洞，$\mu_2=1-0.4\times\dfrac{2.1}{4}=0.79>0.7$

则该墙的允许高厚比：$\mu_1\mu_2[\beta]=1.0\times0.79\times26=20.54>6.49$，满足高厚比要求。

4. 横向排架计算简图

横向排架计算简图如图 11.3-3 所示。

5. 荷载计算

(1) 屋盖恒载[包括瓦屋面、望板、轻钢檩条、轻型钢屋架，屋架竖向力作用于距墙垛内侧 185mm，如图 11.3-3(c)所示]

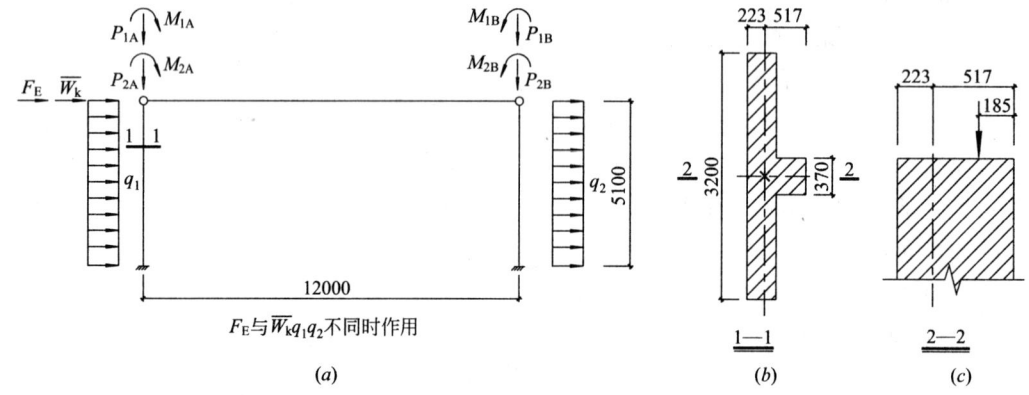

图 11.3-3 横向排架计算简图

$P_{1A}=P_{1B}=48.0\text{kN}$

$M_{1A}=M_{1B}=48.0\times(0.517-0.185)=15.936\text{kN·m}$

(2) 雪荷载

$\tan\alpha=\dfrac{6-4.6}{6}=0.233$，$\alpha=13°08'02''<25°$，$\mu_r=1.0$，$s_0=0.45$

$s=\mu_r s_0=1.0\times0.45=0.45\text{kN/m}^2$

(3) 屋盖活荷载(0.5kN/m²)

$P_{2A}=P_{2B}=0.5\times5\times6=15\text{kN}$

$M_{2A}=M_{2B}=15\times(0.517-0.185)=4.98\text{kN·m}$

注：屋面均布活荷载不应与雪荷载同时组合，取较大值。

(4) 风荷载

由于本厂房为弹性方案房屋，所以必须考虑风荷载的作用。

$w_0=0.35\text{kN/m}^2$

由外墙顶面距室外地面高度为 4.90m 及 B 类地面粗糙度，可得 $\mu_z=1.0$。

屋面与水平面夹角为 $13°08'02''$，$\mu_s = -0.6$。风荷载体型系数如图 11.3-4 所示。

$q_k = w_k B = \beta_z \mu_s \mu_z w_0 B$，其中，$B$ 为开间宽度。

迎风墙面风压：$q_{1k} = 1.0 \times 1.0 \times 0.8 \times 0.35 \times 5 = 1.4 \text{kN/m}$ （→）

背风墙面风压：$q_{2k} = 1.0 \times 1.0 \times (-0.5) \times 0.35 \times 5 = -0.875 \text{kN/m}$ （→）

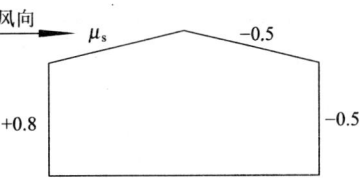

图 11.3-4 风荷载体型系数

作用于墙顶由屋面风荷载产生的水平集中力：

$$\overline{W}_k = (0.5 - 0.6) \times 1.0 \times 0.35 \times (6 - 4.6) \times 5 = -0.245 \text{kN} \ (\leftarrow)$$

(5) 墙体自重

砖砌体容重 19kN/m^3，钢筋混凝土容重 25kN/m^3，20mm 水泥粗砂粉刷墙面重 0.36kN/m^2。故 5m 横向排架计算单元内各部分墙自重为：

① 窗上墙

$P_{3A1} = (5 \times 0.37 + 0.37 \times 0.37) \times (0.24 \times 25 + 0.76 \times 19) + (5.0 + 2 \times 0.37) \times 1 \times 0.36$
$= 42.68 \text{kN}$

② 窗间墙

$P_{3A2} = (3.2 \times 0.37 + 0.37 \times 0.37) \times 2.7 \times 19 + (3.2 + 2 \times 0.37) \times 2.7 \times 0.36$
$= 71.59 \text{kN}$

③ 窗下墙

$P_{3A3} = (5 \times 0.37 + 0.37 \times 0.37) \times [0.24 \times 25 + (1.4 - 0.24) \times 19]$
$+ (5 + 2 \times 0.37) \times 1.4 \times 0.36 = 58.61 \text{kN}$

计算单元内墙体总重 $P_{3A} = P_{3A1} + P_{3A2} + P_{3A3} = 172.88 \text{kN}$

6. 横向基本周期和横向水平地震作用

$$G_{eq} = W_{屋盖} + 0.5 W_{雪} + W_{墙}$$
$$= 48.0 \times 2 + 0.5 \times 0.45 \times 5 \times 12 + 0.5 \times 172.88 \times 2 = 282.38 \text{kN}$$

$$\delta_{11} = \frac{1}{2} \times \frac{H^3}{3EI} = \frac{1}{2} \times \frac{5.1^3}{3 \times 2704 \times 10^3 \times 0.0319} = 2.563 \times 10^{-4} \text{m/kN}$$

$$T = 2\pi \sqrt{m\delta} = 2\pi \sqrt{\frac{G_{eq}}{g}\delta} = 2\pi \sqrt{\frac{282.38}{9.8} \times 2.563 \times 10^{-4}} = 0.540 \text{s}$$

由 7 度区，Ⅱ类场地第Ⅲ组可得 $\alpha_{max} = 0.08$，$T_g = 0.45$，由 $T_g < T < 5T_g$，得：

$$\alpha_1 = \left(\frac{T_g}{T}\right)^r \eta_2 \alpha_{max} = \left(\frac{0.45}{0.540}\right)^{0.9} \times 1.0 \times 0.08 = 0.0679$$

$$F_{EK} = \alpha_1 G_{eq} = 0.0679 \times 282.38 = 19.17 \text{kN}$$

7. 横向排架的内力计算和组合

内力计算结果见表 11.3-2，内力组合见表 11.3-3。

横向排架的内力计算结果 表11.3-2

荷载类型	序号	简图 $\begin{Bmatrix} M: \text{kN·m} \\ N: \text{kN} \\ V: \text{kN} \end{Bmatrix}$	M (kN·m)	N (kN)	V (kN)
屋盖恒载	(1)	48 ↓ 15.936 ← 4.687 4.687 →	15.936 7.968	48	−4.687
屋盖活载	(2)	15 ↓ 4.98 ← 1.465 1.465 →	4.98 2.49	15	−1.465
墙体自重	(3)	42.68 71.59 58.61	—	42.68 114.27 172.88	—
风荷载	(4)	0.245　　0.875 1.4	向右吹　向左吹 13.77　　13.31	—	−0.38　−0.38 6.27　　−4.84
横向水平地震作用	(5)	19.17 19.17	48.89　48.89	—	9.59　−9.59

注：1. 剪力以绕杆端顺时针转为正，轴力以杆件受压为正。
　　2. 对于风荷载应分别考虑左风、右风作用，地震作用应分别考虑左震、右震作用。本表所列内力均为左柱的内力。

内 力 组 合 表 11.3-3

组 合 项 目		Ⅰ-Ⅰ截面			Ⅱ-Ⅱ截面		
		$M(kN·m)$	$N(kN)$	$V(kN)$	$M(kN·m)$	$N(kN)$	$V(kN)$
无地震组合	1.2恒+1.4活	26.095	78.600	−7.675	−13.048	286.051	−7.675
	1.35恒+1.4×0.9×活	26.394	79.500	−7.763	26.394	312.883	−7.763
	1.2恒+1.4×0.9活+1.4×0.9风	25.398	76.500	−7.948	4.651	283.951	0.431
	1.2恒+1.4×0.9活−1.4×0.9风	25.398	76.500	−7.948	−29.457	283.951	−13.571
有地震组合	1.2(恒+0.5活)+1.3地震	22.111	66.600	5.964	52.502	274.05	5.964
	1.2(恒+0.5活)−1.3地震	22.111	66.600	−18.970	−74.613	274.05	−18.970

选取排架顶(Ⅰ-Ⅰ截面)和底(Ⅱ-Ⅱ截面)两个截面进行内力组合。这是考虑到Ⅰ-Ⅰ截面的弯矩(或偏心距)最大,Ⅱ-Ⅱ截面的轴力显然最大。从组合表中选取$|M|_{max}$及相应的N、$|N|_{max}$及相应的M为最不利组合,进行截面强度验算。

对于Ⅰ-Ⅰ截面应选取"1.35恒+1.4×0.9活、1.2(恒+0.5活)−1.3地震"组合作用进行强度验算,这里仅以"1.2(恒+0.5活)−1.3地震"为例进行计算。

$M=22.111\text{kN·m}$,$N=66.600\text{kN}$,$V=-18.970\text{kN}$

$$e=\frac{M}{N}=\frac{22.111}{66.6}=0.332\text{m}>0.6y_2=0.6×517=0.31\text{m}$$

如前所述,由于轴向力的偏心距过大,使构件的承载力明显下降,还可能使截面受拉边出现过大的水平裂缝,因而采用无筋扶壁砖柱砌体不合理。故改用组合配筋砖柱重新进行计算。

8. 组合砖柱的计算参数和横向排架计算简图

在进行横向排架计算时,不考虑壁柱翼缘的作用。组合砖柱的计算参数见表11.3-4。

组合砖柱的计算参数 表 11.3-4

名 称	参 数
砖砌体截面面积(m^2)	$A=(0.37×2−0.12×2)×0.37=0.185$
混凝土截面面积(m^2)	$A_c=0.12×2×0.37=0.089$
砌体对截面几何形心惯性矩(m^4)	$I=\frac{1}{12}×0.37×0.5^3=3.85×10^{-3}$
混凝土对截面几何形心惯性矩(m^4)	$I_c=2\left[\frac{1}{12}×0.37×0.12^3+0.37×0.12×\left(\frac{0.5+0.12}{2}\right)^2\right]$ $=8.64×10^{-3}$
组合截面惯性矩(m^4)	$I+I_c=3.85×10^{-3}+8.64×10^{-3}=12.49×10^{-3}$
组合砖柱换算弹性模量(kN/m^2)	$E_Z=\frac{EI+E_cI_c}{I+I_c}$ $=\frac{2.704×10^6×3.85×10^{-3}+25.5×10^6×8.64×10^{-3}}{12.49×10^{-3}}=1.85×10^7$
排架柱高度 H(m)	$H=5.1$

排架计算简图如图 11.3-5 所示。

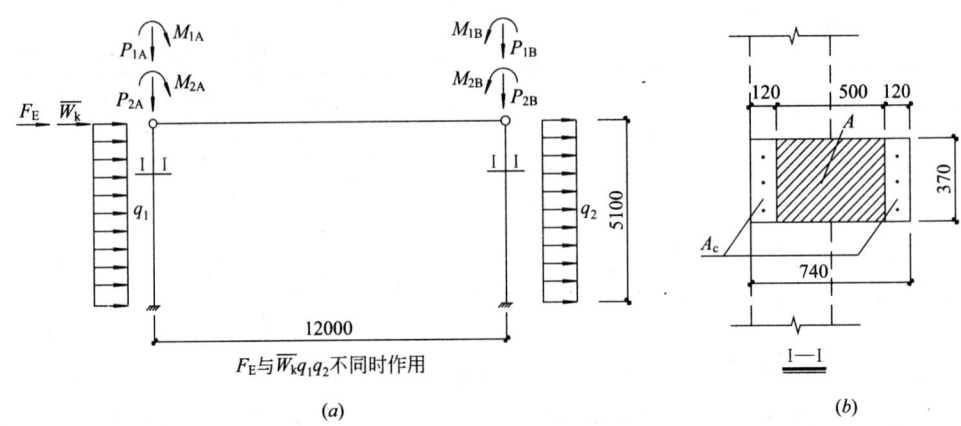

图 11.3-5 排架计算简图

由于只是将壁柱两侧 120mm 厚以混凝土代替砖墙，故荷载变化不大，所以不再进行荷载修正，横向排架的内力仍按表 11.3-2，内力组合仍按表 11.3-3 选取。

砖砌体和钢筋混凝土面层的组合砌体构件的偏心受压承载力计算，应取弯矩、轴力均较大的截面为控制截面。

显然，应在最不利组合"1.2(恒＋0.5活)－1.3地震"的柱底截面Ⅱ-Ⅱ进行强度验算：

$$|M|=74.613\text{kN}\cdot\text{m}, \quad |N|=274.06\text{kN}, \quad |V|=18.97\text{kN}$$

9. 组合砌体柱强度验算（横向）

强度验算示意图如图 11.3-6。

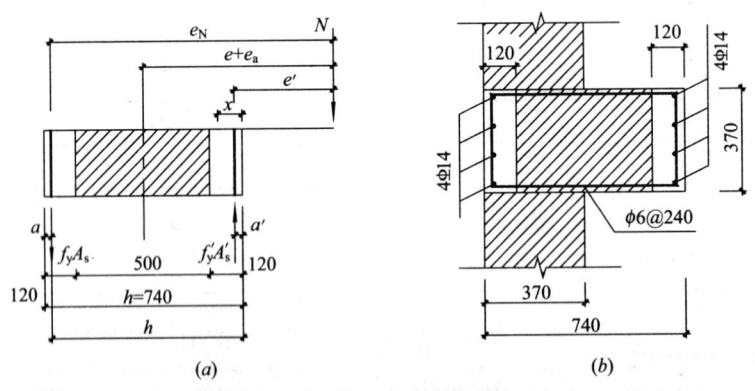

图 11.3-6 组合砌体柱强度验算示意
(a)立面图；(b)平面图

（1）截面抗压强度验算

$$e=\frac{M}{N}=\frac{74.613}{274.06}=0.272\text{m}=272\text{mm}$$

先假定为大偏心受压，则采用以下计算公式：

$$\gamma_{RE}N \leqslant fA' + f_cA'_c + \eta_s f'_y A'_s - f_y A_s$$
$$\gamma_{RE}Ne_N \leqslant fS_s + f_cS_{c,s} + \eta_s f'_y A'_s (h_0 - a'_s)$$

本例采用C20混凝土面层，HRB335钢筋，对称配筋。

则有$f_c = 9.6\text{kN/m}^2$，$\eta_s = 1.0$，$f'_y = f_y = 300\text{N/m}^2$，$A'_s = A_s$

于是，$\gamma_{RE}N = fA' + f'_c A'_c$

① 假设$x > 120\text{mm}$（$f = 1.69\text{N/mm}^2$，$f_c = 9.6\text{N/mm}^2$）

$$0.85 \times 274.06 \times 10^3 = 1.50 \times (x-120) \times 370 + 9.6 \times 120 \times 370$$

解得$x < 0$，说明砖砌体部分未参与受压，需重算。

② 假设$x < 120\text{mm}$，$\gamma_{RE}N = f'_c A'_c$

$$0.85 \times 274.06 \times 10^3 = 9.6 \times 370 x$$
$$x = 66\text{mm} \approx 2a = 70\text{mm}$$
$$\xi = \frac{x}{h_0} = \frac{66}{740-35} = 0.093 < 0.425$$

因此，上述大偏心受压假定成立。

③ $S_s = 0$

$$S_{c,s} = (370 \times 66) \times \left(740 - 35 - \frac{66}{2}\right) = 16.31 \times 10^6 \text{mm}^3$$

$$e_a = \frac{\beta^2 h}{2200}(1 - 0.022\beta) = \frac{14.065^2 \times 740}{2200}(1 - 0.022 \times 14.065) = 46\text{mm}$$

$$e_N = e + e_a + (h/2 - a_s) = 272 + 46 + (740/2 - 35) = 653.2\text{mm}$$

$$A_s = \frac{\gamma_{RE}Ne_N - fS_s - f_cS_{c,s}}{\eta_s f'_y (h_0 - a'_s)}$$
$$= \frac{0.85 \times 274.06 \times 10^3 \times 653.2 - 9.6 \times 16.31 \times 10^6}{1.0 \times 300 \times (705-35)}$$
$$< 0$$

④ $0.2\% \times 370 \times 740 = 547.6\text{mm}^2$，选用纵向受力钢筋$4\Phi14$，$A_s = 616\text{mm}^2$，箍筋$\phi6@240$（间距为四皮砖），则：

$$A_s = A'_s = 616\text{mm}^2$$

（2）截面抗剪强度验算

组合截面中砖砌体截面的抗震抗剪强度：

$f_{v0} = 0.14\text{N/mm}^2$，$\sigma_0 = \dfrac{(48.0 + 172.88 + 0.5 \times 15.0) \times 10^3}{740 \times 370} = 0.834\text{N/mm}^2$

$\dfrac{\sigma_0}{f_{v0}} = \dfrac{0.834}{0.14} = 5.957$，查本书表10.1-2或《砌体结构设计规范》表10.2.3得：$\zeta_N = 1.596$

$\dfrac{f_{VE}A}{\gamma_{RE}} = \dfrac{\zeta_N f_{v0} A}{\gamma_{RE}} = \dfrac{1.596 \times 0.14 \times (740-120 \times 2) \times 370}{0.85} = 48.622\text{kN} > 18.31\text{kN}$ 满足要求。

10. 纵向水平地震作用

本厂房位于7度Ⅱ类场地，柱高$4.6 + 0.5 = 5.1\text{m} < 6.6\text{m}$，且两侧设有370mm厚砖墙，开洞截面面积$1.8/5 = 36\% < 50\%$，为结构单元两端均设有山墙的单跨厂房，符合《抗规》9.3.5-2条的规定，可不进行纵向抗震计算。

11. 基础的设计

墙下采用素混凝土条形基础。由于为轻质屋面，宜浅埋，综合考虑地质条件（地下水位较深，无腐蚀性，标准冻结深度0.5m），满足地下水位以上，冻土深度以下，埋深设为0.6m（标高−0.90m）。

$F_k = (48+172.88+15)/5 = 47.176$ kN（每沿米的竖向力）

$$b \geqslant \frac{F_k}{f_a - \gamma_m d} = \frac{47.176}{110 - 20 \times 0.6} = 0.481\text{m}$$

采用混凝土强度等级为C15，一般370mm墙下的基础宽度500mm，刚性角 $\alpha = (500-370)/2/150 = 0.433 < 1.0$，扶壁柱下基础宽度为870mm，刚性角 $\alpha = (870-740)/2/150 = 0.433 < 1.0$，满足刚性角要求。

12. 过梁的设计

圈梁兼作过梁，过梁部分的钢筋应按计算用量另行增配。初估圈梁截面尺寸370mm×180mm，C20混凝土 HRB335级纵筋和HRB235箍筋。则：

$f_c = 9.6\text{N/mm}^2$，$f_t = 1.10\text{N/mm}^2$，$f_y = 300\text{N/mm}^2$，$f_{yv} = 210\text{N/mm}^2$

（1）C1窗过梁的计算（图11.3-7）

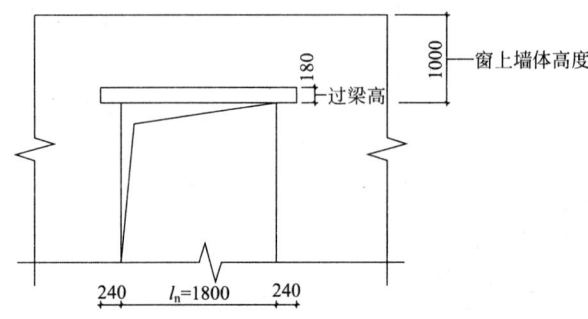

图11.3-7 C1窗过梁示意

过梁上砌体高度：$h_w = 1000 - 180 = 820$mm

过梁净跨：$l_n = 1800$mm

则 $h_w = 820$mm $\begin{cases} > l_n/3 = 600\text{mm}，墙体荷载按高度为 h_w = 600\text{mm} 墙体的均布自重采用 \\ < l_n = 1800\text{mm}，计入梁、板传来的荷载（为零） \end{cases}$

过梁自重：$1.35 \times 25 \times 0.37 \times 0.18 = 2.24$kN/m

墙体自重：$1.35 \times 0.37 \times 0.6 \times (19+0.36) = 5.80$kN

$q_1 = wl_n/3 + q = 2.24 + 5.80 + 0 = 8.04$kN/m

圈梁兼做过梁，可取计算跨度为：$\min(1.1l_n, l_c) = \min(1.1 \times 1.8, 1.8+0.24) = 1.98$m

$$M = \frac{1}{8} q_1 l^2 = \frac{1}{8} \times 8.04 \times 1.98^2 = 3.94 \text{kN} \cdot \text{m}$$

$$V = \frac{1}{2} q_1 l = \frac{1}{2} \times 8.04 \times 1.98 = 7.97 \text{kN}$$

$$\alpha_s = \frac{M}{f_c b h_0^2} = \frac{3.94 \times 10^6}{9.6 \times 370 \times (180-20)^2} = 0.044$$

$$\xi = 1-\sqrt{1-2\alpha_s} = 1-\sqrt{1-2\times 0.044} = 0.0446 < \xi_b = 0.55$$

$$A_s = \frac{f_c b h_0 \xi}{f_y} = \frac{9.6\times 370\times (180-20)\times 0.0446}{300} = 84\text{mm}^2$$

$$< \rho_{\min} bh = 0.002\times 370\times 180 = 133\text{mm}^2$$

按构造配筋，选用 $2\Phi 12(A_s = 226\text{mm}^2)$。

$$V = 7.97\text{kN} \begin{cases} < 0.25 f_c b h_0 = 0.25\times 9.6\times 370\times (180-20) = 142080\text{N} = 142.08\text{kN} \\ \qquad\qquad\qquad\qquad\qquad\qquad\qquad\qquad\text{满足截面限制条件} \\ < 0.7 f_t b h_0 = 0.7\times 1.1\times 370\times (180-20) = 45584\text{N} = 45.584\text{kN} \\ \qquad\qquad\qquad\qquad\qquad\qquad\qquad\qquad\text{过梁受剪承载力满足要求} \end{cases}$$

因此，可按构造配置箍筋，选配双肢箍 $\phi 6@150$。

(2) M1 门过梁的计算（图 11.3-8）

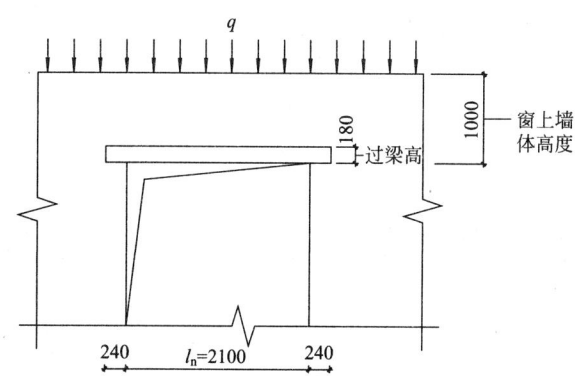

图 11.3-8 M1 门过梁示意图

过梁上砌体高度：$h_w = 820\text{mm}$

过梁净跨：$l_n = 2100\text{mm}$

则 $h_w = 820\text{mm} \begin{cases} > l_n/3 = 700\text{mm}，\text{墙体荷载按高度为 } h_w = 700\text{mm 墙体的均布自重采用} \\ < l_n = 2100\text{mm}，\text{计入梁、板传来的荷载} \end{cases}$

过梁自重：$1.35\times 25\times 0.37\times 0.18 = 2.248\text{kN/m}$

墙体自重：$1.35\times 0.37\times 0.7\times (19+0.36) = 6.769\text{kN}$

楼板传来均布荷载，受荷宽度为 $5/2 = 2.5\text{m}$

屋盖恒载 $P_{1A} = P_{1B} = 48.0\text{kN}$，可得，屋盖均布恒载为 $48/(5\times 6) = 1.6\text{kN/m}^2$

屋盖传来荷载：$(1.35\times 1.6 + 1.4\times 0.7\times 0.5)\times 2.5 = 6.625\text{kN/m}$

$q_1 = w l_n/3 + q = 2.248 + 6.769 + 6.625 = 15.642\text{kN/m}$

圈梁兼做过梁，可取计算跨度为：$\min(1.1 l_n, l_c) = \min(1.1\times 2.1, 2.1+0.24) = 2.31\text{m}$

$$M = \frac{1}{8} q_1 l^2 = \frac{1}{8}\times 15.642\times 2.31^2 = 10.43\text{kN}\cdot\text{m}$$

$$V = \frac{1}{2} q_1 l = \frac{1}{2}\times 15.642\times 2.31 = 18.066\text{kN}$$

$$\alpha_s = \frac{M}{f_c b h_0^2} = \frac{18.066\times 10^6}{9.6\times 370\times (180-20)^2} = 0.1147$$

$$\xi = 1 - \sqrt{1-2\alpha_s} = 1 - \sqrt{1-2\times 0.1147} = 0.1222 < \xi_b = 0.55$$

$$A_s = \frac{f_c b h_0 \xi}{f_y} = \frac{9.6 \times 370 \times (180-20) \times 0.1222}{300} = 232 \text{mm}^2$$

$$> \rho_{\min} bh = 0.002 \times 370 \times 150 = 111 \text{mm}^2$$

选用 $3\Phi 12 (A_s = 339 \text{mm}^2)$，

$$V = 18.066 \text{kN} \begin{cases} < 0.25 f_c b h_0 = 142.08 \text{kN}，满足截面限制条件 \\ < 0.7 f_t b h_0 = 45.584 \text{kN}，过梁受剪承载力满足要求 \end{cases}$$

因此可按构造配置箍筋，选配双肢箍 $\phi 6@150$。

13. 组合砖柱施工图

如图 11.3-9 所示。

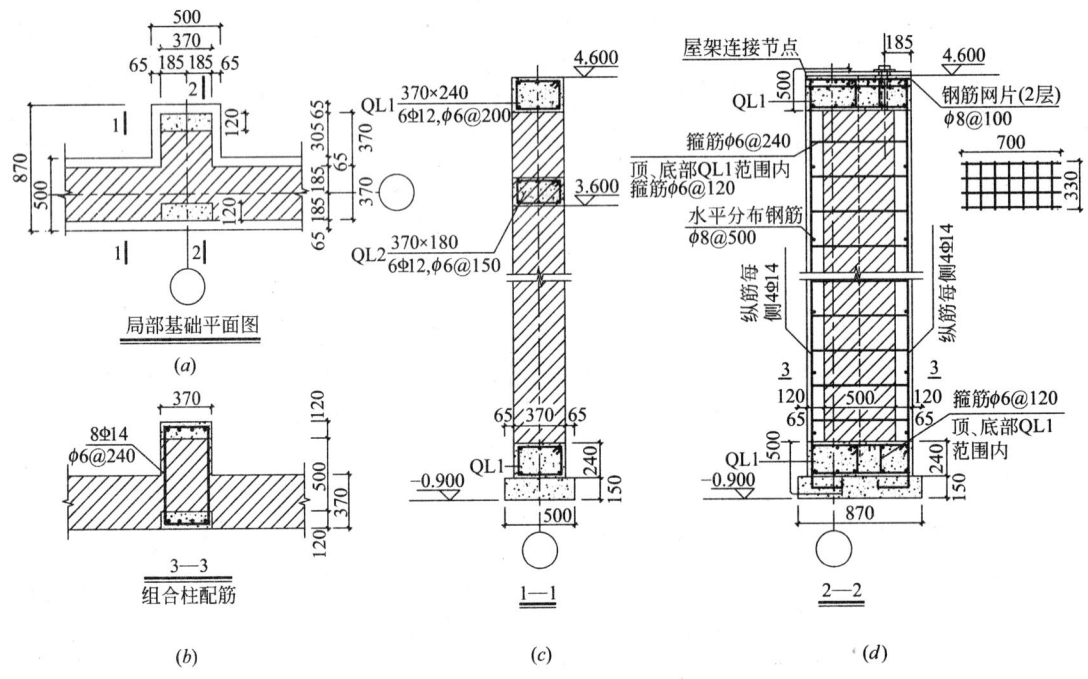

图 11.3-9 组合砖柱施工图

砌体工程的施工技术及质量验收

本章介绍砌体工程中最常用的砌体材料的主要施工技术及质量验收内容。其他砌体及更为全面详尽的内容可参见相应国家规范或规程，例如《砌体工程施工质量验收规范》GB 50203—2002，《混凝土小型空心砌块建筑技术规程》JGJ/T 14—2004 等。

砌体工程的质量会受到多种因素的影响。除工程设计方面的原因外，各种材料的选用、施工技术和施工工艺、构造措施的合理性，以及建筑尺寸的准确度等因素都会影响到砌体工程的质量。在砌体工程的质量验收过程中必须要做好过程控制，否则难以保证砌体工程的质量，有时还会给砌体工程留下难以弥补的缺憾。好的设计要由好的施工来实现。

《砌体结构设计规范》GB 50003—2001 首次引进了与砌体结构可靠度有关的砌体施工质量控制等级，即在前述的砌体强度设计值的规定中，考虑了砌体施工质量控制等级为A、B、C 三级时，而取用不同的数值。这样，砌体结构设计规范与施工规范达到了协调一致，配套使用。

为了贯彻执行国家的技术经济政策，确保砌体工程的质量，做到技术先进、经济合理、安全适用，在砌体工程施工和质量验收中，施工人员特别是工程项目管理人员、技术人员、监理人员等，必须全面执行相应的国家规范或规程。

12.1 基本规定

本节主要介绍用于各种砌体工程中的施工技术及质量验收的基本规定。

12.1.1 砌体工程的材料

使用合格的材料才能砌筑出符合质量要求的砌体工程。因此，要求砌体工程所用的材料应有产品的合格证书、产品性能检测报告。对于块材、水泥、钢筋、外加剂等对砌体质量有显著影响的材料，尚应有材料主要性能的进场复验报告。严禁使用国家明令淘汰的材料。

12.1.2 砌筑放线

基础砌筑放线是确定建筑平面的基础工作，砌筑基础前应校核放线尺寸、控制放线精度，这在砌体工程以及其他建筑工程中都十分重要。

砌筑基础前校核放线尺寸，允许偏差应符合表 12.1-1 的规定。

放线尺寸的允许偏差 表 12.1-1

长度 L、宽度 B(m)	允许偏差(mm)	长度 L、宽度 B(m)	允许偏差(mm)
L(或 B)≤30	±5	60<L(或 B)≤90	±15
30<L(或 B)≤60	±10	L(或 B)>90	±20

12.1.3 砌筑顺序

1. 为了保证基础砌体的整体性及地基基础受力的合理性，施工规范要求：基底标高不同时，应从低处砌起，并应由高处向低处搭砌。当设计无要求时，搭接长度不应小于基础扩大部分的高度。

2. 为了保证砌体的整体性，提高砌体结构的抗震性能，减少由于接槎不良而导致的外墙甩出和墙体倒塌，施工规范要求：砌体的转角处和交接处应同时砌筑。当不能同时砌筑时，应按规定留槎、接槎。

12.1.4 砌筑时的施工洞、脚手眼及补砌

砌筑墙体需要根据施工条件留置临时洞口，搭置脚手架时留有脚手眼，水、暖通、电等设备安装及管道埋设，都会对墙体的整体性及强度产生不利影响。上述现象在施工中是难以避免的，因此，施工规范对临时洞口、脚手眼及设备安装开洞等的位置大小及补砌要求做出下述规定，尽可能将不利影响减小到最低程度。

1. 在墙上留置临时施工洞口，其侧边离交接处墙面不应小于500mm，洞口净宽度不应超过1m。

临时施工洞口应做好补砌。

2. 不得在下列墙体或部位设置脚手眼：

（1）120mm厚墙、料石清水墙和独立柱；

（2）过梁上与过梁成60°角的三角形范围及过梁净跨度1/2的高度范围内；

（3）宽度小于1m的窗间墙；

（4）砌体门窗洞口两侧200mm（石砌体为300mm）和转角处450mm（石砌体为600mm）范围内；

（5）梁或梁垫下及其左右500mm范围内；

（6）设计不允许设置脚手眼的部位。

3. 施工脚手眼补砌时，灰缝应填满砂浆，不得用砖填塞。

4. 设计要求的洞口、管道、沟槽应于砌筑时正确留出或预埋，未经设计同意，不得打凿墙体和在墙上开凿水平沟槽。宽度超过300mm的洞口上部，应设置过梁。

12.1.5 砌筑时墙和砖的自由高度

砌筑墙体或柱时，往往上部的楼板（或屋面）还未制作，则正在施工的墙体或柱上端为自由端，如遇大风就可能发生倾覆。根据对不同墙体及不同风荷载进行的倾覆验算，施工规范给出了偏于安全又方便使用的墙和柱的允许自由高度。具体规定是：

对于砌体中尚未施工楼板或屋面的墙或柱，当可能遇到大风时，其允许高度不得超过表 12.1-2 的规定，如超过表中限值时，必须采用临时支撑等有效措施。

墙和柱的允许自由高度(m)　　　　　　　　表 12.1-2

墙(柱)厚(mm)	砌体密度＞1600(kg/m³)			砌体密度 1300～1600(kg/m³)		
	风载(kN/m²)			风载(kN/m²)		
	0.3(约7级风)	0.4(约8级风)	0.5(约9级风)	0.3(约7级风)	0.4(约8级风)	0.5(约9级风)
190	—	—	—	1.4	1.1	0.7
240	2.8	2.1	1.4	2.2	1.7	1.1
370	5.2	3.9	2.6	4.2	3.2	2.1
490	8.6	6.5	4.3	7.0	5.2	3.5
620	14.0	10.5	7.0	11.4	8.6	5.7

使用表 12.1-2 时应注意：

1. 本表适用于施工处相对标高(H)在 10m 范围内的情况。如 10m＜H≤15m，15m＜H≤20m 时，表中的允许自由高度应分别乘以 0.9、0.8 的系数；如 H＞20m 时，应通过抗倾覆验算确定其允许自由高度。

2. 当所砌筑的墙有横墙或其他结构与其连接，而且间距小于表列限值的 2 倍时，砌筑高度可不受本表的限制。

3. 施工处相对标高 H 可按下式计算：

$$H = H_0 + \frac{h}{2} \tag{12.1-1}$$

式中　H——施工处的标高(m)；

　　　H_0——起始计算自由高度处的标高(m)；

　　　h——表 12.1-2 内相应的允许自由高度值(m)。

对于设置钢筋混凝土圈梁的墙或柱，其砌筑高度在未达圈梁位置时，h 应从地面(或楼面)算起；超过圈梁时，h 则可从最低的一道圈梁处算起，但此时圈梁混凝土的抗压强度应达到 5N/mm² 以上。

12.1.6 砌筑施工质量控制等级

大量的砌体施工为工人手工操作，因此，砌体结构的质量在很大程度上取决于现场管理、施工工艺及工人的操作水平。为逐步与国际接轨，根据我国工程建设的实际情况，施工规范规定了如下所述的砌筑施工质量控制等级，并且与设计规范协调配套使用，在第 3 章砌体结构的计算指标中已体现。

砌体施工质量控制等级应分为三级，并应符合表 12.1-3 的规定。

砌体施工质量控制等级　　　　　　　　表 12.1-3

项　目	施工质量控制等级		
	A	B	C
现场质量管理	制度健全，并严格执行；非施工方质量监督人员经常到现场，或现场设有常驻代表；施工方有在岗专业技术管理人员，人员齐全，并持证上岗	制度基本健全，并能执行；非施工方质量监督人员间断地到现场进行质量控制；施工方有在岗专业技术管理人员，并持证上岗	有制度；非施工方质量监督人员很少作现场质量控制；施工方有在岗专业技术管理人员

续表

项 目	施工质量控制等级		
	A	B	C
砂浆、混凝土强度	试块按规定制作，强度满足验收规定，离散性小	试块按规定制作，强度满足验收规定，离散性较小	试块强度满足验收规定，离散性大
砂浆拌合方式	机械拌合；配合比计量控制严格	机械拌合；配合比计量控制一般	机械或人工拌合；配合比计量控制较差
砌筑工人	中级工以上，其中高级工不少于20%	高、中级工不少于70%	初级工以上

12.1.7 砌体施工其他规定

1. 为了使预制构件与砌体顶面接触紧密，对于搁置预制梁、板的砌体顶面应找平，安装时应座浆。当设计无具体要求时，应采用1∶2.5的水泥砂浆。

2. 从建筑物的耐久性考虑，对于设置在潮湿环境或有化学侵蚀性介质的环境中的砌体灰缝内的钢筋应采取防腐措施。

3. 砌体施工时，楼面和屋面堆载不得超过楼板的允许荷载值。施工层进料口楼板下，宜采取临时加撑措施。

12.1.8 砌体施工验收规定

1. 分项工程的验收应在检验批验收合格的基础上进行。检验批的确定可根据施工段（例如楼层、变形缝等）划分。

2. 砌体工程检验批验收时：

(1) 其主控项目即对建筑工程的质量起决定性作用的检验项目，应全部符合《砌体工程施工质量验收规范》的规定。

(2) 一般项目即对建筑工程的质量，特别是涉及安全性方面的施工质量不起决定性作用的检验项目，应有80%及以上的抽检处符合《砌体工程施工质量验收规范》的规定，或偏差值在允许偏差范围以内。

12.2 砌筑砂浆

12.2.1 砌筑砂浆的材料

砌筑砂浆通常是由胶凝材料（水泥）、细骨料（砂）、掺和料、外加剂和水按适当比例（重量）配制而成。这些组成的材料都应满足相应的要求。

1. 水泥

水泥的品种可根据工程的实际情况选用。水泥的强度等级不宜太高，一般可选用32.5级或42.5级，所配制的砂浆应符合设计要求。

水泥进场使用前，应分批对其强度、安定性进行复验。检验批应以同一生产厂家、同一编号为一批。当在使用中对水泥质量有怀疑或水泥出厂超过3个月（快硬水泥超过1个月）时，应进行复查试验，并按其结果确定如何使用。对于不同品种的水泥，不得混用，以免由于材料变化而引起工程质量问题。

2. 砂

砌筑砂浆中的砂宜采用中砂（细砂制成的砂浆强度较低，一般用于勾缝）。砂子中不得

含有有害的物质。砂子中的含泥量不应过高,要符合下述要求:
(1) 对水泥砂浆和强度等级不小于 M5 的水泥混合砂浆,不应超过 5%;
(2) 对强度等级小于 M5 的水泥混合砂浆,不应超过 10%;
(3) 人工砂、山砂及特细砂,应经试配能满足砌筑砂浆技术条件要求。

3. 掺和料、外加剂

配制的砌筑砂浆中,为了改善其和易性,有时常加入无机掺和料,如石灰膏等。在配制水泥石灰砂浆时,不得采用脱水硬化的石灰膏。消石灰粉不得直接用于砌筑砂浆中。脱水硬化的石灰膏和消石灰粉不能起塑化作用却又影响砂浆强度。

在砂浆中掺入有机塑化剂、早强剂、缓凝剂、防冻剂等外加剂时,应经检验和试配符合要求后,方可使用。

对于有机塑化剂,应有针对砌体强度的形式检验,根据检验结果确定砌体强度。即应提供砌体强度的形式检验报告。

4. 水

拌制砂浆所用的水,通常可采用饮用水,其水质应符合国家现行标准《混凝土用水标准》JGJ 63—2006 的规定。当水中含有有害物质时,会影响水泥的正常凝结,并可能对钢筋产生锈蚀作用。

12.2.2 砌筑砂浆的制作、使用

砂浆的材料应按照一定的比例(重量)来配制,配制的比例应按试配的结果来确定,实际施工用的砂浆强度应比设计强度等级提高 15%。当配制砂浆的材料发生变化时,应重新确定配合比。施工中如用水泥砂浆来代替同一强度等级的水泥混合砂浆砌筑砌体时,因水泥砂浆的和易性差,所砌筑的砌体的各种强度会有所下降,因此,应提高水泥砂浆的配制强度(一般提高一级),以达到工程设计的要求。

1. 砂浆应采用机械搅拌,既减轻劳动强度,又可使砂浆搅拌均匀。自投料完毕算起,搅拌时间应符合下列规定:
(1) 水泥砂浆和水泥混合砂浆不得少于 2min;
(2) 水泥粉煤灰砂浆和掺用外加剂的砂浆不得少于 3min;
(3) 掺用有机塑化剂的砂浆,应为 3~5min。

2. 砌筑砂浆应具有良好的保水性,保水性是指搅拌好的砂浆在运输、停放、使用过程中,水与胶凝材料及骨料分离快慢的性质。保水性良好的砂浆水分不易流失,易于摊铺成均匀密实的砂浆层,从而保证了砌筑的施工质量。

砂浆的保水性以"分层度"来表示,可用砂浆分层度测量仪测定。保水性良好的砂浆,其分层度值较小,一般在 10~20mm。分层度大于 20mm 的砂浆保水性不好,不宜采用。分层度为 0 的砂浆,虽然保水性好,无分层现象,但往往由于胶凝材料用量过多,或砂过细,致使砂浆干缩较大,易产生裂缝,给工程质量带来不利,尤其不宜作抹面砂浆。

3. 砌筑砂浆要有适合的流动性,砂浆流动性又称稠度。通常根据砌体的类型、施工方法、天气情况来确定砂浆的稠度。通常用稠度测定仪来测定砂浆的稠度。

4. 砂浆应随拌随用,水泥砂浆和水泥混合砂浆应分别在 3h 和 4h 内使用完毕;当施工期间最高气温超过 30℃时,应分别在拌成后 2h 和 3h 内使用完毕。对掺用缓凝剂的砂浆,其使用时间可根据具体情况延长。

12.2.3 砌筑砂浆的检验

1. 砂浆的试块是用边长 70.7mm 的立方体制成，试块在标准养护条件下，当龄期达到 28d 时进行标准抗压试验，依据试验结果判定砂浆的强度。

2. 检验方法：砂浆试块的取样应随机抽取。不同类型、不同强度等级的砂浆强度组成不同的验收批。同一类型、强度的砂浆试块应不少于 3 组。

3. 抽检数量：每一检验批且不超过 250m³ 砌体的各种类型及强度等级的砌筑砂浆，每台搅拌机应至少抽检一次。

4. 砌筑砂浆试块强度验收时其强度合格标准必须符合以下规定：

$$f_{2,m} \geqslant f_2 \tag{12.2-1}$$

$$f_{2,\min} \geqslant 0.75 f_2 \tag{12.2-2}$$

式中　$f_{2,m}$——同一验收批中砂浆立方体抗压强度各组平均值(MPa)；

　　　f_2——验收批砂浆设计强度等级所对应的立方体抗压强度(MPa)；

　　　$f_{2,\min}$——同一验收批中砂浆立方体抗压强度的最小一组平均值(MPa)。

5. 当施工中或验收时出现下列情况，如：砂浆试块缺乏代表性或试块数量不足时，或对砂浆试块的试验结果有怀疑或有争议时，或砂浆试块的试验结果不能满足设计要求时，可采用现场检验方法对砂浆和砌体强度进行原位检测或取样检测以推定砂浆或砌体的强度。

12.3 砖砌体工程的施工技术及质量验收

12.3.1 砌筑前的准备工作

1. 选砖

砌筑砖的强度、尺寸、外形及生产日期等都要检查。砖的强度要检查是否符合设计要求；砖的规格尺寸是否符合标定值，砖的尺寸差别太大将影响排砖和砌筑质量，外形好的砖适宜砌筑在清水墙的表面。参见本书"第 2 章 2.1 砖"一节。

蒸压(养)的砖应满足出厂后 28d 的放置时间，这种砖早期收缩大，过早上墙会产生裂缝，在一些工程中曾出现因过早上墙出现裂缝的现象。

2. 砖的养护

根据砖的情况和气候条件，砖应提前 1~2d 适当浇水湿润。砖表面太干会吸收过多砂浆中的水分，难以施工，降低砌体的强度；砖表面水分过多，会增加砂浆水分，增加砂浆流动性，灰缝可能过薄，同样影响砌体的强度。烧结普通砖、空心砖含水率为 10%~15%。灰砂砖、粉煤灰砖含水率宜为 5%~8%。

3. 制作和设置皮数杆

在认真看图、识图的基础上，根据现场砖的具体尺寸，画好皮数杆。皮数杆上应标有每层砖的高度、门(窗)的位置、楼板的位置以及墙上留洞及埋件的位置。留洞的高度要考虑到埋管和洞口的沉降差的影响。这样既能保证砌筑工程的设计尺寸，又能避免砌筑后凿墙。皮数杆间距不宜超过 15m。

4. 排砖、摆底

排砖摆底是在砖砌体砌筑前先选用干砖试摆，以确定砖的数量、竖缝大小、错缝位置以及确定窗间墙之间砖的数量和位置、墙垛等是否合适。在柱和墙垛等处还应进一步排砖，以确定该处错缝的方式，应做到既方便砌筑又减少砍砖。排砖一般在房屋外纵墙方向摆顺砖，在山墙方向摆丁砖。

12.3.2 施工技术

1. 砌砖的操作方法

在砌体的砌筑时应选择正确的操作方法，以提高砌体的质量。在实施中常用的操作方法主要有"三一"砌砖法、刮浆砌砖法、坐浆砌砖法、铺浆挤砌法等。

(1) "三一"砌砖法

是指一铲灰、一块砖、一挤揉的砌砖方法，又称满铺满挤砌砖法。

"一铲灰"是指用大铲铲起一铲灰，灰量够一砖用即可，做到每块砖一铲灰，不欠灰也不多灰。

"一块砖"是指在一手铲灰时，另一手拿起一块砖(通常用左手)，一手将灰甩在墙上(平铺)，另一手把砖铺在墙上。

"一挤揉"是指在铺砖时，一般先将砖在距前一块砖3~4cm处放下，然后有一个压、揉、挤的连贯动作将砖放到要砌筑的位置上去。

"三一"砌砖法的一个关键动作是铺灰，铺灰的动作是甩浆，其要求是灰的数量合适，摊铺的相对均匀，为下一步的挤揉创造条件，灰太少，灰缝不易饱满，灰太多则在砖周围溢出太多，不利于下一块砖的揉挤。

"三一"砌砖法的另一个关键动作是挤揉。挤揉后的砖要放平，上跟线(皮数杆拉的小线)，下跟棱，保证水平缝的厚度，并且将一部分灰挤入中缝。

(2) 刮浆砌砖法

刮浆砌砖法是指在砌砖时，先用瓦刀将砂浆刮在砖的一个或几个侧面上，然后用力按在墙上的方法。这种方法一般常用在砌筑平拱、窗台虎头砖、空斗墙等特殊部位。

(3) 铺浆挤砌法、坐浆砌砖法

两种砌砖方法都是将灰浆在墙上摊铺一定的长度，然后铺上几块砖，通常是2~3人操作。要注意的是铺浆不宜过长。

2. 砌体的组砌形式

砖的形式是长方形，有长轴和短轴。长轴与墙身纵方向一致的砖是顺砖，长轴与墙身纵方向垂直的砖是丁砖。根据丁砖和顺砖在墙身各层摆放的不同可形成几种不同的组砌形式。组砌形式虽然不同，但是总的原则是竖缝要错开，内外砖要拉接。图12.3-1示出了几种砌筑方式。

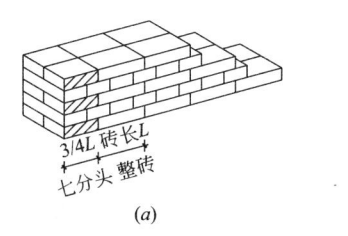 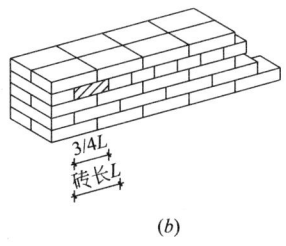 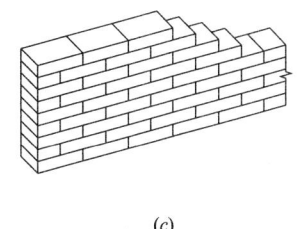

图 12.3-1 砖墙砌筑方式(带阴影的为"七分头")

(a)一顺一丁；(b)三顺一丁；(c)全顺

(1) 一顺一丁

一顺一丁砌法是在一皮砖中全部用顺砖,再砌一皮砖时全部用丁砖,上下皮砖的竖向灰缝互相错开 1/4 砖长。这种方法各皮之间搭接牢固,墙的整体性好,砌体强度高,组砌简单、明确,是最常用的一种组砌形式。在一砖厚的墙体中是最典型的应用形式。

(2) 三顺一丁

三顺一丁砌法是连续三皮砖都用顺砖,相邻两层顺砖竖缝错开 1/2 砖长,三皮顺砖后用一皮全部丁砖进行搭接,顺砖与丁砖的竖向灰缝错开 1/4 砖长。这种砌筑的墙体的拉结和整体性都不如一顺一丁,但是这种方法减少坎砖,节约材料,且砌筑较快,在墙体的砌筑中也是一种常见的形式。

(3) 全顺

全顺是指每一皮砖都采用顺砖砌筑。上下皮砖的竖向灰缝错开 1/2 砖长。这种砌法一般用于半砖厚的墙体中。

(4) 其他

根据顺砖、丁砖的摆放位置和形式,还有一些其他的组砌形式,如梅花丁、全丁、两平一侧等。

组砌形式的关键是要用 3/4 长的砖(又称"七分头")进行错缝,图 12.3-1 中给出的是墙身端头的砌法。对于墙角和墙垛则可稍加变化进行处理。

3. 砌筑过程中注意事项

(1) 核对尺寸

砌筑前应对照图纸核对,如每皮砖厚度、窗台、门窗过梁高度及宽度是否准确,是否符合砌砖模数,如有不符,应予调整。

(2) 盘角、挂线

在立好皮数杆、排砖摆底以后,通常是先按皮数杆砌墙角(盘角),通常不比墙身超出五皮砖。墙角是确定墙身的主要依据,要严格把关。盘角后,拉线砌筑墙身。

(3) 及时检查

在砌筑过程中对在砌的墙体要及时检查,及时解决所出现的问题。

盘角是重要部位,"三皮一吊,五皮一靠"是指要经常用线垂吊线,和用靠尺比对,墙身要直(不能形成 S 形),而且不能斜(既不外张也不里收)。

砌筑过程中的大墙部分要经常检查墙身跟线的情况,挂线是否被顶出,或被移位,或出现塌腰现象。

一层楼砌筑完后要用仪器进行校验,以便确定二层楼的各道轴线,进行二楼的砌筑。

在上述校验的过程中,随发现问题,随改正,改正过程中严禁对墙体进行砸、撬。如果发现砖的层数与皮数杆有出入,可适当调整灰缝厚度来纠正,但要逐步调整,避免灰缝过厚或过薄。灰缝控制在 8~12mm 之间。

(4) 及时勾缝、清扫墙身

勾缝的作用主要是保护墙面,使墙面整齐、美观。勾缝的方法有两种:一种是原浆勾缝,即利用墙体原有砂浆随砌随勾,这种方法多用于内墙;另一种是重新配制勾缝砂浆,一般先将原缝刮出一定深度的槽,然后用新砂浆放进槽里压实抹光,抹光后的缝深浅一致,搭接平整。勾缝完毕后将墙面清扫,去掉浮灰,使墙面干净、美观。

(5) 每层墙体的最上一皮砖

每层承重墙体的最上一皮、梁或梁垫下、挑檐处、窗台处，应用丁砖砌筑；隔墙和填充墙的顶面与上层结构的接触处，宜用侧砖或立砖斜砌挤紧，以使得各楼层的受力明确。

4. 砌筑的构造要求

(1) 砖基础砌筑

砖基础是由基础墙身和大放脚组成，大放脚砌筑在垫层上。在基础放脚的设计中对放脚的角度有限制，基础大放脚通常采用两皮一收(1/4砖长)和两皮一收与一皮一收相间的两种形式。前者是等高式，后者是不等高式，如图12.3-2所示，每次收进约60mm。

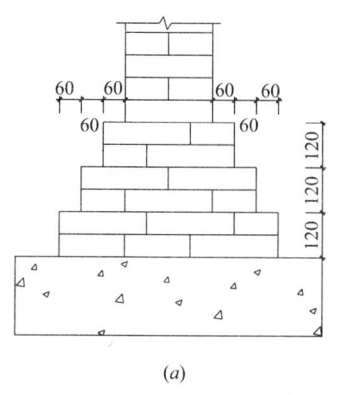 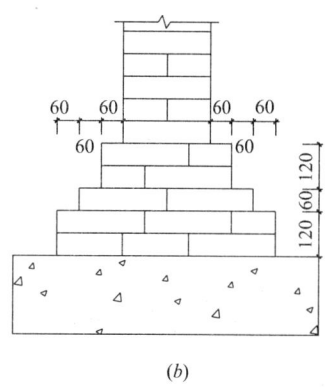

图 12.3-2 基础大放脚形式
(a)等高式；(b)不等高式

基底标高不同时，应从低处开始砌筑，注意砌筑高度，保证与高处的基础平顺接通。低处与高处搭接时如无设计要求，搭接长度应不小于基础扩大部分的高度。

砌筑基础时尤其要注意预埋件的埋置和预留孔洞。

(2) 接槎

相互连接的砌体没有同时砌筑从而造成先砌砌体和后砌砌体，它们之间的连接就形成接槎。接槎方式是否合理，对砌体质量和建筑物的整体性有很大影响，在地震区的建筑将会影响建筑的抗震能力。

相互连接的墙体应同时砌筑，对不能同时砌筑而形成接槎的部位要有可靠的构造措施或相应的连接方法。

在砖墙转角和纵横交接处必须留槎时应砌成斜槎，斜槎长度不应小于斜槎高度的2/3，如图12.3-3所示。如留斜槎却有困难时，除转角外处，也可留成直槎，但必须做成凸槎，并加设拉结钢筋。拉结筋的数量及做法要满足图12.3-4所示要求。

对于有抗震设防要求的建筑物，其接槎做法，墙体拉结筋的位置、规格、数量、间距、长度、弯钩等均应按设计要求留置。

(3) 构造柱

在砌体结构中为了提高整体性及抗震设防的能力，采取在墙体中增设钢筋混凝土构造柱的方法。构造柱应严格按照设计要求设置。施工顺序应是先砌墙后浇筑构造柱的混凝土。其一般构造要求是：

① 每根构造柱配置4根受力主筋，间距200mm的箍筋，楼层上、下各500mm范围内

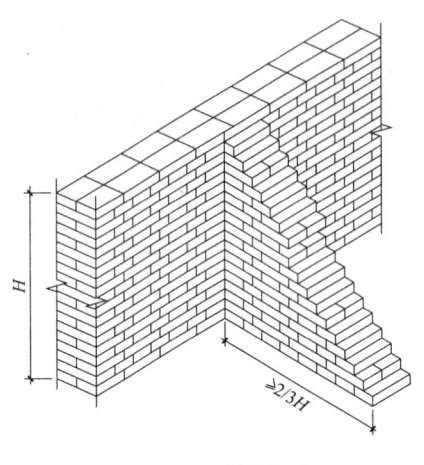
图 12.3-3 斜槎做法

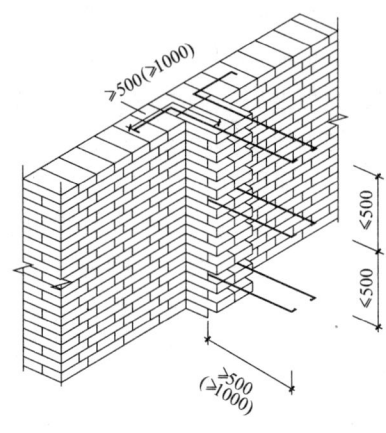
图 12.3-4 直槎做法
（括号内数值用于 6 度、7 度区）

为箍筋加密区，间距 100mm，构造柱受力主筋在基础梁、圈梁中锚固，并符合受拉钢筋的锚固要求。

② 砖墙与构造柱应沿墙高每隔 500mm 处设置 2 根 $\phi 6$ 的水平拉结筋，拉结筋每边伸入墙内不宜少于 1m；当墙上门窗洞边到构造柱边的长度小于 1m 时，水平拉结筋伸到洞口边为止。

③ 砖墙与构造柱相接处应砌成马牙槎，每个马牙槎高度方向不宜超过 300mm（或五皮砖高），每个马牙槎应退进 60mm，每个楼层面开始应先退槎后进槎。如图 12.3-5 所示。

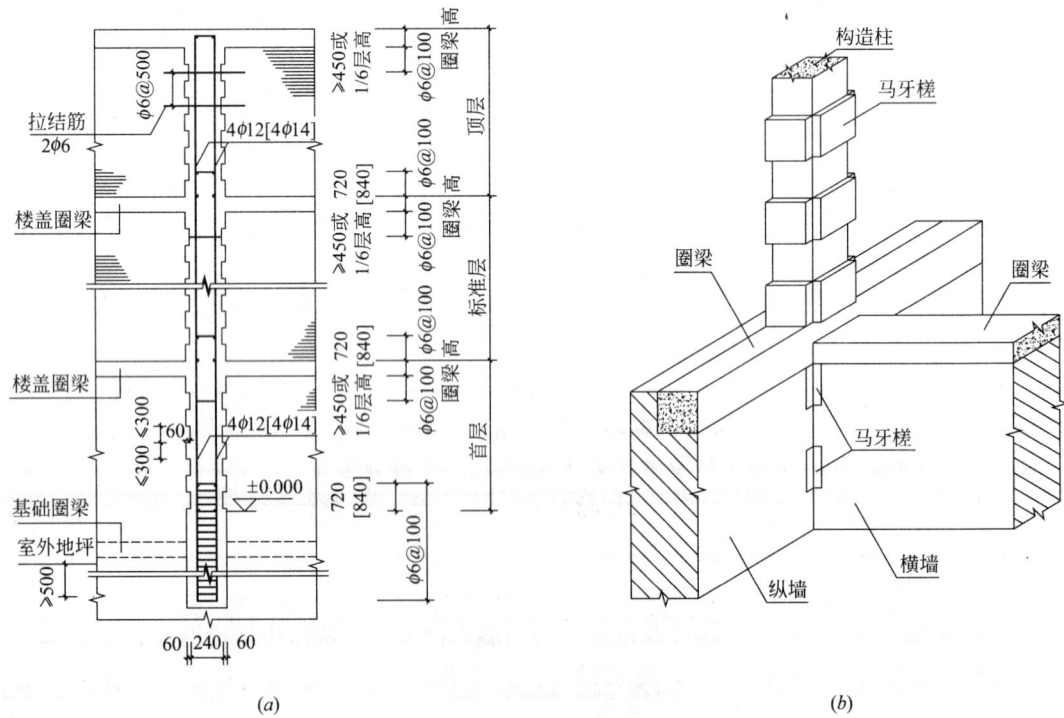
图 12.3-5 构造柱与砖墙的连接
(a) 构造柱立面示意图；(b) 构造柱位置示意图

(4) 砌筑高度的限制

砌体工程施工中在不同的部位和不同的施工条件下，对砌筑高度有如下的限制：

① 砌体施工过程中，墙体工作段通常设在伸缩缝、沉降缝、防震缝、构造柱等部位。相邻工作段的高度差不得超过一个楼层，也不宜大于 4m。砌体临时间断处的高度差不得超过一步脚手架的高度。

② 为了减少墙体因灰缝变形而引起的沉降，一般以每日砌筑高度不超过 1.8m 为宜，雨天施工时，每日砌筑高度不宜超过 1.2m。砖柱每日砌筑高度不宜超过 1.8m，独立砖柱不得采用先砌四周后填心的包心法砌筑。

③ 在施工时，有时墙或柱上方尚未施工楼板或屋面，从而使墙或柱的一端形成自由端，当可能遇到大风时，其自由高度应受到限制，其值不能超过表 12.1-2 的限制。

12.3.3 砖砌体工程质量控制与检验方法

1. 一般规定

(1) 用于清水墙、柱表面的砖，应边角整齐，色泽均匀。

(2) 有冻胀环境和条件的地区，地面以下或防潮层以下的砌体，不宜采用多孔砖。多孔砖在冻涨作用下，对耐久性影响较大。

(3) 砌筑砖砌体时，砖应提前 1~2d 浇水湿润。砖的湿润程度对砌体施工质量的影响较大，应使砖保持一个适宜的含水率。

(4) 砌砖工程当采用铺浆法砌筑时，铺浆长度不得超过 750mm；施工期间气温超过 30℃时，铺浆长度不得超过 500mm。铺浆后应立即砌砖。

(5) 240mm 厚承重墙的每层墙的最上一皮砖，砖砌体的阶台水平面上及挑出层，应整砖丁砌，以利于保证砌体的完整性、整体性和受力合理性。

(6) 砖砌平拱过梁的灰缝应砌成楔形缝。灰缝的宽度，在过梁的底面不应小于 5mm；在过梁顶面不应大于 15mm。拱脚下面应深入墙内不小于 20 mm，拱底应有 1% 的起拱。如图 12.3-6 所示。

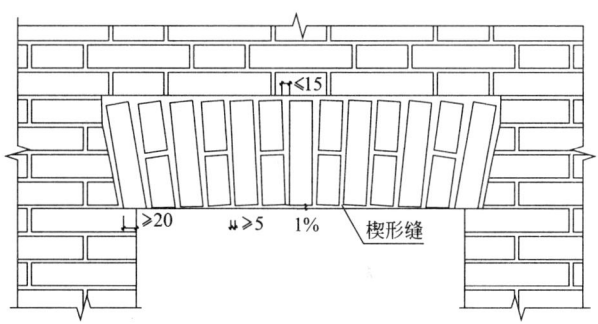

图 12.3-6 砖砌平拱

(7) 砖过梁底部的模板，应在灰缝砂浆强度不低于设计强度的 50% 时，方可拆除。

(8) 多孔砖的孔洞应垂直于受压面砌筑，使砌体有较大的受压面积，并有利于砂浆结合层进入上下砖块的孔洞中产生"销键"作用，提高砌体的抗剪强度和砌体的整体性。

(9) 施工时施砌的蒸压（养）砖的产品龄期不应小于 28d。

(10) 竖向灰缝不得出现透明缝、瞎缝和假缝。竖向灰缝很不饱满，甚至无砂浆时，砌体的抗剪强度会降低很多。

(11) 砖砌体施工临时间断处补砌时,必须将接槎处表面清理干净,浇水湿润,并填实砂浆,保持灰缝平直。

2. 主控项目

(1) 砖和砂浆的强度等级必须符合设计要求。

抽检数量:每一生产厂家的砖到现场后,按烧结砖15万块、多孔砖5万块、灰砂砖及粉煤灰砖10万块各为一验收批,抽检数量为1组。

检验方法:查砖和砂浆试块试验报告。

(2) 砌体水平灰缝的砂浆饱满度不得小于80%。

抽检数量:每检验批抽查不少于5处。

检验方法:用百格网检查砖底面与砂浆的粘结痕迹面积。每处检测3块砖,取其平均值。

(3) 砖砌体的转角处和交接处应同时砌筑,严禁无可靠措施的内外墙分砌施工。对不能同时砌筑而又必须留置的临时间断处应砌成斜槎,斜槎水平投影长度不应小于高度的2/3(图12.3-3)。

抽检数量:每检验批抽20%接槎,且不应少于5处。

检验方法:观察检查。

(4) 非抗震设防及抗震设防烈度为6度、7度地区的临时间断处,当不能留斜槎时,除转角处外,可留直槎,但直槎必须作成凸槎。留直槎处应加设拉结钢筋,拉结钢筋的数量为每120mm墙厚放置1根φ6拉结钢筋(120mm厚墙放置2根φ6拉结钢筋),间距沿墙高不应超过500mm;埋入长度从留槎处算起每边均不应小于500mm,对抗震设防烈度6度、7度的地区,不应小于1000mm;末端应有90°弯钩(图12.3-4)。

抽检数量:每检验批抽20%接槎,且不应少于5处。

检验方法:观察和尺量检查。

合格标准:留槎正确,拉结钢筋设置数量、直径正确,竖向间距偏差不超过100mm,留置长度基本符合规定。

间距偏差不超过100mm,留置长度基本符合规定。

(5) 砖砌体的位置及垂直度允许偏差应符合表12.3-1的规定。

抽检数量:轴线查全部承重墙柱;外墙垂直度全高查阳角,不应少于4处,每层每20m查一处;内墙按有代表性的自然间抽10%,但不应少于3间,每间不应少于2处,柱不少于5根。

砖砌体的位置及垂直度允许偏差　　　　　　表12.3-1

项次	项目			允许偏差(mm)	检验方法
1	轴线位置偏移			10	用经纬仪和尺检查或其他测量仪器检查
2	垂直度	每层		5	用2m托线板检查
		全高	≤10m	10	用经纬仪、吊线和尺检查,或用其他测量仪器检查
			>10m	20	

3. 一般项目

(1) 砖砌体组砌方法应正确,上、下错缝,内外搭砌,砖柱不得采用包心砌法。上下两皮砖搭接长度小于25mm的部位为"通缝"。

抽检数量：外墙每20m抽查一处，每处3～5m，且不应少于3处；内墙按有代表性的自然间抽10%，且不应少于3间。

检验方法：观察检查。

合格标准：除符合本条要求外，清水墙、窗间墙无通缝；混水墙中长度大于或等于300mm的通缝每间不超过3处，且不得位于同一面墙体上。

（2）砖砌体的灰缝应横平竖直，厚薄均匀。水平灰缝厚度宜为10mm，但不应小于8mm，也不应大于12mm。

抽检数量：每步脚手架施工的砌体，每20m抽查1处。

检验方法：用尺量10皮砖砌体高度折算。

（3）砖砌体的一般尺寸允许偏差应符合表12.3-2的规定。

砖砌体的一般尺寸允许偏差　　　　　表12.3-2

项次	项	目	允许偏差(mm)	检验方法	抽查数量
1	基础顶面和楼面标高		±15	用水平仪和尺检查	不应少于5处
2	表面平整度	清水墙、柱	5	用2m靠尺和楔形塞尺检查	有代表性自然间10%，但不应少于3间，每间不应少于2处
		混水墙、柱	8		
3	门窗洞口高、宽(后塞口)		±5	用尺检查	检验批洞口的10%，且不应少于5处
4	外墙上下窗口偏移		20	以底层窗口为准，用经纬仪或吊线检查	检验批的10%，且不应少于5处
5	水平灰缝平直度	清水墙	7	拉10m线和尺检查	有代表性自然间10%，但不应少于3间，每间不应少于2处
		混水墙	10		
6	清水墙游丁走缝		20	吊线和尺检查，以每层第一皮砖为准	有代表性自然间10%，但不应少于3间，每间不应少于2处

12.4 混凝土小砌块砌体工程的施工技术及质量验收

混凝土小型空心砌块在前面已有详细的论述。本节中的砌筑块材是指普通混凝土小型空心砌块，即以碎石或卵石为粗骨料制作的混凝土小砌块，本节简称"小砌块"。小砌块主规格尺寸为390mm×190mm×190mm，空心率为25%～50%。

12.4.1 砌筑前的准备工作

1. 材料

应根据设计施工图检查小砌块材料和专用砌筑砂浆是否符合设计要求；准备的材料中，小砌块中主规格材料和辅助规格材料的比例是否合适；小砌块的尺寸偏差和外观要求是否符合相应的质量等级。参见本书"第2章2.2砌块"一节。

砌块验收合格后，应根据不同规格型号、强度等级分别堆放。堆放时不得直接着地堆放，其高度不宜超过1.6m。

砌块的龄期应大于28d，28d后小砌块收缩速度减慢，且强度趋于稳定。砌块不应有竖向裂缝、壁肋中的凹形裂纹等明显缺陷。

砌筑前应清除小砌块表面污物和芯柱用小砌块孔洞底部毛边。

小砌块砌筑前一般不需浇水，当天气炎热且干燥时，可提前喷水润湿。

2. 制作、设置皮数杆

根据施工图的要求，制作皮数杆，杆上应注明砌块的高度、皮数、灰缝厚度及门、窗、洞口的高度。皮数杆通常立于房屋转角处、纵横墙交接处等部位，皮数杆间距不宜超过15m。在皮数杆上，沿小砌块的上边线拉好准线，以便依据准线砌筑小砌块。

12.4.2 施工技术

"反砌、对孔、错缝"是小砌块砌筑的基本要求。反砌易于铺灰和保证水平灰缝砂浆的饱满度；对孔可使小砌块的壁、肋较好地传递竖向荷载，保证砌体的强度；错缝可以增加砌体的整体性。

1. 生产小型砌块时，因孔洞脱模的需要，孔洞模芯有一定的锥度，形成上大下小的孔洞。砌筑时，砌块应底面朝上，即砌块孔洞上小下大(反砌)。水平灰缝下面的砌块边宽一些，上面砌块边窄一些，容易保证砌筑质量。

2. 小砌块的砌筑形式是每皮顺砌，上下皮小砌块应对孔砌筑。

3. 竖缝错开1/2小砌块长。个别情况当无法对孔砌筑时，错缝长度不应小于90mm。对不能保证错缝长度达到90mm时，应在水平灰缝中设置$\phi 4$的钢筋网片，其各端超出垂直灰缝的长度不小于300mm，多排孔不得小于400mm。

4. 砌筑小砌块时应随铺随砌，墙体灰缝应横平竖直。水平灰缝宜采用座浆法满铺小砌块全部壁肋或多排孔的封底面；竖向灰缝应采取满铺端面法，即将小砌块端面朝上铺满砂浆再上墙挤紧，然后加浆插捣密实。饱满度均不宜低于90%。

小砌块砌体施工时对砂浆饱满度的要求，要严于砖砌体。其原因有三：一是小砌块的砂浆砌筑面少，二是砂浆饱满度对砌体强度及墙体整体性影响较大，而抗剪强度较低又是小砌块砌体的一个弱点；三是考虑了建筑物使用功能(如防渗漏)的需求。

5. 小砌块砌体水平灰缝厚度和竖向灰缝宽度宜为10mm，不得小于8mm，也不应大于12mm。墙面必须用原浆勾缝处理，缺灰处应补浆压实，并宜作成凹进墙面2mm的缝。

6. 结构的内外墙应同时砌筑，纵横墙交错搭接。交接处应采用辅助规格砌块砌筑，有芯柱和无芯柱应采用不同的辅助规格砌块，如图12.4-1所示，无芯柱、有芯柱时交接处分别采用一孔半、三孔砌块。

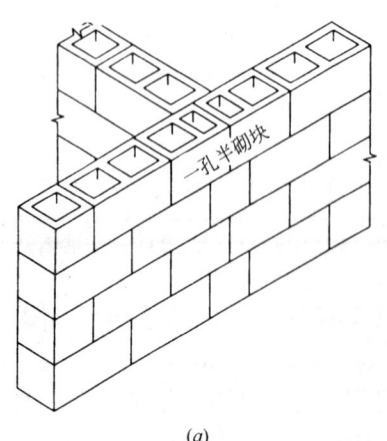
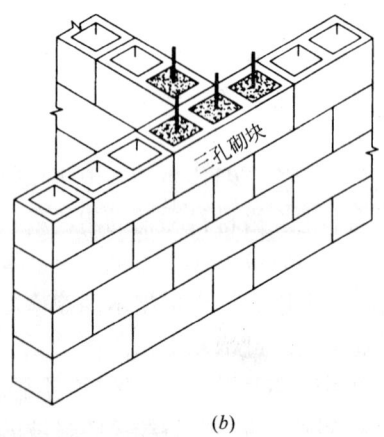

(a) (b)

图12.4-1 混凝土空心砌块T字交接处砌法
(a)无芯柱；(b)有芯柱

如出现内外墙不能同时砌筑的情况，砌筑临时间断处则应留置斜槎，斜槎长度不小于斜槎高度的 2/3 [图 12.4-2(a)]。严禁留直槎。

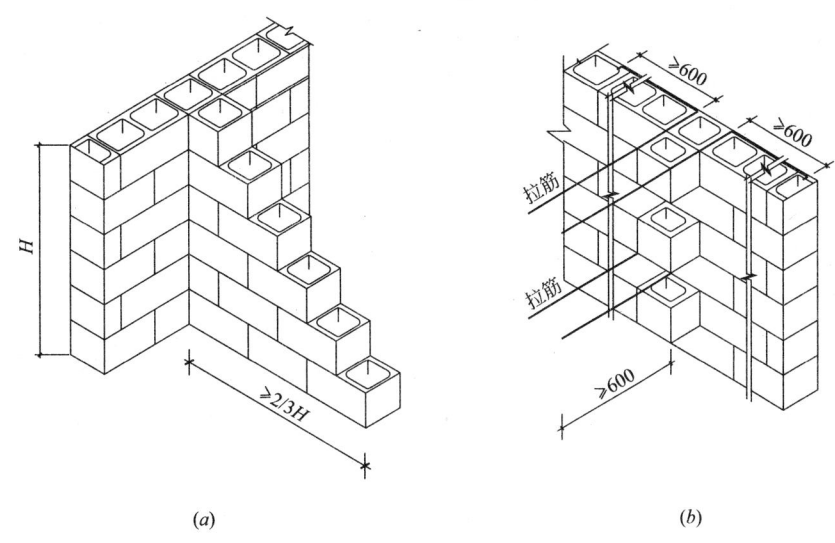

图 12.4-2　小砌块砌体斜槎和直槎
(a)斜槎；(b)直槎

如留斜槎确有困难，不得不留直槎则必须采取加强连接的措施。例如，在非抗震设防区，除外墙转角处外，可以在砌筑临时间断处，从墙面伸出 200mm 砌成直槎，要求每隔三皮砌块高在水平灰缝设置拉结钢筋网片（或 2φ6 拉结筋）。拉结筋的设置要求如图 12.4-2(b)所示。

7. 非承重隔墙不与承重墙(柱)同时砌筑时，应在连接处承重墙(柱)的水平灰缝中预埋不少于 2φ4、横筋间距不大于 200mm 的焊接钢筋网片（或拉接筋），沿墙高间距不得大于 400mm，埋入墙内与伸出墙外的每边分别不小于 400mm 与 600mm，如图 12.4-3 所示。

8. 在混凝土小型砌块的墙上设置的混凝土芯柱，宜采用不低于 C20 的细石混凝土浇筑。在楼、地面有芯柱处的第一皮小砌块应采用开口砌块或 U 形砌块，便于在浇筑混凝土前对孔洞内杂物进行清理。浇筑的混凝土内宜掺入增加流动性的外加剂。在砌筑砂浆强度达到 1.0MPa 以上时可浇筑芯柱混凝土，浇筑前先注入 50mm 厚水泥砂浆（混凝土中去石），每 400~500mm 高时用插入式振捣棒振实，振捣棒不能直接碰撞小砌块。

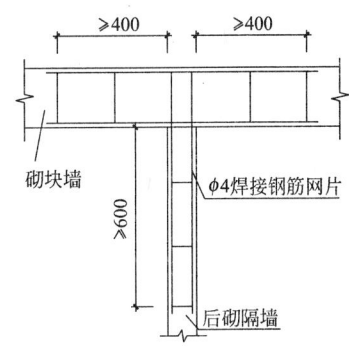

图 12.4-3　砌块墙与后砌隔墙交接处钢筋网片

12.4.3　构造要求

1. 小砌块的填实

小砌块是带边肋的空心砌块，当砌块受到较大的竖向集中荷载时，会使边肋压坏。因此，在下列小砌块工程中竖向荷载集中的部位要将小砌块在一定范围内用 C20 混凝土填实。

(1) 无圈梁支撑的楼板，楼板支承面下的一皮砌块；

(2) 梁端支承处的墙体必须按设计要求，用混凝土预先填实与设计要求相应的小砌块孔洞；

(3) 墙上现浇混凝土圈梁，梁下的一皮小砌块孔洞应预先填实；

(4) 挑梁支承处的内外墙交接部位的小砌块孔洞应按设计要求预先填实；

(5) 底层室内地面以下或防潮层以下的砌体，应采用不低于 C20 的混凝土，灌实小砌块孔洞，以提高砌体的耐久性、预防或延缓冻害。

2. 砌体材料不能混用

在小砌块材料的砌筑工程中严禁混砌烧结普通砖或其他墙体材料。但下列情况不在"混砌"之列：

(1) 门、窗洞口处，为固定木砖而局部加砌的烧结普通砖；

(2) 在隔墙顶预留的空隙处斜砌的烧结普通砖。

3. 砌筑的高度限制

(1) 相邻施工段的砌筑高差不超过一个楼层高度，也不宜大于 4m。

(2) 正常施工条件下，小砌块每日砌筑高度不宜超过 1.4m 或一步脚手架高，最大不超过 1.8m。

(3) 在尚未施工楼板或屋面的墙柱，当可能遇到大风时，其允许自由高度不得超过表 12.1-2 中的规定。

4. 混凝土芯柱

(1) 对于没有抗震设防的混凝土小型空心砌块房屋，应在外墙转角、楼梯间的纵横墙交接处的孔洞，设置素混凝土芯柱。五层及五层以上的房屋，应在这些部位设置钢筋混凝土芯柱。

(2) 钢筋混凝土芯柱设置的位置及做法应符合设计要求，底部应伸入室内地面下 500mm 或锚固于基础圈梁内，顶部锚固于屋盖圈梁内。

(3) 芯柱与墙体的连接处，在水平灰缝内，沿墙高每 600mm 应设 $\phi 4$ 钢筋网片拉结，每边伸入墙体不小于 600mm，如图 12.4-4 所示。

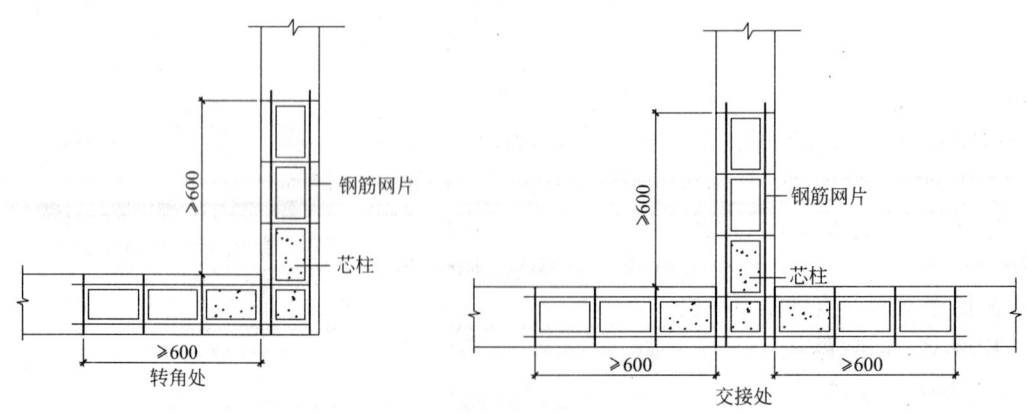

图 12.4-4 钢筋混凝土芯柱处钢筋

12.4.4　小砌块砌体工程质量控制及检验方法

1. 一般规定

（1）施工时所用的小砌块的产品龄期不应小于28d。以减少砌块自身收缩量，使强度趋于稳定。

（2）砌筑小型砌块时，应清除表面污物和芯柱用小砌块孔洞底部的毛边，剔除外观质量不合格的小砌块。

（3）施工时所用的砂浆，宜选用专用的小砌块砂浆。专用砂浆是指符合国家现行标准《混凝土小型空心砌块砌筑砂浆》JC 860—2000 的砌筑砂浆，该砂浆可提高小砌块与砂浆的粘结力，且便于施工。

（4）底层室内地面以下或防潮层以下的砌体，应采用强度等级不低于C20的混凝土灌实小砌块的孔洞。

（5）小砌块砌筑时，在天气干燥炎热的情况下，可提前洒水湿润小砌块；对轻骨料混凝土小砌块，可提前浇水湿润。小砌块表面有浮水时，不得施工。

（6）承重墙体严禁使用断裂小砌块。

（7）小砌块墙体应对孔错缝搭接，搭接长度不应小于90mm。墙体的个别部位不能满足上述要求时，应在灰缝中设置拉结钢筋或钢筋网片，但竖向通缝仍不得超过两皮小砌块。

（8）小砌块应底面朝上反砌于墙上。

（9）浇灌芯柱的混凝土，宜选用专用的小砌块灌孔混凝土。当采用普通混凝土时，其塌落度不应小于90mm。

（10）浇灌芯柱混凝土时，应遵守下列规定：

① 清除孔洞内的砂浆等杂物，并用水冲洗；

② 砌筑砂浆强度大于1MPa时，方可浇灌芯柱混凝土；

③ 在浇灌芯柱混凝土前应先注入适量与芯柱混凝土相同的去石水泥砂浆，再浇灌混凝土。

（11）需要移动砌块中的小砌块或小砌块被撞动时，应重新铺砌。

2. 主控项目

（1）小砌块和砂浆的强度等级必须符合设计要求。

抽检数量：每一生产厂家，每1万块小砌块至少抽检1组。用于多层以上建筑基础和底层的小砌块抽检数量不应少于2组。砂浆试块的抽检数量执行《砌体工程施工质量验收规范》GB 50203—2002 的有关规定。

检验方法：查小砌块和砂浆试块试验报告。

（2）砌体水平灰缝的砂浆饱满度，应按净面积计算不得低于90%；竖向灰缝饱满度不得小于80%，竖向凹槽部位应用砂浆砌筑填实；不得出现瞎缝、透明缝。

抽检数量：每检验批不应少于3处。

检验方法：用专用百格网检测小砌块与砂浆粘结痕迹，每处检测3块小砌块，取其平均值。

（3）墙体转角处和纵横墙交接处应同时砌筑。临时间断处应砌成斜槎，斜槎水平投影长度不应小于高度的2/3。

抽检数量：每检验批抽20%接槎，且不应少于5处。

检验方法：观察检查。

（4）砌体的轴线偏移和垂直度允许偏差应符合表12.3-1的规定，检查数量符合其相应的规定。

3. 一般项目

（1）墙体水平灰缝厚度和竖向灰缝宽度宜为10mm，但不应大于12mm，也不应小于8mm。

抽检数量：每层楼的检测点不应少于3处。

检验方法：用尺量5皮小砌块的高度和2m砌体长度折算。

（2）小砌块墙体的一般尺寸允许偏差应符合表12.3-2中相应的规定。

12.5 配筋砌体工程的施工技术及质量验收

配筋砌体分为配筋砖砌体和配筋砌块砌体。配筋砖砌体主要是网状配筋砖砌体、组合配筋砖砌体、砖砌体和钢筋混凝土构造柱组合墙体。配筋砌块砌体主要是配筋砌块剪力墙和配筋砌块柱。

12.5.1 配筋砖砌体

1. 网状配筋砖砌体

网状配筋砖砌体分为配筋砖柱和配筋砖墙，在砖砌体的水平灰缝中设置钢筋或钢筋网。钢筋和钢筋网的制作和选择要符合设计要求，以满足一定的配筋率。在配置钢筋网（钢筋）的水平灰缝中，应先铺一半厚的砂浆层，再放钢筋网（钢筋），再铺一半厚的砂浆，使钢筋网（钢筋）居于砂浆层厚度的中间，上下各有不少于2mm的砂浆保护层。

钢筋网片分为方格网和连弯网两种。方格网通常用直径3~4mm的低碳冷拔钢丝点焊制成；连弯网是将一根直径为6mm或8mm的钢筋连续往返弯成格栅形，如图12.5-1所示。

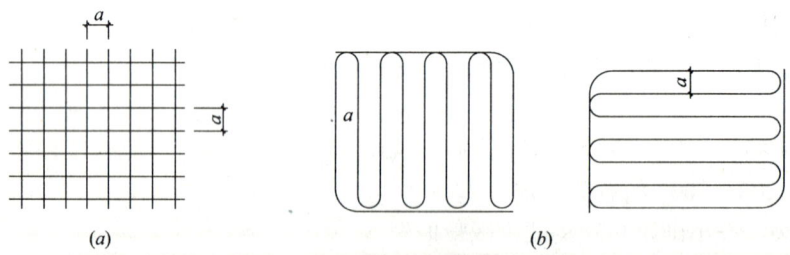

图 12.5-1 钢筋网片
(a)方格网；(b)连弯网

在砖墙砌体中铺设钢筋时要按照设计要求的间距铺设，通常不大于5皮砖且不大于400mm。

在砖柱砌体中铺设钢筋时也要满足设计要求的间距。与砖墙砌体不同的是，方格网因为由纵横筋点焊而成，为一层钢筋；而连弯网是纵向连弯和横向连弯合起来算作一层，纵向连弯与横向连弯以一皮砖相隔。如图 12.5-2 所示。

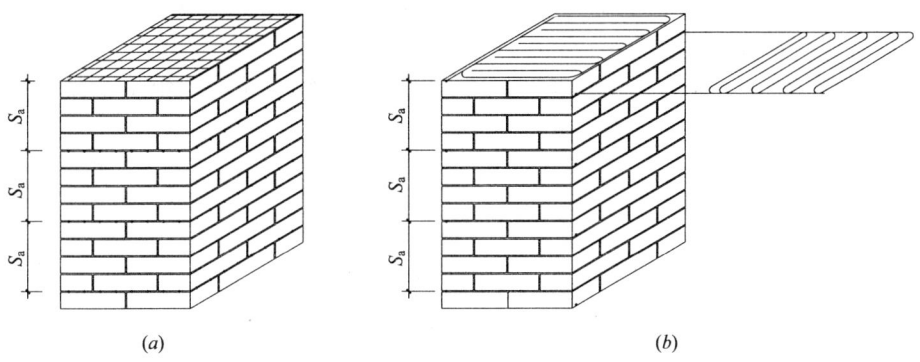

图 12.5-2 网状配筋砖砌体结构
(a)方格网；(b)连弯网

施工前要调正钢筋的平直度，以保证砌体的施工质量，正常发挥钢筋的作用。

2. 组合配筋砖砌体

砖砌体和钢筋混凝土面层或钢筋砂浆面层组合的砌体称为组合配筋砖砌体，通常有组合配筋砖柱、组合配筋砖墙等形式。在有抗震设防的建筑中和建筑物的加固、改造工程中多采用组合配筋砖砌体。

组合配筋砖砌体在施工材料、砌体构造和施工技术有如下要求：

(1) 面层混凝土强度等级宜采用 C20，面层砂浆强度等级不宜低于 M10；砌筑砂浆强度等级不宜低于 M7.5。

(2) 受力钢筋宜采用 HPB235 级钢筋，对于混凝土面层也可采用 HRB335 级钢筋；竖向受力钢筋的直径不应小于 8mm，钢筋净距不应小于 30mm。

(3) 箍筋直径不宜小于 4mm 及 0.2 倍的受压钢筋直径，并不大于 6mm；箍筋的间距不应大于 500mm 及 20 倍的受压钢筋直径，并不应小于 120mm。

(4) 当组合钢筋砖砌体一侧的竖向受力钢筋多于 4 根时，应设置附加箍筋或拉结钢筋。

(5) 对于截面长短边相差较大的构件，如墙体，应采用穿通构件(墙体)的拉结钢筋作为箍筋，同时设置水平分布钢筋。水平分布筋的竖向间距及拉结钢筋的水平间距均不应大于 500mm。

(6) 受力钢筋距砖砌体表面的距离不应小于 5mm，保护层的其他要求要符合混凝土设计规范。

(7) 砂浆面层厚度可采用 30~45mm，面层施工不支设模板。砂浆分两次抹完，第一次应使受力钢筋与砖之间留有适当的保护层，第二次抹面找平。

(8) 当面层厚度大于 45mm 时，宜采用混凝土做面层。混凝土面层施工时应支设模板，每次高度 500~600mm，混凝土分层浇捣密实，可采用自密实混凝土。混凝土强度达到设计强度 30% 以后，可拆除模板。

3. 构造柱

钢筋混凝土构造柱设置在砖砌体结构房屋墙体转角处、纵横墙交接处和其他相对薄弱的部位。

在砖砌体结构中适当的部位和距离设置钢筋混凝土构造柱,并与各层楼盖处设置的钢筋混凝土圈梁连接在一起,大大加强了砌体结构的整体性,增加了结构的竖向承载能力,同时又增加了结构抵抗水平作用的能力。

钢筋混凝土构造柱在砌体结构中设置的部位、材料的强度等级、数量、直径等必须严格按照设计图纸的要求施工。

除应满足 12.3 节所述的一般要求外(参见图 12.3-5),尚应注意下述几点:

(1) 构造柱的混凝土强度等级不宜低于 C20。

(2) 构造柱的截面尺寸不宜小于 240mm×240mm。

(3) 纵向受力钢筋可采用 4ϕ12 或 4ϕ14,箍筋通常用 ϕ6,箍筋间距可采用 200 mm,加密区宜采用 ϕ6@100。

(4) 构造柱的纵向受力钢筋应在基础梁和楼层圈梁中锚固,其长度符合受拉钢筋锚固要求,钢筋搭接时末端要做成弯钩,弯钩 135°,其平直长度为 10d。搭接范围内为箍筋加密区。

(5) 与构造柱连接部位的砖墙砌成马牙槎,马牙槎从每层柱脚开始,先退后进,进退尺寸不小于 60mm。每一马牙槎高度不超过 300mm,且沿高每 500mm 设置 2ϕ6 水平拉结钢筋,每边伸入墙内长度应符合设计要求,且不少于 600mm。

(6) 构造柱施工前,必须将砖砌体和模板湿润,将底部灰、碴和其他杂物清理干净。振捣时宜采用插入式振捣器,分层捣实,振捣棒随振随拔,避免直接碰触砖墙。保护层厚度宜为 20mm。

12.5.2 配筋砌块砌体

配筋砌块砌体主要分为配筋砌块剪力墙和配筋砌块柱。

配筋砌块砌体中有构造柱、芯柱和水平条带。在砌体中配置一定数量的水平钢筋和竖向钢筋,竖向钢筋插入砌块砌体上下贯通的孔洞中,再灌实混凝土以形成构造柱、芯柱,钢筋锚固较好;水平钢筋可设置在水平灰缝中,施工中可采用钢筋穿过砌块横肋(或将横肋打掉)的方法,再灌实混凝土以形成水平条带,使钢筋得到很好的锚固;外墙做装饰的墙体可直接将水平钢筋设置在混凝土现浇带中。

配筋砌块砌体施工中的技术要求大致与砌块施工相同,配筋砌块砌体的施工中主要应注意钢筋的放置和搭接。

1. 配筋剪力墙砌体

(1) 钢筋加工成型要保证材料、尺寸的准确,符合设计要求并调整平直。

(2) 钢筋直径大于 22mm 时应采用机械连接,其他直径的钢筋可采用搭接,搭接时要符合搭接长度的要求。

(3) 钢筋接头位置尽量选在受力较小处。

(4) 水平受力钢筋(网片)的锚固和搭接长度应符合锚固和搭接长度的要求。

(5) 钢筋保护层的厚度要符合《混凝土结构设计规范》和《砌体结构设计规范》。

(6) 两平行钢筋的净距不宜小于 25mm,柱和壁柱中的竖向钢筋间的净距不宜小于 40mm。

2. 配筋砌块柱

(1) 材料强度等级应符合设计要求,通常砌块不应低于 MU10;砌筑砂浆不应低于

Mb7.5，灌孔混凝土不应低于 Cb20。

(2) 柱的纵向钢筋直径不宜小于 12mm，全部纵向受力钢筋配筋率不宜小于 0.2%。

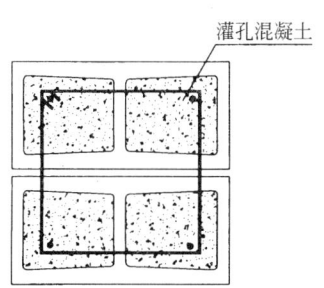

图 12.5-3　柱中箍筋

(3) 柱中箍筋如图 12.5-3 所示，直径不宜小于 $\phi 6$，配筋应封闭，端部应设 135°弯钩。

(4) 箍筋的位置应设置在水平灰缝中或灌孔混凝土中。

3. 构造柱及芯柱

构造柱的构造要求及施工同前，不再赘述。此处主要阐述芯柱的构造要求及施工。

芯柱设置在混凝土小型空心砌块墙转角处、纵横墙交接处。在这些部位的孔洞内插入钢筋并浇入混凝土，称为钢筋混凝土芯柱。

(1) 芯柱截面不应小于 120mm×120mm，芯柱混凝土强度等级应为不低于 C20 的细石混凝土，塌落度应采用 140～160mm，最小塌落度不得小于 70mm。

(2) 钢筋混凝土芯柱每个孔内插入不少于 1ϕ12 的竖筋，底层应与基础圈梁锚固，顶部应与屋盖锚固；沿房屋全高贯通，并与各层圈梁浇成整体。

(3) 钢筋混凝土芯柱沿墙高每隔 600mm 应设 $\phi 4$ 钢筋网片与墙体拉结，置于砌体水平灰缝内的长度，应符合设计要求。

(4) 每层每根芯柱的根部应用竖砌单孔 U 型、双孔 E 型及三孔型小砌块留好清扫口，便于灌注混凝土前进行清扫。

(5) 灌注混凝土，应先浇筑 50mm 厚的原浆去石混凝土后，再以 300～500mm 为一层，分层浇筑、振捣。振捣时宜采用微型插入式振捣棒，不得直接振捣墙体。

(6) 芯柱混凝土浇筑的时间应在墙体砌筑砂浆强度大于 1MPa 以后。

12.5.3　配筋砌体工程质量控制及检验方法

1. 一般规定

(1) 构造柱浇灌混凝土前，必须将砌体留槎部位和模板浇水湿润，将模板内的落地灰、砖渣和其他杂物清理干净，并在结合面处注入适量与构造柱混凝土相同的去石水泥砂浆。振捣时，应避免触碰墙体，严禁通过墙体传震。

(2) 设置在砌体水平灰缝中钢筋的锚固长度不宜小于 50d，且其水平或垂直弯折段的长度不宜小于 20d 和 150mm；钢筋的搭接长度不应小于 55d。

(3) 配筋砌体砌块剪力墙，应采用专用的小砌块砌筑砂浆和专用的小砌块灌孔混凝土。

2. 主控项目

(1) 钢筋的品种、规格和数量应符合设计要求。

检验方法：检查钢筋的合格证书、钢筋性能试验报告、隐蔽工程记录。

(2) 构造柱、芯柱、组合砌体构件、配筋砌体剪力墙构件的混凝土或砂浆的强度等级应符合设计要求。

抽检数量：各类构件每一检验批砌体至少应做 1 组试块。

检验方法：检查混凝土或砂浆试块试验报告。

(3) 构造柱与墙体的连接处应砌成马牙槎。马牙槎应先退后进，预留的拉结钢筋应位置正确,施工中不得任意弯折。

抽检数量:每检验批抽 20% 构造柱,且不少于 3 处。

检验方法:观察检查。

合格标准:钢筋竖向移位不应超过 100mm,每一马牙槎沿高度方向尺寸不应超过 300mm。钢筋竖向移位和马牙槎尺寸偏差每一构造柱不应超过 2 处。

(4) 构造柱位置及垂直度的允许偏差应符合表 12.5-1 的规定。

抽检数量:每检验批抽 10%,且不应少于 5 处。

构造柱尺寸允许偏差　　　　表 12.5-1

项次	项目		允许偏差(mm)	检验方法
1	柱中心线位置		10	用经纬仪和尺检查或用其他测量仪器检查
2	柱层间错位		8	用经纬仪和尺检查或用其他测量仪器检查
3	柱垂直度	每层	10	用 2m 托线板检查
		全高 ≤10m	15	用经纬仪、吊线和尺检查,或用其他测量仪器检查
		全高 >10m	20	

(5) 对配筋混凝土小型空心砌块砌体,芯柱混凝土应在装配式楼盖处贯通,不得削弱芯柱截面尺寸。

抽检数量:每检验批抽 10%,且不应少于 5 处。

检验方法:观察检查。

3. 一般项目

(1) 设置在砌体水平灰缝内的钢筋,应居中置于灰缝中。水平灰缝厚度应大于钢筋直径 4mm 以上。砌体外露面砂浆保护层的厚度不应小于 15mm。

抽检数量:每检验批抽检 3 个构件,每个构件检查 3 处。

检验方法:观察检查,辅以钢尺检测。

(2) 对于在潮湿环境或有化学侵蚀性介质的环境中,设置在砌体灰缝内的钢筋应采取防腐保护措施。

抽检数量:每检验批抽检 10% 的钢筋。

检验方法:观察检查。

合格标准:防腐涂料无漏刷(喷浸),无起皮脱落现象。

(3) 网状配筋砌体中钢筋网及放置间距应符合设计规定。

抽检数量:每检验批抽 10%,且不应少于 5 处。

检验方法:钢筋规格检查钢筋网成品,钢筋网放置间距局部剔缝观察,或用探针刺入灰缝内检查,或用钢筋位置测定仪测定。

合格标准:钢筋网沿砌体高度位置超过设计规定一皮砖厚不得多于 1 处。

(4) 组合砖砌体构件,竖向受力钢筋保护层应符合设计要求,距砖砌体表面距离不应小于 5mm;拉结钢筋两端应设弯钩,拉结筋及箍筋的位置正确。

抽检数量:每检验批抽检 10%,且不应少于 5 处。

检验方法:支模前观察与尺量检查。

合格标准:钢筋保护层符合设计要求。拉结筋位置及弯钩设置 80% 及以上符合要求,箍筋间距超过规定者，每件不得多于 2 处，且每处不得超过 1 皮砖。

(5) 配筋砌块砌体剪力墙中，采用搭接接头的受力钢筋搭接长度不应小于 $35d$，且不应少于 300mm。

抽检数量：每检验批每类构件抽 20%（墙、柱、连梁），且不应少于 3 件。

检验方法：尺量检查。

12.6 冬期施工

砌体工程的施工大多是露天作业，直接受到气候变化的影响。在我国东北、华北和西北等地区约有 3~6 个月的冬期施工。确切地冬期施工时间应该是根据当地气象资料确定，我国《砌体工程施工质量验收规范》GB 50203—2002 规定：当室外日平均气温连续 5 天稳定低于 5℃时，或当日最低气温低于 0℃时，则进入了冬季施工期。砌筑工程应采取防冻措施。

砌体工程的冬期施工，给施工带来诸多不便，还增加工程造价。因此，砌体工程冬期施工时应有完整的、合理的冬期施工方案；加强管理，采取一些必要技术措施，以保证工程质量符合《砌体工程施工质量验收规范》GB 50203—2002 及《建筑工程冬期施工规程》JGJ 104—1997 的规定。

12.6.1 几种常用的冬期砌筑施工方法

1. 掺外加剂法（掺氯盐砂浆法）

冬期砌筑工程的施工应优先选用外加剂法，即在砂浆中掺加具有防冻性能的外加剂。

近年来防冻剂的应用发展很快。除了无机盐类中的氯盐类、氯盐阻锈类和无氯盐类以外，有机类防冻剂也得到长足的发展，还有有机化合物与无机盐复合类等多种类型的防冻剂。

在我国冬期砌筑施工中掺氯盐砂浆法的应用较为广泛。掺氯盐砂浆法是在砂浆中掺入一定数量的氯化钠（食盐）和氯化钙。这些添加剂可以降低砂浆中水的冰点，使砂浆中的水在负温下不冻结，而能进行水化反应，使砂浆强度还能继续增长，并与砌块形成一定的粘结力。

在采用掺氯盐砂浆法施工时，宜将砂浆强度等级比常温施工时提高一级，此时砌体强度及稳定性可不必重新验算。

掺氯盐砂浆法砌筑砖石砌体时应采用"三一"砌筑法，并应采用一顺一丁或梅花丁排砖方式，避免砂浆温度损失过快。

此法砌筑时，每日砌筑高度不宜超过 1.2m。

在不同温度时掺氯盐砂浆的掺盐量可参照表 12.6-1 选用。

掺氯盐砂浆的掺盐量（占用水量的百分比） 表 12.6-1

项次	日最低气温		等于和高于－10℃	－11～－15℃	－16～－20℃	低于－20℃
1	单盐	氯化钠 砌砖	3	5	7	—
		砌石	4	7	10	—
2	双盐	氯化钠 砌砖	—	—	5	7
		氯化钙	—	—	2	3

掺氯盐砂浆法虽然有很多优点，例如能够保证工程质量，操作方便，经济适用，但也有着明显的缺点。添加氯盐后易使混凝土表面有析盐现象，易对表面的金属装饰产生盐蚀现象，易使钢筋发生锈蚀，易在混凝土中发生碱—骨料反应。

用氯化钠作为防冻剂进行冬期施工，引起钢筋锈蚀而使结构发生破坏的事例已在国内外出现多起：前苏联某工业厂房，由于在梁的垂直拼缝内使用了掺有氯化钙的水泥砂浆，致使预应力组合屋架梁突然断裂；北京工人体育场也由于掺加了未加阻锈剂的防冻剂，过量的氯盐使得梁、板、柱等构件出现大量裂缝，钢筋锈蚀严重。

砌体结构中有大量的构造柱、圈梁和拉接筋等，因此掺氯盐砂浆法不得在下列情况下采用：

（1）对装饰工程有特殊要求的建筑物；
（2）使用湿度大于80%的建筑物；
（3）配筋、钢埋件无可靠的防腐处理措施的砌体；
（4）接近高压电线的建筑物（如变电所、发电站等）；
（5）经常处于地下水位变化范围内，以及在地下未设防水层的结构。

采用掺外加剂法进行冬施应首先选用无氯盐类、有机化合物类及氯盐阻锈类。外加剂的应用应符合《混凝土外加剂应用技术规范》GB 50119—2003中相应的规定。

2. 冻结法

冻结法是用不掺有任何化学外加剂的普通砂浆进行砌筑的一种冬期施工方法。它利用砂浆在凝结前冻结时使砖与砂浆粘在一起，砂浆冻结后仍留有较大的冻结强度。在气温升高，直到解冻时，砂浆要经历冻结、融化、硬化三个阶段。在解冻之后，砂浆仍能继续增长强度与砖粘结牢，但其粘结力会有不同程度的降低。

采用冻结法施工时，砂浆使用时的温度，要根据室外空气温度相应调整，而砂浆适当提高一级到二级。

采用冻结法施工时，由于粘结强度的降低，在砌体融化阶段的变形有所加大，要注意砖石结构在解冻时的稳定性。

每日砌筑高度及临时间歇处的砌体高度差不得大于1.2m。

应按照"三一"砌砖法施工，采用一丁一顺或梅花丁的砌筑形式。

在施工期间、解冻期间，应经常对砌体进行观测和检查，如发现裂缝和不均匀沉降等情况，应立即上报情况，查清原因并采取相应处理措施。

小砌块砌体因水平灰缝中有效铺灰面积较小，故不得采用冻结法施工。

3. 蓄热法

蓄热法是在砌体施工时，拌合砂浆前，先将水和砂浆加热，使拌合后的砂浆具有一定的温度，尽快将砂浆用完。这样可以推迟砂浆冻结的时间。蓄热法方法简单，易于操作，通常适用于施工温度在−5～−10℃左右的地区或环境，特别适用于地下工程。

在北方的初冬、南方的冬期，以及夜间冻结、白天解冻的地区，正负温度变化不大的地区，采用蓄热法施工时，白天施工完后将砌体用保温材料覆盖，可使砂浆热量不易损失，保持一定温度，使砂浆在未受冻结前获得一定的强度。

冬期施工中，施工方法的选择，要根据当时当地的气温情况、砌体工程的具体情况以及施工现场的条件来确定，以选择一种技术上可靠、经济上合理，既保证质量又便于施工的施工方法。

12.6.2 冬期施工的一般规定

1. 冬期施工所用材料应符合下列规定：

(1) 石灰膏、电石膏等应防止受冻，如遭冻结，应经融化后使用；

(2) 拌制砂浆用砂，不得含有冻块和大于10mm的冻结块；

(3) 砌体用砖或其他块材不得遭水浸冻。

2. 冬期施工砂浆试块的留置，除应按常温规定要求外，尚应增留不少于1组与砌体同条件养护的试块，测试检验28d强度。

3. 基土无冻胀性时，基础可在冻结的地基上砌筑；基土有冻胀性时，应在未冻的地基上砌筑。在施工期间和回填土前，均应防止地基遭受冻结。

4. 普通砖、多孔砖和空心砖在气温高于0℃条件下砌筑时，应浇水湿润。在气温低于、等于0℃条件下砌筑时，可不浇水，但必须增大砂浆稠度。抗震设防烈度为9度的建筑物，普通砖、多孔砖和空心砖无法浇水湿润时，如无特殊措施，不得砌筑。

5. 拌合砂浆宜采用两步投料法。水的温度不得超过80℃；砂的温度不得超过40℃。

6. 砂浆使用温度应符合下列规定。

(1) 采用掺外加剂时，不应低于+5℃；

(2) 采用氯盐砂浆法时，不应低于+5℃；

(3) 采用暖棚法时，不应低于+5℃；

(4) 采用冻结法当室外空气温度分别为0~-10℃、-11~-25℃、-25℃以下时，砂浆使用最低温度分别为10℃、15℃、20℃。

7. 采用暖棚法施工，块材在砌筑时的温度不应低于+5℃，距离所砌的结构底面0.5m处的棚内温度也不应低于+5℃。

8. 在暖棚内的砌体养护时间，应根据暖棚内温度，按表12.6-2确定。

暖棚法砌体的养护时间(d) 表12.6-2

暖棚的温度(0℃)	5	10	15	20
养护时间(d)	≥6	≥5	≥4	≥3

9. 在冻结法施工的解冻期间，应经常对砌体进行观测和检查，如发现裂缝、不均匀下沉等情况，应立即采取加固措施。

10. 当采用掺盐砂浆法施工时，宜将砂浆强度等级按常温施工的强度等级提高一级。

11. 混凝土小型空心砌块不得采用冻结法施工；加气混凝土砌块承重墙，围护墙不宜冬期施工。

12. 配筋砌体不得采用掺氯盐砂浆法施工。

参 考 文 献

[1] 中华人民共和国国家标准. 砌体结构设计规范 GB 50003—2001. 北京：中国建筑工业出版社，2002.
[2] 中华人民共和国国家标准. 建筑抗震设计规范 GB 50011—2001. 北京：中国建筑工业出版社，2001.
[3] 中华人民共和国国家标准. 混凝土结构设计规范 GB 50010—2002. 北京：中国建筑工业出版社，2002.
[4] 中华人民共和国国家标准. 建筑地基基础设计规范 GB 50007—2002. 北京：中国建筑工业出版社，2002.
[5] 中华人民共和国国家标准. 烧结多孔砖 GB 13544—2000. 北京：中国标准出版社，2000.
[6] 中华人民共和国国家标准. 烧结空心砖和空心砌块 GB 13545—2003. 北京：中国标准出版社，2003.
[7] 中华人民共和国国家标准. 蒸压灰砂砖 GB 11945—1999. 北京：中国标准出版社，1999.
[8] 中华人民共和国国家标准. 轻集料混凝土小型空心砌块 GB 15229—2002. 北京：中国标准出版社，2002.
[9] 中华人民共和国国家标准. 粉煤灰砖 JC 239—2001. 国家建筑材料工业局.
[10] 中华人民共和国国家标准. 砌体工程施工质量验收规范 GB 50203—2002. 北京：中国建筑工业出版社，2002.
[11] 中华人民共和国国家标准. 混凝土小型空心砌块建筑技术规程 JGJ/T 14—2004. 北京：中国建筑工业出版社，2007.
[12] 中华人民共和国国家标准. 混凝土外加剂应用技术规范 GB 50119—2003. 北京：中国建筑工业出版社，2003.
[13] 中华人民共和国国家标准. 建筑工程冬期施工规程 JGJ 104—97. 北京：中国建筑工业出版社，1998.
[14] 滕智明，张惠英. 混凝土结构及砌体结构. 北京：中央广播电视大学出版社，1995.
[15] 罗福午，石裕翔，张惠英. 单层工业厂房结构设计. 北京：清华大学出版社，1990.
[16] 施楚贤，徐建，刘桂秋. 砌体结构设计与计算. 北京：中国建筑工业出版社，2003.
[17] 唐岱新. 砌体结构设计. 北京：机械工业出版社，2004.
[18] 李守巨. 砌体结构与木结构工程监理细节100. 北京：中国建材工业出版社，2007.
[19] 王晓伟等. 砌体结构设计及施工. 北京：中国建材工业出版社，2004.
[20] 多层砖房钢筋混凝土构造柱抗震节点详图 03G363. 中国建筑标准设计研究所.
[21] 北京市建筑节能与墙体材料革新办公室. 北京市建筑节能与墙体材料革新技术标准汇编. 1999.
[22] 鲍蕾. 配筋混凝土小型空心砌块墙体抗震性能正交试验及分析. 清华大学硕士论文. 2006.
[23] 王立新等. 砌体结构施工. 南京：东南大学出版社，2005.
[24] 中国工程建设标准化协会砌体结构委员会. 2000年全国砌体结构学术会议论文集 现代砌体结构. 北京：中国建筑工业出版社，2000